函数与公式速查大全

博蓄诚品
/
编著

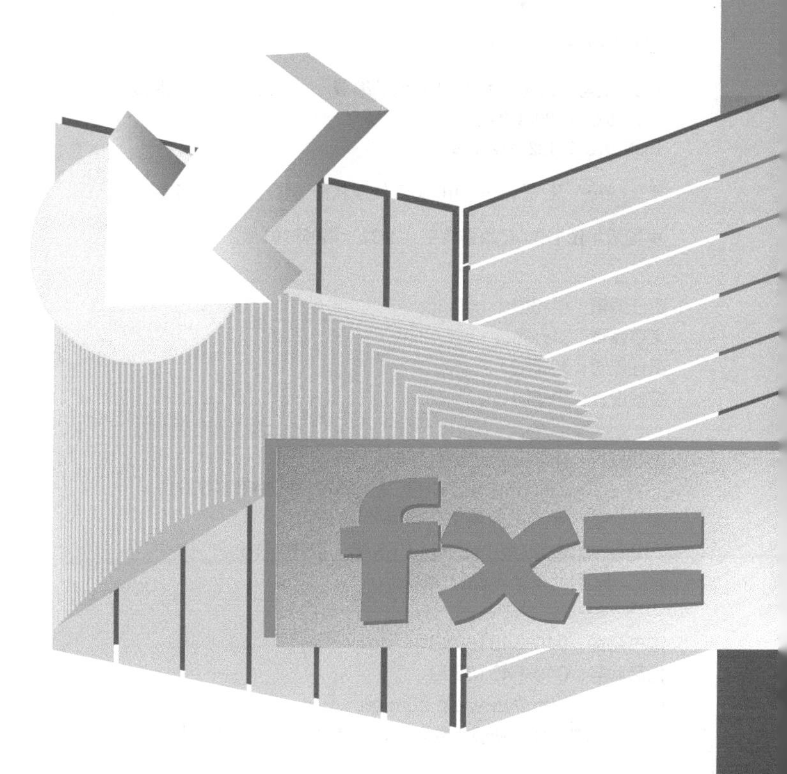

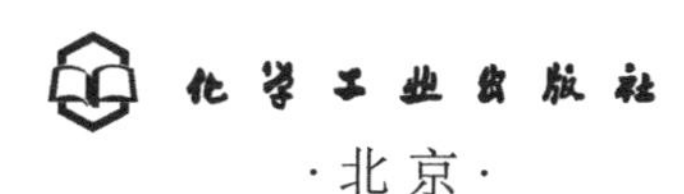

·北京·

内容简介

本书从实际应用角度出发，对WPS函数与公式的知识进行了全面讲解。全书共11章，内容涵盖WPS表格的公式与函数入门、数学与三角函数、统计函数、逻辑函数、查找与引用函数、文本函数、日期与时间函数、财务函数、信息函数、数据库函数以及工程函数。

书中针对10大类226个函数，采用"语法格式+语法释义+参数说明+应用举例"的形式进行了逐一剖析。"函数应用实例"环节模拟了每个函数最贴切的应用场景，在实际案例中分析函数的使用方法和注意事项；"函数组合应用"环节打破了单个函数在功能上的局限性，通过多个函数的组合，让WPS在数据处理领域的应用有了更多可能；随处可见的"提示"内容帮助读者扩充知识，规避错误。同时，对重点函数录制了同步教学视频，以提高读者的学习效率。

本书内容丰富实用，是一本易学易用易查的效率手册，非常适合WPS初学者、财会人员、统计分析师、人力资源管理者、市场营销人员等自学使用，也可用作职业院校及培训机构相关专业的教材。

图书在版编目（CIP）数据

WPS函数与公式速查大全/博蓄诚品编著. —北京：化学工业出版社，2022.7（2024.9重印）
ISBN 978-7-122-41253-9

Ⅰ.①W… Ⅱ.①博… Ⅲ.①表处理软件 Ⅳ.①TP391.13

中国版本图书馆CIP数据核字（2022）第068101号

责任编辑：耍利娜
文字编辑：吴开亮
责任校对：刘曦阳
装帧设计：李子姮

出版发行：化学工业出版社
（北京市东城区青年湖南街13号 邮政编码100011）
印 装：涿州市般润文化传播有限公司
710mm×1000mm 1/16 印张26 字数491千字
2024年9月北京第1版第4次印刷

购书咨询：010-64518888
售后服务：010-64518899
网 址：http://www.cip.com.cn
凡购买本书，如有缺损质量问题，本社销售中心负责调换。

定 价：128.00元

前言

如今，国产WPS Office办公软件已经逐渐被人们接受，在各行各业中都能看到它的身影,且使用热度与日俱增。WPS文字、WPS表格、WPS演示是WPS Office的三大主力。本书将围绕WPS表格中所包含的函数与公式展开介绍，这是因为无论是数据录入、数据整理还是数据分析，甚至是数据的可视化处理，都离不开函数与公式的支持。为了满足广大读者的学习需求，我们组织一线讲师编写了此书。

本书以WPS表格为基础软件，全面介绍函数与公式的应用技巧，将晦涩的概念转换成通俗易懂的语言，方便读者无障碍学习。书中所选案例可操作性强，且与实际工作紧密结合，丰富的函数案例满足随查、随学、随用的使用要求，是值得职场办公人员拥有的增效宝典。

本书特点

◆ 常用函数一网打尽，为效率加分：226个函数覆盖日常所需，语言通俗明了，易学、易理解、易掌握。

◆ 案例精选，贴合实际，随学随用：本书实例操作全程图解，方便学习和实践，是工作中不可或缺的高效速查手册。

◆ 函数组合应用，解决更多数据处理问题：一个函数能解决的数据处理问题往往有限，但是多个函数组合应用却可以轻松解决大部分数据处理问题，真正实现1+1＞2的效果。本书让读者在全面学习函数的同时能够掌握综合应用的技巧。

◆ 重点函数同步视频讲解：在学习过程中，可以扫描书中二维码，查看教学视频，使学习效率翻倍。

◆ 大开本、版式轻松，方便阅读：大开本，容量更大，内容更加丰富，版式更加轻松。

◆ 双色印刷，脱离枯燥的非黑即白：脱离传统工具书的黑白印刷，摆脱枯燥感，增加学习动力。

◆ 纸电同步，学习更便捷：本书配套同步电子书，为读者提供更多的学习途径，不受终端、地点的限制，随时随地学习。

◆ 海量素材随书附赠，为学习助力：配套案例素材+办公模板+基础学习视频+

在线答疑，方便读者更好地学习和掌握WPS函数知识。

◆软件版本通用，学习不受限制：本书适用于WPS Office的各个版本，同时也适用于各种Excel版本。

内容概览

章	函数类型	重点内容概述
第1章	WPS表格的公式与函数入门	认识WPS表格的公式与函数，并熟悉其使用方法
第2章	数学与三角函数	掌握求和、除余、乘积、方差、四舍五入、数值截取等函数的应用，例如SUM、SUMIF、SUMIFS、MOD、RAND、ROUND、INT、TRUNC等
第3章	统计函数	掌握平均值、数量统计、最大值、最小值、排位等函数的应用，例如AVERAGE、AVERAGEA、COUNT、COUNTIF、MAX、MIN、RANK等
第4章	逻辑函数	掌握各类逻辑函数的应用，例如IF、AND、NOT、TRUE、FALSE、IFERROR、IFNA等
第5章	查找与引用函数	掌握各类查找与引用函数的应用，例如VLOOKUP、HLOOKUP、INDEX、MATCH、INDIRECT、OFFSET、ROW、COLUMN等
第6章	文本函数	掌握字符提取、字符转换、字符合并、字符查找与替换等函数的应用，例如LEN、SEARCH、LEFT、MID、RIGHT、CONCATENATE、TEXT等
第7章	日期与时间函数	掌握年、月、日、星期等函数的应用，例如TODAY、NOW、WEEKNUM、DATEDIF、MONTH、WEEKDAY、HOUR、MINUTE等
第8章	财务函数	掌握各类固定资产折旧计算、票息结算天数、投资未来值的计算等函数的应用，例如RATE、PV、FV、NPER、PMT、DB、SYD、DISC等
第9章	信息函数	掌握各类错误值检查、奇偶性判断、数据类型判断等函数的应用，例如CELL、INFO、ISBLANK、ISNONTEXT、ISNUMBER、ISERROR等
第10章	数据库函数	掌握各类提取数据库数据的函数的应用，例如DMAX、DMIN、DCOUNT、DGET、DSUM、DPRODUCT等
第11章	工程函数	掌握进制转换函数、对数、复数计算等函数的应用，例如CONVERT、IMREAL、IMAGINARY、IMSUM、IMSUB、DELTA等

阅读指导

◆ 语法格式：以直观的文字表示函数的语法结构，使初学者学习和理解毫不费力。

◆ 参数介绍：阐释了每个参数的具体含义、参数的设置原则以及应注意的事项。

◆ 使用说明：对函数的应用特点进行了特别说明，读者可以轻松记忆。

◆ 函数应用实例：每个函数至少配套一个实用的行业案例，详细介绍其具体使用方法。

◆ 函数组合应用：拓宽了单个函数在功能上的局限性，让函数与公式在数据处理的领域有了无限可能。读者在全面学习函数的同时也提高了综合应用的水平。

◆ 提示：避免函数应用的误区，规避错误的应用。

适用人群

◆ 函数与公式初学者：图文并茂的编排形式、深入浅出的讲解风格使初学者学习和理解毫不费力。

◆ 财务人员：大量财务函数，分分钟搞定财务报表制作，各类折旧、投资、票息率等的计算。

◆ 统计分析人员：多重函数协调，轻松完成数据统筹分析、资金预算、库存管理、生产统计、产能预估。

◆ 人力资源管理者：考勤管理、人事档案管理、薪酬统计、工资核算都能用所学函数解决。

◆ 市场营销人员：学好数学和统计函数，快速完成销售统计、成本和利润分析、业绩增长趋势分析。

本书致力于为读者提供更全面、更丰富、更实用、更易懂的WPS表格公式与函数学习用书。本书在编写过程中力求尽善尽美，但由于函数种类繁多，且笔者时间和精力有限，难免存在疏漏或不妥之处，望广大读者批评指正。

编著者

目录

第2章 数学与三角函数 035

第3章 统计函数 091

第4章 逻辑函数 168

第5章 查找与引用函数 187

第6章 文本函数 218

第7章 日期与时间函数 267

第9章 信息函数 336

第10章　数据库函数　362

扫码观看
本章视频

第 1 章 WPS表格的公式与函数入门

WPS表格是一款具有强大数据分析和计算能力的电子表格软件，公式与函数是其最为重要的特色之一，其中包含了三百多个函数，利用这些函数编写公式往往可以轻松解决复杂的计算，从而大大提高工作效率。本章主要对WPS表格中的公式与函数的基础知识进行讲解，轻松地帮助用户迈进公式与函数的应用大门。

1.1 全面认识WPS表格公式

既然要学习WPS表格公式，就要首先知道什么是公式，WPS表格中的公式能用来处理哪些工作，以及明确学习WPS表格公式的目的。

1.1.1 公式到底难不难学

对于刚开始学习WPS表格的人来说，公式与函数似乎是一种让人望而生畏的存在，很多人还没开始学就打退堂鼓了。然而当他们意识到公式的强大和便捷之后便会觉得“真香啊”！

那么WPS表格公式到底难不难，为什么一定要学公式呢？在这里，要明确地告诉大家：只要掌握函数作用以及参数设置方法，那么即使是很复杂的公式也能按部就班地编写出来。

有的读者可能有这样的疑问：WPS表格中的函数种类那么多，如何判断何时该用何种函数呢？这些函数的参数又该如何记忆呢？其实函数的作用以及参数的设置方法并不需要死记硬背，学习这些都是有“套路”的，下文会对这些“套路”进行详细讲解。

1.1.2 WPS表格公式

WPS表格公式是对工作表中的值进行计算的等式。比如要根据每天的销量计算一段时间内的总销量，便可以使用一个简单的公式进行计算。下图中的“=5+8+6+9+3”就是一个WPS表格公式。

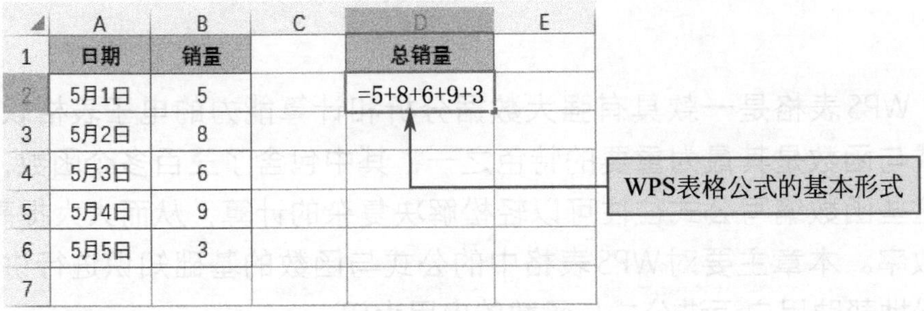

	A	B	C	D	E
1	日期	销量		总销量	
2	5月1日	5		=5+8+6+9+3	
3	5月2日	8			
4	5月3日	6			
5	5月4日	9			
6	5月5日	3			
7					

WPS表格公式的基本形式

当然，这只是WPS表格公式的基本形式，对WPS表格有一定操作经验的人都不会这么输入公式。

正确的做法是：在公式中引用需要参与计算的数据所在的单元格，或使用函数公式。下面两张图中的“=B2+B3+B4+B5+B6”和“=SUM(B2:B6)”是WPS表格中的常见公式类型。

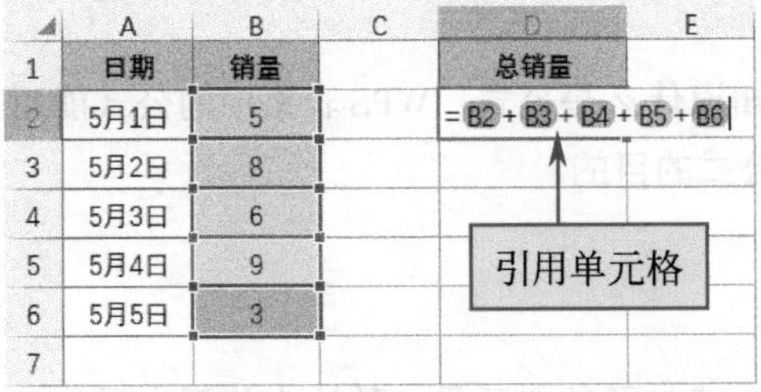

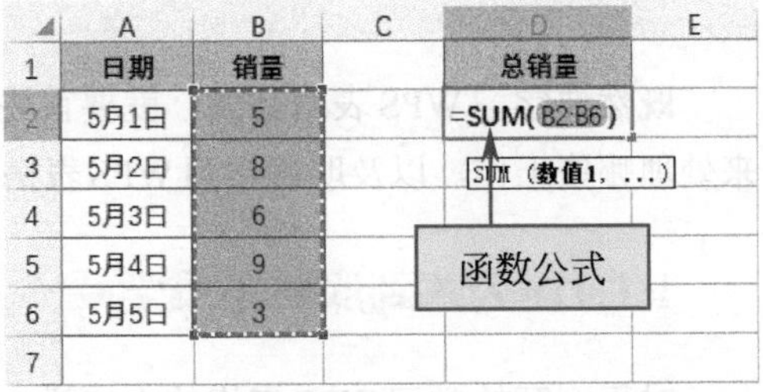

	A	B	C	D	E
1	日期	销量		总销量	
2	5月1日	5		=B2+B3+B4+B5+B6	
3	5月2日	8			
4	5月3日	6			
5	5月4日	9			
6	5月5日	3			
7					

引用单元格

	A	B	C	D	E
1	日期	销量		总销量	
2	5月1日	5		=SUM(B2:B6)	
3	5月2日	8		SUM（数值1，...）	
4	5月3日	6			
5	5月4日	9			
6	5月5日	3			
7					

函数公式

1.1.3 WPS表格公式的特点

WPS表格公式有哪些特点呢？我们可以从以下几个方面来分析。

（1）等号的位置

WPS表格公式和普通数学公式不同，普通数学公式的等号写在公式的最后，而WPS表格公式的等号必须写在最前面。等号相当于一道指令，表示对写在等号后的内容进行计算。

C2 =1+2+3+4

	A	B	C	D
1	没有等号	等号在最后	等号在最前面	
2	1+2+3+4	1+2+3+4=	10	
3	错误写法	错误写法		

正确写法

（2）单元格引用

公式中的单元格引用包括单个单元格或单元格区域的引用。单元格引用让公式变得更灵活，输入更简单。

（3）自动计算

公式输入完成后，按下【Enter】键，可以自动返回计算结果。

	A	B	C	D	E
1	产品名称	产品单价	销售数量	销售金额	
2	商品1	50.00	5	=B2*C2	
3	商品2	42.60	6		
4	商品3				
5	商品4				
6	商品5				
7					

①等号必须在最前面
②公式中可以引用单元格

	A	B	C	D	E
1	产品名称	产品单价	销售数量	销售金额	
2	商品1	50.00	5	250.00	
3	商品2	42.60	6		
4	商品3	33.50	8		
5	商品4	26.00	4		
6	商品5	78.20	6		
7					

③按【Enter】键自动返回计算结果

（4）函数嵌套

在WPS表格公式中可以将一个函数作为另一个函数的参数使用，以实现更复杂的计算。不同的函数可以互相嵌套，也可以与自身进行嵌套。例如：

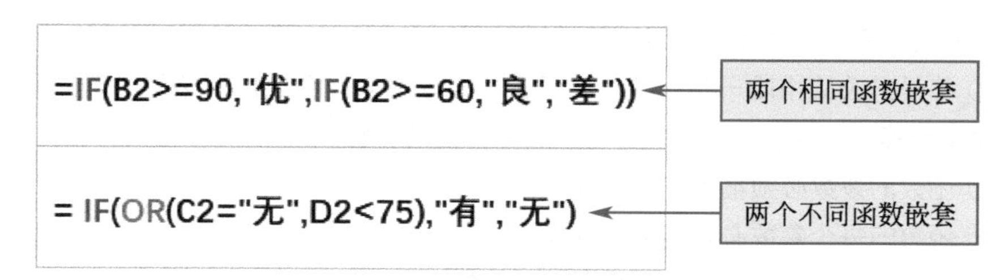

（5）批量计算

相邻区域内的数值具有相同运算规律时只需要输入一次公式，使用快速填充功能可以批量完成计算。

金额 fx =B2*C2 一个公式完成批量计算

	A	B	C	D	E
1	产品名称	产品单价	销售数量	销售金额	
2	商品1	50.00	5	250.00	
3	商品2	42.60	6	255.60	
4	商品3	33.50	8	268.00	
5	商品4	26.00	4	104.00	
6	商品5	78.20	6	469.20	
7					

（6）结果值自动刷新

当公式引用的单元格中的值发生变化时公式会自动重新计算，无需手动刷新。

1.1.4 组成WPS表格公式的主要元素

一个完整的公式是由哪些元素构成的呢？由于每个公式都具有独特性，复杂程度也不同，不同公式中所包含的元素也不同。常见的公式组成元素包括等号、函数名称、参数分隔符、单元格引用（或单元格区域引用）、括号、运算符、常量等。

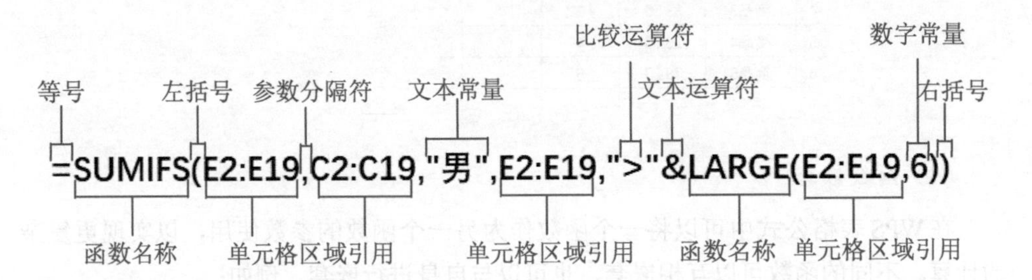

这些公式元素在使用时有以下要求。

① 等号是公式中唯一不可缺少的元素，必须输入在公式的开始处。若一个公式中包含多个等号，除了开头处的等号，其余都是运算符。

② 函数的参数必须输入在括号中。

③ 函数的每个参数必须用逗号分隔开。

④ 一个公式中左括号的数量和右括号的数量必须相等。

⑤ 公式中的双引号有中文双引号和英文双引号两种形式，中文状态下输入的双引号只是普通的文本常量；英文状态下输入的双引号表示引用，通常用来引用文本或空值。

⑥ 文本常量必须输入在英文状态下的双引号中。

1.1.5 公式的运算原理

公式之所以能够自动运算，除了函数起到重要作用外，便是各种运算符支配着公式进行运算。那么WPS表格中都有哪些运算符？不同类型的运算符作用分别是什么呢？

WPS表格中包含四种类型的运算符，分别是算术运算符、比较运算符、文本运算符以及引用运算符。读者可以通过下表查看各种运算符的详细信息。

（1）算术运算符

运算符	名称	作用	示例
+	加号	进行加法运算	=A1+B1
-	减号	进行减法运算	=A1-B1
	负号	求相反数	=-30
*	乘号	进行乘法运算	=A1*3
/	除号	进行除法运算	=A1/2
%	百分号	将数值转换成百分数	=50%
^	脱字号	进行幂运算	=2^3

（2）比较运算符

运算符	名称	含义	示例
=	等号	判断左右两边的数据是否相等	=A1=B1
>	大于号	判断左边的数据是否大于右边的数据	=A1 > B1
<	小于号	判断左边的数据是否小于右边的数据	=A1 < B1
> =	大于等于号	判断左边的数据是否大于或等于右边的数据	=A1 > =B1
< =	小于等于号	判断左边的数据是否小于或等于右边的数据	=A1 < =B1
<>	不等于	判断左右两边的数据是否不相等（返回值与“=”相反）	=A1 <> B1

（3）文本运算符

运算符	名称	含义	示例
&	连接符号	将两个文本连接在一起形成一个连续的文本	=A1&B1

（4）引用运算符

运算符	名称	含义	示例
:	冒号	对两个引用之间，包括两个引用在内的所有单元格进行引用	=A1:C5
空格	单个空格	对两个引用相交叉的区域进行引用	=(B1:B5 A3:D3)
,	逗号	将多个引用合并为一个引用	=(A1:C5,D3:E7)

1.2 快速输入公式

对公式的结构以及主要元素有了一定了解后，下面继续讲解怎样快速输入公式。

1.2.1 单元格或单元格区域的引用

当公式中需要引用单元格或单元格区域时可以自动引用，也可以手动输入。下面将根据销售数量、单价以及折扣计算销售金额。

（1）引用单元格

选择“F2”单元格，输入等号后，将光标移动到需要引用的单元格上方，然后单击鼠标，公式中即可引用该单元格名称。

SUMIF　=C2

	A	B	C	D	E	F	G
1	销售日期	商品名称	销售数量	单价	折扣	销售金额	
2	2021/8/1	运动手表	5	2200.00	10%	=C2	
3	2021/8/1	智能电视	1	7800.00	5%		
4	2021/8/1	智能音箱		550.00	15%		
5	2021/8/1	电话手表	4	600.00	6%		
6	2021/8/2	智能冰箱	2	2050.00	8%		

①单击　②自动引用

公式中的运算符和括号等元素需要手动输入。接着继续引用需要参与计算的单元格。若要引用的单元格被遮挡而无法直接用鼠标进行选择，也可以手动输入。

SUMIF　=C2*D2*(1-

	A	B	C	D	E	F	G
1	销售日期	商品名称	销售数量	单价	折扣	销售金额	
2	2021/8/1	运动手表	5	2200.00		=C2*D2*(1-	
3	2021/8/1	智能电视	1	7800.00	5%		
4	2021/8/1	智能音箱	8	550.00			
5	2021/8/1	电话手表	4	600.00			
6	2021/8/2	智能冰箱	2	2050.00	8%		
7	2021/8/2	学习台灯	2	180.00	5%		

此处要引用的“E2”单元格被公式遮挡，只能手动输入单元格名称

在公式中的光标位置手动输入“E2”，公式输入完成后按【Enter】键，即可返回计算结果。

SUMIF　× ✓ fx　=C2*D2*(1-E2)

	A	B	C	D	E	F	G
1	销售日期	商品名称	销售数量	单价	折扣	销售金额	
2	2021/8/1	运动手表	5	2200.00		=C2*D2*(1-E2)	
3	2021/8/1	智能电视	1	7800.00	5%		
4	2021/8/1	智能音箱	8	550.00	15%		
5	2021/8/1	电话手表	4	600.00			
6	2021/8/2	智能冰箱	2	2050.00	8%		
7	2021/8/2	学习台灯	2	180.00	5%		

提示：除了按【Enter】键返回计算结果外，也可通过编辑栏左侧的“ ✓ ”按钮确认公式的输入，从而自动返回计算结果。

× ✓ fx　=C2*D2*(1-E2)

（2）引用单元格区域

引用单元格区域的方法和引用单元格的方法基本相同。单元格区域的引用一般出现在函数公式或数组公式中。下面以函数公式为例。

假设需要对销售金额进行汇总，可以选择F10单元格，输入等号、函数名以及左括号后，需要引用销售金额所在的单元格区域。

将光标放在F2单元格上方，并按住鼠标左键，此时公式中出现了F2，继续按住鼠标左键向下方拖动，拖动到F9单元格时松开鼠标，此时公式中便自动引用了F2:F9单元格区域。

SUMIF　× ✓ fx　=SUM(F2

	A	B	C	D	E	F	G
1	销售日期	商品名称	销售数量	单价	折扣	销售金额	
2	2021/8/1	运动手表	5	2200.00	10%	9900.00	
3	2021/8/1	智能电视	1	7800.00	5%	7410.00	
4	2021/8/1	智能音箱	8	550.00	15%	3740.00	
5	2021/8/1	电话手表	4	600.00	6%	2256.00	
6	2021/8/2	智能冰箱	2	2050.00	8%	3772.00	
7	2021/8/2	学习台灯	2	180.00	5%	3	
8	2021/8/2	运动手表	2	1650.00	20%	26	
9	2021/8/2	学习台灯	6	2450.00	15%	12	
10	合计					=SUM(F2	
11						SUM（数值1,	

1.2.2 公式的修改

若公式中出现了错误，或想将公式用到其他位置，可以对公式进行修改或重新编辑。

修改公式时首先要让公式进入编辑状态，常用的方法有以下三种。

（1）双击公式所在单元格

选择公式所在单元格，双击鼠标即可进入公式编辑状态。

G2 　fx =AVERAGEIF(B2:B10,"青峰路",E2:E10)

	A	B	C	D	E	F	G	H
1	姓名	门店	上半年	下半年	合计		青峰路平均销量	
2	莫小贝	青峰路	¥ 6,700.00	¥ 4,700.00	¥ 11,400.00		¥11,880.00	
3	张宁宁	青峰路	¥ 9,500.00	¥ 3,300.00	¥ 12,800.00			
4	刘宗霞	青峰路	¥ 3,300.00	¥ 5,100.00	¥			
5	陈欣欣	德政路	¥ 4,800.00	¥ 2,900.00	¥			
6	赵海清	青峰路	¥ 7,900.00	¥ 5,500.00	¥			
7	张宇	德政路	¥ 6,800.00	¥ 7,000.00	¥			
8	刘丽英	德政路	¥ 5,900.00	¥ 3,100.00	¥ 9,000.00			
9	陈夏	德政路	¥ 5,600.00	¥ 8,700.00	¥ 14,300.00			
10	张青	青峰路	¥ 9,900.00	¥ 3,500.00	¥ 13,400.00			
11								

①双击

E	F	G	H
合计		青峰路平均销量	
¥ 11,40(	=AVERAGEIF(B2:B10,"青峰路",E2:E10)		
¥ 12,800.0	AVERAGEIF（区域，**条件**，[求平均值区域]）		

（2）按【F2】键

选择公式所在单元格，按【F2】键即可进入公式编辑状态。

ASC 　× ✓ fx =AVERAGEIF(B2:B10,"青峰路",E2:E10)

	A	B	C	D	E	F	G	H
1	姓名	门店	上半年	下半年	合计		青峰路平均销量	
2	莫小贝	青峰路	¥ 6,700.00	¥ 4,700.00	¥ 11,40(	=AVERAGEIF(B2:B10,"青峰路",E2:E10)		
3	张宁宁	青峰路	¥ 9,500.00	¥ 3,300.00	¥ 12,800.00			
4	刘宗霞	青峰路	¥ 3,300.00	¥ 5,100.00	¥ 8,400.00			
5	陈欣欣	德政路	¥ 4,800.00	¥ 2,900.00	¥ 7,700.00			
6	赵海清	青峰路	¥ 7,900.00	¥ 5,500.00	¥ 13,400.00			
7	张宇	德政路	¥ 6,800.00	¥ 7,000.00	¥ 13,800.00			
8	刘丽英	德政路	¥ 5,900.00	¥ 3,100.00	¥ 9,000.00			
9	陈夏	德政路	¥ 5,600.00	¥ 8,700.00	¥ 14,300.00			
10	张青	青峰路	¥ 9,900.00	¥ 3,500.00	¥ 13,400.00			
11								

②按【F2】键

（3）在编辑栏中修改

选中公式所在单元格，将光标定位在编辑栏中直接修改公式。

ASC　=AVERAGEIF(B2:B10,"青峰路",E2:E10)

	A	B	C	D	E	F	G
1	姓名	门店	上半年	下半年	合计		青峰路平均销量
2	莫小贝	青峰路	¥ 6,700.00	¥ 4,700.00	¥ 11,400.00		B2:B10,"青峰路",E2:E10)
3	张宁宁	青峰路	¥ 9,500.00	¥ 3,300.00	¥ 12,800.00		
4	刘宗霞	青峰路	¥ 3,300.00	¥ 5,100.00	¥ 8,400.00		
5	陈欣欣	德政路	¥ 4,800.00	¥ 2,900.00	¥ 7,700.00		
6	赵海清	青峰路	¥ 7,900.00	¥ 5,500.00	¥ 13,400.00		
7	张宇	德政路	¥ 6,800.00	¥ 7,000.00	¥ 13,800.00		
8	刘丽英	德政路	¥ 5,900.00	¥ 3,100.00	¥ 9,000.00		
9	陈夏	德政路	¥ 5,600.00	¥ 8,700.00	¥ 14,300.00		
10	张青	青峰路	¥ 9,900.00	¥ 3,500.00	¥ 13,400.00		
11							

③在编辑栏中修改

注意：公式修改完后仍要按【Enter】键进行确认。

1.2.3　公式的复制和填充

当需要在多个单元格中输入具有相同计算规律的公式时，可以只输入一遍公式，然后通过复制或填充的方式快速输入其他公式。

（1）复制公式

假设要根据基本工资、应扣各项保险和住房公积金计算实发工资。

第一步，先在H2单元格中输入公式“=C2-SUM(D2:G2)”，按下【Enter】键计算出第一位员工的实发工资。随后再次选中H2单元格，按【Ctrl+C】组合键复制该公式。

第二步，选择其他需要输入公式的单元格区域，按【Ctrl+V】组合键，即可将公式复制到所选择的单元格区域中。

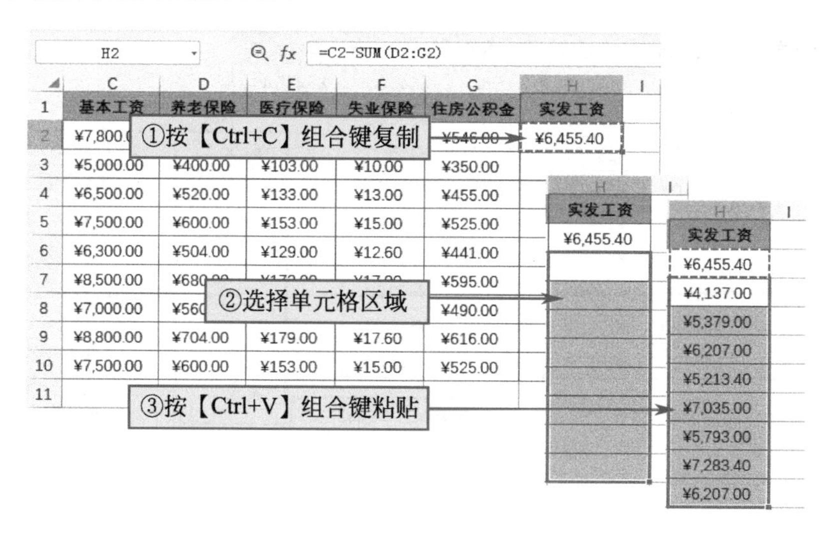

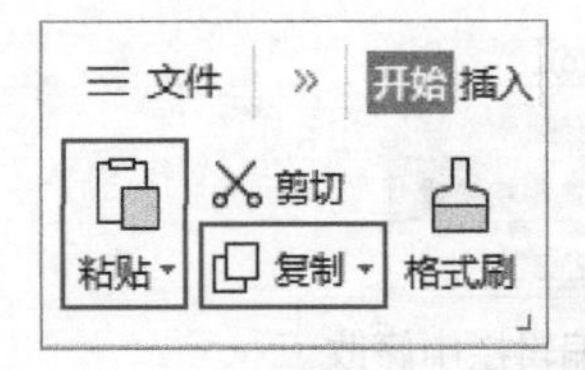

复制公式也可使用命令按钮操作。功能区中的“复制”“粘贴”命令按钮保存在“开始”选项卡的左侧位置。

另外，使用右键菜单也可执行复制、粘贴操作。先选择包含公式的单元格，在单元格上右击，在弹出的菜单中选择“复制”选项，随后选择要粘贴公式的单元格或单元格区域再次右击，在弹出的菜单中选择粘贴方式为“粘贴公式和数字格式”即可。

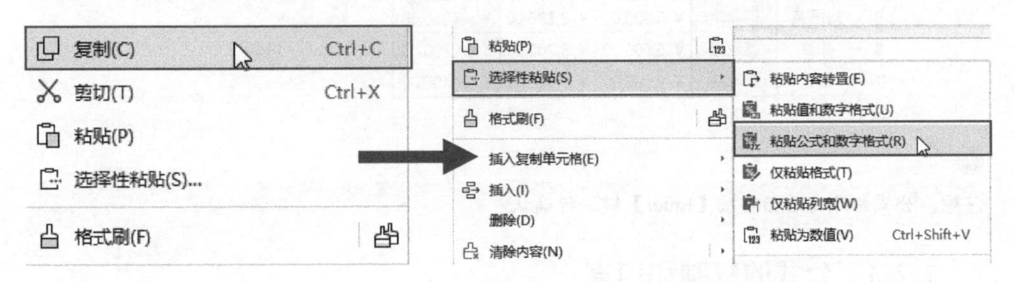

（2）填充公式

填充公式其实也是对公式的一种复制，而且操作起来更方便快捷，在编辑公式的时候使用率非常高。下面介绍填充公式的方法。

① 选择公式所在单元格，将光标放在单元格的右下角，此时光标会变成黑色的十字形状（填充柄）。

② 按住鼠标左键，向目标单元格拖动，拖动到最后一个单元格时松开鼠标。

③ 此时鼠标拖动过的区域全部被填充了公式。

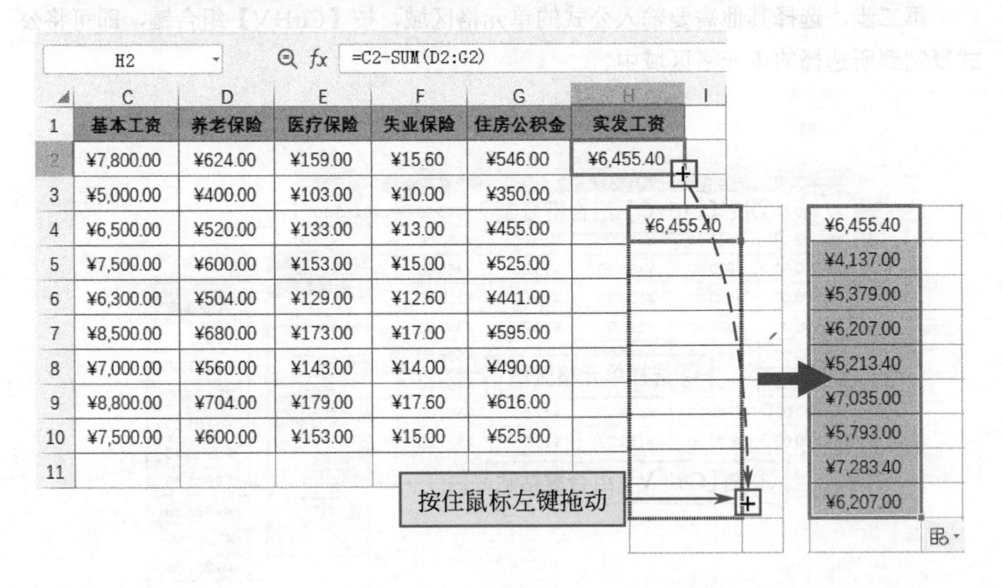

	C	D	E	F	G	H	I
1	基本工资	养老保险	医疗保险	失业保险	住房公积金	实发工资	
2	¥7,800.00	¥624.00	¥159.00	¥15.60	¥546.00	¥6,455.40	
3	¥5,000.00	¥400.00	¥103.00	¥10.00	¥350.00		
4	¥6,500.00	¥520.00	¥133.00	¥13.00	¥455.00		
5	¥7,500.00	¥600.00	¥153.00	¥15.00	¥525.00		
6	¥6,300.00	¥504.00	¥129.00	¥12.60	¥441.00		
7	¥8,500.00	¥680.00	¥173.00	¥17.00	¥595.00		
8	¥7,000.00	¥560.00	¥143.00	¥14.00	¥490.00		
9	¥8,800.00	¥704.00	¥179.00	¥17.60	¥616.00		
10	¥7,500.00	¥600.00	¥153.00	¥15.00	¥525.00		
11							

提示：当要填充公式的区域为纵向的连续区域，且单元格的格式相同时，也可双击填充柄实现自动填充。

复制和填充各有优势，复制可一次性将公式复制到多个不相邻的区域中，填充在填充连续区域时操作起来更方便快捷。

1.2.4 单元格的引用形式

WPS表格公式中的单元格引用有三种形式，即相对引用、绝对引用和混合引用。

（1）相对引用

相对引用是最常用的引用形式，“=A1”中的“A1”便是相对引用。相对引用的单元格会随着公式位置的变化，自动改变所引用的单元格。

例如前面在计算员工实发工资时，公式中对单元格的引用是相对引用。当公式被填充到下方区域中后，随着位置的变化，公式中所引用的单元格和单元格区域随着公式的位置自动发生变化。这些公式始终都遵循用公式所在行中的基本工资减去应扣金额总和的运算规律。

H2　=C2-SUM(D2:G2)

	C	D	E	F	G	H
1	基本工资	养老保险	医疗保险	失业保险	住房公积金	实发工资
2	¥7,800.00	¥624.00	¥159.00	¥15.60	¥546.00	¥6,455.40
3	¥5,000.00	¥400.00	¥103.00	¥10.00	¥350.00	¥4,137.00
4	¥6,500.00	¥520.00	¥133.00	¥13.00	¥455.00	¥5,379.00
5	¥7,500.00	¥600.00	¥153.00	¥15.00	¥525.00	¥6,207.00
6	¥6,300.00	¥504.00	¥129.00	¥12.60	¥441.00	¥5,213.40

=C2-SUM(D2:G2)

=C3-SUM(D3:G3)

=C4-SUM(D4:G4)

本例展示的是向下方填充公式时，引用的单元格所发生的变化。若向其他方向填充公式，相对引用的单元格同样会随着公式的位置自动发生改变。

由此可以得出结论：相对引用的单元格会随着公式位置的变化自动发生变化。

（2）绝对引用

绝对引用能够锁定单元格的位置，不让公式中引用的单元格随着公式位置的改变而发生变化。其特点是行号和列标前有“$”符号。“=$A$1”中的“$A$1”便是绝对引用。

假设对比商品不同折扣时的价格，下面将使用绝对引用完成计算。

在C2单元格中输入公式“=B2*$H$1/10”，按【Enter】键返回计算结果后，再次选中C2单元格，双击填充柄将公式自动填充至下方区域，此时便计算出所有商品的5折价格。

C2　fx　=B2*$H$1/10

	A	B	C	D	E	F	G	H	I	J	K
1	商品	吊牌价	5折价	8折价	9折价		折扣	5	8	9	
2	公主娃娃	¥199.00	¥99.50								
3	遮阳伞	¥89.00	¥44.50								
4	学生书包	¥255.00	¥127.50								
5	垃圾桶	¥39.00	¥19.50								
6	沙滩鞋	¥56.00	¥28.00								
7	情侣T恤	¥189.00	¥94.50								
8	防晒衣	¥156.00	¥78.00								
9											

公式中的“$H$1”是绝对引用

公式在填充过程中只有相对引用的单元格发生了变化，绝对引用的单元格一直不变。

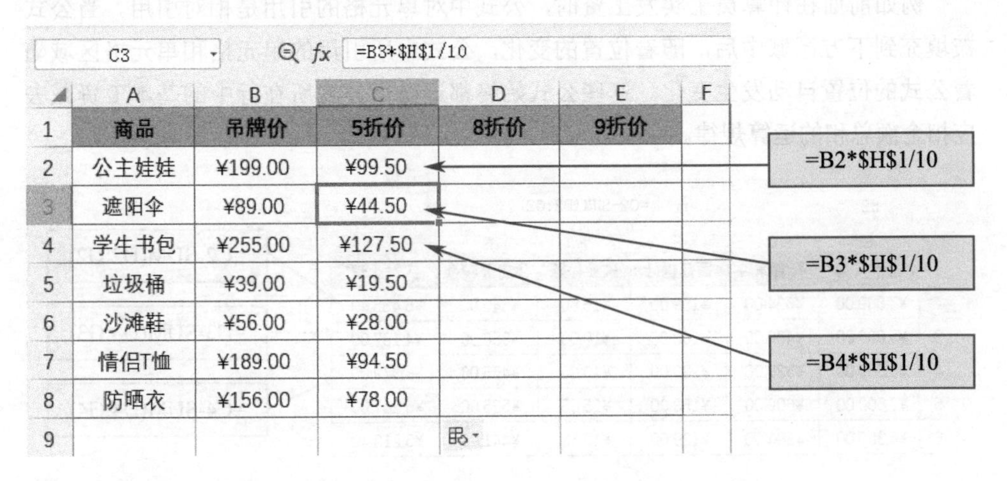

由此可以得出结论：绝对引用的单元格不会随着公式位置的变化而变化。

（3）混合引用

混合引用是相对引用与绝对引用的混合体，只对单元格的行或列进行锁定。混合引用存在两种情况：一种是绝对列相对行的引用，例如“=$A1”中的“$A1”；另一种是相对列绝对行的引用，例如“=A$1”中的“A$1”。通过观察可以发现，混合引用的单元格只会在被锁定的部分之前显示“$”符号。

使用绝对引用计算商品的不同折扣价时势必要输入三次公式（分别绝对引用不同的折扣所在单元格），但是如果使用混合引用则只需要输入一次公式即可完成计算。

选择C2单元格，输入公式“=$B2*H$1/10”，然后将公式向下方填充，接着向右侧填充。

7R x 1C　=$B2*H$1/10

	A	B	C	D	E	F	G	H	I	J	K
1	商品	吊牌价	5折价	8折价	9折价		折扣	5	8	9	
2	公主娃娃	¥199.00	¥99.50								
3	遮阳伞	¥89.00	¥44.50								
4	学生书包	¥255.00	¥127.50								
5	垃圾桶	¥39.00	¥19.50								
6	沙滩鞋	¥56.00	¥28.00								
7	情侣T恤	¥189.00	¥94.50								
8	防晒衣	¥156.00	¥78.00								
9											

先向下填充，再向右填充

松开鼠标后便可根据一个公式计算出所有商品不同的折扣价格。如果选择不同的包含公式的单元格，会发现当公式的位置移动后，混合引用的单元格中只有前面没有“$”符号的部分发生了变化，而前面有“$”符号的部分始终保持不变。

C4　=$B4*H$1/10

	A	B	C	D	E	F
1	商品	吊牌价	5折价	8折价	9折价	
2	公主娃娃	¥199.00	¥99.50	¥159.20	¥179.10	
3	遮阳伞	¥89.00	¥44.50	¥71.20	¥80.10	
4	学生书包	¥255.00	¥127.50	¥204.00	¥229.50	
5	垃圾桶	¥39.00	¥19.50	¥31.20	¥35.10	
6	沙滩鞋	¥56.00	¥28.00	¥44.80	¥50.40	
7	情侣T恤	¥189.00	¥94.50	¥151.20	¥170.10	
8	防晒衣	¥156.00	¥78.00	¥124.80	¥140.40	
9						

=$B4*H$1/10

=$B6*I$1/10

=$B5*J$1/10

由此可以得出结论：对于混合引用的单元格，绝对引用的部分（前面带“$”符号）不会随着公式位置的变化而变化，相对引用的部分（前面不带“$”符号）会随着公式的位置发生变化。

（4）快速切换引用方式

在切换引用方式时，除了手动输入“$”符号，还可以使用快捷键【F4】迅速进行切换。

默认情况下公式中引用的单元格为相对引用。选择相对引用的单元格名称，按一次【F4】键即可将单元格变成绝对引用，按两次【F4】键即可变成相对列绝对行的混合引用，按三次【F4】键即可变成绝对列相对行的混合引用，按四次【F4】键即可将单元格重新变回相对引用。

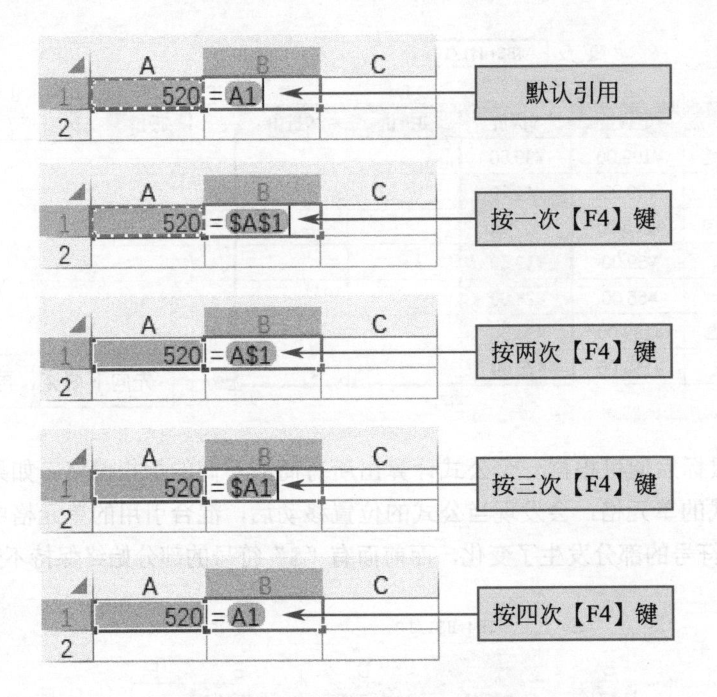

1.3 熟悉数组公式

要了解数组公式是什么，首先要理解什么是数组。数组是由一个或多个元素组成的集合。数组元素可以是数字、文本、日期、逻辑值等。

1.3.1 数组的类型

数组可分为常量数组、区域数组和内存数组三种类型。下面将对这三种类型的数组分别予以介绍。

（1）常量数组

常量数组由常量组成。常量数组的特征如下。

① 有一对大括号“{}”。

② 所有常量必须输入在大括号中。

③ 每个常量之间需要用分隔符分开，分隔符有半角英文逗号“,”和分号“;”两种。逗号表示水平数组，分号表示垂直数组。

常见类型为 {1,5,12,108,3,11} 或 {0;88;12;37;22;111}。

（2）区域数组

区域数组即公式中对单元格区域的引用，例如下图中计算单日最高出库数量时公式中用到的“A2:A12”和“C2:C12”都是区域数组。

E2   fx {=MAX(SUMIF(A2:A12,A2:A12,C2:C12))}

	A	B	C	D	E	F
1	日期	产品名称	出库数量		单日最高出库数量	
2	2021/7/1	法式碎花连衣裙	12		90	
3	2021/7/1	OL时装两件套	8			
4	2021/7/1	优雅蚕丝吊带衫	20			
5	2021/7/1	大码冰丝阔腿裤	11			
6	2021/7/2	小香风短裙套装	3			
7	2021/7/2	明星同款水晶凉鞋	16			
8	2021/7/2	OL时装两件套	12			
9	2021/7/3	缀珍珠牛仔喇叭裤	20			
10	2021/7/3	蝴蝶结雪纺衬衫	15			
11	2021/7/3	法式碎花连衣裙	30			
12	2021/7/3	欧根纱泡泡袖T恤	25			
13						

（3）内存数组

内存数组存在于内存之中。内存数组是看不见的，也就是说它不在人们的视觉范围内。内存数组是通过公式计算返回的记录在内存中临时构成的数组，并且可以作为整体直接嵌入其他公式中继续参与计算。内存数组相对于常量数组和区域数组使用率要低，也比较难理解，这里不展开介绍。

1.3.2 数组公式的表现形式

元素在数组中所处的位置用行和列来表示。根据行、列的特征又可以将数组分为一维数组和二维数组两种类型。这里的“维”可以理解成“方向”，一维数组即一个方向上的数组，二维数组即两个方向上的数组。

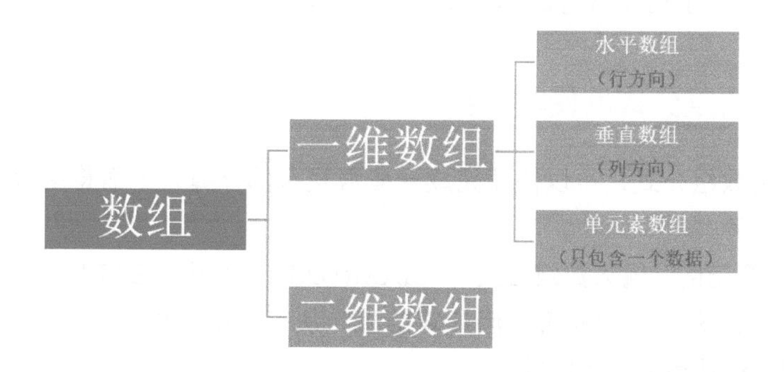

下图中4个区域内的数组用常量数组的形式分别进行表示。

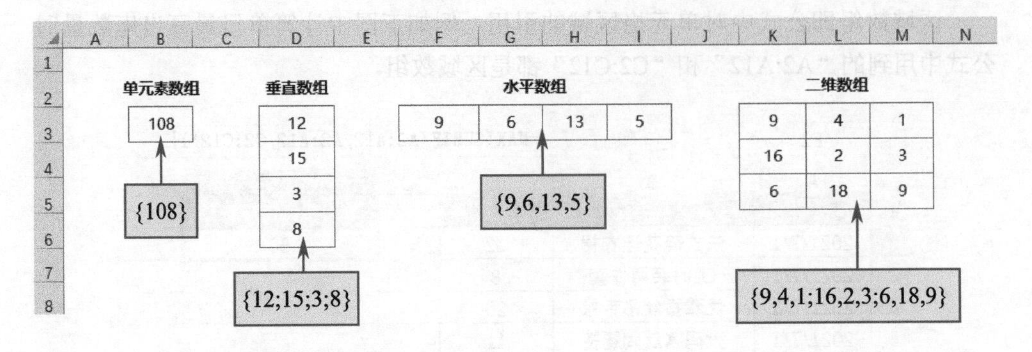

1.3.3 数组公式的运算原理

数组的运算分为多种情况，其中包括单元素数组与其他数组的运算、同方向的一维数组之间的运算、不同方向的一维数组之间的运算、一维数组和二维数组之间的运算、二维数组之间的运算。不同数组之间的运算规律见下表。

序号	数组之间的运算	运算规律
1	单元素数组与其他数组的运算	单值与其他数组中的值依次进行运算
2	同方向的一维数组之间的运算	两个数组中同位置元素一一对应运算
3	不同方向的一维数组之间的运算	垂直数组中的每一个元素依次与水平数组中的每一个元素进行运算
4	水平数组与二维数组之间的运算	水平数组与二维数组中的每一行数据进行同位置元素一一对应运算
5	垂直数组与二维数组之间的运算	垂直数组中的每一个元素依次与二维数组各行中的每一个元素进行运算
6	二维数组之间的运算	同位置的元素进行一对一运算

注意：进行运算的两个数组必须具有相同的尺寸，否则存在尺寸差异的位置将会产生错误值。例如用数组 {2;3} 乘以 {1;2;3}，其运算结果将会是 {2;6;#N/A}。

1.3.4 数组公式的使用方法

灵活使用数组公式，可以快速完成一些很复杂的计算。下面将用数组公式计算最大的男性年龄。

选择G2单元格，输入数组公式“=MAX((D2:D12="男")*E2:E12)”，输入完后按【Ctrl+Shift+Enter】组合键即可返回计算结果。从下图中可以发现，当确认输入后，公式的两侧自动被添加了大括号。

SUMIF =MAX((D2:D12="男")*E2:E12)

	A	B	C	D	E	F	G	H
1	员工编号	姓名	部门	性别	年龄		最大的男性年龄	
2	DS010	范慎	财务部	男	25	=MAX((D2:D12="男")*E2:E12)		
3	DS011	赵凯歌	设计部	男	43			
4	DS012	王美丽	设计部	女	18			
5	DS013	薛珍珠	生产部	女	55			
6	DS014	林玉涛	销售部	男	32			
7	DS015	丽萍	销售部	女	49			
8	DS016	许仙	生产部	男	60			
9	DS017	白素贞	财务部	女	37			
10	DS018	小清	生产部	女	31			
11	DS019	黛玉	生产部	女	22			
12	DS020	范思哲	销售部	男	26			
13								

按【Ctrl+Shift+Enter】组合键

{=MAX((D2:D12="男")*E2:E12)}

C	D	E	F	G
部门	性别	年龄		最大的男性年龄
财务部	男	25		60
设计部	男	43		

在使用数组公式时应注意以下事项。

① 必须按【Ctrl+Shift+Enter】组合键返回计算结果。若按【Enter】键会返回错误值。

② 公式两侧的大括号为系统自动添加，不可手动输入。

③ 每次对数组公式进行重新修改或编辑，都需要按【Ctrl+Shift+Enter】组合键进行确认。

④ 当使用一组数组公式进行计算时，不可以单独对其中的某一个数组公式进行修改。若修改其中一个数组公式，确认输入后所有数组公式都会一同被修改。

⑤ 若删除一组数组公式中的其中一个公式，按下【Ctrl+Shift+Enter】组合键后，一组数组公式都会被删除。

1.4 函数的应用

函数在公式中起到了至关重要的作用，可以说在WPS表格公式的应用中函数才是重中之重。只有输入正确的函数名称及参数，公式才能正常运算并返回正确的结果。下面将对函数的基础知识进行详细讲解。

1.4.1 函数与公式的关系

函数与公式究竟有什么区别，它们的关系又是什么样的呢？下面将从几个方面进行比较。

（1）指代不同

公式：WPS表格工作表中进行数值计算的等式。

函数：WPS表格中预定义的公式，函数使用参数按特定的顺序或结构进行计算。

（2）特点不同

公式：公式输入是以“=”开始的。简单的公式有加、减、乘、除等计算。公式可以单独使用。

函数：用于建立可产生多个结果或可对存放在行和列中的一组参数进行运算的单个公式。函数不可以单独使用，必须在公式中使用。

（3）构成不同

公式：可以包含函数、运算符、常量等元素。

函数：由函数名称、括号、参数以及参数分隔符构成。

1.4.2 WPS表格函数的类型

不同版本的WPS表格中所包含的函数类型和数量稍有不同，版本越新，所包含的函数也就越全。例如本书使用的WPS表格2019，一共包含了十几种类型的函数。常用的函数类型见下表。

函数类型	涉及内容	常用函数
数学与三角函数	使用频率高的求和函数和数学计算函数。包含求和、乘方等运算，以及四舍五入、舍去数字等零数处理及符号的变化等	SUM、ROUND、ROUNDUP、ROUNDDOWN、PRODUCT、INT、SIGN、ABS等
统计函数	求数学统计的函数。除可求数值的平均值、中值、众数外，还可求方差、标准偏差等	AVERAGE、RANK、MEDIAN、MODE、VAR、STDEV等
日期与时间函数	计算日期和时间的函数	DATE、TIME、TODAY、NOW、EOMONTH、EDATE等
逻辑函数	根据是否满足条件，进行不同处理的IF函数，在逻辑表述中被利用的函数	IF、AND、OR、NOT、TRUE、FALSE等
查找与引用函数	从表格或数组中提取指定行或列的数值、推断出包含目标值单元格位置、从符合COM规格的程序中提取数据	VLOOKUP、HLOOKUP、INDIRECT、ADDRESS、COLUMN、ROW、RTD等
文本函数	用大写/小写、全角/半角转换字符串，在指定位置提取某些字符等，用各种方法操作字符串的函数分类	ASC、UPPER、LOWER、LEFT、RIGHT、MID、LEN等
财务函数	计算贷款支付额或存款到期支付额等，或与财务相关的函数，也包含求利率或余额递减折旧费等函数	PMT、IPMT、PPMT、FV、PV、RATE、DB等

函数类型	涉及内容	常用函数
信息函数	检测单元格内包含的数据类型、求错误值种类的函数，求单元格位置和格式等的信息或收集操作环境信息的函数	ISERROR、ISBLANK、ISTEXT、ISNUMBER、NA、CELL、INFO 等
数据库函数	从数据清单或数据库中提取符合给定条件数据的函数	DSUM、DAVERAGE、DMAX、DMIN、DSTDEV 等
工程函数	专门用于科学与工程系计算的函数。复数的计算或将数值换算到 *n* 进制的函数、关于贝塞尔函数计算的函数	BIN2DEC、COMPLEX、IMREAL、IMAGINARY、BESSELJ、CONVERT 等
外部函数	为利用外部数据库而设置的函数，也包含将数值换算成欧洲单位的函数	EUROCONVERT、SQL.REQUEST 等

1.4.3　函数的组成结构

函数由函数名称和参数两部分组成。无论一个函数有多少个参数，都应写在函数名称后面的括号里，每个参数之间用英文逗号隔开。

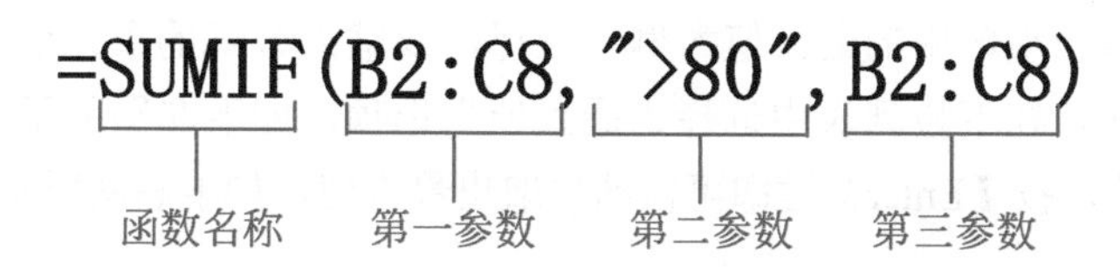

有些函数是没有参数的，但是必须在函数名称后面加一对括号。例如计算当前日期的函数TODAY就没有参数，但是在使用时，函数名称后面的括号必不可少，如下左图所示。若不输入括号，公式将返回错误值，如下右图所示。

1.4.4　最常用的函数公式

对于使用频率非常高的计算，例如求和、求平均值、求最大值或最小值等，WPS表格已经内置好了函数公式，用户只需要操作鼠标就能完成计算。

（1）快捷键求和

求和计算是所有计算中最常用的计算，因此求和计算相较其他计算拥有更多的特权，可以直接使用快捷键求和。选择B8单元格，按【Alt+=】组合键，单元格中随即自动输入求和公式，求和的区域为所选单元格上方包含数值的单元格区域，最后按下【Enter】键即可返回求和结果。

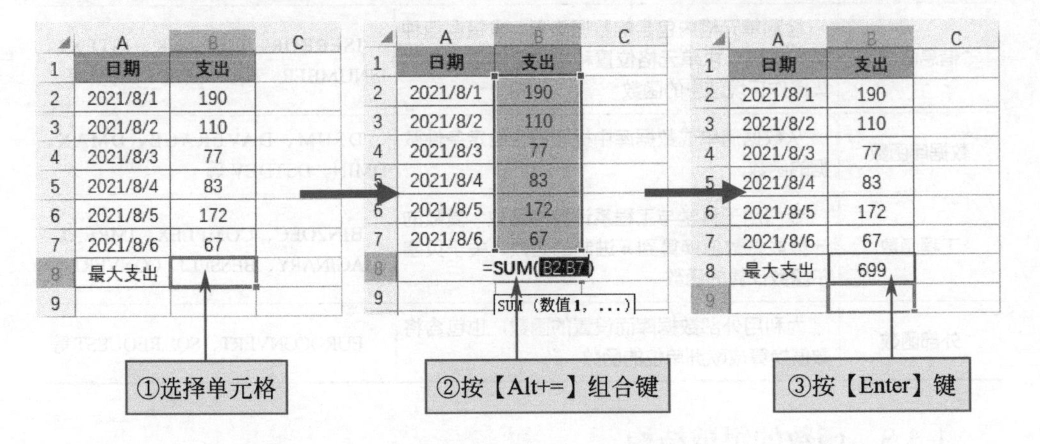

（2）其他快速计算公式

其他快速计算的操作按钮保存在“公式”选项卡的“函数库”组中。单击“自动求和”下拉按钮，在展开的列表中即可看到这些选项。

下面以计算一组数中的最大值为例。选择需要输入公式的单元格，单击“自动求和”下拉按钮，在下拉列表中选择“最大值”选项，如下左图所示，单元格中随即自动输入公式，按【Enter】键即可自动提取出最大值，如下右图所示。

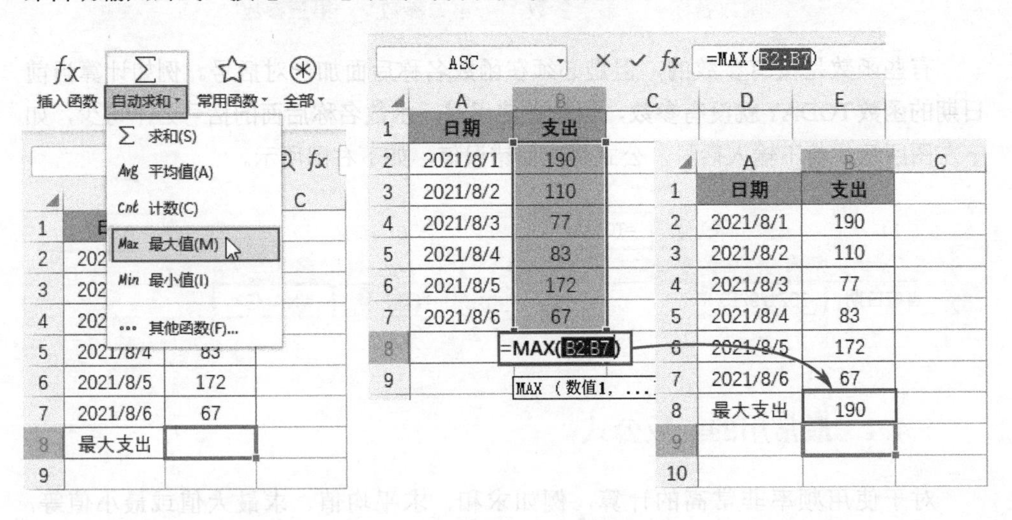

1.4.5 熟悉函数类型及作用

WPS表格中包含了几百个函数。对于初学者来说，很难在短时间内将每一个函数的种类和拼写方式都牢记在心里，那么函数究竟应该怎样记忆呢？

（1）在功能区中查看函数类型

其实对函数完全不用死记硬背，WPS表格根据函数的功能对其进行了详细的分类。在“公式”选项卡中的“函数库”组中可以看到大部分的函数类型，这种一目了然的分类方式可以帮助用户快速找到想调用的函数。

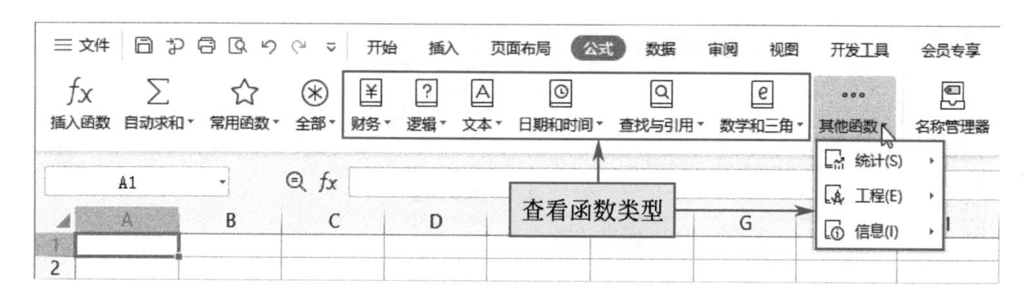

单击不同的函数类型按钮，都会展开一个下拉列表，列表中会显示该类型的所有函数。

（2）在“插入函数”对话框中查看函数类型

在“公式”选项卡中单击“插入函数”按钮，可以打开“插入函数”对话框。在该对话框中的“全部函数”选项卡中除了可以查看函数的类型，还可以通过下方的文字说明了解每个函数的语法格式以及作用。

初学者在空闲时不妨经常打开“插入函数”对话框，查看每种函数类型都包含了哪些具体函数，以及函数的作用是什么，不求全部记住，只求大概了解。这样在有需要的时候便可以快速想到该调用的函数，如下左图所示。

WPS表格中包含了“常用公式”功能。这个功能可通过“插入函数”对话框来使用。在该对话框中切换到“常用公式”选项卡，通过在“公式列表”中选择某个选项，并在下方输入参数，即可自动计算个人年终奖所得税、个人所得税，提取身份证生日、身份证性别等，如下右图所示。

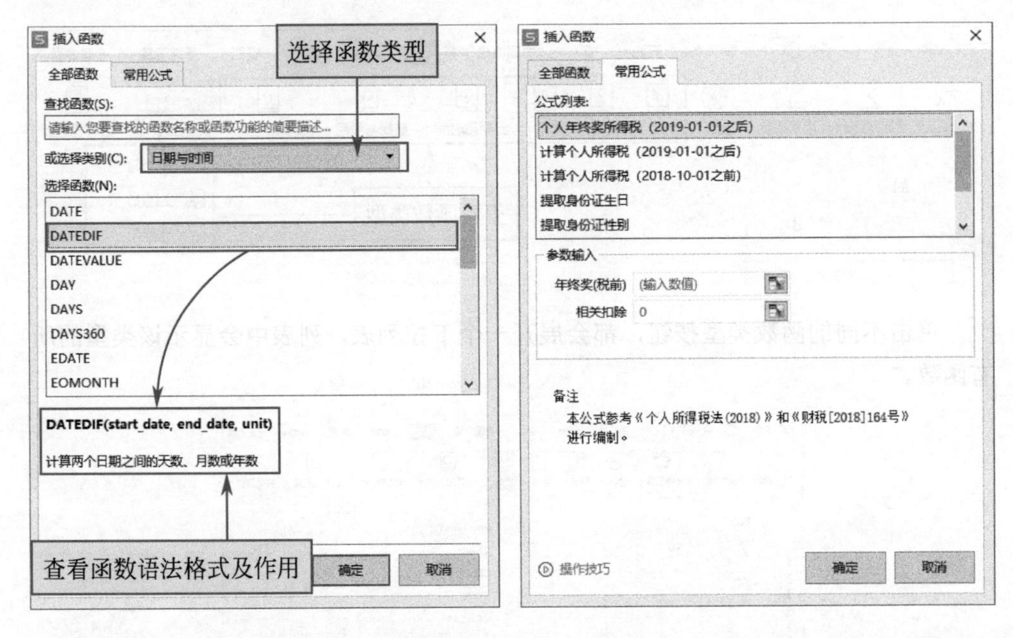

比如，在浏览函数的时候看到有个函数可以转换字母的大小写，那么，在工作中如果需要处理此类问题便会快速想到这个函数，从而迅速从函数列表中进行调用。

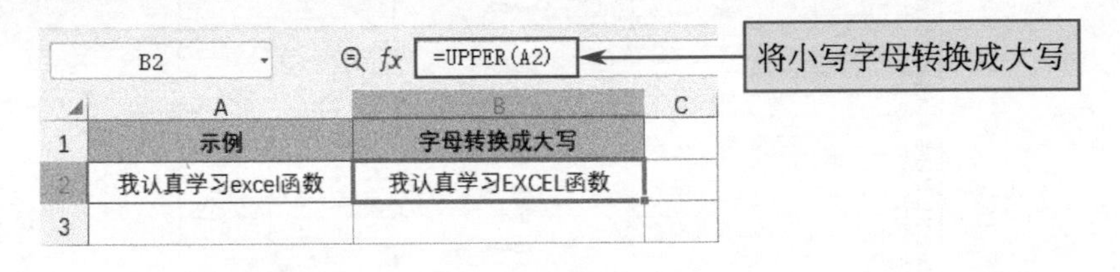

1.4.6 快速输入函数

在WPS表格中输入函数也讲究方式方法，初学者和有一定基础的读者可以使用不同方法进行输入。

（1）在“函数库”中插入函数

假设需要根据生产记录表中的数据统计工作天数，选择E2单元格，先输入一个等号，随后打开“公式”选项卡，在“函数库”组中单击“其他函数”下拉按钮选择“统计”，在展开的列表中选择“COUNTA”选项。

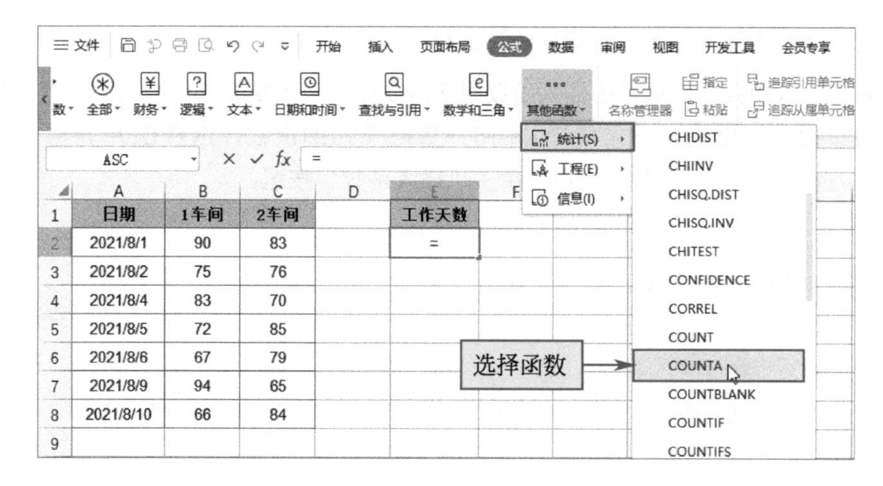

系统随即弹出“函数参数”对话框，在该对话框中可设置参数。本例通过统计日期的记录次数统计工作天数，所以需要将包含日期的单元格区域设置成第一参数，其他不需要设置的参数保持空白，最后单击“确定”按钮即可。

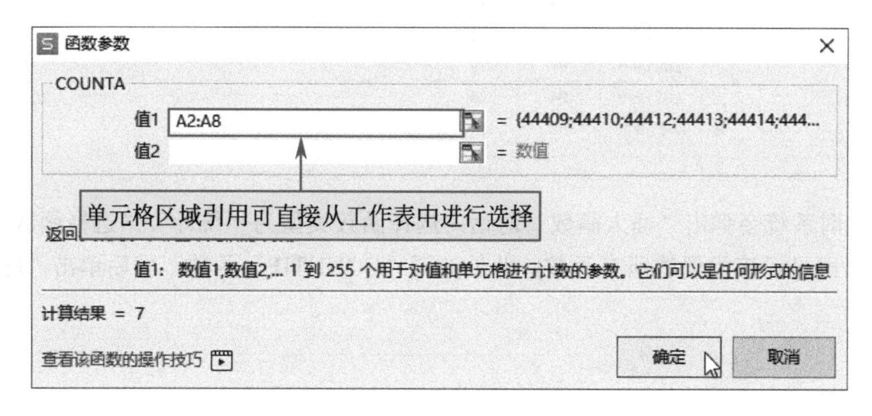

返回到工作表，可以查看到E2单元格中已经自动计算出了结果，在编辑栏中可以查看完整公式。

E2 =COUNTA(A2:A8)

	A	B	C	D	E	F
1	日期	1车间	2车间		工作天数	
2	2021/8/1	90	83		7	
3	2021/8/2	75	76			
4	2021/8/4	83	70			
5	2021/8/5	72	85			
6	2021/8/6	67	79			
7	2021/8/9	94	65			
8	2021/8/10	66	84			
9						

（2）使用“插入函数”对话框插入函数

在“插入函数”对话框中插入函数同样需要在“函数参数”对话框中设置参数。

假设需要根据生产记录统计1车间产量低于70的次数，选择E2单元格，打开“公式”选项卡，在“函数库”组中单击“插入函数”按钮。

提示:“插入函数”的快捷键为【Shift+F3】。

	A	B	C	D	E
1	日期	1车间	2车间		1车间产量低于70的次数
2	2021/8/1	90	83		
3	2021/8/2	75	76		
4	2021/8/4	83	70		
5	2021/8/5	72	85		
6	2021/8/6	67	79		
7	2021/8/9	94	65		
8	2021/8/10	66	84		
9					

此时系统会弹出“插入函数”对话，选择函数类型为“统计”,“选择函数”列表中随即显示该类型的所有函数，此处选择“COUNTIF”函数，然后单击“确定”按钮。

打开“函数参数”对话框，分别设置参数为“B2:B8”(要进行统计的区域)、“<70”(统计条件)，最后单击“确定”按钮关闭对话框。

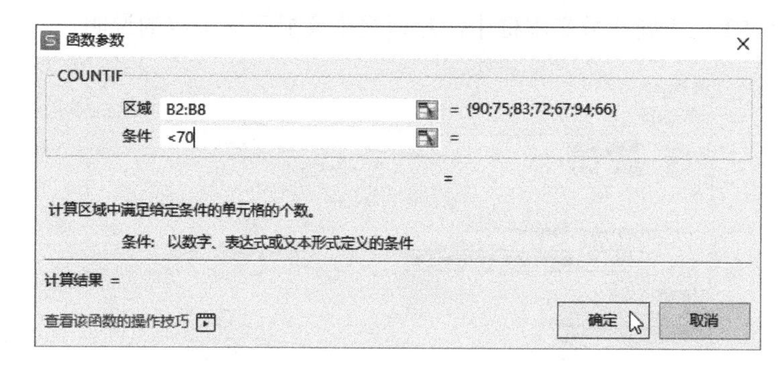

返回工作表，E2单元格中已经返回了计算结果，在编辑栏中可以看到具体公式。

E2　=COUNTIF(B2:B8,"<70")

	A	B	C	D	E	F
1	日期	1车间	2车间		1车间产量低于70的次数	
2	2021/8/1	90	83		2	
3	2021/8/2	75	76			
4	2021/8/4	83	70			
5	2021/8/5	72	85			
6	2021/8/6	67	79			
7	2021/8/9	94	65			
8	2021/8/10	66	84			
9						

提示：在“函数参数”对话框中设置常量参数时不需要手动添加英文双引号，系统可以识别出参数的性质并自动进行添加。

上述两种插入函数的方法适合初学者使用，在插入函数以及设置参数的时候可根据对话框中的文字提示完成操作。

另外，在“插入函数”对话框中还可以根据关键词快速搜索到可执行相应操作的函数。例如，在“查找函数”文本框中输入“平均值”，下方的列表框中会随即显示出各种求平均值的函数。

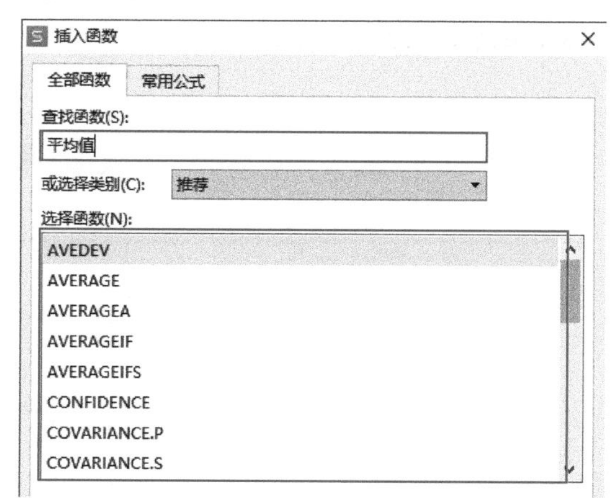

初学者往往搞不清函数参数所代表的含义。在“函数参数”对话框中则可以根据文字提示轻松解读出每个参数的含义。

将光标放置在不同参数文本框中，对话框中会显示该参数的说明。

函数参数
COUNTIF
区域 B2:B8 = {90;75;83;72;67;94;66}
条件 "<70" = "<70"
= 2
计算区域中满足给定条件的单元格的个数。
区域：要计算其中非空单元格数目的区域
计算结果 = 2
查看该函数的操作技巧
确定 取消

函数参数
COUNTIF
区域 B2:B8 = {90;75;83;72;67;94;66}
条件 "<70" = "<70"
= 2
计算区域中满足给定条件的单元格的个数。
条件：以数字、表达式或文本形式定义的条件
计算结果 = 2
查看该函数的操作技巧
确定 取消

（3）手动输入函数

手动输入函数适合有函数基础的人员。如果熟悉函数的拼写方法，可直接手动输入函数名称；若只知道函数的前几个字母，可借助函数列表输入函数。

假设要对大于80的产量进行汇总。选择E2单元格，先输入等号，然后开始输入函数名称，当输入第一个字母后屏幕中便会出现一个下拉列表，显示以该字母开头的所有函数。若此时列表中显示的函数太多，不能快速找到想要使用的函数，可以多输入几个字母，缩小列表中显示的函数范围。最后双击需要使用的函数名称，即可将该函数插入到公式中。

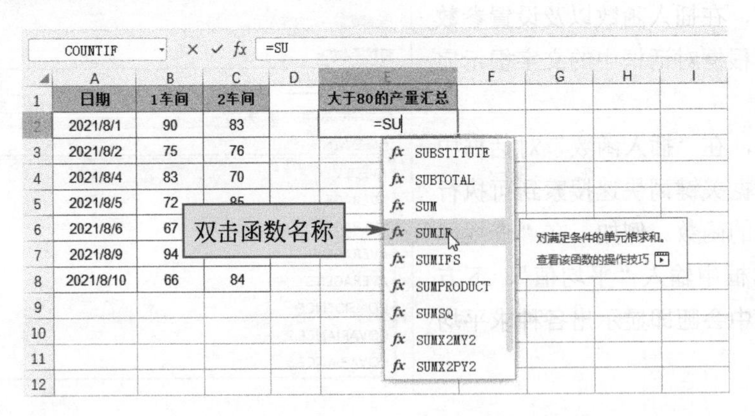

除了函数名称后会自动输入括号“()”，在公式下方还会显示该函数的语法格式。

COUNTIF　× ✓ fx　=SUMIF()

	A	B	C	D	E	F	G
1	日期	1车间	2车间		大于80的产量汇总		
2	2021/8/1	90	83		=SUMIF()		
3	2021/8/2	75	76		SUMIF（区域，条件，[求和区域]）		
4	2021/8/4	83	70				
5	2021/8/5	72	85				
6	2021/8/6	67	79				
7	2021/8/9	94	65				
8	2021/8/10	66	84				
9							

当所有参数设置完后按下【Enter】键，即可返回计算结果。

COUNTIF　× ✓ fx　=SUMIF(B2:C8,″>80″,B2:C8)

	A	B	C	D	E	F
1	日期	1车间	2车间		大于80的产量汇总	
2	2021/8/1	90	83		=SUMIF(B2:C8,">80",B2:C8)	
3	2021/8/2	75	76		SUMIF（区域，条件，[求和区域]）	
4	2021/8/4	83	70			
5	2021/8/5	72	85			
6	2021/8/6	67	79			
7	2021/8/9	94	65			
8	2021/8/10	66	84			
9						

Enter

大于80的产量汇总
519

提示：若公式缺少最后一个右括号，直接按【Enter】键，系统会自动补上右括号，并不影响公式的计算。

1.4.7 学会使用嵌套函数

WPS表格函数除了单独使用外，还可以多个函数嵌套使用。所谓函数嵌套，是指将一个函数作为另一个函数的参数使用，从而实现复杂的计算。

下面以IF函数嵌套AND函数，根据各项考核成绩自动返回考核结果为例：在G2单元格中输入公式“=IF(AND(C2>=90,D2>=80,E2>=80,F2>=60),"通过","不通过")”，返回计算结果后将公式向下方填充，即可以文本“不通过”或“通过”显示所有人员的考核结果。

G2 =IF(AND(C2>=90,D2>=80,E2>=80,F2>=60),"通过","不通过")

	A	B	C	D	E	F	G	H	I
1	序号	姓名	员工手册	安全教育	理论知识	实际操作	考核结果		
2	1	毛羽	80	80	80	90	不通过		
3	2	张珂	60	60	60	50	不通过		
4	3	王新鹏	90	80	80	80	通过		
5	4	赵乐	50	40	60	40	不通过		
6	5	许凯凯	60	50	70	80	不通过		
7	6	王天娇	90	90	80	70	通过		
8	7	赵一鸣	40	80	60	50	不通过		
9	8	刘丽	90	80	90	90	通过		
10									

作为IF函数的第三参数使用

=IF(AND(C2>=90, D2>=80, E2>=80, F2>=60),"通过","不通过")

作为IF函数的第一参数使用　作为IF函数的第二参数使用

在这个公式中，AND函数作为IF函数的第一参数使用，AND函数对“C2>=90,D2>=80,E2>=80,F2>=60”这几个表达式进行判断，返回结果为逻辑值TRUE或FALSE。当AND函数返回TRUE（逻辑真，表示是）时，IF函数[1]的返回结果为“通过”；当AND函数[2]返回FALSE（逻辑假，表示否）时，IF函数的返回结果为“不通过”。

1.5 WPS表格专业术语汇总

在学习或使用WPS表格的过程中经常会遇到专业术语，例如常量、数组、活动单元格、语法、参数、填充柄等。对于初学者来说，这些术语可能不太好理解，这样势必会让学习受阻。那么，WPS表格中都有哪些常用术语？这些术语究竟是什么意思呢？

1.5.1 WPS表格常用术语详解

下面将用最简单直白的语言对WPS表格中常用的专业术语进行解释说明。

① 工作簿：WPS表格文件被称为工作簿，一个WPS表格文件就是一个工作簿。

[1] IF函数的使用方法详见本书第4章。

[2] AND函数的使用方法详见本书第4章。

② 工作表：工作表是工作簿中包含的表格。一个工作簿中可以包含很多张工作表。

③ 工作表标签：是工作表的名称，默认名称为Sheet1、Sheet2、Sheet3……每个工作表标签名称都可以单独修改，用于区分工作表中所包含的内容。

④ 活动工作表：指当前打开或正在操作的工作表。

⑤ 功能区：在工作簿顶部用于盛放命令按钮的区域。

⑥ 选项卡：包含在功能区中，将命令按钮按照功能分类存放的标签选项。

⑦ 选项组：包含在选项卡中，将命令按钮的功能细分到不同的选项组，方便查找和调用。

⑧ 对话框启动器：在选项组的右下角，用于打开与该选项组相关的对话框。不是每个选项组中都包含对话框启动器。

⑨ 快速访问工具栏：在功能区的左上角，包含常用的命令按钮，可自行添加要在快速访问工具栏中显示的命令按钮。

⑩ 文件菜单：在选项卡的左侧单击“文件”按钮可进入文件菜单。在文件菜单中可执行新建、打开、保存、打印等操作。另外，“WPS表格选项”对话框也在该菜单中打开。

⑪ 命令按钮：用于执行某项固定操作的按钮。

⑫ 编辑栏：在工作表区域的上方，用于显示或编辑单元格中的内容。

⑬ 名称框：在编辑栏的左侧，用于显示所选对象的名称，或定位指定对象。

⑭ 右键菜单：右击某个选项时弹出的快捷列表，其中包含可对当前选项执行操作的各种命令。

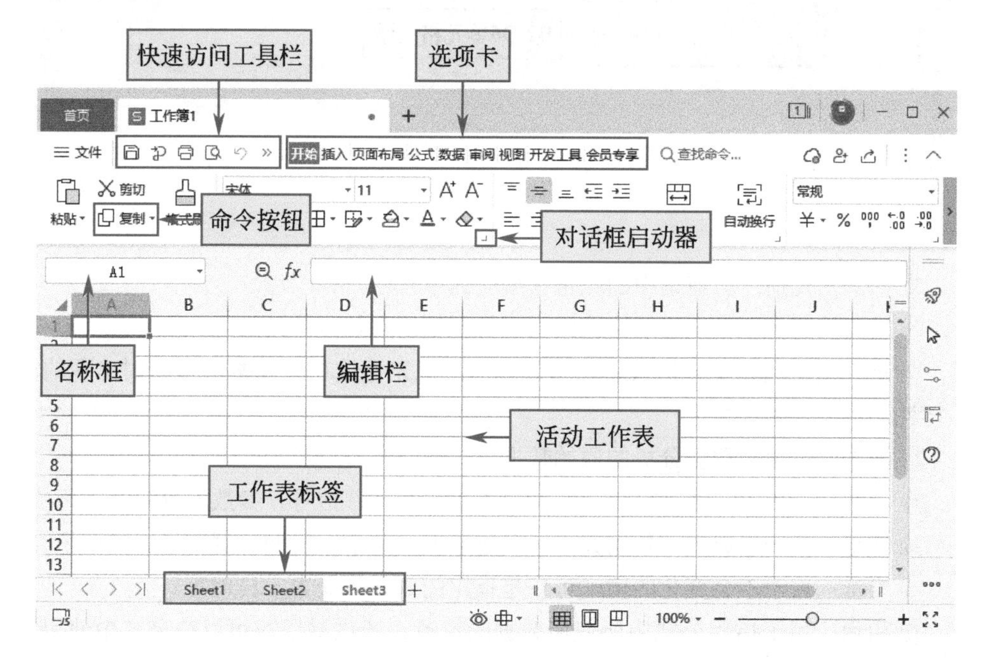

⑮ 行号：工作表左侧的数字，一个数字对应一行。

⑯ 列标：工作表上方的字母，一个字母对应一列。

⑰ 单元格：工作表中的小格子，一个小格子就是一个单元格。

⑱ 单元格名称：每个单元格都有一个专属名称。这个名称由单元格所在位置的列标和行号组成（列标在前，行号在后）。

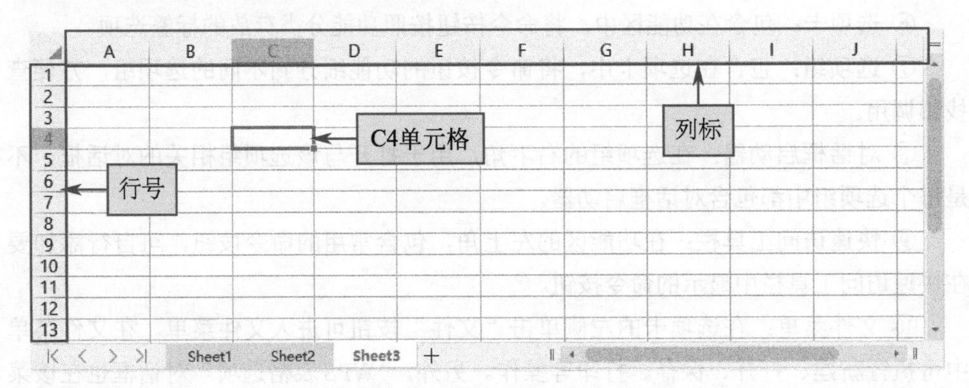

⑲ 单元格区域：多个连续的单元格组成的区域叫作单元格区域。单元格区域的名称由这个区域的起始单元格和末尾单元格的名称以及“:”符号（在两单元格名称中间）组成。

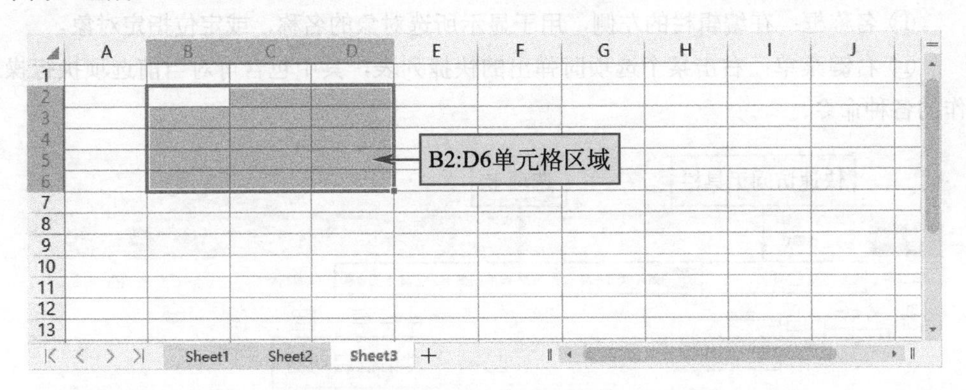

⑳ 活动单元格：当前选中的或正在编辑的单元格。

㉑ 填充：将目标单元格的格式或内容批量复制到其他单元格中。

㉒ 填充柄：选择单元格或单元格区域后，把光标放在单元格右下角时出现的黑色十字。

㉓ 数据源：用于数据分析的原始数据。

㉔ 参数：函数的组成部分之一。函数由函数名称、括号、参数、分隔符等组成。

㉕ 数组：指一组数据。数组元素可以是数值、文本、日期、逻辑值、错误值等。

㉖ 常量：表示不会变化的值，可以是指定的数字、文本、日期等。

㉗ 引用：用于指明公式中所使用数据的位置。通过引用，可以在公式中使用工

作表不同位置的数据，或者在多个公式中使用同一单元格的数值，还可以引用同一工作簿不同工作表的单元格等。

㉘ 定义名称：对单元格、单元格区域、公式等可以定义名称。在公式中使用名称可以简化公式，在工作表中使用名称可以快速定位名称所对应的对象。

1.5.2 行、列以及单元格的关系

学习公式一定要了解单元格的概念。因为公式中经常要引用单元格。单元格是工作表中的最小单位，一个工作表中可包含一百多亿个单元格。

单元格是由一万多列和一百多万行交叉形成的。工作表中的灰色线条，纵向的是列线，横向的是行线，每四个交叉点组成一个单元格。

行线和列线就像地球仪上的经线和纬线，可以确定单元格在工作表中的坐标。例如，D5单元格表示这个单元格位于D列和第5行的相交位置，而D5则是这个单元格的名称。

单元格区域表示由相邻的单元格组成的区域。单元格区域在公式中也十分常见，属于最常用的公式元素之一，分为行方向、列方向以及同时包含两个方向的单元格区域。其名称由起始单元格和结束单元格组成，在这两个单元格之间用冒号“:”连接。

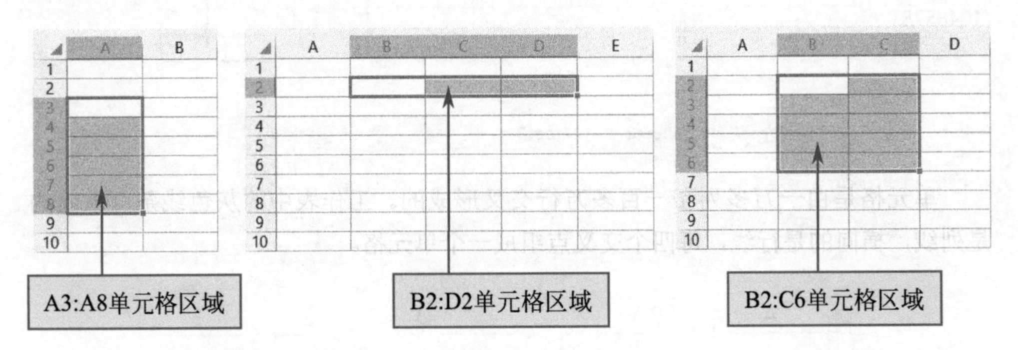

另外，公式中也会直接引用整行或整列。将光标放在行号或列标上方，当光标变成黑色箭头形状时单击鼠标，即可将整行或整列中的所有单元格全部选中。

在公式中引用单元格、单元格区域的方法在1.2.1小节中进行了详细介绍。

1.5.3 定义名称

定义名称其实很简单，下面将对单元格区域定义名称。假设需要对销售金额所在单元格区域定义名称。

第一步，选中需要定义名称的单元格区域，打开“公式”选项卡，然后单击“名称管理器”按钮，如下左图所示。

第二步，系统随即弹出“名称管理器”对话框，单击“新建”按钮，打开“新建名称”对话框，在“名称”文本框中输入“金额”，保持“引用位置”文本框中的内容不变，单击“确定”按钮，如下右图所示。

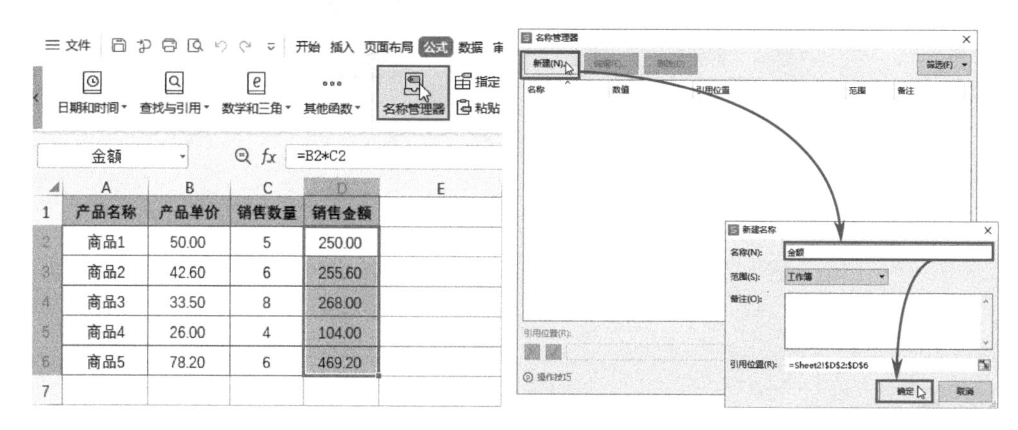

第三步，此时单元格区域的名称便定义完成了。定义的名称可直接用在公式中，假设要对销售金额进行求和，可以在F2单元格中输入公式“=SUM(金额)”，确认输入后公式便可返回求和结果，如下图所示。这个公式中的“金额”即是刚刚定义的名称。

ASC =SUM(金额)

	A	B	C	D	E	F	G
1	产品名称	产品单价	销售数量	销售金额		销售总额	
2	商品1	50.00	5	250.00		=SUM(金额)	Enter
3	商品2	42.60	6	255.60			
4	商品3	33.50	8	268.00			
5	商品4	26.00	4	104.00			
6	商品5	78.20	6	469.20			
7							

销售总额
1346.80

若要快速定位名称所指定的区域，可以直接在“名称”文本框中输入名称，然后按下【Enter】键即可。

金额 =B2*C2

输入名称后按【Enter】键

	A	B	C	D	E
1	产		量	销售金额	
2	商品1	50.00	5	250.00	
3	商品2	42.60	6	255.60	
4	商品3	33.50	8	268.00	
5	商品4	26.00	4	104.00	
6	商品5	78.20	6	469.20	
7					

第2章 数学与三角函数

WPS表格中所包含的数学与三角函数可以执行常规计算、舍入计算、随机数/指数/对数计算、阶乘和矩阵计算等。本章将对WPS表格中常用数学与三角函数的使用方法进行详细介绍。

数学与三角函数一览

新版本的WPS表格中包含了六十多种数学与三角函数。在此将首先对这些函数进行罗列，以让读者全面了解这部分函数的功能。

（1）常用函数

常用的数学与三角函数包括求和、乘积、方差、除余、绝对值、四舍五入、数值截取等类型，其中常用的函数包括SUM、SUMIF、MOD、RAND、ROUND、INT、TRUNC等。

序号	函数	作用
1	ABS	返回数字的绝对值
2	CEILING	将参数向上舍入为最接近的指定基数的倍数
3	EVEN	返回正（负）数向上（下）舍入到最接近的偶数
4	FLOOR	按给定基数进行向下舍入计算
5	INT	将数字向下舍入到最接近的整数
6	MOD	返回两数相除的余数，结果的符号与除数相同
7	MROUND	返回一个舍入到所需倍数的数字
8	ODD	返回正（负）数向上（下）舍入到最接近的奇数
9	PRODUCT	使所有以参数形式给出的数字相乘并返回乘积值
10	QUOTIENT	返回除法的整数部分

续表

序号	函数	作用
11	RAND	返回一个大于等于 0 且小于 1 的平均分布的随机实数
12	RANDBETWEEN	返回位于两个指定数之间的一个随机整数
13	ROUND	将数字四舍五入到指定的位数
14	ROUNDDOWN	按指定的位数向下舍入数字
15	ROUNDUP	按指定的位数向上舍入数字
16	SIGN	确定数字的符号
17	SUBTOTAL	返回列表或数据库中的分类汇总
18	SUM	求和函数，将单个值、单元格引用或是单元格区域相加，或者将三者的组合相加
19	SUMIF	对区域内符合指定条件的值求和
20	SUMIFS	计算满足多个条件的全部参数的总量
21	SUMPRODUCT	在给定的几组数组中，将数组间对应的元素相乘，并返回乘积之和
22	SUMSQ	返回参数的平方和
23	SUMX2MY2	返回两组数值中对应数值的平方差之和
24	SUMX2PY2	返回两组数值中对应数值的平方和之和
25	SUMXMY2	返回两组数值中对应数值之差的平方和
26	TRUNC	将数字的小数部分截去，返回整数

（2）其他函数

下面对工作中使用频率不高的数学与三角函数进行了整理和罗列，读者可浏览其大概作用。

序号	函数	作用
1	ACOS	返回数字的反余弦值
2	ACOSH	返回数字的反双曲余弦值
3	AGGREGATE	返回列表或数据库中的合计
4	ASIN	返回数字的反正弦值
5	ASINH	返回数字的反双曲正弦值
6	ATAN	返回数字的反正切值
7	ATAN2	返回给定的 X 轴及 Y 轴坐标值的反正切值
8	ATANH	返回数字的反双曲正切值

续表

序号	函数	作用
9	COMBIN	返回给定项目数的组合数
10	COS	返回已知角度的余弦值
11	COSH	返回数字的双曲余弦值
12	DEGREES	将弧度转换为度数
13	EXP	返回 e 的 *n* 次幂
14	FACT	返回数字的阶乘
15	FACTDOUBLE	返回数字的双倍阶乘
16	GCD	返回两个或多个整数的最大公约数
17	LCM	返回整数的最小公倍数
18	LN	返回数字的自然对数
20	LOG	根据指定底数返回数字的对数
21	LOG10	返回数字以 10 为底的对数
22	MAXIFS	返回一组给定条件所指定的单元格的最大值
23	MDETERM	返回一个数组的矩阵行列式的值
24	MINIFS	返回一组给定条件所指定的单元格的最小值
25	MINVERSE	返回数组中存储的矩阵的逆矩阵
26	MMULT	返回两个数组的矩阵乘积
27	MULTINOMIAL	返回参数和的阶乘与各参数阶乘乘积的比值
28	PI	返回数字 3.14159265358979（数学常量 pi），精确到 15 个数字
29	POWER	返回数字乘幂的结果
30	RADIANS	将度数转换为弧度
31	ROMAN	将阿拉伯数字转换为文本形式的罗马数字
32	SERIESSUM	返回幂级数的和
33	SIN	返回已知角度的正弦值
34	SINH	返回数字的双曲正弦值
35	SQRT	返回正的平方根
36	SQRTPI	返回某数与 pi 的乘积的平方根
37	TAN	返回已知角度的正切值
38	TANH	返回数字的双曲正切值

函数 1 SUM

——计算指定区域中所有数字之和

SUM函数的主要作用是求和，它是WPS表格中最常用的函数之一。

语法格式：=SUM(数值1,数值2,...)

参数介绍：

❖ 数值1：为必需参数。表示需要参与求和计算的第一个值。该参数可以是单元格或单元格区域引用、数字、名称、数组、逻辑值等。

❖ 数值2：为可选参数。表示需要参与求和计算的第二个值。该参数可以是单元格或单元格区域引用、数字、名称、数组、逻辑值等。

使用说明：

SUM函数最少需要设置1个参数，最多能设置255个参数。单元格中的逻辑值和文本会被忽略。但当作为参数输入时，逻辑值和文本有效。参数如果为数值以外的文本，则返回错误值“#VALUE!”。

● 函数应用实例1：使用自动求和汇总销售数量

使用自动求和功能可以快速对指定区域中的数值进行求和。

Step01：
自动求和

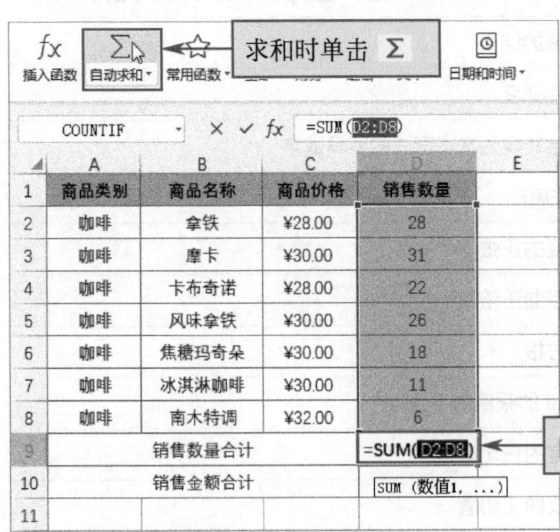

① 选择D9单元格。

② 打开“公式”选项卡。

③ 在“函数库”组中单击“自动求和”按钮。

④ D9单元格中随即自动输入求和公式。

	A	B	C	D	E
1	商品类别	商品名称	商品价格	销售数量	
2	咖啡	拿铁	¥28.00	28	
3	咖啡	摩卡	¥30.00	31	
4	咖啡	卡布奇诺	¥28.00	22	
5	咖啡	风味拿铁	¥30.00	26	
6	咖啡	焦糖玛奇朵	¥30.00	18	
7	咖啡	冰淇淋咖啡	¥30.00	11	
8	咖啡	南木特调	¥32.00	6	
9	销售数量合计			142	
10	销售金额合计				
11					

按【Enter】键

Step02:

计算出销售量总和

⑤ 按下【Enter】键，D9单元格中随即显示出求和结果。

注意：使用自动求和时，SUM函数会自动引用公式上方或右侧包含数字的单元格区域，若公式无法自动引用单元格区域或引用了错误的单元格区域，用户可以重新指定要求和的单元格区域。

● 函数应用实例2：汇总销售金额

本例将使用数组公式对指定的两个单元格区域中数值的乘积进行求和。

SIN × ✓ fx =SUM(

	A	B	C	D	E
1	商品类别	商品名称	商品价格	销售数量	
2	咖啡	拿铁	¥28.00	28	
3	咖啡	摩卡	¥30.00	31	
4	咖啡	卡布奇诺	¥28.00	22	
5	咖啡	风味拿铁	¥30.00	26	
6	咖啡	焦糖玛奇朵	¥30.00	18	
7	咖啡	冰淇淋咖啡	¥30.00	11	
8	咖啡	南木特调	¥32.00	6	
9	销售数量合计			142	
10	销售金额合计			=SUM(	
11				SUM（数值1，...）	

Step01:

输入函数名

① 选择D10单元格，输入等号和SUM函数名称以及左括号。

SIN × ✓ fx =SUM(C2:C8

	A	B	C	D	E
1	商品类别	商品名称	商品价格	销售数量	
2	咖啡	拿铁	¥28.00	28	
3	咖啡	摩卡	¥30.00	31	
4	咖啡	卡布奇诺	¥28.00	22	
5	咖啡	风味拿铁	¥30.00	26	
6	咖啡	焦糖玛奇朵	¥30.00	18	
7	咖啡	冰淇淋咖啡	¥30.00	11	
8	咖啡	南木特调	¥32.00	6	
9	销售数量合计			7R x 1C	
10	销售金额合计			=SUM(C2:C8	
11				SUM（数值1，...）	

在公式中引用单元格区域

Step02:

引用单元格区域

② 拖动鼠标，选择C2:C8单元格区域，将该区域地址引用到公式中。

SIN =SUM(C2:C8*D2:D8)

	A	B	C	D	E
1	商品类别	商品名称	商品价格	销售数量	
2	咖啡	拿铁	¥28.00	28	
3	咖啡	摩卡	¥30.00	31	
4	咖啡	卡布奇诺	¥28.00	22	
5	咖啡	风味拿铁	¥30.00	26	
6	咖啡	焦糖玛奇朵	¥30.00	18	
7	咖啡	冰淇淋咖啡	¥30.00	11	
8	咖啡	南木特调	¥32.00	6	
9		销售数量合计		142	
10		销售金额合计	=SUM(C2:C8*D2:D8)		
11					

对“商品价格”×“销售数量”的结果进行求和

Step03:

完成公式编写

③ 继续在公式中输入乘号运算符，接着引用D2:D8单元格区域，最后输入右括号完成公式的编写。

D10 {=SUM(C2:C8*D2:D8)}

	A	B	C	D	E
1	商品类别	商品名称	商品价格	销售数量	
2	咖啡	拿铁	¥28.00	28	
3	咖啡	摩卡	¥30.00	31	
4	咖啡	卡布奇诺	¥28.00	22	
5	咖啡	风味拿铁	¥30.00	26	
6	咖啡	焦糖玛奇朵	¥30.00	18	
7	咖啡	冰淇淋咖啡	¥30.00	11	
8	咖啡	南木特调	¥32.00	6	
9		销售数量合计		142	
10		销售金额合计		¥4,172.00	
11					

按【Ctrl+Shift+Enter】组合键，返回数组公式结果

Step04:

返回数组公式结果

④ 按下【Ctrl+Shift+Enter】组合键，公式随即返回所有商品的销售总金额。

● 函数应用实例3：求3D合计值

在SUM函数中跨多个工作表也能求和，这样的求和方式称为3D合计方法。下面将在“销售金额汇总”工作表中对“上旬”“中旬”以及“下旬”三张工作表中的商品销售金额进行汇总。

Step01:

插入函数

① 选择B2单元格。

② 打开“公式”选项卡。

③ 在“函数库”组中单击“自动求和”按钮。此时，B2单元格中自动插入了SUM函数。接下来需要手动设置参数。

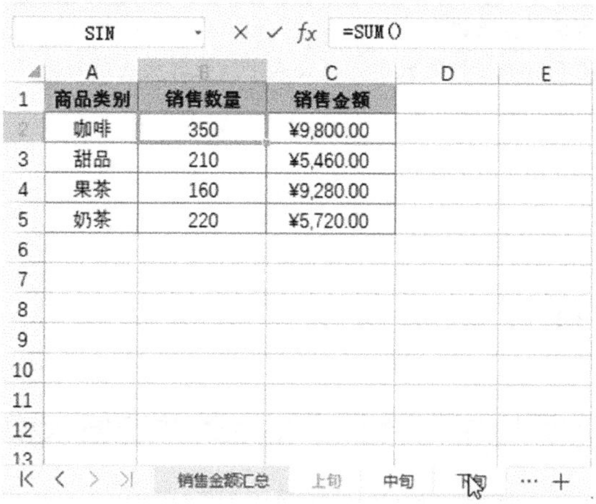

SIN　=SUM()

	A	B	C	D	E
1	商品类别	销售数量	销售金额		
2	咖啡	350	¥9,800.00		
3	甜品	210	¥5,460.00		
4	果茶	160	¥9,280.00		
5	奶茶	220	¥5,720.00		

销售金额汇总　上旬　中旬　下旬

Step02：引用工作表名称

④ 先单击“上旬”工作表标签。

⑤ 按住【Shift】键再单击“下旬”工作表标签。

特别说明：此时在编辑栏中可以查看到公式中已经成功引用了上旬至下旬的工作表标签。

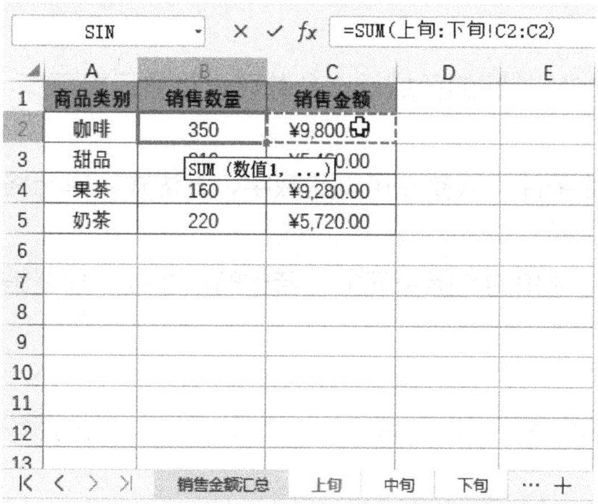

SIN　=SUM(上旬:下旬!C2:C2)

	A	B	C	D	E
1	商品类别	销售数量	销售金额		
2	咖啡	350	¥9,800.00		
3	甜品	SUM（数值1，...）	¥5,460.00		
4	果茶	160	¥9,280.00		
5	奶茶	220	¥5,720.00		

销售金额汇总　上旬　中旬　下旬

Step03：引用单元格

⑥ 继续在当前工作表中单击C2单元格，将该单元格名称引用到公式中。

B2　=SUM(上旬:下旬!C2:C2)

	A	B	C	D	E
1	商品类别	合计金额			
2	咖啡	¥26,852.00			
3	甜品				
4	果茶				
5	奶茶				

销售金额汇总　上旬　中旬　下旬

Step04：返回结计算结果

⑦ 公式输入完后按【Enter】键，即可返回计算结果。

特别说明：输入公式的过程中不要乱点鼠标，否则很容易造成公式编写错误。

注意：进行3D求和时，作为计算对象的数据必须在各个工作表的同一位置。例如，“上旬”工作表中的C2单元格内存储的是咖啡的“销售金额”，那么在“中旬”以及“下旬”工作表的C2单元格中也必须是咖啡的“销售金额”，否则统计结果将会出错。

另外，参数中的“上旬:下旬!”是对连续工作表名称的引用。在公式中只能引用连续的工作表或单个工作表，不能引用不相邻的工作表。

函数2 SUMIF——对指定区域中符合某个特定条件的值求和

语法格式：=SUMIF(区域,条件,求和区域)

参数介绍：

❖ 区域：为必需参数。表示用于条件判断的区域。该参数可以是单元格区域、名称、数组等。

❖ 条件：为必需参数。表示求和的条件。该参数可以是数字、表达式、单元格引用、文本或函数等。可使用通配符。

❖ 求和区域：为必需参数。表示要求和的实际单元格。若省略该参数，则在第一参数指定的区域中求和。

使用说明：

条件参数可以使用通配符，通配符的类型包括问号（?）、星号（*）以及波形符（～）三种，具体含义见下表。

符号/读法	含义
*（星号）	在和符号相同的位置处有多个任意字符
？（问号）	在和符号相同的位置处有任意的一个字符
~（波形符）	检索包含*、？、～（不作为通配符）的文本时，在各符号前输入～

● 函数应用实例1：计算不同类型消费所支出的金额

计算不同类型消费所支出的金额，需要在消费类型所在的单元格内指定检索条件。

	A	B	C	D	E	F	G
1	消费日期	消费项目	消费类型	消费金额		消费类型	支出总金额
2	2021/1/1	买书	学习	¥58.00		学习	
3	2021/1/2	会客	工作	¥120.00		工作	
4	2021/1/3	买菜	生活	¥63.00		生活	
5	2021/1/4	买衣服	生活	¥200.00		交通	
6	2021/1/7	买零食	生活	¥30.00			
7	2021/1/8	电话费	工作	¥100.00			
8	2021/1/9	水电费	生活	¥150.00			
9	2021/1/11	买画笔	学习	¥46.00			
10	2021/1/12	打车费	交通	¥22.00			
11							

Step01:
选择插入函数的方式

① 选择G2单元格。

② 单击编辑栏左侧的“f_x”按钮。

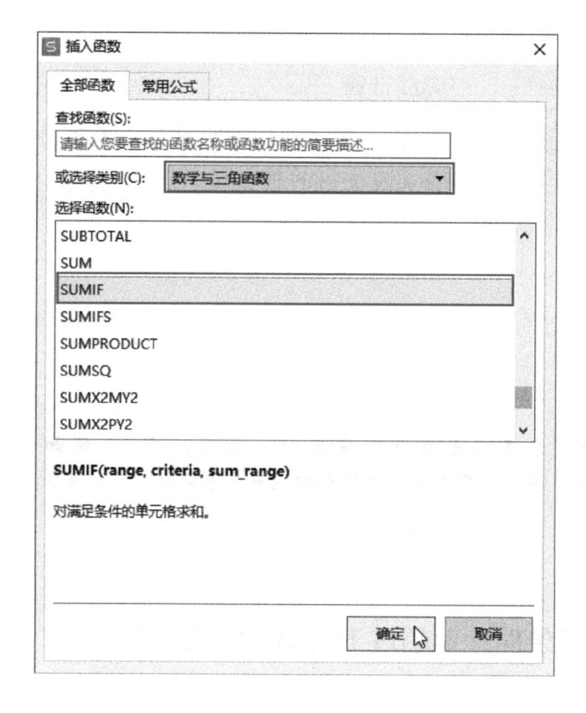

Step02:
选择函数

③ 在打开的“插入函数”对话框中选择函数类型为“数学与三角函数”，随后在下方的列表框中选择“SUMIF”函数。

④ 设置好后，单击“确定”按钮。

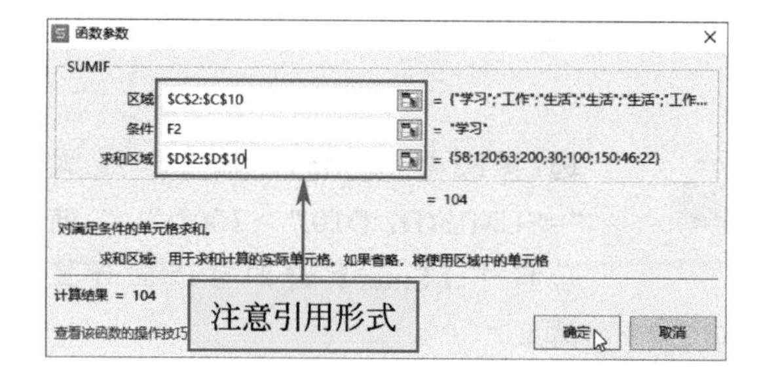

Step03:
设置参数

⑤ 在弹出的“函数参数”对话框中，依次设置三个参数为“$C$2:$C$10”“F2”“$D$2:$D$10”。

特别说明：由于后面需要填充公式，所以第一参数和第二参数必须要使用绝对引用。

⑥ 设置完成后单击“确定”按钮。

G2 =SUMIF($C$2:$C$10,F2,$D$2:$D$10)

	A	B	C	D	E	F	G	H
1	消费日期	消费项目	消费类型	消费金额		消费类型	支出总金额	
2	2021/1/1	买书	学习	¥58.00		学习	¥104.00	
3	2021/1/2	会客	工作	¥120.00		工作		
4	2021/1/3	买菜	生活	¥63.00		生活		
5	2021/1/4	买衣服	生活	¥200.00		交通		
6	2021/1/7	买零食	生活	¥30.00				
7	2021/1/8	电话费	工作	¥100.00				
8	2021/1/9	水电费	生活	¥150.00				
9	2021/1/11	买画笔	学习	¥46.00				
10	2021/1/12	打车费	交通	¥22.00				
11								

按住鼠标左键拖动

Step04:

填充公式

⑦ 返回到工作表，此时G2单元格中已经计算出第一项消费类型支出的总金额。选择G2单元格，向下拖动填充柄至G5单元格。

G2 =SUMIF($C$2:$C$10,F2,$D$2:$D$10)

	A	B	C	D	E	F	G	H
1	消费日期	消费项目	消费类型	消费金额		消费类型	支出总金额	
2	2021/1/1	买书	学习	¥58.00		学习	¥104.00	
3	2021/1/2	会客	工作	¥120.00		工作	¥220.00	
4	2021/1/3	买菜	生活	¥63.00		生活	¥443.00	
5	2021/1/4	买衣服	生活	¥200.00		交通	¥22.00	
6	2021/1/7	买零食	生活	¥30.00				
7	2021/1/8	电话费	工作	¥100.00				
8	2021/1/9	水电费	生活	¥150.00				
9	2021/1/11	买画笔	学习	¥46.00				
10	2021/1/12	打车费	交通	¥22.00				
11								

Step05:

完成计算

⑧ 松开鼠标后，便可计算出各项消费类型支出的总金额。

提示：本例的求和条件是单元格引用，若条件是常量则需要输入在双引号中，例如“=SUMIF($C$2:$C$10,"学习",$D$2:$D$10)”。在“函数参数”对话框中设置文本常量时不需要手动添加。

● 函数应用实例2：设置比较条件计算超过100元的消费总额

比较条件也是SUMIF函数经常使用的一种条件类型，下面将设置比较条件对大于100元的消费金额进行求和。

F2 =SUMIF(D2:D10,">100")

	A	B	C	D	E	F	G
1	消费日期	消费项目	消费类型	消费金额		汇总大于100的消费金额	
2	2021/1/1	买书	学习	¥58.00		470	
3	2021/1/2	会客	工作	¥120.00			
4	2021/1/3	买菜	生活	¥63.00			
5	2021/1/4	买衣服	生活				
6	2021/1/7	买零食	生活				
7	2021/1/8	电话费	工作				
8	2021/1/9	水电费	生活	¥150.00			
9	2021/1/11	买画笔	学习	¥46.00			
10	2021/1/12	打车费	交通	¥22.00			
11							

=SUMIF(D2:D10,">100")

选择F2单元格，输入公式“=SUMIF(D2:D10,"＞100")”，随后按下【Enter】键即可返回计算结果。

特别说明：由于本例中条件区域和求和区域是同一个区域，所以省略了第三参数。

提示：若要计算小于等于100元的消费金额之和，可以将公式修改为“=SUMIF(D2:D10,"<=100")”。

● 函数应用实例3：使用通配符设置求和条件

通配符可以模糊匹配符合条件的字符。比较常用的通配符有“*”和“？”，其中“*”表示任意文本字符串，“？”表示任意一个字符。

下面将使用通配符对第一个字是“买”的消费项目所产生的消费金额进行求和。

F2 =SUMIF(B2:B10,"买*",D2:D10)

	A	B	C	D	E	F
1	消费日期	消费项目	消费类型	消费金额		对第一个字是"买"的消费项目求和
2	2021/1/1	买书	学习	¥58.00		397
3	2021/1/2	会客	工作	¥120.00		
4	2021/1/3	买菜	生活	¥63.00		
5	2021/1/4	买衣服	[illegible]	[illegible]		
6	2021/1/7	买零食	[illegible]	[illegible]		
7	2021/1/8	电话费	工作	¥100.00		
8	2021/1/9	水电费	生活	¥150.00		
9	2021/1/11	买画笔	学习	¥46.00		
10	2021/1/12	打车费	交通	¥22.00		

=SUMIF(B2:B10,"买*",D2:D10)

选择F2单元格，输入公式“=SUMIF(B2:B10,"买*",D2:D10)”，按下【Enter】键后即可返回求和结果。

提示：若要将求和条件修改为以“买”开头的两个字的消费项目，那么可以将公式修改为“=SUMIF(B2:B10,"买?",D2:D10)”。

● 函数组合应用：SUMIF+IF——根据总分判断是否被录取

下面将使用SUMIF函数与IF函数[1]嵌套，从考生成绩表中查询指定人员是否被录取。假设“科目1”和“科目2”的总分大于等于160分时判定为“录取”，总分低于160分时判定为“未录取”。

F2 =IF(SUMIF(A:A,E2,C:C)>=160,"录取","未录取")

	A	B	C	D	E	F	G	H
1	姓名	科目	分数		查询姓名	是否被录取		
2	张芳	科目1	98		张芳	录取		
3	张芳	科目2	96					
4	徐凯	科目3	73					
5	徐凯	科目4	65					
6	赵武	科目5	92					
7	赵武	科目6	73					
8	姜迪	科目7	64					
9	姜迪	科目8	43					
10	李嵩	科目9	51					
11	李嵩	科目10	61					
12	[illegible]	科目11	[illegible]					

=IF(SUMIF(A:A,E2,C:C)>=160,"录取","未录取")

Step01：

输入函数嵌套公式

① 选择F2单元格，输入公式“=IF(SUMIF(A:A,E2,C:C)＞=160,"录取","未录取")”，按下【Enter】键即可返回查询结果。

特别说明：公式中的A:A和C:C是对A列和C列的引用。

---

[1] IF函数的使用方法详见本书第4章。

	A	B	C	D	E	F	G
1	姓名	科目	分数		查询姓名	是否被录取	
2	张芳	科目1	98		姜迪	未录取	
3	张芳	科目2	96				
4	徐凯	科目3	73				
5	徐凯	科目4	65				
6	赵武	科目5	92				
7	赵武	科目6	73				
8	姜迪	科目7	64				
9	姜迪	科目8	43				
10	李嵩	科目9	51				
11	李嵩	科目10	61				
12	文琴	科目11	72				
13	文琴	科目12	86				
14							

Step02：

查询其他姓名

② 在E2单元格中输入其他姓名，按下【Enter】键后，F2单元格中的公式随即会重新计算，从而返回对应的查询结果。

注意：当输入了姓名列表中不存在的姓名或姓名查询单元格为空白时，查询结果会显示“未录取”。这是因为当SUMIF的条件参数（第二参数）为空或不存在于查询区域（第一参数）中时，其结果值为“0”，“0”不满足“>=160”这个条件，所以公式返回“未录取”。

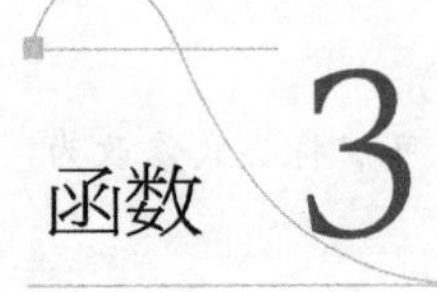

函数3 SUMIFS
——对区域内满足多个条件的值进行求和

语法格式：=SUMIFS(求和区域,区域1,条件1,区域2,条件2,...)

参数介绍：

❖ 求和区域：为必需参数。表示要求和的区域。该参数可以是单元格区域、包含数字的名称、数组等。有且只有一个求和区域。

❖ 区域1：为必需参数。表示第一个求和区域。该参数和第一个条件成对出现。

❖ 条件1：为必需参数。表示第一个条件。该参数可以是数字、表达式、单元格引用、文本或函数等。可使用通配符。

❖ 区域2：为可选参数。表示第二个求和区域。该参数和第二个条件成对出现，可忽略。

❖ 条件2：为可选参数。表示第二个条件。该参数可忽略。

使用说明：

SUMIFS函数不能在同一个区域中设置多重条件，否则公式将无法返回求和结果。SUMIFS函数最多可设置127对区域和条件。

● 函数应用实例1：多个车间同时生产时计算指定车间指定产品的产量

下面将使用SUMIFS函数在车间产量统计表中计算“一车间”生产的“怪味胡豆”的总产量。

	A	B	C	D	E	F	G	H
1	生产时间	生产车间	产品名称	生产数量		条件1	一车间	
2	2021/11/5	一车间	怪味胡豆	50000		条件2	怪味胡豆	
3	2021/11/5	二车间	小米锅粑	32000				
4	2021/11/8	二车间	红泥花生	22000				
5	2021/12/3	二车间	怪味胡豆	19000		求和：		
6	2021/12/12	四车间	咸干花生	20000				
7	2021/12/5	四车间	怪味胡豆	13000				
8	2021/12/23	四车间	五香瓜子	11000				
9	2021/12/5	四车间	红泥花生	15000				
10	2021/12/12	二车间	鱼皮花生	30000				
11	2021/12/12	一车间	五香瓜子	27000				
12	2021/12/3	四车间	咸干花生	34000				
13	2021/11/18	三车间	鱼皮花生	25000				
14	2021/12/5	二车间	鱼皮花生	10000				
15	2021/11/12	三车间	怪味胡豆	13000				
16	2021/11/12	三车间	小米锅粑	12000				
17	2021/12/22	一车间	怪味胡豆	15000				
18	2021/12/14	二车间	小米锅粑	60000				

Step01：
使用快捷键打开“插入函数”对话框

① 选择G5单元格，按【Shift+F3】组合键。

插入函数
全部函数　常用公式
查找函数(S):
请输入您要查找的函数名称或函数功能的简要描述...
或选择类别(C): 数学与三角函数
选择函数(N):
SUBTOTAL
SUM
SUMIF
SUMIFS
SUMPRODUCT
SUMSQ
SUMX2MY2
SUMX2PY2
SUMIFS(sum_range, criteria_range1, criteria1, [criteria_range2, criteria2], ...)
对区域中满足多个条件的单元格求和。
确定　取消

Step02：
选择函数

② 在弹出的“插入函数”对话框中设置函数类型为“数学与三角函数”。

③ 选择“SUMIFS”函数。

④ 单击“确定”按钮。

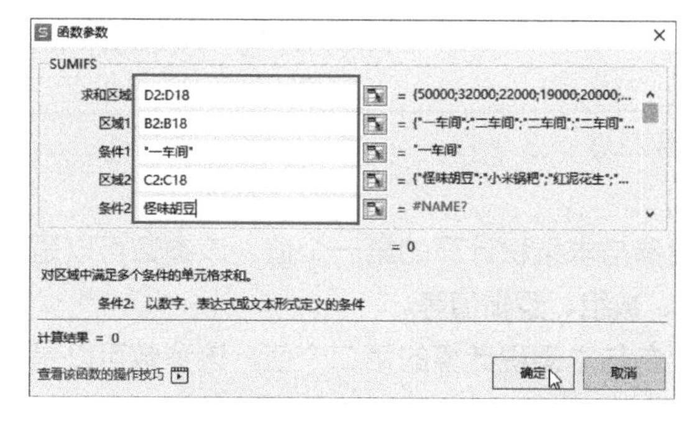

Step03：
设置参数

⑤ 打开“函数参数”对话框，依次设置参数为“D2:D18”“B2:B18”“一车间”“C2:C18”“怪味胡豆”。

⑥ 参数设置完成单击“确定”按钮，关闭对话框。

G5　=SUMIFS(D2:D18,B2:B18,"一车间",C2:C18,"怪味胡豆")

	A	B	C	D	E	F	G	H
1	生产时间	生产车间	产品名称	生产数量		条件1	一车间	
2	2021/11/5	一车间	怪味胡豆	50000		条件2	怪味胡豆	
3	2021/11/5	二车间	小米锅粑	32000				
4	2021/11/8	二车间	红泥花生	22000				
5	2021/12/3	二车间	怪味胡豆	19000		求和：	65000	
6	2021/12/12	四车间	咸干花生	20000				
7	2021/12/5	四车间	怪味胡豆	13000				
8	2021/12/23	四车间	五香瓜子	11000				
9	2021/12/5	四车间	红泥花生	15000				
10	2021/12/12	二车间	鱼皮花生	30000				
11	2021/12/12	一车间	五香瓜子	27000				
12	2021/12/3	四车间	咸干花生	34000				
13	2021/11/18	三车间	鱼皮花生	25000				

Step04：

返回求和结果

⑦ 返回到工作表，此时G5单元格中已经显示出了求和结果，在编辑栏中可查看到完整公式。

● 函数应用实例2：**统计指定日期之前“花生”类产品的生产数量**

SUMIFS函数和SUMIF函数一样，也可以使用比较条件和通配符。下面将计算“2021/12/10”之前最后两个字是“花生”的产品合计产量。

G5　=SUMIFS(D2:D18,A2:A18,"<2021/12/10",C2:C18,"*花生")

	A	B	C	D	E	F	G	H
1	生产时间	生产车间	产品名称	生产数量		条件1	生产时间在2021/12/10之前	
2	2021/11/5	一车间	怪味胡豆	50000		条件2	产品名称最后两个字是"花生"	
3	2021/11/5	二车间	小米锅粑	32000				
4	2021/11/8	二车间	红泥花生	22000				
5	2021/12/3	二车间	怪味胡豆	19000		求和：	106000	
6	2021/12/12	四车间	咸干花生	20000				
7	2021/12/5	四车间	怪味胡豆	13000				
8	2021/12/23	四车间	五香瓜子	11000				
9	2021/12/5	四车间	红泥花生	15000				
10	2021/12/12	二车间	鱼皮花生	30000				
11	2021/12/12	一车间	五香瓜子	27000				
12	2021/12/3	四车间	咸干花生	34000				
13	2021/11/18	三车间	鱼皮花生	25000				
14	2021/12/5	二车间	鱼皮花生	10000				
15	2021/11/12	三车间	怪味胡豆	13000				
16	2021/11/12	三车间	小米锅粑	12000				
17	2021/12/22	一车间	怪味胡豆	15000				
18	2021/12/14	二车间	小米锅粑	60000				

=SUMIFS(D2:D18,A2:A18,"<2021/12/10",C2:C18,"*花生")

选择G5单元格，输入公式“=SUMIFS(D2:D18,A2:A18,"<2021/12/10",C2:C18,"*花生")”，按下【Enter】键即可返回求和结果。

函数4 PRODUCT

——计算所有参数的乘积

语法格式：=PRODUCT(数值1,数值2,...)

参数介绍：

❖ 数值1：为必需参数。表示需要参与求乘积计算的第一个值。该参数可以是单元格或单元格区域引用、数字、名称、数组、逻辑值等。

❖ 数值2：为可选参数。表示需要参与求乘积计算的第二个值。该参数可以是单元格或单元格区域引用、数字、名称、数组、逻辑值等。

使用说明：

PRODUCT函数至少需要1个参数，最多可设置255个参数。当参数为文本时，公式会返回错误值“#VALUE!”；逻辑值TRUE作为数值1被计算，逻辑值FALSE作为数字0被计算；如果参数为数组或引用，则只有其中的数字被计算，数组或引用中的空白单元格、逻辑值、文本或错误值被忽略。

● 函数应用实例：计算茶叶销售额

下面将根据茶叶的数量、单价以及折扣率计算销售金额。使用PRODUCT函数可计算出这三项值相乘的结果。

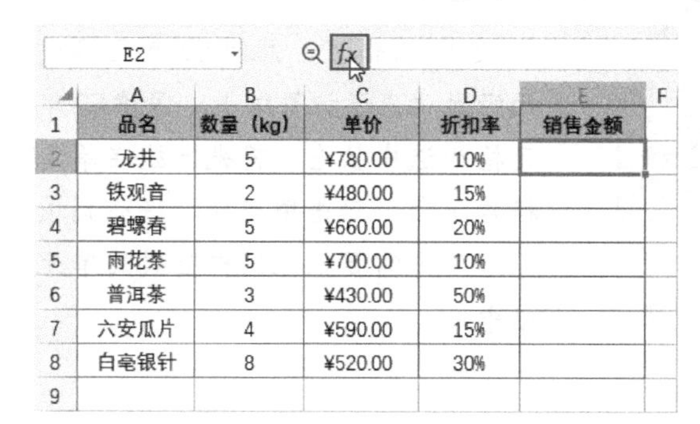

	A	B	C	D	E	F
1	品名	数量（kg）	单价	折扣率	销售金额	
2	龙井	5	¥780.00	10%		
3	铁观音	2	¥480.00	15%		
4	碧螺春	5	¥660.00	20%		
5	雨花茶	5	¥700.00	10%		
6	普洱茶	3	¥430.00	50%		
7	六安瓜片	4	¥590.00	15%		
8	白毫银针	8	¥520.00	30%		
9						

Step01：
选择插入函数的方式

① 选中E2单元格。

② 单击编辑栏左侧的“*fx*”按钮。

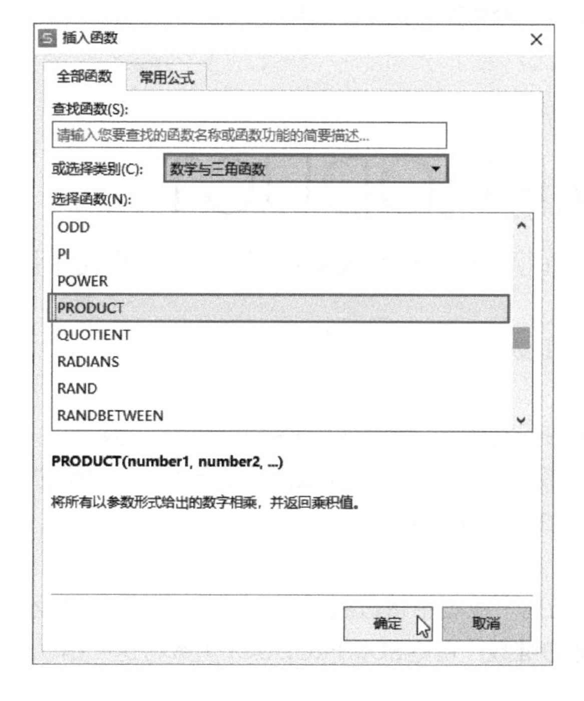

Step02：
选择函数

③ 打开“插入函数”对话框，选择函数类型为“数学与三角函数”。

④ 选择“PRODUCT”函数。

⑤ 单击“确定”按钮。

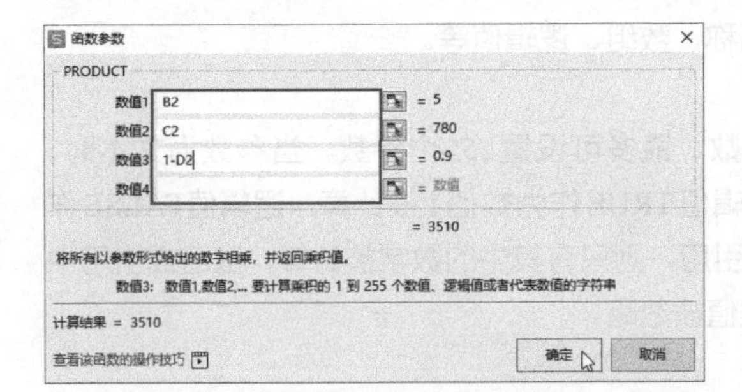

Step03：

设置参数

⑥ 在弹出的“函数参数”对话框中依次设置参数为“B2”“C2”“1-D2”。

⑦ 单击“确定”按钮，关闭对话框。

特别说明：折扣率的百分比作为数值处理时，10%作为0.1计算。

	A	B	C	D	E
1	品名	数量（kg）	单价	折扣率	销售金额
2	龙井	5	¥780.00	10%	¥3,510.00
3	铁观音	2	¥480.00	15%	¥816.00
4	碧螺春	5	¥660.00	20%	¥2,640.00
5	雨花茶	5	¥700.00	10%	¥3,150.00
6	普洱茶	3	¥430.00	50%	¥645.00
7	六安瓜片	4	¥590.00	15%	¥2,006.00
8	白毫银针	8	¥520.00	30%	¥2,912.00
9					

Step04：

填充公式

⑧ 返回工作表，此时E2单元格中已经显示出了计算结果。保持E2单元格为选中状态，将光标放在单元格右下角，双击填充柄，将公式填充到下方需要输入同样公式的单元格中。

提示：PRODUCT函数的参数中若存在0值，公式会返回0。

函数 5 SUMPRODUCT ——将数组间对应的元素相乘，并返回乘积之和

语法格式：=SUMPRODUCT(数组1,数组2,数组3,...)

参数介绍：

❖ 数组1：为必需参数。表示其相应元素需要进行相乘并求和的第一个数组参数。

❖ 数组2，数组3，…：为可选参数。表示其余相应元素需要进行相乘并求和的参数。SUMPRODUCT函数最多可设置255个数组参数。

使用说明：

SUMPRODUCT函数用于在给定的几个数组中将数组间对应的元素相乘，并返回乘积之和。数组参数必须具有相同的维数，否则SUMPRODUCT函数将返回错误值“#VALUE!”。非数值型的数组元素将作为0处理。

此函数的重点是在参数中指定数组，或使用数组常量来指定参数。所有数组常量加“{}”指定所有数组，用“,”隔开列，用“;”隔开行。

● 函数应用实例：计算所有种类茶叶的合计销售金额

使用SUMPRODUCT函数可根据“数量”“单价”以及“折扣率”直接计算出所有种类茶叶的合计销售金额。无须先计算出每种茶叶的销售额再对其进行合计。

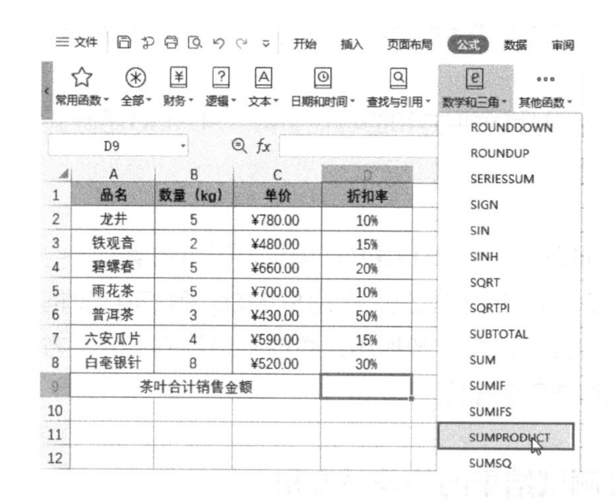

	A	B	C	D
1	品名	数量（kg）	单价	折扣率
2	龙井	5	¥780.00	10%
3	铁观音	2	¥480.00	15%
4	碧螺春	5	¥660.00	20%
5	雨花茶	5	¥700.00	10%
6	普洱茶	3	¥430.00	50%
7	六安瓜片	4	¥590.00	15%
8	白毫银针	8	¥520.00	30%
9	茶叶合计销售金额			
10				
11				
12				

Step01：

选择函数

① 选择D9单元格。

② 打开“公式”选项卡。

③ 在“函数库”组中单击“数学和三角”下拉按钮。

④ 在展开的列表中选择“SUMPRODUCT”函数。

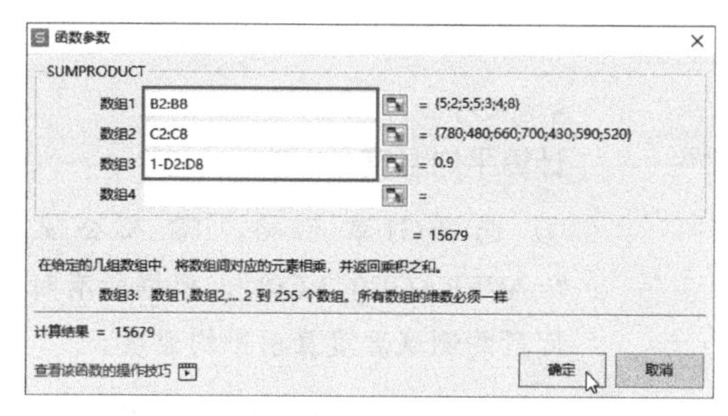

Step02：

设置参数

⑤ 在弹出的“函数参数”对话框中依次设置参数为“B2:B8”“C2:C8”“1-D2:D8”。

⑥ 设置完后单击“确定”按钮，关闭对话框。

D9　fx　=SUMPRODUCT(B2:B8,C2:C8,1-D2:D8)

	A	B	C	D	E	F
1	品名	数量（kg）	单价	折扣率		
2	龙井	5	¥780.00	10%		
3	铁观音	2	¥480.00	15%		
4	碧螺春	5	¥660.00	20%		
5	雨花茶	5	¥700.00	10%		
6	普洱茶	3	¥430.00	50%		
7	六安瓜片	4	¥590.00	15%		
8	白毫银针	8	¥520.00	30%		
9	茶叶合计销售金额			¥ 15,679.00		
10						

Step03：

查看计算结果

⑦ 返回工作表，此时D9单元格中已经计算出了“B2:B8”“C2:C8”和1-D2:D8”这三个数组的乘积和。

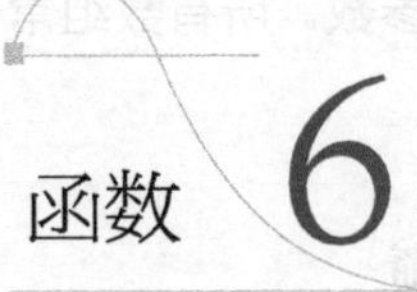

函数 6 SUMSQ

——求参数的平方和

语法格式：=SUMSQ(数值1,数值2,...)

参数介绍：

❖ 数值1：为必需参数。表示要对其求平方和的第一个参数。该参数可以是数值、单元格引用或数组等。

❖ 数值2，...：为可选参数。表示要对其求平方和的其他参数。SUMSQ函数最多可设置255个参数。

使用说明：

当指定数值以外的文本时，将返回错误值“#VALUE!”。但是，引用数值时，空白单元格或不能转化为数值的文本、逻辑值可全部忽略。使用SUMSQ函数可计算指定参数的平方和。例如，求偏差平方和即是求多个数据和该数据平均值偏差的平方和，用数值除以偏差平方和，推测数值的偏差情况。

● 函数应用实例：**计算温度测试结果的偏差平方和**

G1 | fx =AVERAGE(C2:C9)

	A	B	C	D	E	F	G	H
1	测试日期	测试时间	测试温度（℃）	平均温度之差		平均温度	14.09	
2	20521/8/1	8:15	15.6			偏差平方和		
3	20521/8/1	10:30	13.2					
4	20521/8/1	12:30	14.8					
5	20521/8/1	13:40	15.1					
6	20521/8/1	14:15	12.1					
7	20521/8/1	15:15	12.3					
8	20521/8/1	17:45	14.7					
9	20521/8/1	19:50	14.9					
10								

Step01：
计算平均温度

① 选择G1单元格，输入公式“=AVERAGE(C2:C9)”，根据所有时间段的测试温度算出平均温度。

特别说明：AVERAGE是求平均值函数，该函数的详细用法翻阅本书第3章。

D2 | fx =C2-$G$1

	A	B	C	D	E	F	G	H
1	测试日期	测试时间	测试温度（℃）	平均温度之差		平均温度	14.09	
2	20521/8/1	8:15	15.6	1.51		偏差平方和		
3	20521/8/1	10:30	13.2	-0.89				
4	20521/8/1	12:30	14.8	0.71				
5	20521/8/1	13:40	15.1	1.01				
6	20521/8/1	14:15	12.1	-1.99				
7	20521/8/1	15:15	12.3	-1.79				
8	20521/8/1	17:45	14.7	0.61				
9	20521/8/1	19:50	14.9	0.81				
10								

Step02：
计算平均温度之差

② 选择D2单元格，输入公式“=C2－$G$1”，随后将公式向下方填充，计算出所有时间段的测试温度与平均温度之差。

G2 =SUMSQ(D2:D9)

	A	B	C	D	E	F	G	H
1	测试日期	测试时间	测试温度（℃）	平均温度之差		平均温度	14.09	
2	20521/8/1	8:15	15.6	1.51		偏差平方和	12.79	
3	20521/8/1	10:30	13.2	-0.89				
4	20521/8/1	12:30	14.8	0.71				
5	20521/8/1	13:40	15.1	1.01				
6	20521/8/1	14:15	12.1	-1.99				
7	20521/8/1	15:15	12.3	-1.79				
8	20521/8/1	17:45	14.7	0.61				
9	20521/8/1	19:50	14.9	0.81				
10								

Step03：

计算偏差平方和

③ 选择G2单元格，输入公式“=SUMSQ(D2:D9)”，按【Enter】键计算出偏差平方和。

提示：使用SUMSQ函数求数值的平方和时，不必求每个数据的平方。另外，可使用统计函数中的DEVSQ函数❶代替SUMSQ函数求偏差平方和。

- 函数组合应用：**SUMSQ+SQRT——求二次方、三次方坐标的最大向量**

结合SUMSQ函数和SQRT函数，能够求得二次方坐标（*X*，*Y*）及三次方坐标（*X*，*Y*，*Z*）的最大向量。

D2 =SQRT(SUMSQ(A2:C2))

	A	B	C	D	E
1	X	Y	Z	向量大小	
2	/	/	/	0	
3	3	0	0	3	
4	2	1	0	2.23606798	
5					

在D2单元格中输入公式“=SQRT(SUMSQ(A2:C2))”，随后将公式向下方填充，即可得到三组坐标的向量大小。

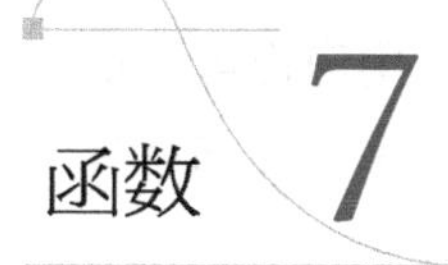

函数7 SUMX2PY2

——计算两组数值中对应数值的平方和之和

语法格式：=SUMX2PY2(第一组数值,第二组数值)

参数介绍：

❖ 第一组数值：为必需参数。表示第一组数值或区域。该参数可以是数字、包含数字的名称、数组或引用。

❖ 第二组数值：为必需参数。表示第二组数值或区域。该参数和第一参数中的

❶ DEVSQ函数的使用方法详见本书第3章。

元素数（尺寸）必须相等。

使用说明：

SUMX2PY2函数用于返回两组数值中对应数值的平方和之和，此函数的重点是在参数中指定两组数值。

● 函数应用实例1：计算两组数值中对应数值的平方和之和

下面将计算两组数值中对应数值的平方和之和。

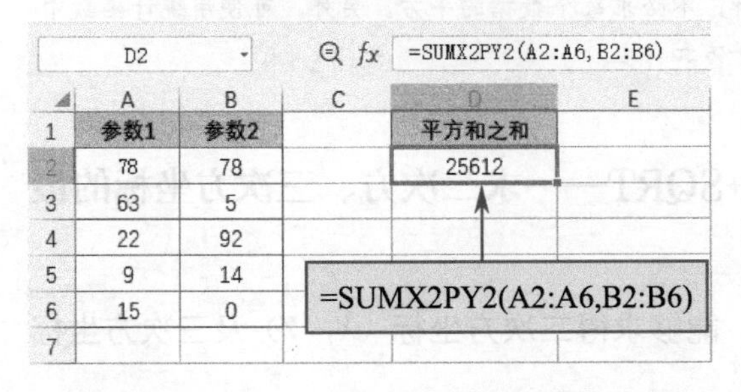

选择D2单元格，输入公式“=SUMX2PY2(A2:A6,B2:B6)”，随后按下【Enter】键，即可计算出“A2:A6”和“B2:B6”这两个单元格区域中数值的平方和之和。

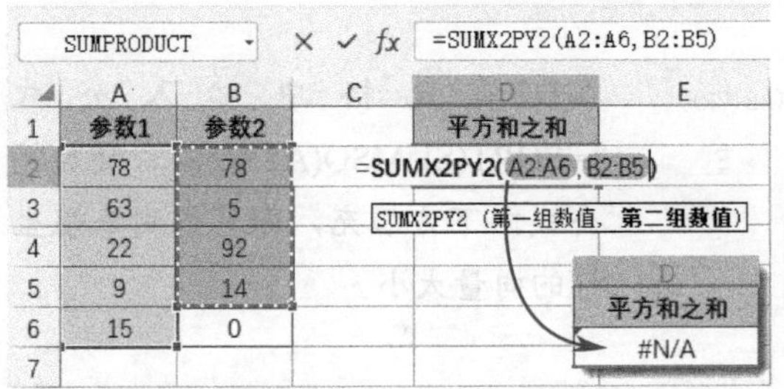

注意：SUMX2PY2函数的所有参数尺寸必须相同，否则将返回错误值。例如，左图中第一参数与第二参数所引用的单元格区域尺寸有差别，公式最终返回了错误值“#N/A”。

● 函数应用实例2：SUMSQ+SUM函数计算平方和之和

除了使用SUMX2PY2函数直接计算两组参数的平方和之和，用户也可以使用SUMSQ函数先计算出两组参数中对应位置数值的平方和，再用SUM函数对计算结果进行求和。最终的计算结果是一样的。

C2　=SUMSQ(A2:B2)

	A	B	C	D	E
1	参数1	参数2	平方和		
2	78	78	12168		
3	63	5	3994		
4	22	92	8948		
5	9	14	277		
6	15	0	225		
7	平方和之和				
8					

计算平方和

Step01：

计算平方和

① 在C2单元格中输入公式“=SUMSQ(A2:B2)”，随后按【Enter】键，返回两组参数中第一个数值的平方和。

② 将公式向下填充至C6单元格，得到所有对应数值的平方和。

SUMPRODUCT　=SUM(C2:C6)

	A	B	C	D	E
1	参数1	参数2	平方和		
2	78	78	12168		
3	63	5	3994		
4	22				
5	9				
6	15	0	225		
7	平方和		=SUM(C2:C6)		
8			SUM（数值1，...）		

按【Alt+=】组合键

Enter

25612

Step02：

计算平方和之和

③ 选择C7单元格，按【Alt+=】组合键，自动输入求和公式。

④ 按【Enter】键，返回所有平方和之和。

函数 8 SUMX2MY2

——计算两组数值中对应数值的平方差之和

语法格式：=SUMX2MY2(第一组数值,第二组数值)

参数介绍：

❖ 第一组数值：为必需参数。表示第一组数值或区域。该参数可以是数字、包含数字的名称、数组或引用。

❖ 第二组数值：为必需参数。表示第二组数值或区域。该参数和第一参数中的元素数（尺寸）必须相等。

● 函数应用实例1：**求两组数值元素的平方差之和**

下面将使用SUMX2MY2函数求两组数值的平方差之和。

D2　=SUMX2MY2(A2:A6,B2:B6)

	A	B	C	D	E
1	参数1	参数2		平方差之和	
2	55	21		100520	
3	108	73			
4	57	220			
5	370	12			
6	0	2			
7					

选择D2单元格，输入公式“=SUMX2MY2(A2:A6,B2:B6)”，按下【Enter】键后即可返回两个单元格区域中对应数值的平方差之和。

D2　=SUMX2MY2(B2:B6,A2:A6)

	A	B	C	D	E
1	参数1	参数2		平方差之和	
2	55	21		-100520	
3	108	73			
4	57	220			
5	370	12			
6	0	2			
7					

调换两个参数的顺序，公式返回不同的结果

提示：SUMX2MY2函数的两个参数的顺序不能调换，否则将会返回不同的计算结果。

提示：SUMX2MY2函数同样要求所有参数尺寸相同，否则会返回错误值。

● 函数应用实例2：POWER+SUM分步求平方差之和

POWER函数可以计算数值的幂，通过指定其参数，可以计算出数据的平方值。下面将利用POWER函数统计出两组数值中对应数据的平方差，然后再利用SUM函数求和，得到平方差之和。

C2　=POWER(A2,2)-POWER(B2,2)

	A	B	C	D	E	F
1	参数1	参数2	平方差			
2	55	21	2584			
3	108	73				
4	57	220				
5	370	12				
6	0	2				
7	平方差之和					
8						

Step01：

计算平方差

① 选择C2单元格，输入公式“=POWER(A2,2)-POWER(B2,2)”，随后按【Enter】键返回计算结果。

特别说明：POWER函数的第二参数是2，表示计算平方值。

C7　=SUM(C2:C6)

	A	B	C	D	E
1	参数1	参数2	平方差		
2	55	21	2584		
3	108	73	6335		
4	57	220	-45151		
5	370	12	136756		
6	0	2	-4		
7	平方差之和		100520		
8					

Step02：

计算平方差之和

② 将C2单元格中的公式向下方填充至C6单元格。

③ 选择C7单元格，按【Alt+=】组合键，输入自动求和公式，最后按【Enter】键，即可返回两组数值的平方差之和。

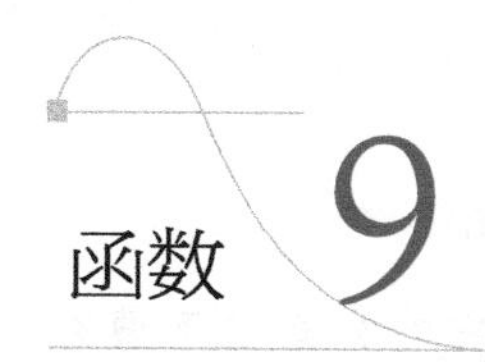

函数9 SUMXMY2

——求两组数值中对应数值差的平方和

语法格式：=SUMXMY2(第一组数值,第二组数值)

参数介绍：

❖ 第一组数值：为必需参数。表示第一组数值或区域。该参数可以是数字、包含数字的名称、数组或引用。

❖ 第二组数值：为必需参数。表示第二组数值或区域。该参数和第一参数中的元素数（尺寸）必须相等。

● 函数应用实例1：求两组数值中对应数值差的平方和

下面将利用SUMXMY2函数来求两组数值中对应数值差的平方和。

COUNTA　× ✓ fx　=SUMXMY2(A2:A6,B2:B6)

	A	B	C	D	E	F
1	参数1	参数2		差的平方和		
2	150	98	=SUMXMY2(A2:A6,B2:B6)			
3	76	360	SUMXMY2（第一组数值，第二组数值）			
4	11	18				
5	53	2				
6	110	55				
7						

差的平方和
89035

选择D2单元格，输入公式“=SUMXMY2(A2:A6,B2:B6)”，按下【Enter】键，即可返回两组数值差的平方和。

● 函数应用实例2：分步计算两组数值差的平方和

POWER函数也可计算两个数值差的平方。下面将使用POWER函数和SUM函数分步完成两组数值差的平方和。

	A	B	C	D
1	参数1	参数2	差的平方	
2	150	=POWER(A2-B2,2)		
3	76	360		
4	11	18		
5	53	2		
6	110	55		
7	差的平方之和			
8				

Step01：

计算差的平方

① 选择C2单元格，输入公式“=POWER(A2-B2,2)”。

C7		=SUM(C2:C6)	
	A	B	C	D

	A	B	C	D
1	参数1	参数2	差的平方	
2	150	98	2704	
3	76	360	80656	
4	11	18	49	
5	53	2	2601	
6	110	55	3025	
7	差的平方之和		89035	
8				

Step02：
计算差的平方之和

② 将C2单元格中的公式向下填充至C6单元格。

③ 选择C7单元格，按【Alt+=】组合键输入自动求和公式，最后按【Enter】键，计算出两组数值差的平方之和。

函数10 SUBTOTAL——计算数据列表或数据库中的分类汇总

语法格式：=SUBTOTAL(函数序号,引用1,...)

参数介绍：

❖ 函数序号：为必需参数。表示分类汇总所使用的汇总函数。该参数是1～11或101～111的数字。

❖ 引用1,...：为必需参数。表示要进行分类汇总的区域。该参数可以设置1～254个区域，至少需要设置1个区域。

使用说明：

SUBTOTAL函数可以指定的汇总方式包括11种类型，分别用数字1～11或101～111表示。这两组数字的区别在于参数1～11会对手动隐藏的行进行统计，而参数101～111则会忽略隐藏的行。不同参数所对应的汇总方法可参照下表。

参数		对应函数	汇总方式
1	101	AVERAGE	求数据的平均值
2	102	COUNT	求数据的数值个数
3	103	COUNTA	求数据非空值的个数
4	104	MAX	求数据的最大值
5	105	MIN	求数据的最小值
6	106	PRODUCT	求数据的乘积
7	107	STDEV.S	求样本的标准偏差

续表

参数		对应函数	汇总方式
8	108	STDEV.P	求样本总体的标准偏差
9	109	SUM	求数据的和
10	110	VAR.S	求样本的方差
11	111	VAR.P	求样本总体的方差

● 函数应用实例1：**计算网络投票的票数**

下面将使用SUBTOTAL函数统计网络投票的票数，并通过自动筛选分析不同情况下的票数变化。

	A	B	C	D	E	F
1	NO	账号	地区	性别	网络得票	
2	1	少年张三疯	天津	男	32	
3	2	一枝独秀	广州	男	45	
4	3	糖太宗	上海	女	56	
5	4	总有刁民想害朕	北京	女	78	
6	5	中暑山庄	北京	男	62	
7	6	帅得被人喷	广州	男	19	
8	7	鲁智深三打白骨精	天津	男	71	
9	8	中国制造	厦门	男	156	
10	9	他们逼我做卧底	武汉	女	211	
11	10	我要一桶浆糊	武汉	男	69	
12	11	武大娘	北京	女	16	
13	12	唐伯虎点蚊香	天津	男	98	
14	人数				=SUB	
15						
16						
17						

SUBSTITUTE
SUBTOTAL

Step01：
手动输入函数

① 选择E14单元格，输入等号，然后输入SUBTOTAL函数的前几个字母。

② 从公式下方的函数列表中双击“SUBTOTAL”函数。

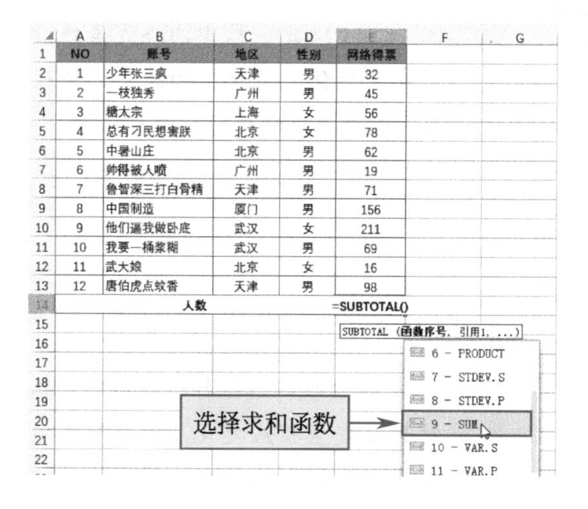

	A	B	C	D	E	F	G
1	NO	账号	地区	性别	网络得票		
2	1	少年张三疯	天津	男	32		
3	2	一枝独秀	广州	男	45		
4	3	糖太宗	上海	女	56		
5	4	总有刁民想害朕	北京	女	78		
6	5	中暑山庄	北京	男	62		
7	6	帅得被人喷	广州	男	19		
8	7	鲁智深三打白骨精	天津	男	71		
9	8	中国制造	厦门	男	156		
10	9	他们逼我做卧底	武汉	女	211		
11	10	我要一桶浆糊	武汉	男	69		
12	11	武大娘	北京	女	16		
13	12	唐伯虎点蚊香	天津	男	98		
14	人数				=SUBTOTAL()		

Step02：
选择分类汇总要使用的函数

③ 公式中自动输入SUBTOTAL函数及左括号的同时会显示第一参数的选项列表，用户可以在此选择要使用的函数。这里需要使用求和函数，所以双击“9-SUM”选项。

SUMPRODUCT　fx =SUBTOTAL(9,E2:E13)

	A	B	C	D	E
1	NO	账号	地区	性别	网络得票
2	1	少年张三疯	天津	男	32
3	2	一枝独秀	广州	男	45
4	3	糖太宗	上海	女	56
5	4	总有刁民想害朕	北京	女	78
6	5	中暑山庄	北京	男	62
7	6	帅得被人喷	广州	男	19
8	7	鲁智深三打白骨精	天津	男	71
9	8	中国制造	厦门	男	156
10	9	他们逼我做卧底	武汉	女	211
11	10	我要一桶浆糊	武汉	男	69
12	11	武大娘	北京	女	16
13	12	唐伯虎点蚊香	天津	男	98
14	人数				=SUBTOTAL(9,E2:E13)

SUBTOTAL（函数序号，引用1，...

对“网络得票”数求和

Step03：

完成公式输入

④ 公式中的第一参数位置随即自动输入数字“9”。

⑤ 继续在第二参数位置引用E2:E13单元格区域。

⑥ 公式输入完后按【Enter】键，即可返回所有账号的网络得票总数。

升序　降序　颜色排序　高级模式
内容筛选　颜色筛选　文本筛选　清空条件
(支持多条件过滤，例如：北京　上海)
名称　选项
(全选)（12）
男（8）
女（4）
分析　确定　取消

Step04：

筛选男性的网络得票

⑦ 选中数据区域中的任意一个单元格，按【Ctrl+Shift+L】组合键，为表格创建筛选。

⑧ 单击“性别”右侧的下拉按钮，从筛选器中勾选“男”复选框，随后单击“确定”按钮。

E14　fx =SUBTOTAL(9,E2:E13)

	A	B	C	D	E
1	NO	账号	地区	性别	网络得票
2	1	少年张三疯	天津	男	32
3	2	一枝独秀	广州	男	45
6	5	中暑山庄	北京	男	62
7	6	帅得被人喷	广州	男	19
8	7	鲁智深三打白骨精	天津	男	71
9	8	中国制造	厦门	男	156
11	10	我要一桶浆糊	武汉	男	69
13	12	唐伯虎点蚊香	天津	男	98
14	人数				552

Step05：

返回新的分类汇总结果

⑨ 此时E14单元格中的公式虽然没有发生变化，但是求和结果已经根据筛选结果自动进行了重新计算。

特别说明：现在只对筛选出的“男性”网络得票进行了汇总。

E14　fx =SUBTOTAL(9,E2:E13)

	A	B	C	D	E
1	NO	账号	地区	性别	网络得票
5	4	总有刁民想害朕	北京	女	78
6	5	中暑山庄	北京	男	62
12	11	武大娘	北京	女	16
14	人数				156

Step06：

筛选指定地区的总得票

⑩ 若继续执行其他筛选，分类汇总结果会发生相应变化，例如筛选地区为“北京”的信息，网络得票结果又发生新的变化。

● 函数应用实例2：计算参与比赛的男性或女性人数

若要计算“性别”列中包含的男性人数或女性人数，可以将SUBTOTAL函数的第一参数设置成“3”。

E14　fx　=SUBTOTAL(3,D2:D13)

	A	B	C	D	E	F
1	NO	账号	地区	性别	网络得票	
2	1	少年张三疯	天津	男	32	
3	2	一枝独秀	广州	男	45	
4	3	糖太宗	上海	女	56	
5	4	总有刁民想害朕	北京	女	78	
6	5	中暑山庄	北京	男	62	
7	6	帅得被人喷	广州	男	19	
8	7	鲁智深三打白骨精	天津	男	71	
9	8	中国制造	厦门	男	156	
10	9	他们逼我做卧底	武汉	女	211	
11	10	我要一桶浆糊	武汉	男	69	
12	11	武大娘	北京	女	16	
13	12	唐伯虎点蚊香	天津	男	98	
14	人数				12	
15						

所有人数

Step01：

输入公式

① 选择E14单元格，输入公式“=SUBTOTAL(3,D2:D13)”，按下【Enter】键，返回参与比赛的总人数。

E14　fx　=SUBTOTAL(3,D2:D13)

	A	B	C	D	E	F
1	NO	账号	地区	性别	网络得票	
2	1	少年张三疯	天津	男	32	
3	2	一枝独秀	广州	男	45	
6	5	中暑山庄	北京	男	62	
7	6	帅得被人喷	广州	男	19	
8	7	鲁智深三打白骨精	天津	男	71	
9	8	中国制造	厦门	男	156	
11	10	我要一桶浆糊	武汉	男	69	
13	12	唐伯虎点蚊香	天津	男	98	
14	人数				8	
15						

男性人数

Step02：

筛选男性

② 在数据表中筛选出所有男性信息，E14单元格中随即计算出男性人数。

E14　fx　=SUBTOTAL(3,D2:D13)

	A	B	C	D	E	F
1	NO	账号	地区	性别	网络得票	
4	3	糖太宗	上海	女	56	
5	4	总有刁民想害朕	北京	女	78	
10	9	他们逼我做卧底	武汉	女	211	
12	11	武大娘	北京	女	16	
14	人数				4	
15						

女性人数

Step03：

筛选女性

③ 在数据表中筛选出所有女性信息，E14单元格中即可计算出女性人数。

- **函数应用实例3：去除小计求平均票数**

若用SUBTOTAL函数对表格中的数据进行小计，再用该函数进行总计，SUBTOTAL函数可以自动忽略这些小计单元格，以避免重复计算。

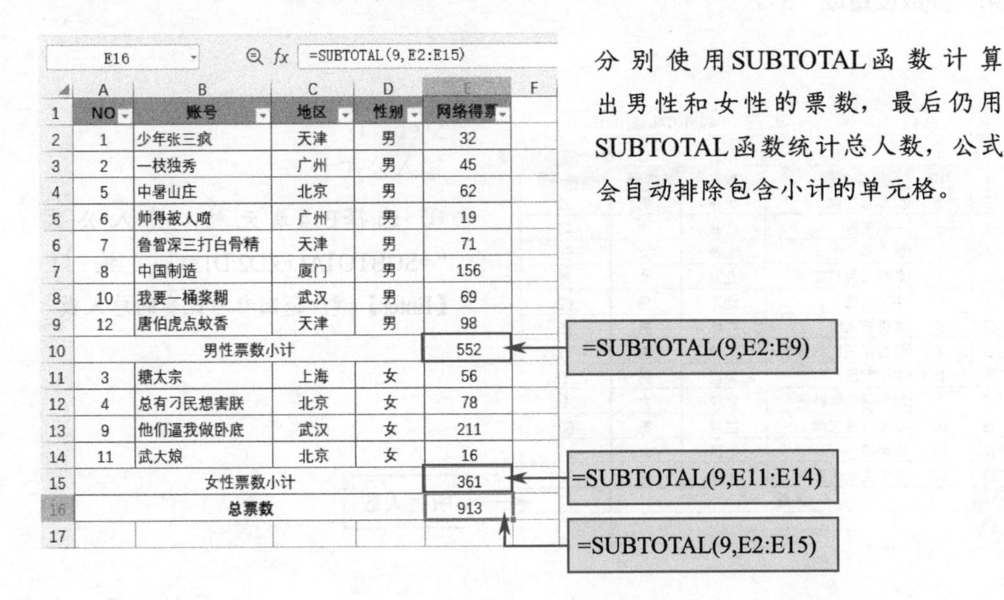

	A	B	C	D	E
1	NO	账号	地区	性别	网络得票
2	1	少年张三疯	天津	男	32
3	2	一枝独秀	广州	男	45
4	5	中暑山庄	北京	男	62
5	6	帅得被人喷	广州	男	19
6	7	鲁智深三打白骨精	天津	男	71
7	8	中国制造	厦门	男	156
8	10	我要一桶浆糊	武汉	男	69
9	12	唐伯虎点蚊香	天津	男	98
10	男性票数小计				552
11	3	糖太宗	上海	女	56
12	4	总有刁民想害朕	北京	女	78
13	9	他们逼我做卧底	武汉	女	211
14	11	武大娘	北京	女	16
15	女性票数小计				361
16	总票数				913
17					

分别使用SUBTOTAL函数计算出男性和女性的票数，最后仍用SUBTOTAL函数统计总人数，公式会自动排除包含小计的单元格。

函数11 QUOTIENT
——计算两数相除商的整数部分

语法格式：=QUOTIENT(被除数,除数)

参数介绍：

❖ 被除数：为必需参数。表示被除数。该参数为非数值型数据时，会返回错误值。

❖ 除数：为必需参数。表示除数。该参数为非数值型数据或0时，会返回错误值。

使用说明：

QUOTIENT函数用于计算用分子除以分母的整除数。例如，分子为10，分母为3（在WPS表格中可表示为10/3），用10除以3得商为3，余数为1。公式为“=QUOTIENT（10,3）”，公式返回结果为3。

在实际工作中可用该函数求预算内可购买的商品数量等。

● 函数应用实例：求在预算内能购买的商品数量

已知商品单价和预算金额，下面将使用QUOTIENT函数计算在预算允许的范围内最多可以购买的商品数量。

D2　fx =QUOTIENT(C2,B2)

	A	B	C	D	E
1	商品名称	单价	预算金额	可购买数量	
2	飞利浦学习灯	180	500	2	
3	45℃恒温水壶	79	200	2	
4	无线鼠标	88	200	2	
5	无线键盘	102	200	1	
6	无线蓝牙耳机	150	500	3	
7	电动剃须刀	99	500	5	
8					

选择D2单元格，输入公式“=QUOTIENT(C2,B2)”，随后将公式向下方填充，即可计算出所有商品可购买的数量。

D2　fx =TRUNC(C2/B2)

	A	B	C	D	E
1	商品名称	单价	预算金额	可购买数量	
2	飞利浦学习灯	180	500	2	
3	45℃恒温水壶	79	200	2	
4	无线鼠标	88	200	2	
5	无线键盘	102	200	1	
6	无线蓝牙耳机	150	500	3	
7	电动剃须刀	99	500	5	
8					

使用TRUNC函数完成计算

提示：QUOTIENT函数可以求除法的整数商。除此之外，用户也可使用TRUNC[1]函数对两数相除的商取整。

函数12 MOD

——计算两数相除的余数

语法格式：=MOD(被除数,除数)

参数介绍：

❖ 被除数：为必需参数。表示被除数。该参数为非数值型数据时，会返回错误值。

❖ 除数：为必需参数。表示除数。该参数为非数值型数据或0时，会返回错误值。

❶ TRUNC函数的使用方法详见本书第2章。

使用说明：

MOD函数用于计算两数相除的余数。例如，分子为10，分母为3（在WPS表格中可表示为10/3），用10除以3得商为3，余数为1。公式为“=MOD（10,3）”，公式返回结果为1。

在求平均分配定量的余数，或在预算范围内求购入商品后的余额时，可使用MOD函数。

- 函数应用实例：**计算采购商品后的余额**

已知商品单价和预算金额，下面将使用MOD函数计算采购商品后的可剩余金额。

D2 =MOD(C2,B2)

	A	B	C	D
1	商品名称	单价	预算金额	可剩余金额
2	飞利浦学习灯	180	500	140
3	45℃恒温水壶	79	200	42
4	无线鼠标	88	200	24
5	无线键盘	102	200	98
6	无线蓝牙耳机	150	500	50
7	电动剃须刀	99	500	5
8				

① 选择D2单元格，输入公式“=MOD(C2,B2)”，按下【Enter】键计算出购买第一件商品后的剩余金额。

② 随后再次选中D2单元格，双击填充柄，将公式向下方填充，计算出购买其他商品后的可剩余金额。

提示：MOD函数和QUOTIENT函数一样，除数不能为0、空值或文本，否则会返回错误值。逻辑值TRUE会作为数字1被计算，而逻辑值FALSE会作为数字0被计算。

C2 =MOD(A2,B2)

	A	B	C
1	被除数	除数	可剩余金额
2	100	0	#DIV/0!
3	100		#DIV/0!
4	100	TRUE	0
5	100	FALSE	#DIV/0!
6	100	文本	#VALUE!
7	100	15	10
8			

除数为0，返回错误值“#DIV/0!”

除数为空值，返回错误值“#DIV/0!”

除数为FALSE，返回错误值“#DIV/0!”

除数为文本型数据，返回错误值“#VALUE!”

函数13 ABS

——求数值的绝对值

语法格式：=ABS(数值)

参数介绍：

数值：为必需参数。表示需要计算绝对值的实数。该参数为非数值时会返回错误值。

● 函数应用实例1：计算数值的绝对值

假设有一组数值需要计算其绝对值，可以使用ABS函数。

B2　=ABS(A2)

	A	B	C
1	数值	计算绝对值	
2	-120	120	
3	30		
4	-199		
5	-178		
6	66		
7	100		
8	-200		
9			

Step01：

输入公式

① 选择B2单元格，输入公式“=ABS(A2)”。

② 按【Ctrl+Enter】组合键返回计算结果。

特别说明：公式输入完后按【Ctrl+Enter】组合键，返回计算结果时，不会自动向下切换单元格。

B2　=ABS(A2)

	A	B	C
1	数值	计算绝对值	
2	-120	120	
3	30	30	
4	-199	199	
5	-178	178	
6	66	66	
7	100	100	
8	-200	200	
9			

Step02：

填充公式

③ 双击B2单元格填充柄，将公式向下方填充，计算出其他数值的绝对值。

● 函数应用实例2：计算两组数字的差值

计算两组数字的差值时，为了防止出现负数，也可以使用ABS函数。

C2 =ABS(A2-B2)

	A	B	C	D
1	第一组数	第二组数	差值	
2	150	260	110	
3	110	98	12	
4	36	47	11	
5	180	120	60	
6	222	360	138	
7	113	87	26	
8	189	150	39	
9				

选择C2单元格，输入公式“=ABS(A2-B2)”，返回计算结果后将公式向下方填充，即可计算出两组数字中所有对应位置数字的差值。

● 函数组合应用：ABS+IF——对比两次考试的进步情况

使用ABS函数与IF函数进行嵌套，可以根据考生的两次考试成绩计算是否有进步。要求公式以“进步*分”或“退步*分”的形式直观体现两次考试成绩的对比情况。

D2 =IF(C2>B2,"进步","退步")&ABS(B2-C2)&"分"

	A	B	C	D	E	F
1	考生姓名	第1次成绩	第2次成绩	成绩分析		
2	考生1	80	87	进步7分		
3	考生2	79	65			
4	考生3	66	98			
5	考生4	98	98			
6	考生5	65	72			
7	考生6	63	60			
8	考生7	78	79			
9	考生8	62	70			
10	考生9	57	60			
11	考生10	89	80			
12						

Step01：

输入公式

① 选择D2单元格，输入公式“=IF(C2＞B2,"进步","退步")& ABS(B2-C2)&"分"”，随后按【Enter】键返回第一位考生的成绩分析结果。

特别说明：“&”符号起到连接左右两部分内容的作用。

D2 =IF(C2>B2,"进步","退步")&ABS(B2-C2)&"分"

	A	B	C	D	E	F
1	考生姓名	第1次成绩	第2次成绩	成绩分析		
2	考生1	80	87	进步7分		
3	考生2	79	65	退步14分		
4	考生3	66	98	进步32分		
5	考生4	98	98	退步0分		
6	考生5	65	72	进步7分		
7	考生6	63	60	退步3分		
8	考生7	78	79	进步1分		
9	考生8	62	70	进步8分		
10	考生9	57	60	进步3分		
11	考生10	89	80	退步9分		
12						

Step02：

填充公式

② 双击D2单元格填充柄，将公式向下填充，即可返回所有考生两次考试成绩的分析情况。

注意：编辑此公式时要注意文本参数必须要加双引号，且双引号需在英文状态下输入，否则会返回错误值。

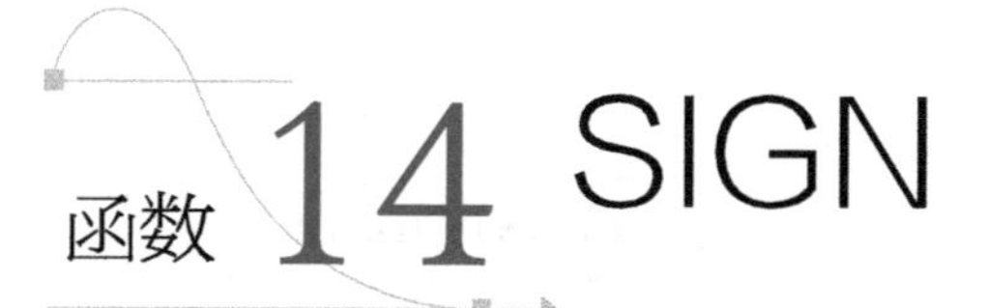

函数14 SIGN

——求数值的正负号

语法格式：=SIGN(数值)

参数介绍：

数值：为必需参数。表示任意实数。该参数不能是单元格区域，或数值以外的文本。

使用说明：

SIGN函数用于获取数值的正负号。当数值为正数时返回1，为零时返回0，为负数时返回–1。由于SIGN函数的返回值为“±1”或者“0”，因此可以把销售金额是否完成作为条件，判断是否完成了销售目标。

● 函数应用实例：判断业绩是否达标

使用SIGN函数，可以根据目标业绩以及实际完成业绩间接判断是否达标。

D2 fx =SIGN(C2-B2)

	A	B	C	D	E
1	销售员	目标业绩	实际完成业绩	业绩完成情况判断	
2	小张	100000	75630	-1	
3	刘敏	100000	123000	1	
4	晨晨	100000	110610	1	
5	赵乐	100000	74500	-1	
6	钱森	100000	145000	1	
7	大刘	100000	100000	0	
8	吴霞	100000	90000	-1	
9					

选择D2单元格，输入公式“=SIGN(C2-B2)”，按【Enter】键返回计算结果后，再次选中D2单元格，双击填充柄，将公式向下方填充。此时便可根据公式的返回值判断业绩是否达标，“–1”代表不达标，“1”和“0”表示达标。

提示：根据公式返回的三种数字，可以借助COUNTIF函数[1]分别统计出业绩达标和不达标的人数。

[1] COUNTIF函数的使用方法详见本书第3章。

C10 =COUNTIF(D2:D8,"-1")

	A	B	C	D	E
1	销售员	目标业绩	实际完成业绩	业绩完成情况判断	
2	小张	100000	75630	-1	
3	刘敏	100000	123000	1	
4	晨晨	100000	110610	1	
5	赵乐	100000	74500	-1	
6	钱森	100000	145000	1	
7	大刘	100000	100000	0	
8	吴霞	100000	90000	-1	
9					
10	业绩不达标的人数		3		
11	业绩达标的人数		4		
12					

=COUNTIF(D2:D8,"-1")

=COUNTIF(D2:D8,"<>-1")

● 函数组合应用：**SIGN+IF——用文字形式直观展示业绩完成情况**

使用SIGN函数的返回结果有“–1”“1”或“0”三种情况，利用这一特性可让SIGN函数与IF函数进行嵌套，以文字形式直观展示业绩完成情况。

D2 =IF(SIGN(C2-B2)=-1,"不达标","达标")

	A	B	C	D	E	F
1	销售员	目标业绩	实际完成业绩	业绩完成情况判断		
2	小张	100000	75630	不达标		
3	刘敏	100000	123000	达标		
4	晨晨	100000	110610	达标		
5	赵乐	100000	74500	不达标		
6	钱森	100000	145000	达标		
7	大刘	100000	100000	达标		
8	吴霞	100000	90000	不达标		
9						

选择D2单元格，输入公式“=IF(SIGN(C2-B2)=-1,"不达标","达标")”，随后将公式向下方填充，即可返回文本形式的业绩判断结果。

函数15 RAND
——求大于等于0且小于1的均匀分布随机数

语法格式：=RAND()

使用说明：

RAND函数没有参数。在单元格或编辑栏内直接输入函数“=RAND()”，按下【Enter】键即可返回一个大于等于0且小于1的任意随机数字。若为RAND函数指定参数，则公式无法返回结果，并弹出如下图所示对话框。

WPS 表格

您输入的公式存在错误。
如果您输入的内容不是公式，请在第一个字符之前输入单引号(')。

确定

● 函数应用实例1：**随机安排值班人员**

随机函数经常被应用在随机排班、随机安排座位、随机抽奖、生成随机密码等工作中，下面将使用RAND函数制作一份最简易的随机排班表。

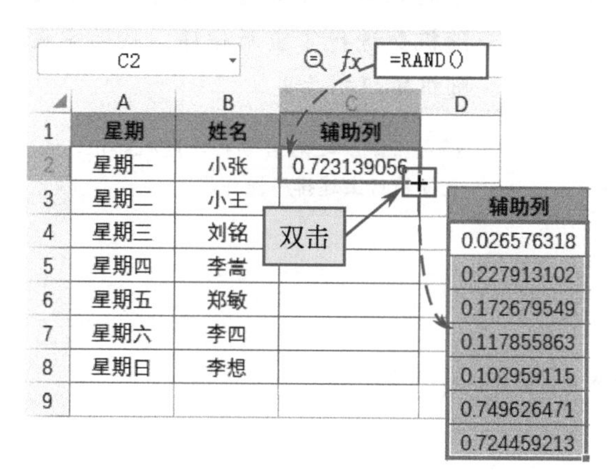

Step01：
生成一组随机数

① 选择C2单元格，输入公式“=RAND()”，按【Enter】键，返回一个随机数。

② 再次选中C2单元格，双击填充柄，将公式自动填充到下方单元格区域中，生成一组随机数。

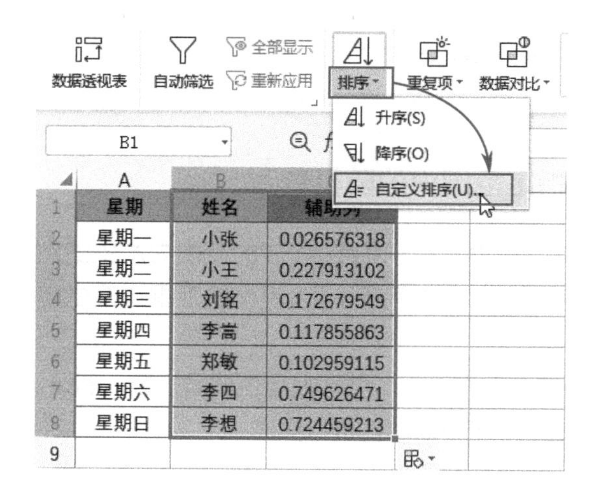

Step02：
对表格指定区域排序

③ 选择B1:C8单元格区域。

④ 打开“数据”选项卡。

⑤ 单击“排序”下拉按钮，从下拉列表中选择“自定义排序”选项。

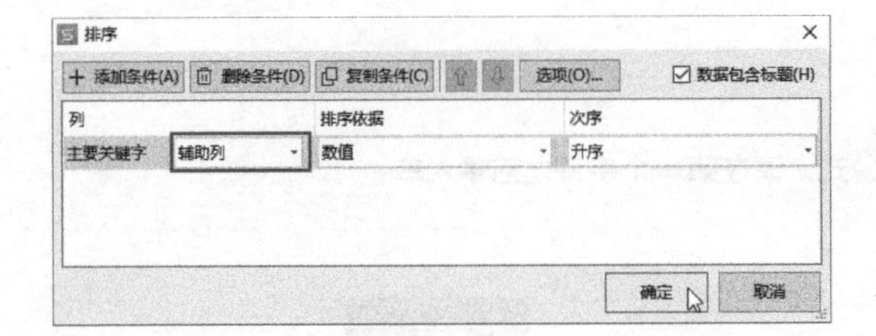

Step03：

设置随机数所在列为关键字

⑥ 在打开的“排序”对话框中设置“主要关键字”为“辅助列”，其他选项保存默认。

⑦ 单击“确定”按钮执行排序。

	A	B	C	D
1	星期	姓名	辅助列	
2	星期一	小张	0.378058573	
3	星期二	郑敏	0.246813103	
4	星期三	李嵩	0.909973818	
5	星期四	刘铭	0.470879786	
6	星期五	小王	0.648278057	
7	星期六	李想	0.77414452	
8	星期日	李四	0.749713927	
9				

Step04：

查看随机排班效果

⑧ 返回到工作表，此时“姓名”列中的姓名已经随着“辅助列”中的随机数进行了重新排序，从而完成随机排班的效果。

特别说明：之后若要再次随机排班，可重复执行上述排序操作。

提示：RAND函数在下列情况下会自动刷新产生新的随机数。

① 按【F9】键或【Shift+F9】键时。

② 打开文件时。

③ 在单元格中输入新内容时。

④ 重新编辑单元格内容时。

⑤ 执行某些命令（例如排序、筛选、插入或删除行列等）时。

● 函数应用实例2：批量生成指定范围内的随机数

在通常情况下使用RAND函数，都会在大于等于0且小于1的范围内产生随机数。如果公式是“=RAND()*(b-a)+a”，则会在大于等于a且小于b的范围内产生随机数。

另外，如果提前选择好存放随机值的单元格区域，还可批量生成随机数。例如，要生成50个大于等于10且小于30的随机数，可参照本例进行操作。

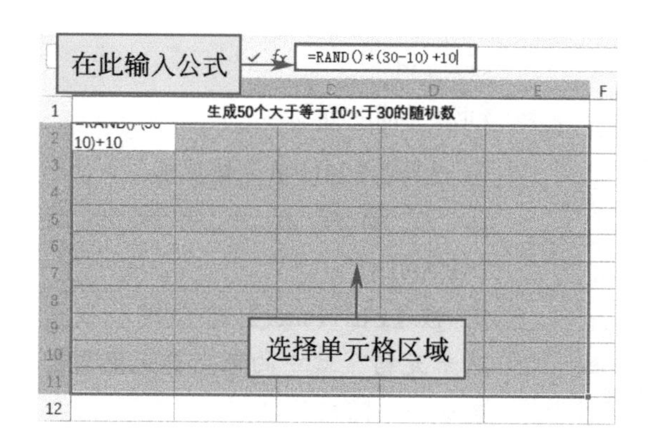

Step01:
编写公式

① 先在工作表中选择50个单元格。这些单元格可以是连续的，也可以是不连续的，这里选择A2:E11单元格区域。

② 在编辑栏中输入公式"=RAND()*(30-10)+10"。

Step02:
批量返回随机数

③ 按【Ctrl+Enter】组合键，在所选单元格区域中每一个单元格内都自动生成了一个大于等于10且小于30的随机数。

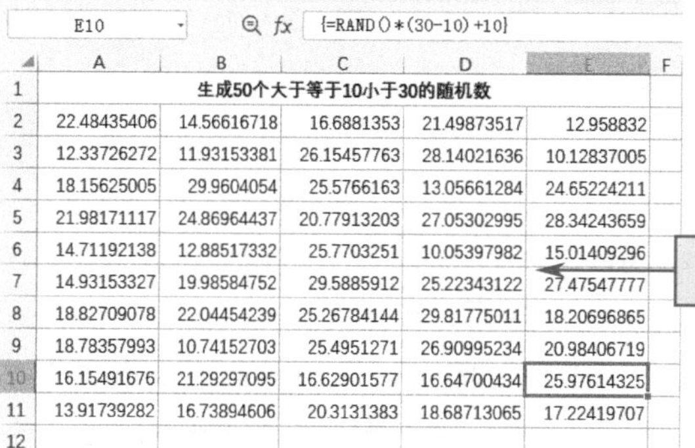

	A	B	C	D	E
1	生成50个大于等于10小于30的随机数				
2	22.48435406	14.56616718	16.6881353	21.49873517	12.958832
3	12.33726272	11.93153381	26.15457763	28.14021636	10.12837005
4	18.15625005	29.9604054	25.5766163	13.05661284	24.65224211
5	21.98171117	24.86964437	20.77913203	27.05302995	28.34243659
6	14.71192138	12.88517332	25.7703251	10.05397982	15.01409296
7	14.93153327	19.98584752	29.5885912	25.22343122	27.47547777
8	18.82709078	22.04454239	25.26784144	29.81775011	18.20696865
9	18.78357993	10.74152703	25.4951271	26.90995234	20.98406719
10	16.15491676	21.29297095	16.62901577	16.64700434	25.97614325
11	13.91739282	16.73894606	20.3131383	18.68713065	17.22419707

Step03:
刷新随机数

④ 按【F9】键可对这些随机数进行刷新。

● 函数组合应用：RAND+RANK——随机安排考生座位号

RAND函数配合排序功能，可实现随机安排值班人员的效果。但是每次重新排班都需要执行排序操作，比较麻烦。下面将利用RANK函数❶辅助RAND函数制作可自动刷新的随机座位分配表。

❶ RANK函数的使用方法详见本书第3章。

D2 | =RAND()

	A	B	C	D	E
1	准考证号	姓名	随机座位号	辅助列	
2	0111	艾山		0.671865284	
3	0112	陈英		0.81979184	
4	0113	君真真		0.955006442	
5	0114	赵宝		0.800847641	
6	0115	李白		0.875985937	
7	0116	吴勇		0.320002463	
8	0117	王美玲		0.493198032	
9	0118	李明明		0.417591751	
10	0119	刘海		0.126074692	
11	0120	周胜男		0.209736778	
12					

Step01：

创建“辅助列”

① 选择D2:D11单元格区域。

② 在编辑栏中输入公式“=RAND()”。

③ 按【Ctrl+Enter】组合键，在所选单元格区域中的每个单元格内都生成一个随机数字。

COUNTA | =RANK(D2, $D$2:$D$11)

	A	B	C	D	E
1	准考证号	姓名	随机座位号	辅助列	
2	0111	=RANK(D2,$D$2:$D$11)			
3	0112	陈英		0.81979184	
4	0113	君真真		0.955006442	
5	0114	赵宝		0.800847641	
6	0115	李白		0.875985937	
7	0116	吴勇		0.320002463	
8	0117	王美玲		0.493198032	
9	0118	李明明		0.417591751	
10	0119	刘海		0.126074692	
11	0120	周胜男		0.209736778	
12					

Step02：

输入公式对随机数字排序

④ 选择C2单元格，输入公式“=RANK(D2,$D$2:$D$11)”，随后按【Enter】键返回计算结果。

C2 | =RANK(D2, $D$2:$D$11)

	A	B	C	D	E
1	准考证号	姓名	随机座位号	辅助列	
2	0111	艾山	9	0.172165411	
3	0112	陈英	8	0.273380419	
4	0113	君真真	7	0.317650367	
5	0114	赵宝	4	0.498729136	
6	0115	李白	1	0.738202858	
7	0116	吴勇	10	0.162741553	
8	0117	王美玲	5	0.473869047	
9	0118	李明明	6	0.45525307	
10	0119	刘海	2	0.563473169	
11	0120	周胜男	3	0.51356792	
12					

Step03：

填充公式

⑤ 将C2单元格中的公式向下方填充，即可为每位考生随机分配一个座位号。

函数16 RANDBETWEEN
——自动生成一个介于指定数字之间的随机整数

语法格式：=RANDBETWEEN(最小整数,最大整数)

参数介绍：

❖ 最小整数：为必需参数。表示能返回的最小整数。该参数必须是数字，当参数为非数字时公式返回错误值。

❖ 最大整数：为必需参数。表示能返回的最大整数。该参数必须是数字，当参数为非数字时公式返回错误值。

注意：当参数为非数值型数据时公式返回错误值“#VALUE!”。第二参数不能比第一参数小，否则公式返回错误值“#NUM!”。当参数为小数时，第一参数向上舍入到最接近的整数，第二参数向下舍入到最接近的整数。

● 函数应用实例：**随机生成6位数密码**

生活中需要使用密码的情况有很多，下面将使用RANDBETWEEN函数生成6位数的随机密码。

	A	B	C
1	使用部门	6位数密码	
2	=RANDBETWEEN(100000,999999)		
3	部门2		
4	部门3		
5	部门4		
6	部门5		
7	部门6		
8			

Step01：

输入公式

① 选择B2单元格，输入公式“=RANDBETWEEN(100000,999999)”，随后按【Enter】键返回第一个密码。

	A	B	C
1	使用部门	6位数密码	
2	部门1	941585	
3	部门2	824087	
4	部门3	626935	
5	部门4	508875	
6	部门5	896596	
7	部门6	774573	
8			

Step02：

填充公式

② 将公式向下方填充，即可得到供所有部门使用的6位数密码。

提示：密码生成后，随着在工作表中执行其他操作，这些密码会不断刷新。为了防止密码被刷新，可去除公式，只保留密码。

想要去除公式，只保留公式结果，可以选择包含公式的单元格区域，按【Ctrl+C】组合键进行复制，然后在所选区域上方右击，在弹出的菜单中选择以“数值”方式粘贴即可。

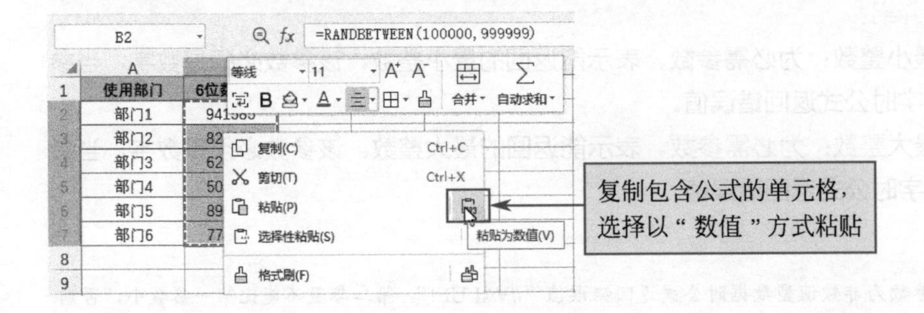

- 函数组合应用：**VLOOKUP+IFERROR+RANDBETWEEN——根据随机中奖号码同步显示中奖者姓名**

使用VLOOKUP函数❶嵌套IFERROR函数❷可查询抽奖号码对应的姓名，并屏蔽未产生中奖号码时所形成的错误值，RANDBETWEEN函数可随机生成指定范围内的中奖号码。

E2　fx　=IFERROR((VLOOKUP(E1,A2:B11,2,FALSE)),"")

	A	B	C	D	E	F	G
1	抽奖编号	对应姓名		中奖号码			
2	1	小甜甜		中奖者姓名			
3	2	孙上进					
4	3	王冕					
5	4	丁茜					
6	5	杨帆					
7	6	朱美楠					
8	7	夏雨荷					
9	8	千寻					
10	9	白展堂					
11	10	刘魁					
12							

Step01：输入查询中奖者姓名的公式

① 选择E2单元格，输入公式“=IFERROR((VLOOKUP(E1,A2:B11,2,FALSE)),"")”，按下【Enter】键返回查询结果。

特别说明：此时公式返回的是空白值，这是由于公式引用的E1单元格中还没有输入内容。

❶ VLOOKUP 函数的使用方法详见本书第 5 章。

❷ IFERROR 函数的使用方法详见本书第 4 章。

COUNTA × ✓ fx =RANDBETWEEN(1,10)

	A	B	C	D	E	F
1	抽奖编号	对应姓名			=RANDBETWEEN(1,10)	
2	1	小甜甜		中奖者姓名		
3	2	孙上进				
4	3	王冕				
5	4	丁茜				
6	5	杨帆				
7	6	朱美楠				
8	7	夏雨荷				
9	8	千寻				
10	9	白展堂				
11	10	刘魁				
12						

Step02:
输入抽取随机号码的公式

② 选择E1单元格，输入公式“=RANDBETWEEN(1,10)”，输入完后按【Enter】键进行确认。

特别说明：RANDBETWEEN函数的两个参数分别是1和10，表示返回1～10的任意随机数。

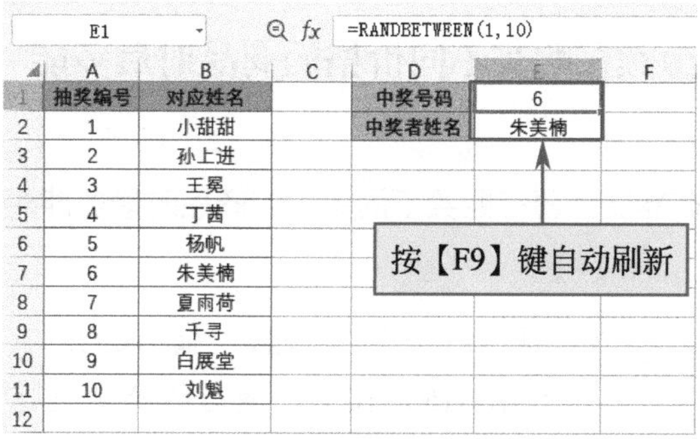

E1 fx =RANDBETWEEN(1,10)

	A	B	C	D	E	F
1	抽奖编号	对应姓名		中奖号码	6	
2	1	小甜甜		中奖者姓名	朱美楠	
3	2	孙上进				
4	3	王冕				
5	4	丁茜				
6	5	杨帆				
7	6	朱美楠				
8	7	夏雨荷				
9	8	千寻				
10	9	白展堂				
11	10	刘魁				
12						

按【F9】键自动刷新

Step03:
同步显示中奖者号码和姓名

③ 最后在工作表中按【F9】键即可刷新中奖号码，中奖者姓名也会随着中奖号码同步显示。

函数17 INT
——将数值向下取整为最接近的整数

语法格式：=INT(数值)

参数介绍：

数值：为必需参数。表示需要进行向下取整的实数。该参数如果指定数值以外的文本，则会返回错误值“#VALUE!”。

使用说明：

INT函数用于将数字向下取整到最接近的整数。当参数为正数时，直接舍去小数点部分返回整数。当参数为负数时，由于舍去小数点后所得的整数大于原数值，所以返回不能超过该数值的最大整数。求舍去小数点部分后的整数时，可参照TRUNC函数。

● 函数应用实例1：舍去金额中的零钱部分

下面将使用INT函数对代表金额的数值进行取整。

	A	B	C	D	E
1	日期	项目	金额	向下取整	
2	2021/8/1	收入	118.5	118	
3	2021/8/2	收入	357.23	357	
4	2021/8/3	收入	224.99	224	
5	2021/8/4	支出	-50.7	-51	
6	2021/8/5	收入	188	188	
7	2021/8/6	支出	-712.2	-713	
8					

D2 =INT(C2)

选择D2单元格，输入公式“=INT(C2)”，返回结果后，将公式向下方填充，得到所有金额向下取整的结果。

- 函数应用实例2：**计算固定金额在购买不同价格的商品时最多能买多少个**

假设有一笔500元的固定资金，现在需要计算在购买不同单价的商品时最多能买多少个。

	A	B	C	D
1	商品	单价	可购买数量	
2	商品1	28	17	
3	商品2	16	31	
4	商品3	30	16	
5	商品4	25	20	
6	商品5	36	13	
7	商品6	40	12	
8				

C2 =INT(500/B2)

选择C2单元格，输入公式“=INT(500/B2)”，随后将公式向下方填充，即可返回计算结果。

- 函数组合应用：**INT+SUM——舍去合计金额的小数部分**

使用INT函数和SUM函数嵌套可将求和结果的小数部分舍去，只保留整数部分。

	A	B	C	D	E
1	商品名称	单价	数量	金额	
2	洋槐蜂蜜	49.8	2	99.6	
3	水果麦片	39.5	1	39.5	
4	脱脂牛奶	99.8	1	99.8	
5	茉莉花茶	12.3	2	24.6	
6	威化饼干	11.2	2	22.4	
7	巧克力豆	8.5	1	8.5	
8	豚骨拉面	23.4	1	23.4	
9	合计金额			317	
10					

D9 =INT(SUM(D2:D8))

选择D9单元格，输入公式“=INT(SUM(D2:D8))”，按下【Enter】键，返回的结果中只保留了合计金额的整数部分，小数部分已经被舍去。

函数18 TRUNC——截去数字的小数部分，保留整数

语法格式：=TRUNC(数值,小数位数)

参数介绍：

❖ 数值：为必需参数。表示需要截尾的数字。该参数可以是数值或包含数值的单元格，不能是单元格区域。

❖ 小数位数：为可选参数。表示要保留的小数位数。若忽略该参数则默认使用0，即舍去所有小数，返回整数。

注意：TRUNC函数的第二参数可以是正数、负数或0，不同类型的参数作用如下。
正数：表示保留指定的小数位数。例如，公式“=TRUNC(12.372,1)”返回结果为“12.3”。
负数：表示从整数部分开始取整。例如，公式“=TRUNC(12.372,-1)”返回结果为“10”。
0或省略：表示截去所有小数。例如，公式“=TRUNC(12.372,0)”返回结果为“12”。

● 函数应用实例1：用TRUNC函数舍去数值中的小数

INT函数和TRUNC函数都可以舍去数值的小数部分。当数值为正数时，INT函数和TRUNC函数返回的结果相同。但是，当数值为负数时，INT函数和TRUNC函数却会产生不同的结果，TRUNC函数返回舍去小数部分的整数，而INT函数则返回不大于该数值的最大整数。

D2 =TRUNC(C2)

	A	B	C	D	E
1	日期	项目	金额	向下取整	
2	2021/8/1	收入	118.5	118	
3	2021/8/2	收入	357.23	357	
4	2021/8/3	收入	224.99	224	
5	2021/8/4	支出	-50.7	-50	
6	2021/8/5	收入	188	188	
7	2021/8/6	支出	-712.2	-712	
8					

选择D2单元格，输入公式“=TRUNC(C2)”，随后将公式向下方填充，即可将“C”列中所有数值中的小数直接舍去。

● 函数应用实例2：舍去百位之后的数值，并以万元为单位显示

下面将使用TRUNC函数舍去百位之后的数值，并将销售金额以万元为单位进行显示。

SUMPRODUCT　　=TRUNC(D3*E3,-3)

8月销售统计表							
销售员	负责地区	产品名称	销售数量	产品单价	销售金额	销售概算	销售金额（万元）
苏威	淮北	制冰机	91	4398		=TRUNC(D3*E3,-3)	
李超越	淮北	消毒柜	47	2108	99076		
李超越	淮北	制冰机	32	2460	78720		
蒋钦	华东	风淋机	43	880	37840		
赵宝刚	淮南	制冰机	20	6800	136000		
赵宝刚	淮南	净化器	52	550	28600		
苏威	淮北	消毒柜	94	1128	106032		
蒋钦	华东	热水器	43	1800	77400		
蒋钦	华东	制冰机	32	2808	89856		

Step01:

输入销售概算公式

① 选择G3单元格。

② 输入公式“=TRUNC(D3*E3,-3)”。

③ 随后按【Enter】键返回计算结果。

8月销售统计表							
销售员	负责地区	产品名称	销售数量	产品单价	销售金额	销售概算	销售金额（万元）
苏威	淮北	制冰机	91	4398	400218	400000	
李超越	淮北	消毒柜	47	2108	99076	99000	
李超越	淮北	制冰机	32	2460	78720	78000	
蒋钦	华东	风淋机	43	880	37840	37000	
赵宝刚	淮南	制冰机	20	6800	136000	136000	
赵宝刚	淮南	净化器	52	550	28600	28000	
苏威	淮北	消毒柜	94	1128	106032	106000	
蒋钦	华东	热水器	43	1800	77400	77000	
蒋钦	华东	制冰机	32	2808	89856	89000	

Step02:

填充公式

④ 再次选中G3单元格，双击填充柄，将公式向下方填充，得到所有舍去百位之后（包括百位）的销售概算金额。

H3　　=TRUNC(D3*E3,-3)/10000&"万元"

8月销售统计表							
销售员	负责地区	产品名称	销售数量	产品单价	销售金额	销售概算	销售金额（万元）
苏威	淮北	制冰机	91	4398	400218	400000	40万元
李超越	淮北	消毒柜	47	2108	99076	99000	9.9万元
李超越	淮北	制冰机	32	2460	78720	78000	7.8万元
蒋钦	华东	风淋机	43	880	37840	37000	3.7万元
赵宝刚	淮南	制冰机	20	6800	136000	136000	13.6万元
赵宝刚	淮南	净化器	52	550	28600	28000	2.8万元
苏威	淮北	消毒柜	94	1128	106032	106000	10.6万元
蒋钦	华东	热水器	43	1800	77400	77000	7.7万元
蒋钦	华东	制冰机	32	2808	89856	89000	8.9万元

Step03:

输入公式，将销售额以万元为单位显示

⑤ 选择H3单元格，输入公式“=TRUNC(D3*E3,-3)/10000&"万元"”。

⑥ 按【Enter】键返回计算结果后，再次选中H3单元格，双击填充柄，将公式向下方填充，计算出所有以万元为单位的销售金额。

函数 19 ROUND

——按指定位数对数值四舍五入

语法格式：=ROUND(数值,小数位数)

参数介绍：

❖ 数值：为必需参数。表示需要进行四舍五入的数字。该参数可以是数值或包含数值的单元格，不能是单元格区域。

❖ 小数位数：为可选参数。表示要保留的小数位数。若忽略该参数则默认使用0，即舍去所有小数，返回整数。

注意：ROUND函数的第二参数可以是正数、负数或0，不同类型的参数作用如下。

正数：表示保留指定的小数位数。例如，公式“=ROUND(158.727,2)”返回结果为“158.73”。

负数：表示从整数部分开始取整。例如，公式“=ROUND(158.727,-2)”返回结果为“200”。

0或省略：表示截去所有小数。例如，公式“=ROUND(158.727,0)”返回结果为“159”。

使用说明：

ROUND函数用于计算按指定位数对数字四舍五入后的值，常用于对消费税或额外消费等金额的零数处理。即使将输入数值的单元格设定为“数值”格式，也能对数值进行四舍五入，格式的设定不会改变，作为计算对象的数值也不会发生变化。计算四舍五入后的数值时，由于没有格式的设定，可以使用ROUND函数来计算。

● 函数应用实例1：计算销售金额，并对结果值四舍五入，只保留一位小数

下面将计算商品销售金额，并同时对结果值进行四舍五入，只保留一位小数。

D2 fx =ROUND(B2*C2,1)

	A	B	C	D	E
1	商品名称	单价	销量/kg	销售金额	
2	草莓	15.88	3	47.6	
3	苹果	4.55	3.3	15	
4	香蕉	2.88	1.5	4.3	
5	火龙果	6.52	4	26.1	
6	橙子	8.3	2.6	21.6	
7	西瓜	1.2	15.3	18.4	
8	榴莲	15.8	20.8	328.6	
9	车厘子	15.1	3	45.3	
10	猕猴桃	6.3	4.5	28.4	
11	柚子	3.5	5	17.5	
12	水蜜桃	6.3	7	44.1	
13	山竹	15.6	1.2	18.7	
14					

选择D2单元格，输入公式“=ROUND(B2*C2,1)”，按下【Enter】键返回结果后，再次选中D2单元格，将公式向下方填充，即可计算出所有商品的销售金额，并自动四舍五入，只保留一位小数。

提示：由于用“单价”乘以“销量”所返回的结果值中，有一些值本身就不包含小数，例如数字“15”，所以ROUND函数无法让其显示出一位小数。若想让这些数值拥有统一的小数位数，可以通过“单元格格式”对话框进行设置。

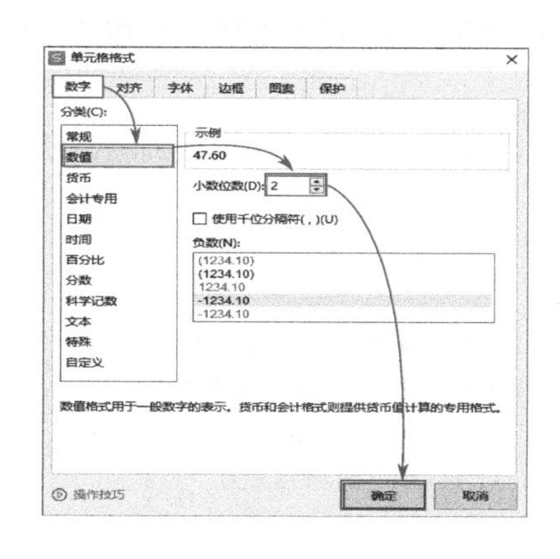

选择包含数值的单元格区域后按【Ctrl+1】组合键，即可打开“单元格格式”对话框。在“数字”选项卡中选择“数值”分类，然后在对话框右侧调整小数位数，最后单击“确定”按钮，即可将所选区域中的所有数值设置成相应的小数位数。

● 函数应用实例2：**四舍五入不足1元的折扣金额**

在结算商品总价时，要求将不足1元的金额四舍五入，例如“15.37”元经过四舍五入后需要返回“15”元。此时可以使用ROUND函数进行计算。

D15 fx =ROUND(D14*(9/10),)

	A	B	C	D	E
1	商品名称	单价	销量/kg	销售金额	
2	草莓	15.88	3	47.6	
3	苹果	4.55	3.3	15	
4	香蕉	2.88	1.5	4.3	
5	火龙果	6.52	4	26.1	
6	橙子	8.3	2.6	21.6	
7	西瓜	1.2	15.3	18.4	
8	榴莲	15.8	20.8	328.6	
9	车厘子	15.1	3	45.3	
10	猕猴桃	6.3	4.5	28.4	
11	柚子	3.5	5	17.5	
12	水蜜桃	6.3	7	44.1	
13	山竹	15.6	1.2	18.7	
14	实际总额			615.6	
15	会员9折结算总额			554	
16					

选择D15单元格，输入公式“=ROUND(D14*(9/10),)”，按下【Enter】键即可计完成计算。

特别说明：

① 本例公式中“D14*(9/10)”部分是第一参数，作用是对实际总额进行9折的计算。

② 第二参数被忽略，但是，第一参数后面的逗号不能省略，否则公式无法返回结果，并弹出警告对话框。

函数20 ROUNDUP

——按指定的位数向上舍入数字

语法格式：=ROUNDUP(数值,小数位数)

参数介绍：

❖ 数值：为必需参数。表示需要进行向上舍入的数字。该参数可以是数值或包含数值的单元格，不能是单元格区域。

❖ 小数位数：为可选参数。表示要保留的小数位数。若忽略该参数则默认使用0，即舍去所有小数，返回整数。

注意：ROUNDUP函数的第二参数可以是正数、负数或0，不同类型的参数作用如下。
正数：表示保留指定的小数位数。例如，公式“=ROUNDUP(112.111,2)”返回结果为“112.12”；
负数：表示从整数部分开始取整。例如，公式“=ROUNDUP(112.111,-2)”返回结果为“200”；
0或省略：表示截去所有小数。例如，公式“=ROUNDUP(112.111,0)”返回结果为“113”。

使用说明：

ROUNDUP函数用于按指定位数对数值向上舍入，如对保险费的计算或对额外消费等金额的零数处理等。在通常情况下对数值四舍五入时，是舍去4以下的数值，舍入5以上的数值。但ROUNDUP函数进行舍入时，与数值的大小无关。

● 函数应用实例：计算快递计费重量

货物在托付运输时，往往不是按照实际重量收费，例如1kg以下不计重量只收起送费。超过1kg，不满2kg按2kg计算运费。下面将使用ROUNDUP函数计算快递的计费重量。

SUMPRODUCT　× ✓ fx　=ROUNDUP(B2, 0)

	A	B	C	D
1	快递编号	实称重量（kg）	计费重量（kg）	
2	01111		=ROUNDUP(B2,0)	
3	01112	0.5	ROUNDUP（数值，小数位数	
4	01113	1.62		
5	01114	2.3		
6	01115	0.4		
7	01116	10.2		
8				

Step01：
输入公式

① 选择C2单元格。

② 输入公式“=ROUNDUP(B2,0)”。

C2　fx　=ROUNDUP(B2, 0)

	A	B	C	D
1	快递编号	实称重量（kg）	计费重量（kg）	
2	01111	0.8	1	
3	01112	0.5	1	
4	01113	1.62	2	
5	01114	2.3	3	
6	01115	0.4	1	
7	01116	10.2	11	
8				

Step02：
填充公式

③ 按【Enter】键返回计算结果后再次选中C2单元格。

④ 双击填充柄，向下填充，计算出所有快递的计费重量。

特别说明：本例也可忽略第二参数“0”，将公式编写为“=ROUNDUP(B2,)”。

● 函数组合应用：ROUNDUP+SUMIF——计算促销商品的总金额并对结果向上舍入保留1位小数

下面需对商品性质为“促销”的商品金额进行求和，并且将求和结果向上舍入保留1位小数。将使用ROUNDUP函数与SUMIF函数嵌套完成计算。

COUNTA | =SUMIF(

	A	B	C	D	E	F	G	H
1	商品名称	商品性质	数量	单位	单价	金额		促销商品总金额
2	美白牙膏	促销	1	盒	15.32	15.32		=SUMIF(
3	牙刷套装		2	盒	9.9	19.8		SUMIF（区域，条件
4	洗洁精		1	凭	13.2	13.2		
5	散装巧克力	促销	1.8	kg	25.9	46.62		
6	苏打饼干		1.7	kg	9.99	16.983		
7	筷子（5双装）		1	套	9.9	9.9		
8	马克杯		1	个	12.68	12.68		
9	蜂蜜（500g）	促销	1	瓶	39.2	39.2		
10	曲奇饼干		2	盒	69.99	139.98		
11	红豆魔方吐司		2.6	kg	19.8	51.48		
12	沐浴乳		1	瓶	46.29	46.29		
13	水果麦片	促销	1	袋	37.33	37.33		
14	高钙奶粉		2	罐	89.99	179.98		
15	薯片		4	罐	5.9	23.6		
16								

Step01：

输入函数名称，选择参数设置方式

① 选择H2单元格。

② 输入等号、函数名称及左括号，即“=SUMIF(”。

③ 单击编辑栏左侧的“*fx*”按钮。

> 特别说明：函数名称后面必须输入左括号，再单击“ ”按钮，才能启动“函数参数”对话框。

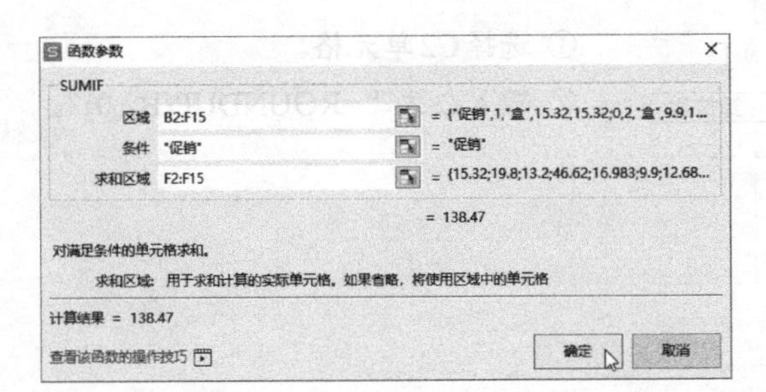

Step02：

在“函数参数”对话框中设置参数

④ 在打开的“函数参数”对话框中依次设置参数为“B2:F15”“促销”“F2:F15”。

⑤ 单击“确定”按钮。

> 特别说明：对于不熟悉使用方法的函数，可以在“函数参数”对话框中根据文字提示设置参数。

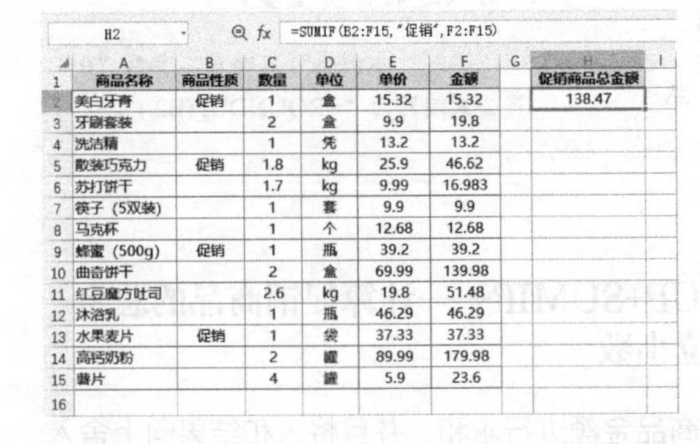

H2 | =SUMIF(B2:F15,"促销",F2:F15)

	A	B	C	D	E	F	G	H
1	商品名称	商品性质	数量	单位	单价	金额		促销商品总金额
2	美白牙膏	促销	1	盒	15.32	15.32		138.47
3	牙刷套装		2	盒	9.9	19.8		
4	洗洁精		1	凭	13.2	13.2		
5	散装巧克力	促销	1.8	kg	25.9	46.62		
6	苏打饼干		1.7	kg	9.99	16.983		
7	筷子（5双装）		1	套	9.9	9.9		
8	马克杯		1	个	12.68	12.68		
9	蜂蜜（500g）	促销	1	瓶	39.2	39.2		
10	曲奇饼干		2	盒	69.99	139.98		
11	红豆魔方吐司		2.6	kg	19.8	51.48		
12	沐浴乳		1	瓶	46.29	46.29		
13	水果麦片	促销	1	袋	37.33	37.33		
14	高钙奶粉		2	罐	89.99	179.98		
15	薯片		4	罐	5.9	23.6		
16								

Step03：

返回促销商品的销售总额

⑥ 返回工作表，此时H2单元格中已经计算出了所有“促销”类商品的销售总金额。

H2 =ROUNDUP(SUMIF(B2:F15,"促销",F2:F15),1)

	A	B	C	D	E	F	G	H
1	商品名称	商品性质	数量	单位	单价	金额		促销商品总金额
2	美白牙膏	促销	1	盒	15.32	15.32		138.5
3	牙刷套装		2	盒	9.9	19.8		
4	洗洁精		1	凭	13.2	13.2		
5	散装巧克力	促销	1.8	kg	25.9	46.62		
6	苏打饼干		1.7	kg	9.99	16.983		
7	筷子（5双装）		1	套	9.9	9.9		
8	马克杯		1	个	12.68	12.68		
9	蜂蜜（500g）	促销	1	瓶	39.2	39.2		
10	曲奇饼干		2	盒	69.99	139.98		
11	红豆魔方吐司		2.6	kg	19.8	51.48		
12	沐浴乳		1	瓶	46.29	46.29		
13	水果麦片	促销	1	袋	37.33	37.33		
14	高钙奶粉		2	罐	89.99	179.98		
15	薯片		4	罐	5.9	23.6		
16								

嵌套公式

Step04:

返回向上舍入保留1位小数的销售总额

⑦ 将光标定位在编辑栏中，在SUMIF函数外侧嵌套ROUNDUP函数，将公式修改为“=ROUNDUP(SUMIF(B2:F15,"促销",F2:F15),1)”。

⑧ 按下【Enter】键即可返回最终计算结果。

第2章

函数21 ROUNDDOWN

——按照指定的位数向下舍入数值

语法格式：=ROUNDDOWN(数值,小数位数)

参数介绍：

❖ 数值：为必需参数。表示需要进行向下舍入的数字。该参数可以是数值或包含数值的单元格，不能是单元格区域。

❖ 小数位数：为可选参数。表示要保留的小数位数。若忽略该参数则默认使用0，即舍去所有小数，返回整数。

注意：ROUNDDOWN函数的第二参数可以是正数、负数或0，不同类型的参数作用如下。

正数：表示保留指定的小数位数。例如，公式“=ROUNDDOWN(159.567,1)”返回结果为“159.5”。

负数：表示从整数部分开始取整。例如，公式“=ROUNDDOWN(159.567,-1)”返回结果为“150”。

0或省略：表示截去所有小数。例如，公式“=ROUNDDOWN(159.567,0)”返回结果为“159”。

使用说明：

ROUNDDOWN函数用于求出按指定位数对数值向下舍入后的值。在通常情况下，对数值四舍五入是舍去4以下的数值，舍入5以上的数值。ROUNDDOWN函数是向下舍入数值，它进行舍入时与数值的大小无关。有关四舍五入或者向上舍入数值的内容，可参照ROUND函数和ROUNDUP函数。

● 函数应用实例：**对实际测量的体重进行取整**

下面将使用ROUNDDOWN函数对实际测量得到的体重进行取整。

C2 =ROUNDDOWN(B2,0)

	A	B	C	D	E
1	姓名	体重	舍入到整数	舍入到十位	
2	1号	153.6	153		
3	2号	147.2	147		
4	3号	110.5	110		
5	4号	98.8	98		
6	5号	132.3	132		
7	6号	198.5	198		
8	7号	166.9	166		
9	8号	137	137		
10					

Step01：

向下舍去所有小数

① 在C2单元格中输入公式“=ROUNDDOWN(B2,0)”。

② 将公式向下方填充，返回所有体重向下舍去小数后的值。

D2 =ROUNDDOWN(B2,-1)

	A	B	C	D	E
1	姓名	体重	舍入到整数	舍入到十位	
2	1号	153.6	153	150	
3	2号	147.2	147	140	
4	3号	110.5	110	110	
5	4号	98.8	98	90	
6	5号	132.3	132	130	
7	6号	198.5	198	190	
8	7号	166.9	166	160	
9	8号	137	137	130	
10					

Step02：

向下舍入到十位数

③ 在D2单元格中输入公式“=ROUNDDOWN(B2,-1)”。

④ 向下填充公式，返回所有体重向下舍入到十位数后的值。

函数22 CEILING

——将参数向上舍入为最接近的基数的倍数

语法格式：=CEILING(数值,舍入基数)

参数介绍：

❖ 数值：为必需参数。表示需要向上舍入的数字。该参数可以是数值或包含数值的单元格，不能是单元格区域。

❖ 舍入基数：为可选参数。表示用于向上舍入的基数。若忽略该参数则默认使用0。

注意：当第一参数为正数时第二参数不能为负数，否则将返回错误值“#NUM!”。使用CEILING函数可求出向上舍入到最接近的基数倍数的值。由于CEILING函数是求准确数量的值，所以有可能有剩余的数量。

下表对CEILING函数的使用方法进行了详细说明。

公式	公式分析	返回结果
=CEILING(2.5,1)	将 2.5 向上舍入到最接近的 1 的倍数	3
=CEILING(-2.5,-2)	将 -2.5 向上舍入到最接近的 -2 的倍数	-4
=CEILING(-2.5,2)	将 -2.5 向上舍入到最接近的 2 的倍数	-2
=CEILING(2.5,-2)	两个参数符号不同，返回错误值	#NUM!
=CEILING(1.5,0.1)	将 1.5 向上舍入到最接近的 0.1 的倍数	1.5
=CEILING(0.13,0.01)	将 0.13 向上舍入到最接近的 0.01 的倍数	0.13

● 函数应用实例：**计算不同数值在相同基数下的舍入结果**

下面将计算一组数值在舍入到最接近5的倍数时的返回值。

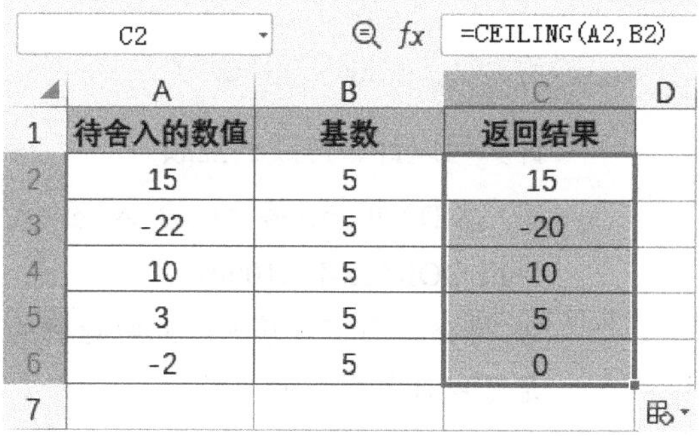

C2 fx =CEILING(A2,B2)

	A	B	C	D
1	待舍入的数值	基数	返回结果	
2	15	5	15	
3	-22	5	-20	
4	10	5	10	
5	3	5	5	
6	-2	5	0	
7				

选择C2单元格，输入公式“=CEILING(A2,B2)”，随后将公式向下方填充，即可返回所有待舍入的数值向上舍入到最接近5的倍数的结果。

函数23 FLOOR

——将参数向下舍入到最接近的基数的倍数

语法格式：=FLOOR(数值,舍入基数)

参数介绍：

❖ 数值：为必需参数。表示需要向下舍入的数字。该参数可以是数值或包含数值的单元格，不能是单元格区域。

❖ 舍入基数：为可选参数。表示用于向下舍入的基数。若忽略该参数则默认使用0。

注意：当第一参数为正数时第二参数不能为负数，否则将返回错误值“#NUM!”。

使用FLOOR函数可求出数值向下舍入最接近的基数倍数的值。与FLOOR函数相反，当需要求数值向上舍入到最接近的基数倍数时，可参照CEILING函数。

下表对FLOOR函数的使用方法进行了详细说明。

公式	公式分析	返回结果
=FLOOR(2.5,1)	将2.5向下舍入到最接近的1的倍数	2
=FLOOR(-2.5,-2)	将-2.5向下舍入到最接近的-2的倍数	-2
=FLOOR(-2.5,2)	将-2.5向下舍入到最接近的2的倍数	-4
=FLOOR(2.5,-2)	两个参数符号不同，返回错误值	#NUM!
=FLOOR(1.5,0.1)	将1.5向下舍入到最接近的0.1的倍数	1.5
=FLOOR(0.13,0.01)	将0.13向下舍入到最接近的0.01的倍数	0.13

● 函数应用实例：计算员工销售提成

假设实际销售额超过计划销售额1000元奖励100元，下面将使用FLOOR函数计算员工的销售提成。

D2 =FLOOR(C2-B2,1000)

	A	B	C	D	E
1	姓名	计划销售额	实际销售额	销售提成	
2	邢丽	8000	15000	7000	
3	王志华	8000	9800	1000	
4	鹿鸣路	8000	8000	0	
5	程芳	8000	8800	0	
6	夏宇	8000	11300	3000	
7	杨世杰	8000	23000	15000	
8	赵九龙	8000	12000	4000	
9					

Step01：

计算可以计算提成的金额

① 在D2单元格中输入公式“=FLOOR(C2-B2,1000)”。

② 将公式向下方填充，此时返回的是可以计算提成的金额。

D2 =FLOOR(C2-B2,1000)/1000*100

	A	B	C	D	E	F
1	姓名	计划销售额	实际销售额	销售提成		
2	邢丽	8000	15000	700		
3	王志华	8000	9800	100		
4	鹿鸣路	8000	8000	0		
5	程芳	8000	8800	0		
6	夏宇	8000	11300	300		
7	杨世杰	8000	23000	1500		
8	赵九龙	8000	12000	400		
9						

Step02：

计算销售提成

③ 修改D2单元格中的公式为“=FLOOR(C2-B2,1000)/1000*100”。

④重新向下方填充公式，便可计算出所有销售提成。

提示：本例中实际销售额不能小于计划销售额，否则公式会返回负值。当实际销售额小于计划销售额时，若想让公式不返回负数，可用IF函数指定返回值。

函数24 MROUND

——按照指定基数的倍数对参数四舍五入

语法格式：=MROUND(数值,舍入基数)

参数介绍：

❖ 数值：为必需参数。表示需要舍入的数字。该参数可以是数值或包含数值的单元格，不能是单元格区域。

❖ 舍入基数：为可选参数。表示要舍入的基数。若忽略该参数则默认使用0。若该参数为负数，公式返回错误值。

使用说明：

MROUND函数用于按照基数的倍数对数值进行四舍五入。如果数值除以基数得出的余数小于倍数的一半，将返回和FLOOR函数相同的结果；如果余数大于倍数的一半，则返回和CEILING函数相同的结果。

● 函数应用实例：计算供销双方货物订单平衡值

下面将使用MROUND函数计算能够保证供销双方货物订单平衡的值。

D2 fx =MROUND(B2,C2)/C2

	A	B	C	D	E	F
1	商品名	订购量（支）	每箱数量/支	发货箱数	相差数量（支）	
2	遮瑕膏	300	17	18		
3	美妆蛋	210	13	16		
4	眼影盘	350	10	35		
5	高光笔	80	12	7		
6	眼线笔	95	6	16		
7	睫毛膏	180	20	9		
8						

Step01：

计算实际发货箱数

① 在D2单元格中输入公式“=MROUND(B2,C2)/C2”。

② 将公式向下方填充，计算出每种商品实际发货箱数。

E2 fx =B2-MROUND(B2,C2)

	A	B	C	D	E	F
1	商品名	订购量（支）	每箱数量/支	发货箱数	相差数量（支）	
2	遮瑕膏	300	17	18	-6	
3	美妆蛋	210	13	16	2	
4	眼影盘	350	10	35	0	
5	高光笔	80	12	7	-4	
6	眼线笔	95	6	16	-1	
7	睫毛膏	180	20	9	0	
8						

Step02：

计算双方订单平衡值

③ 选择E2单元格，输入公式“=B2-MROUND(B2,C2)”。

④ 将公式向下方填充，计算出订购数量和实际发货箱数之间相差的数量。

特别说明：返回值为负数，说明发货数量大于订购数量；返回值为“0”，说明两者相等；返回值为正数，说明发货数量小于订购数量。

函数 25 EVEN

——将正（负）数向上（下）舍入到最接近的偶数

语法格式：=EVEN(数值)

参数介绍：

数值：为必需参数。表示需要取偶数的值。该参数不能是一个单元格区域。如果参数为数值以外的文本，则返回错误值“#VALUE!”。

使用说明：

EVEN函数的参数可以是逻辑值，逻辑值TRUE作为1处理，FALSE作为0处理。使用该函数可返回沿绝对值增大方向取整后最接近的偶数。不论数值是正数还是负数，返回的偶数值的绝对值比原来数值的绝对值大。如果要将指定的正（负）数向上（下）舍入到最接近的奇数值，可使用ODD函数。

EVEN函数的公式分析见下表。

公式	公式分析	返回结果
=EVEN(3)	将3向上舍入到最接近的偶数	4
=EVEN(3.3)	将3.3向上舍入到最接近的偶数	4
=EVEN(-3)	将-3向下舍入到最接近的偶数	-4
=EVEN(0.5)	将0.5向上舍入到最接近的偶数	2
=EVEN(4)	将4向上舍入到最接近的偶数	4

● 函数应用实例1：将正（负）数向上（下）舍入到最接近的偶数

由于将正（负）数向上（下）舍入到最接近的偶数，所以正（负）小数能够向上（下）舍入到最接近的偶整数。当数值为负数时，返回值为向下舍入到最接近的偶数。

B2　fx =EVEN(A2)

	A	B	C
1	数值	向上(下)舍入到最接近的偶数	
2	2.5	4	
3	3.8		
4	7		
5	0		
6	TRUE		
7	FALSE		
8	83		
9	十八		
10			

Step01：

输入公式

① 选择B2单元格。

② 输入公式“=EVEN(A2)”。

B2		=EVEN(A2)
	A	B	C
1	数值	向上(下)舍入到最接近的偶数	
2	2.5	4	
3	3.8	4	
4	7	8	
5	0	0	
6	TRUE	2	
7	FALSE	0	
8	83	84	
9	十八	#VALUE!	
10			

TRUE作为1处理，FALSE作为0处理

参数为文本时返回错误值“#VALUE!”

Step02:
返回结果值

③ 将公式向下方填充，返回所有数值向上（下）舍入到最接近的偶数的结果。

● 函数应用实例2：**求每组所差人数**

某项工作至少需要2个人配合才能完成，目前每组人数不等，但是根据要求，每组人数必须是偶数才能完成任务。下面根据当前每组的人数计算需要补充的人数。

C2		=EVEN(B2)-B2		
	A	B	C	D
1	组别	人数	补充人数	
2	1组	6	0	
3	2组	3	1	
4	3组	15	1	
5	4组	1	1	
6	5组	10	0	
7	6组	13	1	
8	7组	7	1	
9	8组	5	1	
10				

选择C2单元格，输入公式“=EVEN(B2)-B2”，随后将公式向下方填充，即可计算出每组需要补充的人数。

函数26 ODD

——将正（负）数向上（下）舍入到最接近的奇数

语法格式：=ODD(数值)

参数介绍：

数值：为必需参数。表示需要取奇数的值。该参数不能是一个单元格区域。如果参数为数值以外的文本，则返回错误值“#VALUE!”。

使用说明:

ODD函数与EVEN函数的用法基本相同，它们的区别在于ODD函数是将正（负）数向上（下）舍入到最接近的奇数，而EVEN函数则是将正（负）数向上（下）舍入到最接近的偶数。

● 函数应用实例：**将正（负）数向上（下）舍入到最接近的奇数值**

由于将正（负）数向上（下）舍入到最接近的奇数，所以正（负）小数能够向上（下）舍入到最接近的奇整数。当数值为负数时，返回值是向下舍入到最接近的奇数。

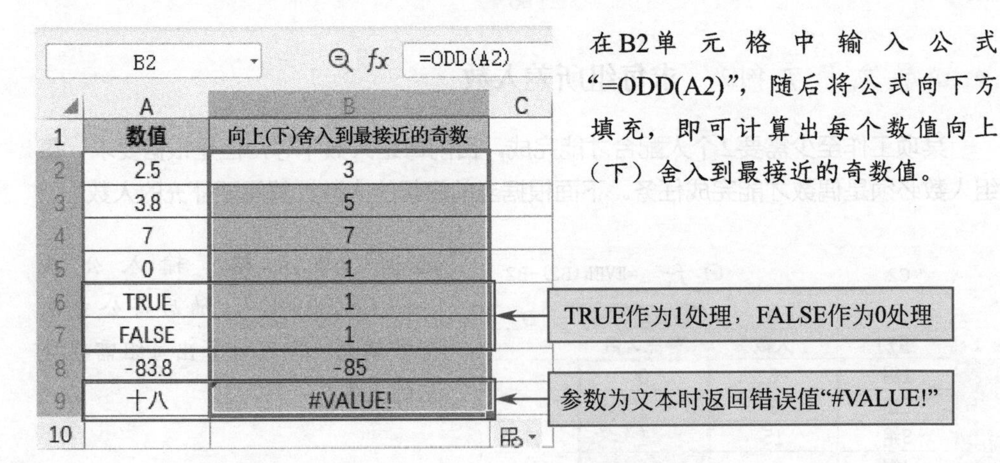

	A	B	C
1	数值	向上(下)舍入到最接近的奇数	
2	2.5	3	
3	3.8	5	
4	7	7	
5	0	1	
6	TRUE	1	
7	FALSE	1	
8	-83.8	-85	
9	十八	#VALUE!	
10			

在B2单元格中输入公式“=ODD(A2)”，随后将公式向下方填充，即可计算出每个数值向上（下）舍入到最接近的奇数值。

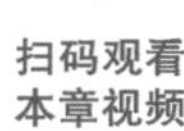

第3章 统计函数

统计函数根据特定的参数结构，按一定的顺序或结构对数据区域进行统计分析与计算。统计函数中的参数通常是数字或涉及数字的名称、数组或引用。本章将对WPS表格中常用统计函数的使用方法进行详细介绍。

统计函数一览

WPS表格中的统计函数有近百种，是所有函数类型中种类最多的一种函数类型。下面将详细罗列这些函数，并对其作用进行说明。

（1）常用函数

常用的统计函数包括求平均值、计数、最大值、最小值、方差、偏差、排位、概率、分布、预测等类型，其中常用的函数包括AVERAGE、COUNT、RANK、MAX、MIN等。

序号	函数	作用
1	AVEDEV	返回一组数据与其算术平均值的绝对偏差的平均值
2	AVERAGE	返回参数的平均值（算术平均值）
3	AVERAGEA	计算参数列表中数值的平均值（算术平均值）
4	AVERAGEIF	返回某个区域内满足给定条件的所有单元格的平均值（算术平均值）
5	AVERAGEIFS	返回满足多个条件的所有单元格的平均值（算术平均值）
6	BINOMDIST	返回一元二项式分布的概率值
7	COUNT	计算包含数字的单元格个数以及参数列表中数字的个数
8	COUNTA	计算范围中不为空的单元格的个数
9	COUNTBLANK	用于计算单元格区域中空白单元格的个数

续表

序号	函数	作用
10	COUNTIF	用于统计满足某个条件的单元格的数量
11	CRITBINOM	返回使累积二项式分布大于等于临界值的最小值
12	DEVSQ	返回各数据点与数据平均值之差（数据偏差）的平方和
13	FREQUENCY	以垂直数组的形式返回频率分布
14	GEOMEAN	返回几何平均值
15	GROWTH	返回指数预测值
16	HARMEAN	返回调和平均值
17	HYPGEOMDIST	返回超几何分布
18	KURT	返回数据集的峰值
19	LARGE	返回数据集中第 *k* 个最大值
20	MAX	返回参数列表中的最大值
21	MAXA	返回参数列表中的最大值，包括数字、文本和逻辑值
22	MAXIFS	返回一组给定条件所指定的单元格的最大值
23	MEDIAN	返回给定数值集合中的中值
24	MIN	返回参数列表中的最小值
25	MINA	返回参数列表中的最小值，包括数字、文本和逻辑值
26	MINIFS	返回一组给定条件所指定的单元格的最小值
27	MODE	返回在某一数组或数据区域中的众数
28	NEGBINOM DIST	返回负二项式分布的概率
29	NORM DIST	返回指定平均值和标准偏差的正态分布函数
30	NORM INV	返回指定平均值和标准偏差的正态累积分布函数的反函数
31	NORM S DIST	返回标准正态累积分布函数
32	NORM S INV	返回标准正态累积分布函数的反函数
33	PERCENTILE	返回某个区域中数值的第 *k* 个百分点的值
34	PERCENTRANK	返回特定数值在一个数据集中的百分比排位
35	PERMUT	返回给定数目对象的排列数
36	POISSON	返回泊松分布
37	PROB	返回区域中的数值落在指定区间内的概率
38	QUARTILE	基于百分率返回数据集的四分位数
39	RANK	返回某数字在一列数字中相对于其他数值的排位
40	SKEW	返回分布的偏斜度

序号	函数	作用
41	SMALL	返回数据集中的第 k 个最小值
42	STANDARDIZE	返回正态化数值
43	STDEV	计算基于给定样本的标准偏差
44	STDEVA	基于样本（包括数字、文本和逻辑值）估算标准偏差
45	STDEVPA	基于样本总体（包括数字、文本和逻辑值）计算标准偏差
46	TREND	返回回归直线的预测值
47	TRIMMEAN	返回数据集的内部平均值
48	VAR	计算基于给定样本的方差
49	VARP	计算基于样本总体的方差（忽略样本中的逻辑值及文本）
50	VARA	基于给定样本（包括数字、文本和逻辑值）估算方差
51	VARPA	基于样本总体（包括数字、文本和逻辑值）计算方差

（2）其他函数

下表对工作表中使用频率不高的统计函数进行了整理，读者可浏览其大概作用。

序号	函数	作用
1	BETADIST	返回累积 Beta 分布的概率密度
2	BETAINV	返回具有给定概率的累积 Beta 分布的区间点
3	BINOM.DIST	返回一元二项式分布的概率值
4	BINOM.DIST.RANGE	使用二项式分布返回试验结果的概率值
5	BINOM.INV	返回一个数值，它是使得累积二项式分布的函数值大于等于临界值的最小整数
6	CHIDIST	返回 χ^2 分布的右尾概率。χ^2 分布与 χ^2 检验相关。使用 χ^2 检验可以比较观察值和期望值
7	CHIINV	返回 χ^2 分布的右尾概率的反函数
8	CHISQ.DIST	返回 χ^2 分布
9	CHISQ.INV	返回 χ^2 分布的左尾概率的反函数
10	CHITEST	返回独立性检验值
11	CONFIDENCE	返回总体平均值的置信区间
12	CORREL	返回两数组之间的相关系数
13	COUNTIFS	计算区域内符合多个条件的单元格的数量
14	COVAR	返回协方差，即每对数据点的偏差乘积的平均数
15	COVARIANCE.P	返回总体协方差，即两个数据集中每对数据点的偏差乘积的平均数

续表

序号	函数	作用
16	COVARIANCE.S	返回样本协方差，即两个数据集中每对数据点的偏差乘积的平均数
17	EXPONDIST	返回指数分布
18	FDIST	返回 F 概率分布
19	FINV	返回 F 概率分布函数的反函数值
20	FISHER	返回 x 的 Fisher 变换值
21	FISHERINV	返回 Fisher 逆变换值
22	FORECAST	根据已有的数值计算或预测未来值
23	FTEST	返回 F 检验的结果
24	GAMMADIST	返回 γ 分布
25	GAMMAINV	返回 γ 累积分布函数的反函数
26	GAMMALN	返回 γ 函数的自然对数
27	GAMMALN.PRECISE	返回 γ 函数的自然对数
28	INTERCEPT	返回线性回归线的截距
29	LINEST	返回线性趋势的参数
30	LOGEST	返回指数趋势的参数
31	LOGINV	返回 x 的对数正态累积分布函数的区间点
32	LOGNORMDIST	返回 x 的对数累积分布函数
33	PEARSON	返回 Pearson 乘积矩相关系数
34	RANK.AVG	返回一列数字的数字排位，若多个数值排名相同，则返回平均值排名
35	RANK.EQ	返回一列数字的数字排位，若多个数值排名相同，则返回该组数值的最佳排名
36	RSQ	返回 Pearson 乘积矩相关系数的平方
37	SLOPE	返回线性回归线的斜率
38	STDEVP	基于整个样本总体计算标准偏差
39	STDEV.S	基于样本估算标准偏差
40	STEYX	返回通过线性回归法预测每个 x 的 y 值时所产生的标准误差
41	TDIST	返回学生 t 分布的百分率（概率）
42	TINV	返回作为概率和自由度函数的学生 t 分布的 t 值
43	TTEST	返回与学生 t 检验相关的概率
44	VAR.S	基于样本估算方差（忽略样本中的逻辑值及文本）
45	WEIBULL	返回韦伯分布
46	ZTEST	返回 z 检验的单尾概率值

AVERAGE

——计算参数的平均值

语法格式：=AVERAGE(数值1,数值2,...)

参数介绍：

❖ 数值1：为必需参数。表示需要参与求平均值计算的第一个值。该参数可以是单元格或单元格区域引用、数字、名称、数组等。

❖ 数值2，...：为可选参数。表示需要参与求和计算的其他值。该参数可以是单元格或单元格区域引用、数字、名称、数组等。

使用说明：

AVERAGE函数用于计算参数的平均值，它是使用最频繁的函数之一。该函数最少需要设置1个参数，最多能设置255个参数。数组或引用参数中包含文本、逻辑值或空白单元格，则这些值将被忽略。如果参数为数值以外的文本，则返回错误值“#VALUE!”。分母为0，则返回错误值“#DIV/0!”。

● 函数应用实例1：使用自动求平均值功能计算平均基本工资

WPS表格中内置了快速求平均值的操作按钮，使用该按钮可快速输入求平均值公式，提高工作效率。

Step01：
使用自动求平均值功能

① 选择D11单元格。

② 打开“公式”选项卡。

③ 在“函数库”组中单击“自动求和”下拉按钮。

④ 从展开的列表中选择“平均值”选项。

SUMPRODUCT　× ✓ fx　=AVERAGE(D2:D10)

	A	B	C	D	E
1	工号	姓名	所属部门	基本工资	
2	DSN12	阿拉丁	财务部	¥4,200.00	
3	DSN13	爱丽丝	销售部	¥4,500.00	
4	DSN03	奥丽华	人事部	¥3,700.00	
5	DSN04	珍妮	办公室	¥3,900.00	
6	DSN05	道奇	人事部	¥3,500.00	
7	DSN06	狄托	设计部	¥5,000.00	
8	DSN07	吉儿	销售部	¥5,000.00	
9	DSN10	丽妲	办公室	¥3,600.00	
10	DSN11	费根	办公室	¥4,000.00	
11	平均基本工资			=AVERAGE(D2:D10)	
12				AVERAGE（数值1，...）	

Step02：

自动输入求平均值公式

⑤ D11单元格中随即自动输入求平均值公式，公式中自动引用上方包含工资数值的单元格区域。

D11　fx　=AVERAGE(D2:D10)

	A	B	C	D	E
1	工号	姓名	所属部门	基本工资	
2	DSN12	阿拉丁	财务部	¥4,200.00	
3	DSN13	爱丽丝	销售部	¥4,500.00	
4	DSN03	奥丽华	人事部	¥3,700.00	
5	DSN04	珍妮	办公室	¥3,900.00	
6	DSN05	道奇	人事部	¥3,500.00	
7	DSN06	狄托	设计部	¥5,000.00	
8	DSN07	吉儿	销售部	¥5,000.00	
9	DSN10	丽妲	办公室	¥3,600.00	
10	DSN11	费根	办公室	¥4,000.00	
11	平均基本工资			¥4,155.56	
12					

Step03：

返回求平均值结果

⑥ 按下【Enter】键即可返回所有员工的平均基本工资。

● 函数应用实例2：计算车间平均产量

下面将使用AVERAGE函数计算1季度和4季度的平均产量。

	A	B	C	D	E	F
1	车间	1季度	2季度	3季度	4季度	
2	1车间	1500	2800	2600	2300	
3	2车间	2200	2300	3300	3500	
4	3车间	2000	2100	1300	1800	
5	4车间	2500	2300	2800	3200	
6	1季度和4季度的平均产量					
7						

Step01：

选择插入函数的方式

① 选择E6单元格。

② 单击编辑栏左侧的“fx”按钮。

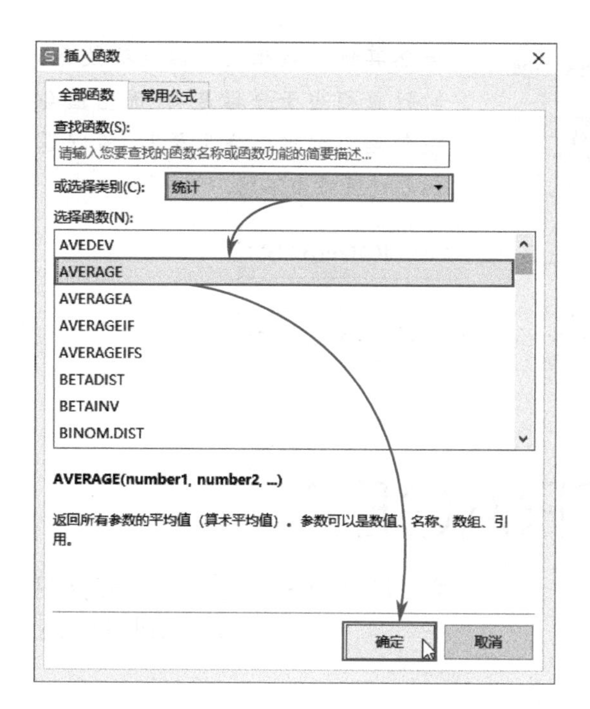

Step02:
选择需要使用的函数

③ 打开“插入函数”对话框，选择函数类别为“统计”。

④ 在“选择函数”列表中选择“AVERAGE”函数，然后单击“确定”按钮。

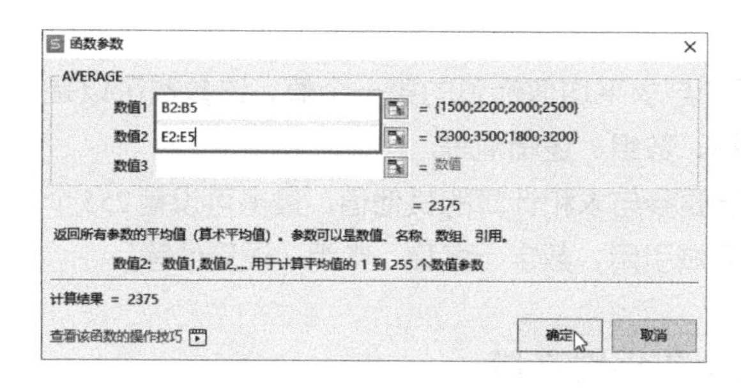

Step03:
设置参数

⑤ 打开“函数参数”对话框，依次设置参数为“B2:B5”“E2:E5”。

⑥ 设置完后单击“确定”按钮，关闭对话框。

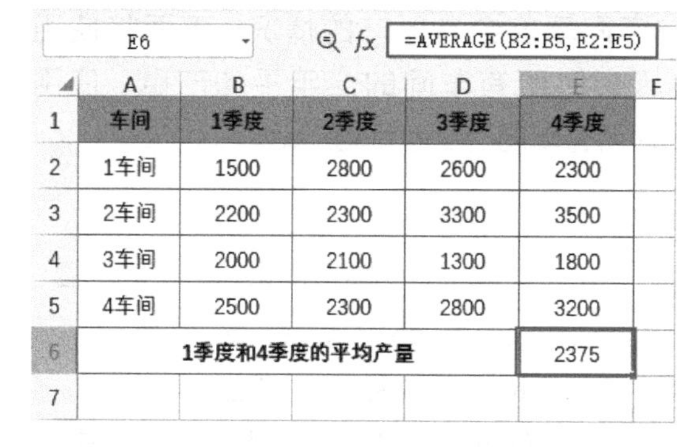
E6 =AVERAGE(B2:B5,E2:E5)

	A	B	C	D	E	F
1	车间	1季度	2季度	3季度	4季度	
2	1车间	1500	2800	2600	2300	
3	2车间	2200	2300	3300	3500	
4	3车间	2000	2100	1300	1800	
5	4车间	2500	2300	2800	3200	
6	1季度和4季度的平均产量				2375	
7						

Step04:
返回结果

⑦ 返回工作表，E6单元格中已经显示出了1季度和4季度的平均产量。

提示：AVERAGE函数在计算时会忽略空白单元格、逻辑值以及文本型数据。0会被正常计算。

	A	B	C	D
1	车间	参数中包含0	参数中包含空值	
2	1车间	0		
3	2车间	2200	2200	
4	3车间	2000	2000	
5	4车间	2500	2500	
6	平均产量	1675	2233.333333	
7				

C6 =AVERAGE(C2:C5)

=AVERAGE(B2:B5)

=AVERAGE(C2:C5)

虽然其他参数相同，但是参数有0时计算相当于分母是4；而空值会被忽略，相当于分母是3，所以返回的计算结果不同。

函数 2 AVERAGEA

——计算参数列表中非空白单元格中数值的平均值

语法格式：=AVERAGEA(数值1,数值2,...)

参数介绍：

❖ 数值1：必需参数。表示需要参与求平均值计算的第一个值。该参数可以是单元格或单元格区域引用、数字、名称、数组、逻辑值等。

❖ 数值2，...：可选参数。表示需要参与求和计算的其他值。最多可设置255个参数。该参数可以是单元格或单元格区域引用、数字、名称、数组、逻辑值等。

● 函数应用实例：**计算车间全年平均产量**

多个车间同时生产，有些车间在不同季度会有停产的情况。下面将使用AVERAGE函数统计不考虑“停产”因素时所有车间的全年平均产量，使用AVERAGEA函数统计加入“停产”因素时所有车间的全年平均产量。

E6 =AVERAGE(B2:E5)

	A	B	C	D	E	F
1	车间	1季度	2季度	3季度	4季度	
2	1车间	1500	2800	停产	2300	
3	2车间	2200	2300	3300	3500	
4	3车间	停产	2100	1300	1800	
5	4车间	2500	2300	停产	3200	
6	排除“停产”项计算平均产量				2392.308	
7	加入“停产”项计算平均产量					
8						

Step01：

计算不考虑停产因素时的平均产量

① 选择E6单元格，输入公式“=AVERAGE(B2:E5)”，按下【Enter】键，即可计算出不包含“停产”值时所有车间的全年平均产量。

E7 | =AVERAGEA(B2:E5)

	A	B	C	D	E	F
1	车间	1季度	2季度	3季度	4季度	
2	1车间	1500	2800	停产	2300	
3	2车间	2200	2300	3300	3500	
4	3车间	停产	2100	1300	1800	
5	4车间	2500	2300	停产	3200	
6	排除“停产”项计算平均产量				2392.308	
7	加入“停产”项计算平均产量				1943.75	
8						

Step02:

计算加入停产因素时的平均产量

② 选择E7单元格，输入公式“=AVERAGEA(B2:E5)”，按下【Enter】键，即可计算出加入“停产”值时所有车间的全年平均产量。

提示：AVERAGEA函数和AVERAGE函数的不同之处在于：AVERAGE函数是把数值以外的文本或逻辑值忽略，AVERAGEA函数却将文本和逻辑值也计算在内，逻辑值TRUE作为数字1被计算，文本和逻辑值FALSE作为数字0被计算。这两个函数都会忽略空白单元格。

函数3 AVERAGEIF

——求满足条件的所有单元格中数值的平均值

语法格式：=AVERAGEIF(区域,条件,求平均值区域)

参数介绍：

❖ 区域：为必需参数。表示条件所在区域，或包含条件和求平均值的整个区域。该参数可以是单元格或单元格区域、数字、名称、数组或引用等。

❖ 条件：为必需参数。是求平均值的条件。条件可以是数字、表达式或文本等。

❖ 求平均值区域：为可选参数。表示计算平均值的实际单元格。若忽略，默认使用第一参数指定的区域。

● 函数应用实例1：计算指定部门员工的平均工资

下面将使用AVERAGEIF函数计算销售部所有员工的平均工资。

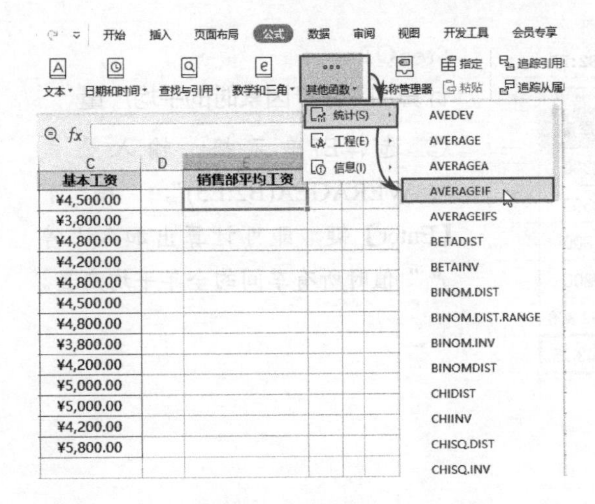

Step01:
选择函数

① 选择E2单元格。

② 打开“公式”选项卡，在“函数库”组中单击“其他函数”下拉按钮。

③ 选择“统计”选项，在其下级列表中选择“AVERAGEIF”选项。

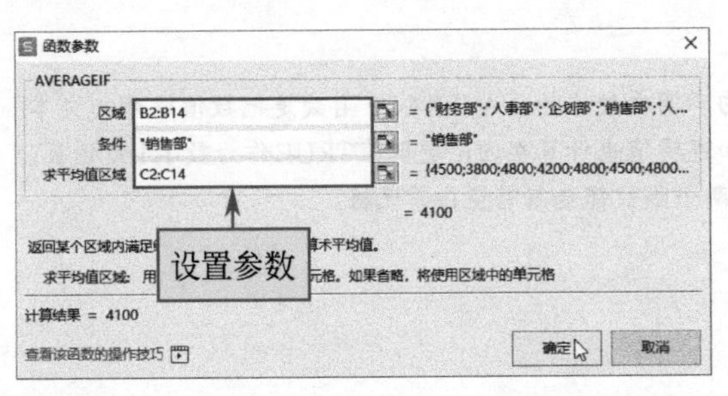

Step02:
设置参数

④ 弹出“函数参数”对话框，依次设置参数为“B2:B14”“"销售部"”“C2:C14”。

⑤ 参数设置完成后，单击“确定”按钮。

=AVERAGEIF(B2:B14,"销售部",C2:C14)

	A	B	C	D	E	F
1	姓名	部门	基本工资		销售部平均工资	
2	汪小敏	财务部	¥4,500.00		¥4,100.00	
3	李佳航	人事部	¥3,800.00			
4	张无及	企划部	¥4,800.00			
5	周博通	销售部	¥4,200.00			
6	李明月	人事部	¥4,800.00			
7	魏子阳	人事部	¥4,500.00			
8	肖雨薇	财务部	¥4,800.00			
9	任盈盈	销售部	¥3,800.00			
10	张少侠	销售部	¥4,200.00			
11	周子秦	财务部	¥5,000.00			
12	王玉燕	企划部	¥5,000.00			
13	陈丹妮	销售部	¥4,200.00			
14	叶白衣	企划部	¥5,800.00			
15						

Step03:
返回结果

⑥ 返回工作表，此时E2单元格中已经返回了计算结果。

● 函数应用实例2：计算实发工资低于5000元的平均工资

用表达式作为AVERAGEIF函数的条件参数，可计算出高于、低于或等于某值的平均值。

D15 | =AVERAGEIF(D2:D14,"<5000")

	A	B	C	D	E
4	张无及	企划部	¥4,800.00	¥5,330.00	
5	周博通	销售部	¥4,200.00	¥9,900.00	
6	李明月	人事部	¥4,800.00	¥5,300.00	
7	魏子阳	人事部	¥4,500.00	¥4,900.00	
8	肖雨薇	财务部	¥4,800.00	¥5,420.00	
9	任盈盈	销售部	¥3,800.00	¥8,620.00	
10	张少侠	销售部	¥4,200.00	¥6,750.00	
11	周子秦	财务部	¥5,000.00	¥5,450.00	
12	王玉燕	企划部	¥5,000.00	¥4,470.00	
13	陈丹妮	销售部	¥4,200.00	¥4,300.00	
14	叶白衣	企划部	¥5,800.00	¥5,600.00	
15	实发工资低于5000的平均值			¥4,482.50	
16					

选择D15单元格，输入公式“=AVERAGEIF(D2:D14,"<5000")”，按下【Enter】键便可计算出实发工资低于5000元的平均值。

特别说明：公式中省略了第三参数，默认使用第一参数所指定的区域。

● 函数应用实例3：使用通配符设置条件求平均值

AVERAGEIF函数支持通配符的使用，下面将计算所有名称中包含“智能”两个字的产品的平均销售额。

D13 | =AVERAGEIF(C2:C12,"*智能*",D2:D12)

	A	B	C	D	E
1	日期	订单号	商品名称	销售金额	
2	2021/6/1	01236	智能扫地机器人	¥3,500.00	
3	2021/6/1	01237	智能扫地机器人	¥3,500.00	
4	2021/6/1	01238	蓝牙智能音箱	¥800.00	
5	2021/6/2	01239	情侣组合装电动牙刷	¥360.00	
6	2021/6/2	01240	多功能空气消毒器	¥7,300.00	
7	2021/6/3	01241	无线蓝牙耳机	¥550.00	
8	2021/6/3	01242	车载智能导航一体机	¥1,200.00	
9	2021/6/4	01243	多功能空气消毒器	¥7,300.00	
10	2021/6/5	01244	超氧空气无水洗衣机	¥8,000.00	
11	2021/6/6	01245	蓝牙智能音箱	¥800.00	
12	2021/6/6	01246	车载智能导航一体机	¥1,200.00	
13	“智能”产品平均销售额			¥1,833.33	
14					

选择D13单元格，输入公式“=AVERAGEIF(C2:C12,"*智能*",D2:D12)”，按下【Enter】键，即可计算出名称中包含“智能”两个字的产品的平均销售金额。

特别说明："*智能*"表示“智能”前面和后面可以有任意个数的字符。

提示：“*”通配符代表任意个数的字符。关于通配符的详细介绍可翻阅本书第2章。

函数4 AVERAGEIFS

——求满足多重条件的所有单元格中数值的平均值

语法格式：=AVERAGEIFS(求平均值区域,区域1,条件1,区域2,条件2,...)

参数介绍：

❖ 求平均值区域：为必需参数。表示用于计算平均值的实际单元格。该参数可以是单元格或单元格区域、数字、名称、数组或引用。区域中的文本和逻辑值会被忽略。

❖ 区域1：为必需参数。表示第一个条件所在区域。区域的第一列中必须包含关联的条件，否则将返回错误值。

❖ 条件1：为必需参数。表示第一个条件。条件可以是数字、表达式或文本等。

❖ 区域2，条件2，...：为可选参数。表示其他条件所在区域和条件。最多可设置127组区域和条件。

● 函数应用实例：计算人事部女性的平均年龄

下面将使用AVERAGEIFS函数设置两组条件，计算“人事部”性别为“女”的员工的平均年龄。

E15 | fx 插入函数

	A	B	C	D	E	F
1	姓名	部门	性别	出生日期	年龄	
2	汪小敏	财务部	女	1980/12/3	40	
3	李佳航	人事部	女	1995/3/12	26	
4	张无及	企划部	男	1993/5/2	28	
5	周博通	销售部	男	1987/10/28	33	
6	李明月	人事部	女	1997/3/20	24	
7	魏子阳	人事部	男	1979/9/15	42	
8	肖雨薇	财务部	女	1988/11/12	32	
9	任盈盈	销售部	女	1999/6/7	22	
10	张少侠	销售部	男	1996/8/20	25	
11	周子秦	财务部	男	1973/6/12	48	
12	王玉燕	人事部	女	1990/12/6	30	
13	陈丹妮	人事部	女	1995/5/19	26	
14	叶白衣	企划部	男	1998/7/7	23	
15	人事部女性的平均年龄					
16						

Step01：
选择插入函数的方式

① 选择E15单元格，单击编辑栏左侧的“fx”按钮。

② 系统随即弹出“插入函数”对话框，选择函数类型为“统计”，随后选择“AVERAGEIFS”函数，单击“确定”按钮。

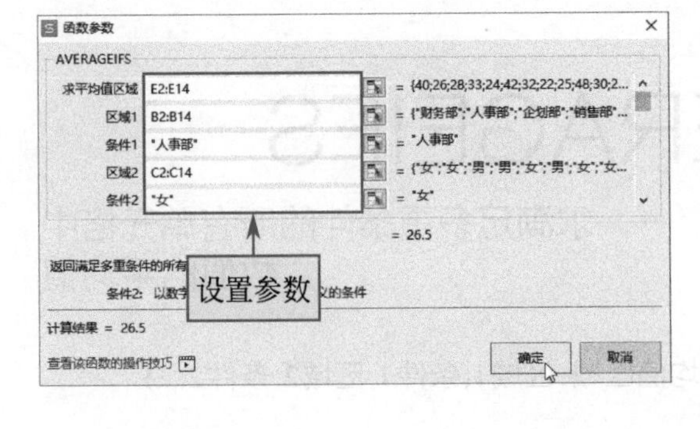

Step02：
设置参数

③ 在随后打开的“函数参数”对话框中依次设置参数为“E2:E14”“B2:B14”“"人事部"”“C2:C14”“"女"”。

④ 参数设置完后单击“确定”按钮，关闭对话框。

E15 =AVERAGEIFS(E2:E14,B2:B14,"人事部",C2:C14,"女")

姓名	部门	性别	出生日期	年龄
汪小敏	财务部	女	1980/12/3	40
李佳航	人事部	女	1995/3/12	26
张无及	企划部	男	1993/5/2	28
周博通	销售部	男	1987/10/28	33
李明月	人事部	女	1997/3/20	24
魏子阳	人事部	男	1979/9/15	42
肖雨薇	财务部	女	1988/11/12	32
任盈盈	销售部	女	1999/6/7	22
张少侠	销售部	男	1996/8/20	25
周子秦	财务部	男	1973/6/12	48
王玉燕	人事部	女	1990/12/6	30
陈丹妮	人事部	女	1995/5/19	26
叶白衣	企划部	男	1998/7/7	23
人事部女性的平均年龄				26.5

Step03：

返回求平均值结果

⑤ 返回工作表，此时E15单元格中已经返回了计算结果。

● 函数组合应用：AVERAGEIFS+LARGE——求销售额前十名中智能商品的平均销售额

下面将使用AVERAGEIFS函数和LARGE函数[1]进行嵌套，计算销售额排名前十的商品中智能商品的平均销售额。

日期	订单号	商品名称	销售金额
2021/6/1	01236	智能扫地机器人	¥3,500.00
2021/6/1	01237	智能扫地机器人	¥5,200.00
2021/6/1	01238	蓝牙智能音箱	¥800.00
2021/6/2	01239	情侣组合装电动牙刷	¥360.00
2021/6/2	01240	多功能空气消毒器	¥7,300.00
2021/6/3	01241	无线蓝牙耳机	¥550.00
2021/6/3	01242	车载智能导航一体机	¥1,200.00
2021/6/4	01243	多功能空气消毒器	¥7,300.00
2021/6/5	01244	超氧空气无水洗衣机	¥8,000.00
2021/6/6	01245	蓝牙智能音箱	¥800.00
2021/6/6	01246	车载智能导航一体机	¥1,200.00
2021/6/7	01247	多功能空气消毒器	¥7,300.00
2021/6/7	01248	智能扫地机器人	¥3,500.00
2021/6/8	01249	蓝牙智能音箱	¥800.00
2021/6/8	01250	智能扫地机器人	¥4,200.00
前10名中"智	=AVERAGEIFS(D2:D16,C2:C16,"*智能*",D2:D16,">"&LARGE(D2:D16,10))		

Step01：

输入公式

① 选择D17单元格，输入公式"=AVERAGEIFS(D2:D16,C2:C16,"*智能*",D2:D16,">"&LARGE(D2:D16,10))"。

特别说明：公式中的"">"&LARGE(D2:D16,10)"部分，用&（连接符）将大于号和LARGE函数提取出的第10个最大值相连接，组成第二个条件。

日期	订单号	商品名称	销售金额
2021/6/1	01236	智能扫地机器人	¥3,500.00
2021/6/1	01237	智能扫地机器人	¥5,200.00
2021/6/1	01238	蓝牙智能音箱	¥800.00
2021/6/2	01239	情侣组合装电动牙刷	¥360.00
2021/6/2	01240	多功能空气消毒器	¥7,300.00
2021/6/3	01241	无线蓝牙耳机	¥550.00
2021/6/3	01242	车载智能导航一体机	¥1,200.00
2021/6/4	01243	多功能空气消毒器	¥7,300.00
2021/6/5	01244	超氧空气无水洗衣机	¥8,000.00
2021/6/6	01245	蓝牙智能音箱	¥800.00
2021/6/6	01246	车载智能导航一体机	¥1,200.00
2021/6/7	01247	多功能空气消毒器	¥7,300.00
2021/6/7	01248	智能扫地机器人	¥3,500.00
2021/6/8	01249	蓝牙智能音箱	¥800.00
2021/6/8	01250	智能扫地机器人	¥4,200.00
前10名中"智能"产品的平均销售额			¥4,100.00

Step02：

返回结果

② 按下【Enter】键即可返回求平均值结果。

[1] LARGE函数的使用方法详见本书第3章。

函数5 TRIMMEAN

——求数据集的内部平均值

语法格式：=TRIMMEAN(数组,百分比)

参数介绍：

❖ 数组：为必需函数。表示用于截去极值后求取均值的数值数组或数值区域。若数组不包含数值数据，则会返回错误值“#NUM!”。

❖ 百分比：为必需函数。表示一分数，用于指定数据集中所要消除的极值比例。若该参数小于0或大于1，则会返回错误值“#NUM!”；若参数为数值以外的文本，则会返回错误值“#VALUE!”。

使用说明：

使用TRIMMEAN函数可先从数据集的头部和尾部除去一定百分比的数据点，再计算平均值。它计算的是对象中除去上限下限的数据量占全体数据的比例。如果部分数据中存在从众数中脱离出来的异常值，则全体平均值与众数相比较，有可能高，也可能低。由于TRIMMEAN函数不受异常值的影响，所以便于用来表现全体数据的倾向。

被除去的数据点比例为偶数或奇数时，其计算方法稍有不同，具体说明见下表。

数据点比例	计算方法	例子
偶数	用数据点×比例，从头部、尾部除去所得结果的一半	数据点10个，比例10×0.2=2。由于2为偶数，所以头部、尾部各除去一个数据
奇数	用数据点×比例，将除去的数据点向下舍入为最接近2的倍数，从头部、尾部除去所得结果的一半	数据点10个，比例10×0.3=3。由于3以下最接近的偶数为2，所以头部、尾部各除去一个数据

● 函数应用实例：**去除测试分数指定比例的极值后，求平均值**

假设在连续4天中每天测试5次，测试分数记录在表格中，需要去除指定比例的最高分和最低分，再计算平均值。

B8　=TRIMMEAN($B$2:$F$5,A8)

	A	B	C	D	E	F	G
1	测试时间	第1次	第2次	第3次	第4次	第5次	
2	8月1日	9.53	8.77	9.21	9.36	8.69	
3	8月2日	8.77	8.32	8.13	8.65	8.8	
4	8月3日	9.53	9.61	8.89	8.72	9.19	
5	8月4日	8.98	8.71	9.22	9.65	9.81	
6							
7	去除极值比例	平均成绩					
8	5%	9.027					
9	10%						
10	20%						
11							

Step01：输入公式

① 选择B8单元格，输入公式“=TRIMMEAN($B$2:$F$5,A8)”，随后按下【Enter】键，返回去掉5%极值比例后的平均成绩。

② 再次选中B8单元格，将光标放在单元格右下角，双击填充柄。

B8　=TRIMMEAN($B$2:$F$5,A8)

	A	B	C	D	E	F	G
1	测试时间	第1次	第2次	第3次	第4次	第5次	
2	8月1日	9.53	8.77	9.21	9.36	8.69	
3	8月2日	8.77	8.32	8.13	8.65	8.8	
4	8月3日	9.53	9.61	8.89	8.72	9.19	
5	8月4日	8.98	8.71	9.22	9.65	9.81	
6							
7	去除极值比例	平均成绩					
8	5%	9.027					
9	10%	9.0333333					
10	20%	9.039375					
11							

Step02:

填充公式

③ 公式随即被填充到下方单元格区域中，此时便可计算出去除不同比例的极值后的平均成绩。

特别说明：“$B$2:$F$5”区域必须使用绝对引用，这样在填充公式后对需要求平均值的区域引用才不会发生变化。

提示：

① 若要求将最大值和最小值分别去除指定比例再求平均值，可以将第二参数乘以2。

B8　=TRIMMEAN($B$2:$F$5,A8*2)

=TRIMMEAN($B$2:$F$5,A8*2)

	A	B	C	D	E	F	G
1	测试时间	第1次	第2次	第3次	第4次	第5次	
2	8月1日	9.53	8.77	9.21	9.36	8.69	
3	8月2日	8.77	8.32	8.13	8.65	8.8	
4	8月3日	9.53	9.61	8.89	8.72	9.19	
5	8月4日	8.98	8.71	9.22	9.65	9.81	
6							
7	去除极值比例	平均成绩					
8	5%	9.0333333					
9	10%	9.039375					
10	20%	9.0125					
11							

② 当去极值比例为0时（第二参数为0），内部平均值和全体数据的平均值相等。若比例指定为100%时（第二参数为1），则表示除去所有值，这样数组中不存在计算对象的数据，因此会返回错误值“#NUM!”。

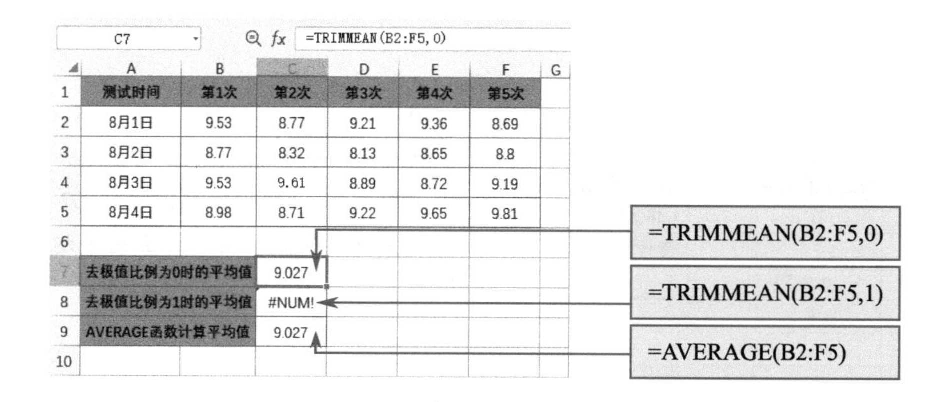

C7　=TRIMMEAN(B2:F5,0)

	A	B	C	D	E	F	G
1	测试时间	第1次	第2次	第3次	第4次	第5次	
2	8月1日	9.53	8.77	9.21	9.36	8.69	
3	8月2日	8.77	8.32	8.13	8.65	8.8	
4	8月3日	9.53	9.61	8.89	8.72	9.19	
5	8月4日	8.98	8.71	9.22	9.65	9.81	
6							
7	去极值比例为0时的平均值		9.027				
8	去极值比例为1时的平均值		#NUM!				
9	AVERAGE函数计算平均值		9.027				
10							

函数 6 GEOMEAN

——求正数数组或数据区域的几何平均值

语法格式：=GEOMEAN(数值1,数值2,...)

参数介绍：

❖ 数值1：为必需参数。表示用于计算几何平均值的第一个值。该参数可以是数字、名称、数组或对数值的引用。

❖ 数值2，...：为可选参数。表示用于计算几何平均值的其他值。该函数最多可设置255个参数。

注意：GEOMEAN函数的参数若直接指定数值以外的文本，会返回错误值“#VALUE!”；如果指定小于0的数值，则会返回错误值“#NUM!”。如果数组或引用参数包含文本、逻辑值或空白单元格，则这些值将被忽略。

● 函数应用实例：**去除测试分数指定比例的极值后，求平均值**

使用GEOMEAN函数可计算公司业绩的几何平均值，然后根据几何平均值计算出平均增长率。

D2　=GEOMEAN(B2:B6)

	A	B	C	D	E
1	年度	与上年的比值		几何平均值	
2	2017	1.02		1.460954252	
3	2018	1.37		平均增长率	
4	2019	2.1			
5	2020	1.8			
6	2021	1.26			
7					

Step01：
计算几何平均值

① 选择D2单元格，输入公式“=GEOMEAN(B2:B6)”，按下【Enter】键，计算出几何平均值。

D4　=D2-1

	A	B	C	D	E
1	年度	与上年的比值		几何平均值	
2	2017	1.02		1.460954252	
3	2018	1.37		平均增长率	
4	2019	2.1		46%	
5	2020	1.8			
6	2021	1.26			
7					

Step02：
计算平均增长率

② 选择D4单元格，输入公式“=D2-1”，按下【Enter】键，计算出平均增长率。

提示：在通常情况下，几何平均值和算术平均值的关系是“几何平均值≤算术平均值”。如果各数据不分散，则几何平均值接近算术平均值。组合使用POWER函数、PRODUCT函数和COUNT函数，也能求几何平均值，但使用GEOMEAN函数求几何平均值更简便。根据公式，用各数据的积的n次方根求几何平均值，所以根号中的数必须是正数。如果指定小于0的数值，则会返回错误值“#NUM!”。

D2　=GEOMEAN(B2:B6)

	A	B	C	D	E
1	年度	与上年的比值		几何平均值	
2	2017	1.02		#NUM!	
3	2018	-1.37		平均增长率	
4	2019	2.1		#NUM!	
5	2020	1.8			
6	2021	1.26			
7					

公式返回错误值“#NUM!”

参数中包含负数值

算术平均值与几何平均值区别如下。

① 含义不同。算术平均值又称均值，是统计学中最基本、最常用的一种平均指标。算术平均值分为简单算术平均值、加权算术平均值。它主要适用于数值型数据。

几何平均值是对各变量值的连乘积开项数次方根。求几何平均值的方法叫作几何平均法。

② 公式形式不同。对于X_1，X_2，…，X_n，算术平均值的计算公式为

$$\overline{X}=\frac{X_1+X_2+\cdots+X_n}{n}$$

几何平均值的计算公式为

$$G=\sqrt[n]{X_1X_2\cdots X_n}$$

③ 适用的计算不同。

算术平均值：主要用于未分组的原始数据。设一组数据为X_1，X_2，...，X_n，通过算术平均值公式可以算出这组数据的平均值（期望）。

几何平均值：如果总水平、总成果等于所有阶段、所有环节水平、成果的连乘积总和时，求各阶段、各环节的一般水平、一般成果，要使用几何平均法计算几何平均值，而不能使用算术平均法计算算术平均值。

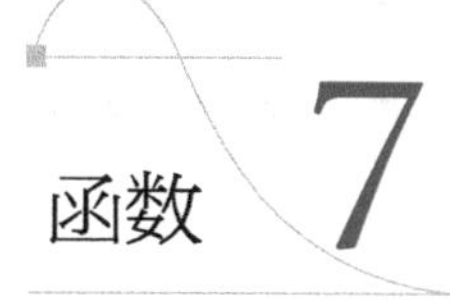

函数 7 MEDIAN

——求给定数值集合的中值

语法格式：=MEDIAN(数值1,数值2,...)

参数介绍:

❖ 数值1：为必需参数。表示用于中值计算的第一个值。该参数可以是数字、名称、数组或对数值的引用。

❖ 数值2,...：为可选参数。表示用于中值计算的其他值。MEDIAN函数最多可设置255个参数。

注意：参数如果直接指定数值以外的文本，则会返回错误值“#VALUE!”。但是，如果参数为数组或引用，数组或引用中的文本、逻辑值或空白单元格将被忽略。

使用说明:

MEDIAN函数用于计算按顺序排列的数值数据中间位置的值，称为中值。如果数值集合中包含偶数个数字，则该函数将返回位于中间的两个数的平均值。中值是统计数据的一个代表值，表示统计数据的分布中心值。

● 函数应用实例：计算各城市上半年降雨量的中值

MEDIAN函数用来反映一组数的中间水平，下面将使用该函数计算各城市上半年降雨量的中值。

H2　fx =MEDIAN(B2:G2)

	A	B	C	D	E	F	G	H	I
1	城市	1月	2月	3月	4月	5月	6月	降雨量中值	平均降雨量
2	北京	0	0	5.2	33.6	32.4	23.8	14.5	
3	天津	0	0	2.4	22.1	37	69.1		
4	石家庄	0							
5	太原	0							
6	呼和浩特	0	0	0.7	5.8	30.4	50.8		
7	沈阳	0.1	4.7	34.8	23.8	14.7	37.3		
8	大连	0	0.1	14.5	19.8	10.5	57.9		
9	长春	0.3	2.3	30.3	17.5	38	83.9		
10	哈尔滨	2.6	2.9	23.3	12.8	42.6	80.5		
11	上海	48.1	22.5	116	72.7	104.5	613.1		
12	南京	18.7	22.1	55.1	68.4	82.6	371.4		

Step01：

输入公式

① 选择H2单元格，输入公式“=MEDIAN(B2:G2)”。

② 按【Enter】键返回计算结果后，再次选中H2单元格。

③ 双击填充柄。

H2　fx =MEDIAN(B2:G2)

	A	B	C	D	E	F	G	H	I
1	城市	1月	2月	3月	4月	5月	6月	降雨量中值	平均降雨量
2	北京	0	0	5.2	33.6	32.4	23.8	14.5	
3	天津	0	0	2.4	22.1	37	69.1	12.25	
4	石家庄	0	0	0.9	10.3	40.4	27.6	5.6	
5	太原	0	0	1.6	4.6	24.6	12.8	3.1	
6	呼和浩特	0	0	0.7	5.8	30.4	50.8	3.25	
7	沈阳	0.1	4.7	34.8	23.8	14.7	37.3	19.25	
8	大连	0	0.1	14.5	19.8	10.5	57.9	12.5	
9	长春	0.3	2.3	30.3	17.5	38	83.9	23.9	
10	哈尔滨	2.6	2.9	23.3	12.8	42.6	80.5	18.05	
11	上海	48.1	22.5	116	72.7	104.5	613.1	88.6	
12	南京	18.7	22.1	55.1	68.4	82.6	371.4	61.75	

Step02：

填充公式

④ 公式随即自动填充到下方单元格区域中，从而计算出其他城市上半年降雨量的中值。

提示：中值比平均值小，数据的幅宽比平均值宽。使用MEDIAN函数时，没有必要按顺序排列数据。因为中值位于各个数据的中间位置。

I2 =AVERAGE(B2:G2)

	A	B	C	D	E	F	G	H	I
1	城市	1月	2月	3月	4月	5月	6月	降雨量中值	平均降雨量
2	北京	0	0	5.2	33.6	32.4	23.8	14.50	15.83
3	天津	0	0	2.4	22.1	37	69.1	12.25	21.77
4	石家庄	0	0	0.9	10.3	40.4	27.6	5.60	13.20
5	太原	0	0	1.6	4.6	24.6	12.8	3.10	7.27
6	呼和浩特	0	0	0.7	5.8	30.4	50.8	3.25	14.62
7	沈阳	0.1	4.7	34.8	23.8	14.7	37.3	19.25	19.23
8	大连	0	0.1	14.5	19.8	10.5	57.9	12.50	17.13
9	长春	0.3	2.3	30.3	17.5	38	83.9	23.90	28.72
10	哈尔滨	2.6	2.9	23.3	12.8	42.6	80.5	18.05	27.45
11	上海	48.1	22.5	116	72.7	104.5	613.1	88.60	162.82
12	南京	18.7	22.1	55.1	68.4	82.6	371.4	61.75	103.05

中值比平均值小，且求中值时不需要按顺序排列数据

函数 8 AVEDEV

——计算一组数据与其算术平均值的绝对偏差的平均值

语法格式：=AVEDEV(数值1,数值2,...)

参数介绍：

❖ 数值1：为必需参数。表示用于计算绝对偏差的第一个值。该参数可以是数字、名称、数组或对数值的引用，参数为文本时会返回错误值“#NAME?”。

❖ 数值2,...：为可选参数。表示用于计算绝对偏差的其他值。AVEDEV函数最多可设置255个参数。

使用说明：

全部数值数据的平均值和各数据的差称为偏差。使用AVEDEV函数可求偏差绝对值的平均值，即平均偏差,得到的结果和数值数据的单位相同，用于检查这组数据的离散度。

● 函数应用实例：根据抽样检查结果计算样品平均偏差

下面将使用AVEDEV函数计算被检测的样品中蛋白质含量的平均偏差。

D2 =AVEDEV(B2:B7)

	A	B	C	D	E
1	抽检批次	蛋白质含量（g）		平均偏差	
2	1121	19.6		0.163333333	
3	1135	19.53			
4	2566	19.8			
5	3600	19.66			
6	7800	19.21			
7	8211	19.35			
8					

选择D2单元格，输入公式“=AVEDEV(B2:B7)”，按下【Enter】键，即可计算出所有抽检产品中蛋白质含量的平均偏差。

● 函数组合应用：**AVERAGE+ABS——求抽检产品蛋白质含量平均偏差**

除了使用AVEDEV函数计算一组数据与其平均值的绝对偏差的平均值，也可利用AVERAGE函数❶与ABS函数❷嵌套编写数组公式完成计算。

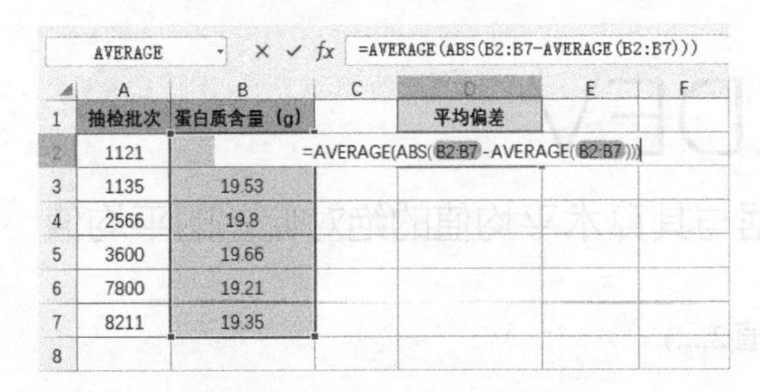
AVERAGE =AVERAGE(ABS(B2:B7-AVERAGE(B2:B7)))

	A	B	C	D	E	F
1	抽检批次	蛋白质含量（g）		平均偏差		
2	1121		=AVERAGE(ABS(B2:B7-AVERAGE(B2:B7)))			
3	1135	19.53				
4	2566	19.8				
5	3600	19.66				
6	7800	19.21				
7	8211	19.35				
8						

Step01：
输入数组公式

① 选择D2单元格，输入数组公式“=AVERAGE(ABS(B2:B7-AVERAGE(B2:B7)))”。

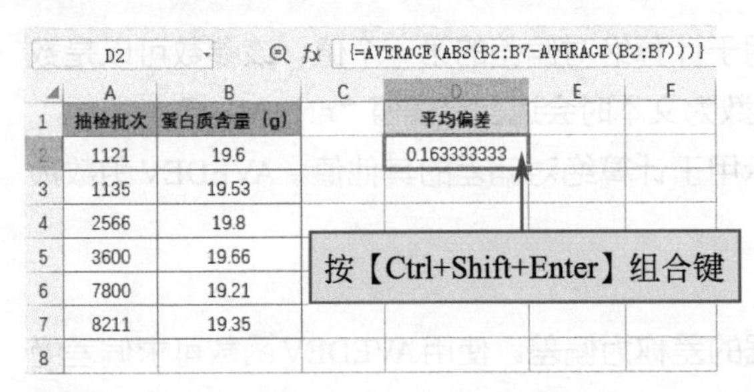
D2 {=AVERAGE(ABS(B2:B7-AVERAGE(B2:B7)))}

	A	B	C	D	E	F
1	抽检批次	蛋白质含量（g）		平均偏差		
2	1121	19.6		0.163333333		
3	1135	19.53				
4	2566	19.8				
5	3600	19.66				
6	7800	19.21				
7	8211	19.35				
8						

Step02：
返回计算结果

② 公式输入完后按【Ctrl+Shift+Enter】组合键，即可返回平均偏差。

提示：若不使用数组公式，也可用多个公式分多次计算求出平均偏差。

❶ AVERAGE 函数的使用方法详见本书第 3 章。
❷ ABS 函数的使用方法详见本书第 2 章。

E2　=AVERAGE(B2:B7)

	A	B	C	D	E	F
1	抽检批次	蛋白质含量（g）	与平均值的绝对偏差		平均含量	
2	1121	19.6	0.075		19.525	
3	1135	19.53	0.005			
4	2566	19.8	0.275		平均偏差	
5	3600	19.66	0.135		0.163333333	
6	7800	19.21	0.315			
7	8211	19.35	0.175			
8						

❶ =AVERAGE(B2:B7)

❸ =AVEDEV(B2:B7)

❷ =ABS(B2-$E$2)

函数9 DEVSQ

——求数据点与各自样本平均值偏差的平方和

语法格式：=DEVSQ(数值1,数值2,...)

参数介绍：

❖ 数值1：为必需参数。表示用于计算偏差平方和的第一个值。该参数可以是数字、名称、数组或对数值的引用，参数为文本时会返回错误值“#NAME?”，空白单元格和逻辑值会被忽略。

❖ 数值2,...：为可选参数。表示用于计算偏差平方和的其他值。DEVSQ函数最多可设置255个参数。

使用说明：

全部数值数据的平均值和各数据的差称为偏差。使用DEVSQ函数可求各数据点与各自样本平均值偏差的平方和。

● 函数应用实例：根据抽样检查结果计算样品的偏差平方和

下面将使用DEVSQ函数计算被检测的样品中蛋白质含量的偏差平方和。

D2　=DEVSQ(B2:B7)

	A	B	C	D	E
1	抽检批次	蛋白质含量（g）		偏差平方和	
2	1121	19.6		0.22935	
3	1135	19.53			
4	2566	19.8			
5	3600	19.66			
6	7800	19.21			
7	8211	19.35			
8					

选择D2单元格，输入公式“=DEVSQ(B2:B7)”，按下【Enter】键，即可计算出偏差平方和。

提示：用户也可使用AVERAGE函数求平均值，将平均值与各数据点的差即偏差结果作为基数，再使用SUMSQ函数求得偏差平方和。不过，使用DEVSQ函数求偏差平方和更简便。

函数10 MODE

——求数值数据的众数

语法格式：=MODE(数值1,数值2,...)

参数介绍：

❖ 数值1：为必需参数。表示用于计算众数的第一个值。该参数可以是数字、名称、数组或对数值的引用，参数为文本时会返回错误值“#NAME?”，空白单元格和逻辑值会被忽略。

❖ 数值2,...：为可选参数。表示用于计算众数的其他值。MODE函数最多可设置255个参数。

使用说明：

MODE函数用于计算数值数据中出现频次最多的值，这些值称为众数[1]。众数是统计数据的一个代表值。统计时，如果众数为多个数，则这些数在统计数据的分布中呈现出山形。因此，如果数据出现多个众数，则会返回最初的众数值。

● 函数应用实例：**求生产不良记录的众数**

下面将以生产不良记录原始数据计算所有流水线的产品不良记录的众数。“未检出”文本单元格以及空白单元格会被忽略。

B12 fx =MODE(B2:B11)

	A	B	C	D	E	F	G	H
1	生产批次	流水线1	流水线2	流水线3	流水线4	流水线5	流水线6	
2	C0120211	9	7	6	11	10	12	
3	C0120212	未检出	6	10	15	11	10	
4	C0120213	12	8	8	9	未检出	8	
5	C0120214		11	未检出	6	9	6	
6	C0120215	10	12	11	10	8	未检出	
7	C0120216	8	10	15	8	10	9	
8	C0120217	6	8	13	7	未检出	6	
9	C0120218	未检出	9	9	8	6	8	
10	C0120219	10	未检出	8	9	11	6	
11	C0120220	11	6	6	10	15	9	
12	众数	10						
13		所有记录的众数						
14								

Step01：

输入并填充公式

① 在B12单元格中输入公式“=MODE(B2:B11)”，按下【Enter】键返回计算结果。

② 再次选中B12单元格，向右拖动填充柄。

---

[1] 众数（Mode）是统计学名词，是在统计分布上具有明显集中趋势点的数值，代表数据的一般水平（众数可以不存在或多于一个）。简单地说，众数就是一组数据中占比例最多的那个数。

B12 =MODE(B2:B11)

生产批次	流水线1	流水线2	流水线3	流水线4	流水线5	流水线6
C0120211	9	7	6	11	10	12
C0120212	未检出	6	10	15	11	10
C0120213	12	8	8	9	未检出	8
C0120214		11	未检出	6	9	6
C0120215	10	12	11	10	8	未检出
C0120216	8	10	15	8	10	9
C0120217	6	8	13	7	未检出	6
C0120218	未检出	9	9	8	6	8
C0120219	10	未检出	8	9	11	6
C0120220	11	6	6	10	15	9
众数	10	6	6	9	10	6
所有记录的众数						

Step02：

返回每条流水线的不良记录众数

③ 松开鼠标后即可计算出所有流水线的不良记录众数。

G13 =MODE(B2:G11)

生产批次	流水线1	流水线2	流水线3	流水线4	流水线5	流水线6
C0120211	9	7	6	11	10	12
C0120212	未检出	6	10	15	11	10
C0120213	12	8	8	9	未检出	8
C0120214		11	未检出	6	9	6
C0120215	10	12	11	10	8	未检出
C0120216	8	10	15	8	10	9
C0120217	6	8	13	7	未检出	6
C0120218	未检出	9	9	8	6	8
C0120219	10	未检出	8	9	11	6
C0120220	11	6	6	10	15	9
众数	10	6	6	9	10	6
所有记录的众数						6

Step03：

计算所有不良记录的众数

④ 在G13单元格中输入公式“=MODE(B2:G11)”，按下【Enter】键，即可计算出所有不良记录的众数。

提示：根据提前计算出的各流水线的众数值，可以计算出所有记录的众数，公式为“=MODE(B12:G12)”，计算结果相同。

G13 =MODE(B12:G12)

生产批次	流水线1	流水线2	流水线3	流水线4	流水线5	流水线6
C0120211	9	7	6	11	10	12
C0120212	未检出	6	10	15	11	10
C0120213	12	8	8	9	未检出	8
C0120214		11	未检出	6	9	6
C0120215	10	12	11	10	8	未检出
C0120216	8	10	15	8	10	9
C0120217	6	8	13	7	未检出	6
C0120218	未检出	9	9	8	6	8
C0120219	10	未检出	8	9	11	6
C0120220	11	6	6	10	15	9
众数	10	6	6	9	10	6
所有记录的众数						6

引用各流水线的不良记录众数

函数11 HARMEAN

——求数据集合的调和平均值

语法格式：=HARMEAN(数值1,数值2,...)

参数介绍：

❖ 数值1：为必需参数。表示用于计算调和平均值的第一个值。该参数可以是数字、名称、数组或对数值的引用，参数为文本时会返回错误值“#NAME?”，空白单元格和逻辑值会被忽略。

❖ 数值2,...：为可选参数。表示用于计算调和平均值的其他值。HARMEAN函数最多可设置255个参数。

使用说明：

HARMEAN函数用于计算调和平均值。调和平均值的倒数是用各数据的倒数总和除以数据个数所得的数。求平均速度或单位时间的平均工作量时，使用调和平均值比较简便。

● 函数应用实例：**求接力赛跑平均速度**

下面以4×100m接力赛跑中各运动员的速度为基数，使用调和平均值求平均速度。

B6 =HARMEAN(B2:B5)

	A	B	C	D
1	顺序	A队	B队	C队
2	第一棒	11.66	12.33	11.99
3	第二棒	12.89	11.98	12.66
4	第三棒	12.65	13.65	12.73
5	第四棒	11.51	12.15	12.32
6	调和平均值	12.14789		

Step01：

输入并填充公式

① 选择B6单元格，输入公式“=HARMEAN(B2:B5)”。

② 将光标移动到B6单元格右下角，光标变成“+”形状时，按住鼠标左键，向右拖动。

B6 =HARMEAN(B2:B5)

	A	B	C	D
1	顺序	A队	B队	C队
2	第一棒	11.66	12.33	11.99
3	第二棒	12.89	11.98	12.66
4	第三棒	12.65	13.65	12.73
5	第四棒	11.51	12.15	12.32
6	调和平均值	12.14789446	12.4945315	12.41791742

Step02：

返回调和平均值

③ 将填充柄拖动到D6单元格后松开鼠标，即可计算出所有参赛队的调和平均速度。

提示：如果各数据不分散，则调和平均值接近算术平均值和几何平均值。在通常情况下，调和平均值和算术平均值、几何平均值之间的关系为：调和平均值≤几何平均值≤算术平均值。所有参数值相等时，这3个平均值相等。

函数12 COUNT
——计算区域中包含数字的单元格个数

语法格式：=COUNT(数值1,数值2,...)

参数介绍：

❖ 数值1：为必需参数。表示包含各种类型数据的参数。该参数可以是数字、名称、数组或对数值的引用，空白单元格、逻辑值、文本或错误值会被忽略。

❖ 数值2,...：为可选参数。表示包含各种类型数据的参数。COUNT函数最多可设置255个参数。

使用说明：

COUNT函数用于计算包含数字的单元格个数，它是使用最频繁的函数之一。在统计学中，个数是代表值之一，作为统计数据的全体调查数或样本数使用。可以使用“插入函数”对话框选择“COUNT”函数，但使用“公式”选项卡中的“自动求和”按钮求参数个数的方法最简便。使用“自动求和”按钮输入“COUNT”函数时，在输入函数的单元格中会自动确认相邻数值的单元格。

● 函数应用实例：**计算实际参加考试的人数**

参加考试的考生有考分，而未参加考试的考生成绩用“缺考”表示。下面将使用内置命令按钮自动计算实际参加考试的人数。

Step01：
选择插入函数的方式

① 选择C16单元格。

② 打开“公式”选项卡，单击“自动求和”下拉按钮。

③ 在展开的列表中选择“计数”选项。

插入函数 自动求和 常用函数 全部 财务 逻辑

求和(S)
平均值(A)
计数(C)
最大值(M)
最小值(I)
其他函数(F)...

	A	B	C	D
1			成绩	
2	11		65	
3	11		73	
4	11		62	
5	11		82	
6	112005	赵梅	缺考	
7	112006	王博	65	
8	112007	胡一统	31	
9	112008	赵甜	90	
10	112009	马明	86	
11	112010	叮铃	69	
12	112011	程明阳	57	
13	112012	刘国庆	缺考	
14	112013	胡海	62	
15	112014	李江	83	
16	实际参考人数			

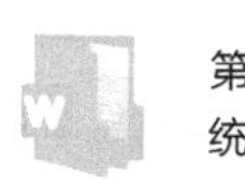

AVERAGEIFS　×　✓　fx　=COUNT(C14:C15)

	A	B	C	D	E
1	考号	姓名	成绩		
2	112001	丽丽	65		
3	112002	高霞	73		
4	112003	王琛明	62		
5	112004	刘丽英	82		
6	112005	赵梅	缺考		
7	112006	王博	65		
8	112007	胡一统	31		
9	112008	赵甜	90		
10	112009	马明	86		
11	112010	町铃	69		
12	112011	程明阳	57		
13	112012	刘国庆	缺考		
14	112013	胡海	62		
15	112014	李江	83		
16	实际参考人数		=COUNT(C14:C15)		
17			COUNT（值1，...）		

B	C	D
姓名	成绩	
丽丽	65	
高霞	73	
王琛明	62	
刘丽英	82	
赵梅	缺考	
王博	65	
胡一统	31	
赵甜	90	
马明	86	
町铃	69	
程明阳	57	
刘国庆	缺考	
胡海	62	
李江	83	
考人数	=COUNT(C2:C15)	
	COUNT（值1，...）	

Step02：

自动输入公式并修改参数

④ C16单元格中随即自动输入公式，此时COUNT函数自动引用的单元格区域并不正确，需要重新选择引用的区域。

⑤ 保持参数为选中状态，在工作表中选择C2:C15单元格区域。

C16　fx　=COUNT(C2:C15)

	A	B	C	D
1	考号	姓名	成绩	
2	112001	丽丽	65	
3	112002	高霞	73	
4	112003	王琛明	62	
5	112004	刘丽英	82	
6	112005	赵梅	缺考	
7	112006	王博	65	
8	112007	胡一统	31	
9	112008	赵甜	90	
10	112009	马明	86	
11	112010	町铃	69	
12	112011	程明阳	57	
13	112012	刘国庆	缺考	
14	112013	胡海	62	
15	112014	李江	83	
16	实际参考人数		12	
17				

Step03：

返回计算结果

⑥ 按下【Enter】键，即可统计出C2:C15单元格区域中包含数字的单元格数量，即实际参加考试的人数。

函数13 COUNTA

——计算指定单元格区域中非空白单元格的数目

语法格式：=COUNTA(数值1,数值2,...)

参数介绍：

❖ 数值1：为必需参数。表示包含各种类型数据的参数。该参数可以是数字、名称、数组或对数值的引用，除了空白单元格之外，其他类型的数据都会被统计。

❖ 数值2,...：为可选参数。表示包含各种类型数据的参数。COUNTA函数最多可设置255个参数。

使用说明：

COUNTA函数用于计算指定单元格区域中非空白单元格的个数。它和COUNT函数的不同之处在于：数值以外的文本或逻辑值可以算作统计数据的个数。

● 函数应用实例：**统计会议实际到场人数**

在参会人员统计表中“√”和“是”都表示人员到场，空白单元格表示未到场，下面将使用COUNTA函数统计实际参加会议的人数。

D2 =COUNTA(B2:B15)

	A	B	C	D	E
1	姓名	是否参会		实际参会人数	
2	刘达	√		11	
3	吴宇				
4	赵海滨	是			
5	李美				
6	乔振鑫	是			
7	魏乐	是			
8	张建利	√			
9	吴梅				
10	姜波	√			
11	丁茜	是			
12	于丽丽	是			
13	吴美月	是			
14	卿正成	是			
15	马玉英	√			
16					

选择D2单元格，输入公式“=COUNTA(B2:B15)”，按下【Enter】键，即可计算出实际参加会议的人数，即参数区域中包含内容的单元格数量。

函数14 COUNTBLANK

——统计空白单元格的数目

语法格式：=COUNTBLANK(区域)

参数介绍：

区域：为必需参数。表示需要计算空白单元格数目的区域。该函数只能指定一个参数。

使用说明：

COUNTBLANK函数用于获取指定范围内空白单元格的个数，对于统计未输入数据的单元格个数比较简便。所谓空白单元格是指没有输入任何数值的单元格。包含空格的单元格，或在“选项”对话框中取消“零值”复选框时，工作表中的单元格也显示为空白，但这样的空白单元格不作为计算对象。

● 函数应用实例：**统计未参加会议的人数**

下面将使用COUNTBLANK函数统计未参加会议的人数。

D2 fx =COUNTBLANK(B2:B15)

	A	B	C	D	E
1	姓名	是否参会		未参加会议的人数	
2	刘达	√		3	
3	吴宇				
4	赵海滨	是			
5	李美				
6	乔振鑫	是			
7	魏乐	是			
8	张建利	√			
9	吴梅				
10	姜波	√			
11	丁茜	是			
12	于丽丽	是			
13	吴美月	是			
14	卿正成	是			
15	马玉英	√			
16					

在D2单元格中输入公式“=COUNTBLANK(B2:B15)”，按下【Enter】键，即可计算出未参加会议的人数，即参数区域中的空白单元格数目。

函数 15 COUNTIF

——求满足指定条件的单元格数目

语法格式：=COUNTIF(区域,条件)

参数介绍：

❖ 区域：为必需参数。表示要计算其中满足条件的单元格数目的区域。该参数是一个指定的单元格区域。

❖ 条件：为必需参数。表示条件。该参数的形式可以是数值、文本或表达式。

使用说明：

COUNTIF函数常用于在选择的范围内求与检索条件一致的单元格个数。COUNTIF函数只能指定一个检索条件，如果有两个以上的检索条件，则需使用IF函数，或者使用数据库函数中的DCOUNT函数。

● 函数应用实例1：计算成绩超过80分的考生人数

下面将使用COUNTIF函数计算成绩大于80分的人数。

C16　=COUNTIF(C2:C15,">80")

	A	B	C	D	E
1	考号	姓名	成绩		
2	112001	丽丽	65		
3	112002	高霞	73		
4	112003	王琛明	62		
5	112004	刘丽英	82		
6	112005	赵梅	缺考		
7	112006	王博	65		
8	112007	胡一统	31		
9	112008	赵甜	90		
10	112009	马明	86		
11	112010	叮铃	69		
12	112011	程明阳	57		
13	112012	刘国庆	缺考		
14	112013	胡海	62		
15	112014	李江	83		
16	成绩超过80分的人数		4		
17					

在C16单元格中输入公式“=COUNTIF(C2:C15,"＞80")”，按下【Enter】键即可计算出成绩大于80分的人数，即C2:C15单元格区域中大于80的单元格数量。

特别说明：当条件为手动输入的常量时，必须输入在英文状态的双引号中。

提示：若改变条件，例如将条件修改成“缺考”，则可以统计出缺考的人数。

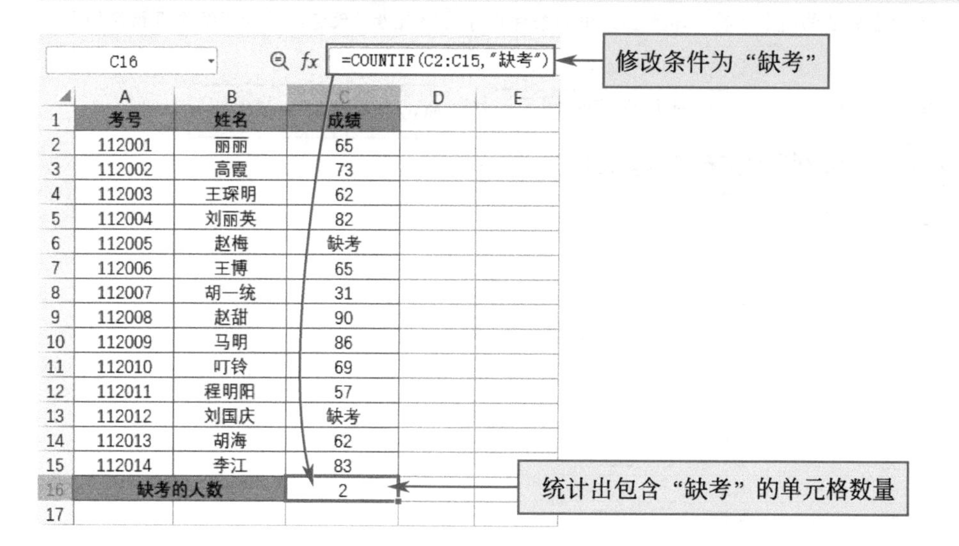

C16　=COUNTIF(C2:C15,"缺考")

	A	B	C	D	E
1	考号	姓名	成绩		
2	112001	丽丽	65		
3	112002	高霞	73		
4	112003	王琛明	62		
5	112004	刘丽英	82		
6	112005	赵梅	缺考		
7	112006	王博	65		
8	112007	胡一统	31		
9	112008	赵甜	90		
10	112009	马明	86		
11	112010	叮铃	69		
12	112011	程明阳	57		
13	112012	刘国庆	缺考		
14	112013	胡海	62		
15	112014	李江	83		
16	缺考的人数		2		
17					

● 函数应用实例2：使用通配符计算花生类产品的生产次数

COUNTIF函数支持通配符的使用，下面将利用通配符设置条件，从生产记录表中统计花生类产品的生产次数。

D19	=COUNTIF(C2:C18,"??花生")			
	A	B	C	D
1	生产时间	生产车间	产品名称	生产数量
2	2021/11/5	一车间	怪味胡豆	50000
3	2021/11/5	二车间	小米锅粑	32000
4	2021/11/8	二车间	红泥花生	22000
5	2021/12/3	二车间	怪味胡豆	19000
6	2021/12/12	四车间	咸干花生	20000
7	2021/12/5	四车间	怪味胡豆	13000
8	2021/12/23	四车间	五香瓜子	11000
9	2021/12/5	四车间	红泥花生	15000
10	2021/12/12	二车间	鱼皮花生	30000
11	2021/12/12	一车间	五香瓜子	27000
12	2021/12/3	四车间	咸干花生	34000
13	2021/11/18	三车间	鱼皮花生	25000
14	2021/12/5	二车间	鱼皮花生	10000
15	2021/11/12	三车间	怪味胡豆	13000
16	2021/11/12	三车间	小米锅粑	12000
17	2021/12/22	一车间	怪味胡豆	15000
18	2021/12/14	二车间	小米锅粑	60000
19	花生类产品的生产次数			7
20				

选择D19单元格，输入公式“=COUNTIF(C2:C18,"??花生")”，按下【Enter】键，计算出花生类产品的生产次数，即最后两个字为“花生”的单元格数量。

提示：通配符“?”表示任意的一个字符。条件"??花生"则表示最后两个字是“花生”，在“花生”前面包含任意的两个字符。本例公式中的条件也可用"*花生"代替，其计算结果是相同的。

D19	=COUNTIF(C2:C18,"*花生")			
	A	B	C	D
1	生产时间	生产车间	产品名称	生产数量
2	2021/11/5	一车间	怪味胡豆	50000
3	2021/11/5	二车间	小米锅粑	32000
4	2021/11/8	二车间	红泥花生	22000
5	2021/12/3	二车间	怪味胡豆	19000
6	2021/12/12	四车间	咸干花生	20000
7	2021/12/5	四车间	怪味胡豆	13000
8	2021/12/23	四车间	五香瓜子	11000
9	2021/12/5	四车间	红泥花生	15000
10	2021/12/12	二车间	鱼皮花生	30000
11	2021/12/12	一车间	五香瓜子	27000
12	2021/12/3	四车间	咸干花生	34000
13	2021/11/18	三车间	鱼皮花生	25000
14	2021/12/5	二车间	鱼皮花生	10000
15	2021/11/12	三车间	怪味胡豆	13000
16	2021/11/12	三车间	小米锅粑	12000
17	2021/12/22	一车间	怪味胡豆	15000
18	2021/12/14	二车间	小米锅粑	60000
19	花生类产品的生产次数			7
20				

修改条件为“"*花生"”

返回结果相同

● 函数组合应用：IF+COUNTIF——检查是否有重复数据

COUNTIF函数和IF函数组合应用可以检查指定数据是否重复。下面将在产品报价单中检查指定的产品名称是否存在重复报价的情况。

F2 fx =IF((COUNTIF($A$2:$A$18,A2))>1,"重复报价","")

	A	B	C	D	E	F	G
1	产品名称	规格	单价	搭赠	折合价	查询重复项	
2	奶油金瓜卷	25*10*20	83	50件送3	78		
3	五谷杂粮卷	25*10*12	65		65		
4	400g地瓜丸	20*20*10	40	10件送1	36.4		
5	猪仔包	35*10*10	95	20送1	90.5		
6	雪花南瓜饼	25*12*16	48		48		
7	雪花香芒酥	25*10*12	110	30件送1	106		
8	相思双皮奶	28*10*15	100		100		
9	香芋地瓜丸	22*20*10	50	100件送25	40		
10	掌上明珠	200*12*12	115		115		
11	猪仔包	35*10*10	95	20送1	90.5		
12	娘惹山药	22*10*20	103	30件送1	99.7		
13	百年好合	15*10*12	80		80		
14	富贵吉祥	22*10*12	80		80		
15	福星高照	15*10*12	115	15送1	107.8		
16	果仁甜心	28*12*20	115	20件送1	109.5		
17	金色年华	15*10*12	80		80		
18	满园春色	9*28*20	65	100件送5	61.9		
19							

Step01：

输入公式

① 选择F2单元格，输入公式“=IF((COUNTIF($A$2:$A$18,A2))＞1,"重复报价","")”，按下【Enter】键，返回查询结果。

② 随后再次选中F2单元格，双击填充柄。

F2 fx =IF((COUNTIF($A$2:$A$18,A2))>1,"重复报价","")

	A	B	C	D	E	F	G
1	产品名称	规格	单价	搭赠	折合价	查询重复项	
2	奶油金瓜卷	25*10*20	83	50件送3	78		
3	五谷杂粮卷	25*10*12	65		65		
4	400g地瓜丸	20*20*10	40	10件送1	36.4		
5	猪仔包	35*10*10	95	20送1	90.5	重复报价	
6	雪花南瓜饼	25*12*16	48		48		
7	雪花香芒酥	25*10*12	110	30件送1	106		
8	相思双皮奶	28*10*15	100		100		
9	香芋地瓜丸	22*20*10	50	100件送25	40		
10	掌上明珠	200*12*12	115		115		
11	猪仔包	35*10*10	95	20送1	90.5	重复报价	
12	娘惹山药	22*10*20	103	30件送1	99.7		
13	百年好合	15*10*12	80		80		
14	富贵吉祥	22*10*12	80		80		
15	福星高照	15*10*12	115	15送1	107.8		
16	果仁甜心	28*12*20	115	20件送1	109.5		
17	金色年华	15*10*12	80		80		
18	满园春色	9*28*20	65	100件送5	61.9		
19							

Step02：

填充公式

③ 此时公式自动被填充至下方单元格区域中。产品名称不存在重复情况的返回空白，存在重复情况的返回“重复报价”。

函数16 FREQUENCY

——以一列垂直数组返回某个区域中数据的频率分布

语法格式：=FREQUENCY(一组数值,一组间隔值)

参数介绍：

❖ 一组数值：为必需参数。表示用来计算频率的数组，或对数组单元格区域的引用。数值以外的文本和空白单元格将被忽略。

❖ 一组间隔值：为必需参数。表示数据接收区间，为一数组或对数组区域的引用。如果为数值以外的文本或者空白单元格，则返回错误值“#N/A”。

使用说明：

FREQUENCY 函数用于计算第一参数中的各数据在指定的第二参数内出现的频率。每个区间统一整理的数值表称为“度数分布表”。如计算时间段内入场人数的分布或成绩分布，可使用度数分布表。

● 函数应用实例：某公司成立以来创造的产值分布表

下面将以某公司成立以来创造的产值数据为原始数据，求差值的度数分布表。另外，作为数组公式输入的单元格不能进行单独编辑，必须选定输入数组公式的单元格区域才能进行编辑。

AVERAGE　× ✓ fx　=FREQUENCY(A2:E10,G3:G10)

	A	B	C	D	E	F	G	H	I
1	公司自成立以来创造的产值（单位：百万）								
2	109	300	480	612	800		产值区间	频率分布	
3	128	320	500	632	825		200	G3:G10)	
4	156	350	509	650	840		300		
5	180	360	522	680	860		400		
6	200	380	540	702	890		500		
7	230	400	560	708	901		600		
8	246	410	578	720	915		700		
9	270	430	590	760	955		800		
10	290	460	600	790	1000		900		
11									

Step01：

输入数组公式

① 选择H3:H10单元格区域。

② 在编辑栏中输入数组公式“=FREQUENCY(A2:E10,G3:G10)”。

H3　fx　{=FREQUENCY(A2:E10,G3:G10)}

	A	B	C	D	E	F	G	H	I
1	公司自成立以来创造的产值（单位：百万）								
2	109	300	480	612	800		产值区间	频率分布	
3	128	320	500	632	825		200	5	
4	156	350	509	650	840		300	5	
5	180	360	522	680	860		400	5	
6	200	380							
7	230	400							
8	246	410							
9	270	430	590	760	955		800	6	
10	290	460	600	790	1000		900	4	
11									

按【Ctrl+Shift+Enter】组合键

Step02：

返回数组公式结果

③ 按【Ctrl+Shift+Enter】组合键，H3:H10单元格区域内的每个单元格中都被输入了数组公式并返回了计算结果。

提示：各区间值的频率分布可以统一整理为统计数据，用于检查数据的分布状态。但如果用图表直观化所求的度数分布表，则能进一步显示数据的分布状态。

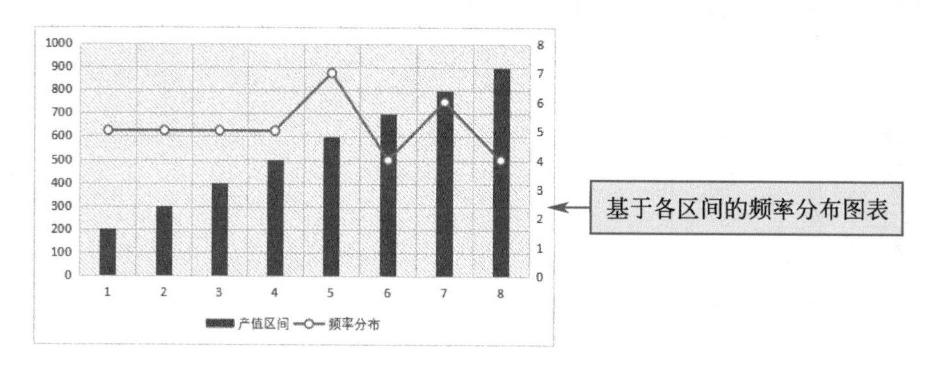

函数17 MAX

——求一组数值中的最大值

语法格式：=MAX(数值1,数值2,...)

参数介绍：

❖ 数值1：为必需参数。表示准备从中求取最大值的第一个区域。该参数为数值以外的文本时，返回错误值“#VALUE!”。数组或引用中的文本、逻辑值或空白单元格会被忽略。

❖ 数值2,...：为可选参数。表示要从中求取最大值的其他区域。MAX函数最多可设置255个参数。

使用说明：

MAX函数用于计算一组数值中的最大值，它是使用最频繁的函数之一。在统计领域中，最大值是代表值之一。可以在“插入函数”对话框中选择“MAX”函数求最大值，也可以使用“公式”选项卡中的“自动求和”按钮求最大值，后者更简便。使用“自动求和”按钮输入MAX函数时，会自动显示与输入函数的单元格相邻的单元格区域。另外，如果不忽略逻辑值和文本，可使用MAXA函数。

● 函数应用实例：**从所有年龄中求最大年龄**

下面将从所有人员的年龄中提取出最大年龄。

E2 =MAX(C2:C12)

	A	B	C	D	E	F
1	姓名	性别	年龄		最大年龄	
2	范慎	男	25		60	
3	赵凯歌	男	43			
4	王美丽	女	18			
5	薛珍珠	女	55			
6	林玉涛	男	32			
7	丽萍	女	49			
8	许仙	男	60			
9	白素贞	女	37			
10	小清	女	31			
11	黛玉	女	22			
12	范思哲	男	26			
13						

选择E2单元格，输入公式“=MAX(C2:C12)”，按下【Enter】键，即可从所有年龄中提取出最大的年龄。

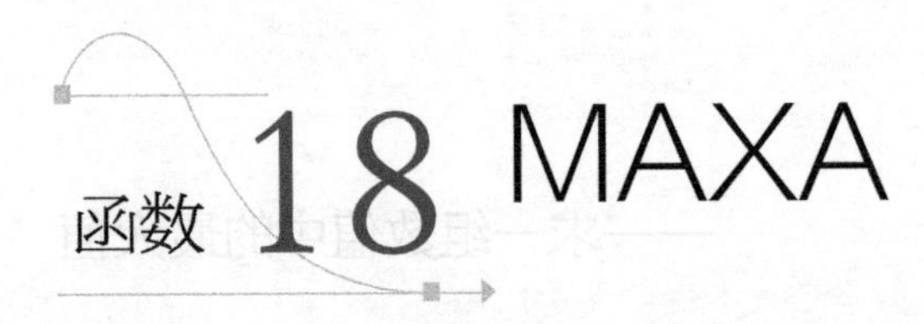

函数18 MAXA

——求参数列表中的最大值

语法格式：=MAXA(数值1,数值2,...)

参数介绍：

❖ 数值1：为必需参数。表示要从中求出最大值的第一个区域。该参数如果直接指定数值以外的文本，则返回错误值“#NAME?”。空白单元格会被忽略，文本作为0计算，逻辑值TRUE作为1计算，FALSE作为0计算。

❖ 数值2,...：为可选参数。表示要从中求出最大值的其他区域。MAXA函数最多可设置255个参数。

使用说明：

MAXA函数用于返回参数列表中的最大值。它和MAX函数的不同之处在于：文本和逻辑值也作为数字计算。如果求最大值的数据数值最大值超过1时，MAXA函数和MAX函数返回相同的结果。但是，求最大值的数据数值如果全部小于等于1，而参数中包含逻辑值TRUE时，MAXA函数和MAX函数则返回不同的结果。

● 函数应用实例：**从所有销售业绩中求最高业绩**

下面将从销售业绩表中求出最高的销售业绩。

E2 =MAXA(C2:C20)

	A	B	C	D	E	F
1	姓名	区域	业绩		最高业绩	
2	子悦	长沙	¥155,797.00		¥342,088.00	
3	小倩	武汉	¥53,628.00			
4	赵敏	苏州	¥224,635.00			
5	青霞	苏州	¥10,697.00			
6	小白	长沙	¥12,788.00			
7	小青	合肥	¥33,068.00			
8	香香	合肥	¥8,686.00			
9	萍儿	广州	¥342,088.00			
10	晓峰	成都	¥11,616.00			
11	宝玉	广州	¥130,471.00			
12	保平	成都	¥32,824.00			
13	孙怡	上海	¥320,383.00			
14	杨方	长沙	¥9,525.00			
15	方宇	苏州	¥32,143.00			
16	秦政	上海	¥9,552.00			
17	薛飞	上海	¥51,025.00			
18	沈浪	武汉	¥93,135.00			
19	刘琼	合肥	¥8,017.00			
20	薛斌	广州	¥19,080.00			
21						

选择E2单元格，输入公式“=MAXA(C2:C20)”，按下【Enter】键，即可从所有业绩中求出最高业绩，即C2:C20单元格区域中的最大值。

函数19 MAXIFS

——求一组给定条件所指定的单元格的最大值

语法格式：=MAXIFS(最大值所在区域,区域1,条件1,区域2，条件2,...)

参数介绍：

❖ 最大值所在区域：为必需参数。表示要确定最大值的单元格。该参数可以是单元格或单元格区域、数字、名称、数组或引用。区域中的文本和逻辑值会被忽略。

❖ 区域1：为必需参数。表示第一个条件所在区域。区域的第一列中必须包含关联的条件，否则将返回错误值。

❖ 条件1：为必需参数。表示第一个条件。条件可以是数字、表达式或文本。

❖ 区域2：条件2,...：为可选参数。表示其他条件区域和条件。MAXIFS函数最多可设置126个区域和条件。

- 函数应用实例：**求指定地区的最高业绩**

下面将使用MAXIFS函数从销售业绩表中求出指定地区的最高业绩。

F2 =MAXIFS($C$2:C$20,B$2:B$20,E2)

	A	B	C	D	E	F	G
1	姓名	区域	业绩		地区	最高业绩	
2	子悦	长沙	¥155,797.00		长沙	¥155,797.00	
3	小倩	武汉	¥53,628.00		武汉		
4	赵敏	苏州	¥224,635.00		苏州		
5	青霞	苏州	¥10,697.00		合肥		
6	小白	长沙	¥12,788.00		广州		
7	小青	合肥	¥33,068.00		成都		
8	香香	合肥	¥8,686.00		上海		
9	萍儿	广州	¥342,088.00				
10	晓峰	成都	¥11,616.00				
11	宝玉	广州	¥130,471.00				
12	保平	成都	¥32,824.00				
13	孙怡	上海	¥320,383.00				
14	杨方	长沙	¥9,525.00				
15	方宇	苏州	¥32,143.00				
16	秦政	上海	¥9,552.00				
17	薛飞	上海	¥51,025.00				
18	沈浪	武汉	¥93,135.00				
19	刘琼	合肥	¥8,017.00				
20	薛斌	广州	¥19,080.00				
21							

Step01：
输入公式

① 选择F2单元格，输入公式“=MAXIFS($C$2:C$20,B$2:B$20,E2)”，随后按【Enter】键返回结果。

特别说明：公式中对C2:C20以及B2:B20单元格区域的引用不能使用相对引用，否则向下方填充公式时引用的单元格区域会发生偏移，从而造成提取的结果值不准确。

F2 =MAXIFS($C$2:C$20,B$2:B$20,E2)

	A	B	C	D	E	F	G
1	姓名	区域	业绩		地区	最高业绩	
2	子悦	长沙	¥155,797.00		长沙	¥155,797.00	
3	小倩	武汉	¥53,628.00		武汉	¥93,135.00	
4	赵敏	苏州	¥224,635.00		苏州	¥224,635.00	
5	青霞	苏州	¥10,697.00		合肥	¥33,068.00	
6	小白	长沙	¥12,788.00		广州	¥342,088.00	
7	小青	合肥	¥33,068.00		成都	¥32,824.00	
8	香香	合肥	¥8,686.00		上海	¥320,383.00	
9	萍儿	广州	¥342,088.00				
10	晓峰	成都	¥11,616.00				
11	宝玉	广州	¥130,471.00				
12	保平	成都	¥32,824.00				
13	孙怡	上海	¥320,383.00				
14	杨方	长沙	¥9,525.00				
15	方宇	苏州	¥32,143.00				
16	秦政	上海	¥9,552.00				
17	薛飞	上海	¥51,025.00				
18	沈浪	武汉	¥93,135.00				
19	刘琼	合肥	¥8,017.00				
20	薛斌	广州	¥19,080.00				
21							

Step02：
填充公式

② 双击F2单元格填充柄，将公式填充到下方区域，即可自动提取出不同地区的最高业绩。

函数 20 MIN ——求一组数值中的最小值

语法格式：=MIN(数值1,数值2,...)

参数介绍：

❖ 数值1：为必需参数。表示需要从中求出最小值的第一个区域。该参数直接指定数值以外的文本时会返回错误值“#VALUE!”。该参数为数组或引用时，则数组或引用中的文本、逻辑值或空白单元格将被忽略。

❖ 数值2,...：为可选参数。表示需要从中求出最小值的其他区域。MIN函数最多可设置255个参数。

使用说明：

MIN函数用于计算一组数值中的最小值。它是使用最频繁的函数之一。在统计领域内，最小值是代表值之一。

求最大值或最小值时也可使用系统提供的快捷按钮进行操作。在“公式”选项卡中单击“自动求和”下拉按钮，可显示出“最大值”和“最小值”选项。

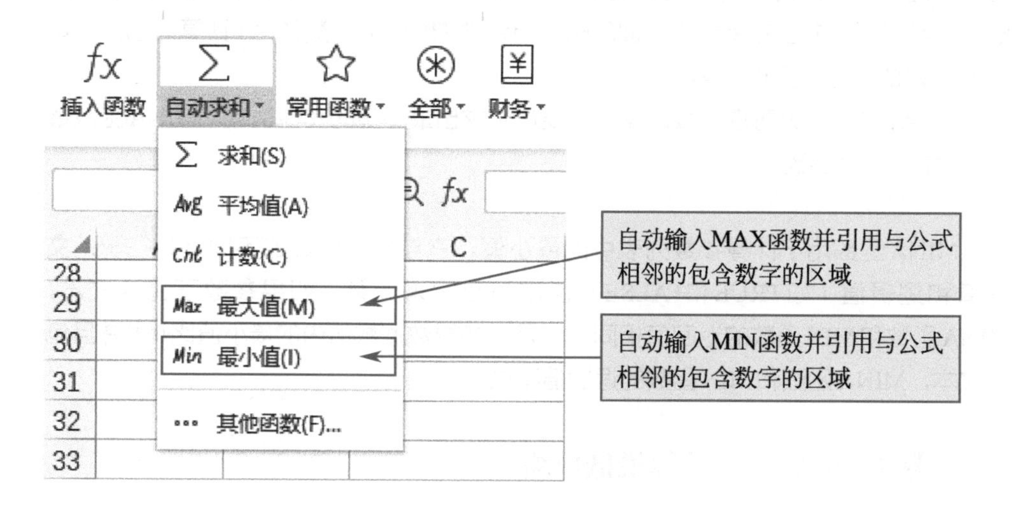

● 函数应用实例：计算业绩最低值

下面将使用MIN函数从销售业绩表中提取最低业绩数值。

E2 =MIN(C2:C20)

	A	B	C	D	E	F
1	姓名	区域	业绩		最低业绩	
2	子悦	长沙	¥155,797.00		¥8,017.00	
3	小倩	武汉	¥53,628.00			
4	赵敏	苏州	¥224,635.00			
5	青霞	苏州	¥10,697.00			
6	小白	长沙	¥12,788.00			
7	小青	合肥	¥33,068.00			
8	香香	合肥	¥8,686.00			
9	萍儿	广州	¥342,088.00			
10	晓峰	成都	¥11,616.00			
11	宝玉	广州	¥130,471.00			
12	保平	成都	¥32,824.00			
13	孙怡	上海	¥320,383.00			
14	杨方	长沙	¥9,525.00			
15	方宇	苏州	¥32,143.00			
16	秦政	上海	¥9,552.00			
17	薛飞	上海	¥51,025.00			
18	沈浪	武汉	¥93,135.00			
19	刘琼	合肥	¥8,017.00			
20	薛斌	广州	¥19,080.00			
21						

选择E2单元格，输入公式“=MIN(C2:C20)”，按下【Enter】键即可返回业绩最低值，即C2:C20单元格区域中的最小值。

提示：MIN函数会忽略空白单元格。需要注意的是：空白单元格并不代表0，若要把0作为计算对象，必须在单元格中输入0。

函数21 MINA
——求参数列表中的最小值

语法格式：=MINA(数值1,数值2,...)

参数介绍：

❖ 数值1：为必需参数。表示需要从中求出最小值的第一个区域。该参数如果直接指定数值以外的文本，则返回错误值“#NAME?”。如果该参数为数组或引用，则数组或引用中的空白单元格将被忽略。但包含TRUE的参数作为1计算，包含文本或FALSE的参数作为0计算。

❖ 数值2,...：为可选参数。表示需要从中求出最小值的其他区域。MINA函数最多可设置255个参数。

使用说明：

MINA函数用于计算参数列表中的最小值。它与MIN函数的不同之处在于：文本值和逻辑值（如TRUE和FALSE）也作为数字来计算。如果参数不包含文本，MINA函数和MIN函数的返回值相同。但是，如果数据数值内的最小值比0大并且包含文本，MINA函数和MIN函数的返回值不同。

● 函数应用实例：**计算最低成绩**

下面将使用MINA函数从比赛成绩表中分别提取男子组和女子组的最低成绩。

B12 | =MINA(B2:B11)

	A	B	C	D
1	出场编号	男子组	女子组	
2	1	9	7	
3	2	10	5	
4	3	12	8	
5	4		11	
6	5	10	12	
7	6	8	10	
8	7	6	8	
9	8	13	9	
10	9	9	8	
11	10	11	缺席	
12	最低成绩	6	0	
13				

选择B12单元格，输入公式“=MINA(B2:B11)”，按下【Enter】键后计算出男子组的最低成绩分值。随后将公式向右侧填充，得到女子组的最低成绩分值。

特别说明：参数中的空白单元格会被忽略，文本作为数字0处理，所以女子组的最低分值返回0。

提示：MINA函数和MIN函数都忽略空白单元格。而且，在指定的参数单元格中，如果不包含文本或者逻辑值，不管使用哪一个函数都会返回相同的值。

函数22 MINIFS

——求一组给定条件所指定的单元格的最小值

语法格式：=MINIFS(最小值所在区域,区域1,条件1,区域2,条件2,...)

参数介绍：

❖ 最小值所在区域：为必需参数。表示确定最小值的实际单元格。该参数可以是单元格或单元格区域、数字、名称、数组或引用。区域中的文本和逻辑值会被忽略。

❖ 区域1：为必需参数。表示一组用于条件计算的单元格。区域的第一列中必须包含关联的条件，否则将返回错误值。

❖ 条件1：为必需参数。表示用于确定最小值的条件。该参数可以是数字、表达式或文本。

❖ 区域2：条件2，...：为可选参数。表示附加区域及其关联条件。MINIFS函数最多可设置126个区域/条件。

● 函数应用实例：**提取25岁以上女性的最低身高**

下面将从身高登记表中提取出年龄在25岁以上的女性的最低身高。

D10 　fx =MINIFS(D2:D9,B2:B9,"女",C2:C9,">25")

	A	B	C	D	E	F
1	姓名	性别	年龄	身高		
2	陈芳	女	18	159		
3	梁静	女	22	162		
4	李闯	男	31	177		
5	张瑞	男	21	180		
6	陈霞	女	25	165		
7	钟植	男	28	173		
8	刘丽	女	19	157		
9	赵乐	女	29	166		
10	25岁以上女性的最低身高			166		
11						

选择D10单元格，输入公式“=MINIFS(D2:D9,B2:B9,"女",C2:C9,"＞25")”，按下【Enter】键，即可从所有身高数据中提取出25岁以上女性的最低身高。

函数23 QUARTILE

——求数据集的四分位数

语法格式：=QUARTILE(数组,四分位数)

参数介绍：

❖ 数组：为必需参数。表示用于计算四分位数值的数组或数字型单元格区域。如果数组为空，则会返回错误值“#NUM!”。

❖ 四分位数：为必需参数。表示用0～4的整数或者包含指定数字的单元格引用。如果该参数不是整数，则将被截尾取整。

四分位数的指定方法见下表。

四分位数类型	返回值
0	最小值，与 MIN 函数返回值相同
1	第一个四分位数（25% 时的值）
2	中分位数（50% 时的值），与 MEDIAN 函数返回值相同
3	第三个四分位数（75% 时的值）
4	最大值，与 MAX 函数返回值相同
小于 0 或大于 4 的数	返回错误值“#NUM!”
数值以外的文本	返回错误值“#VALUE!”

把从小到大排列好的数值数据看作四等分时的3个分割点，称为四分位数。使用QUARTILE函数所指定的参数值，求按从小到大顺序排列数值数据时的最小值、第一个四分位数（第25个百分点值）、第二个四分位数（中值）、第三个四分位数（第75个百分点值）、最大值。特别是第二个四分位数正好是位于数据集的中央位置值，称为中值，也可以用MEDIAN函数求取。如果不仅仅是四分位数，需要求按从小到大顺序排列的数据集的任意百分率值，可参照使用PERCENTILE函数。

● 函数应用实例：计算产品销售额的最小值和四分位数

下面将使用各产品的月销售额数据，使用QUARTILE函数计算其四分位数。

E2　=QUARTILE($B$2:$B$10,D2)

	A	B	C	D	E	F
1	商品名称	月销售额		四分位数	结果	
2	一次性普通医用口罩	5800		0	300	
3	一次性医用防护口罩	9200		1	900	
4	一次性医用外科口罩	6700		2	2300	
5	75%消毒酒精	3200		3	5800	
6	酒精消毒湿巾	1800		4	9200	
7	免洗消毒洗手液	900				
8	消毒喷雾剂	2300				
9	红外线体温枪	750				
10	防护手套	300				
11						

选择E2单元格，输入公式“=QUARTILE($B$2:$B$10,D2)”，随后将公式向下方填充，计算出所有商品的月销售额数据的四分位数。

提示：使用QUARTILE函数时，没必要对数据进行排列。在统计学中，从第三个四分位数（第75个百分点值）到第一个四分位数（第25个百分点值）的值称为四分位区域，用于检查统计数据的方差情况。另外，四分位数位于数据与数据之间，实际中不存在四分位数，所以可以从它的两边值插入四分位数求值。

函数24 PERCENTILE
——求区域中数值的第k个百分点的值

语法格式：=PERCENTILE(数组,百分比)

参数介绍：

❖ 数组：为必需参数。表示指定输入数值的单元格或者数组常量。该参数为空或其数据点超过8191个，则返回错误值“#NUM!”。

❖ 百分比：为必需参数。表示用0～1之间的实数或者单元格指定需求数值数据的位置。若百分比小于0或百分比大于1，则返回错误值“#NUM!”；若百分比为数值以外的文本，则返回错误值“#VALUE!”。

提示：百分点是指以百分数形式表示的相对指标（如速度、指数、构成）的增减变动幅度或对比差额。百分点是被比较的相对指标之间的增减量，而不是它们之间的比值。

● 函数应用实例：**求指定百分点的销售额**

下面将使用PERCENTILE函数计算产品百分位数对应百分点的月销售额。

E2　=PERCENTILE($B$2:$B$10,D2)

	A	B	C	D	E	F
1	商品名称	月销售额		百分位数	结果	
2	一次性普通医用口罩	5800		0%	300	
3	一次性医用防护口罩	9200		10%	660	
4	一次性医用外科口罩	6700		30%	1260	
5	75%消毒酒精	3200		50%	2300	
6	酒精消毒湿巾	1800		80%	6160	
7	免洗消毒洗手液	900		100%	9200	
8	消毒喷雾剂	2300				
9	红外线体温枪	750				
10	防护手套	300				
11						

选择E2单元格，输入公式“=PERCENTILE($B$2:$B$10,D2)”，随后向下方填充公式，计算出对应百分点的月销售额。

提示：使用PERCENTILE函数时，没必要重排数据。如果k不是$1/(n-1)$的倍数，需从它的两边值插入百分点值来确定第k个百分点的值。百分位数和四分位数相同，用于检查统计数据的方差情况。

函数25 PERCENTRANK

——求特定数值在一个数据集中的百分比排位

语法格式：=PERCENTRANK(数组,数值,小数位数)

参数介绍：

❖ 数组：为必需参数。表示输入数值的单元格区域或者数组。若该参数为空，则返回错误值“#NUM!”。

❖ 数值：为必需参数。表示需要求排位的数值或者数值所在的单元格。若该参数比数组内的最小值小，或比数组内的最大值大，则会返回错误值“#N/A”；若该参数为数值以外的文本，则会返回错误值“#VALUE!”。

❖ 小数位数：为可选参数。用数值或者数值所在的单元格表示返回的百分比值的有效位数。若该参数省略，则保留3位小数。若该参数＜1，则返回错误值“#NUM!”。

使用说明：

PERCENTRANK函数用于计算数值在一个数据集中的百分比排位。百分比排位的最小值为0%、最大值为100%。通俗地说，排位函数的返回值在0～1之间变化。最大的数值排位是1，最小的数值排位是0，中间的数据按大小以同等比例来排位。例如有2、3、5、8、9这五个数字，其排位结果依次为0（0%）、0.25（25%）、0.5（50%）、0.75（75%）、1（100%），这五个数字的排位从0到1按照规律变化，五个数字需要变化4次，即每次变化的跨度为1÷4=0.25。那么由此可以总结出规律：N个数字进行排位，便需要变化$N-1$次，每次变化的跨度为1÷（$N-1$）。

● 函数应用实例：**计算指定销售数量在销量表中的百分比排位**

下面将使用PERCENTRANK函数，从乐器销售表中，根据指定销售数量计算其在所有销量数据中的百分比排位。

G2 =PERCENTRANK(D2:D19,F2)

	A	B	C	D	E	F	G
1	大类	分类	名称	销量		排位的销量	排位
2	西洋乐器	盘乐器	钢琴	18		55	0.764
3	西洋乐器	盘乐器	电子琴	39			
4	西洋乐器	管乐器	长笛	22			
5	西洋乐器	管乐器	长号	6			
6	西洋乐器	管乐器	萨克斯	15			
7	西洋乐器	管乐器	短笛	13			
8	西洋乐器	管乐器	单簧管	6			
9	西洋乐器	弦乐器	小提琴	55			
10	西洋乐器	弦乐器	贝斯	78			
11	西洋乐器	弦乐器	吉他	106			
12	西洋乐器	打击乐器	爵士鼓	19			
13	西洋乐器	电子声乐器	电吉他	42			
14	西洋乐器	电子声乐器	电贝司	37			
15	民族乐器	弹拨乐器	琵琶	73			
16	民族乐器	弹拨乐器	古筝	106			
17	民族乐器	弹拨乐器	扬琴	19			
18	民族乐器	弓弦乐器	二胡	24			
19	民族乐器	弓弦乐器	京胡	8			
20							

选择G2单元格，输入公式“=PERCENTRANK(D2:D19,F2)”，按下【Enter】键，即可返回指定销量在所有销量数据中的百分比排位。

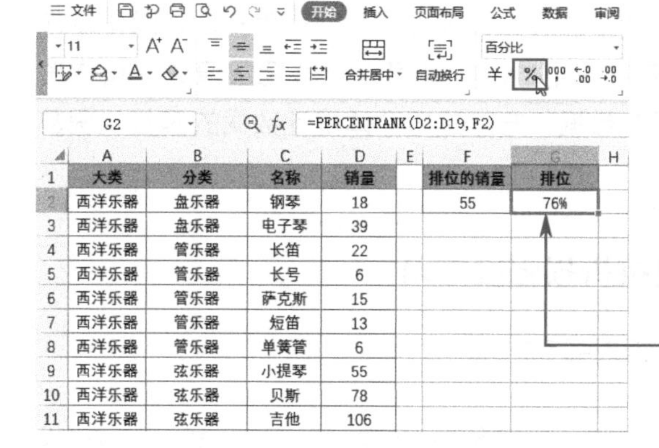

	A	B	C	D	E	F	G
1	大类	分类	名称	销量		排位的销量	排位
2	西洋乐器	盘乐器	钢琴	18		55	76%
3	西洋乐器	盘乐器	电子琴	39			
4	西洋乐器	管乐器	长笛	22			
5	西洋乐器	管乐器	长号	6			
6	西洋乐器	管乐器	萨克斯	15			
7	西洋乐器	管乐器	短笛	13			
8	西洋乐器	管乐器	单簧管	6			
9	西洋乐器	弦乐器	小提琴	55			
10	西洋乐器	弦乐器	贝斯	78			
11	西洋乐器	弦乐器	吉他	106			

按【Ctrl+Shift+%】组合键或单击“%”按钮，转换成百分数形式

提示：若要将排位结果转换成百分数形式显示，可以在“开始”选项卡中单击“%”按钮或按【Ctrl+Shift+%】组合键实现快速转换。

提示：若数组中没有与要排位的数字相匹配的值，但该值包含在数组数值范围内，该数字会返回与其相邻的两个数字排位的中间值。若要排位的数字中有重复值，则重复数字的排位相同。

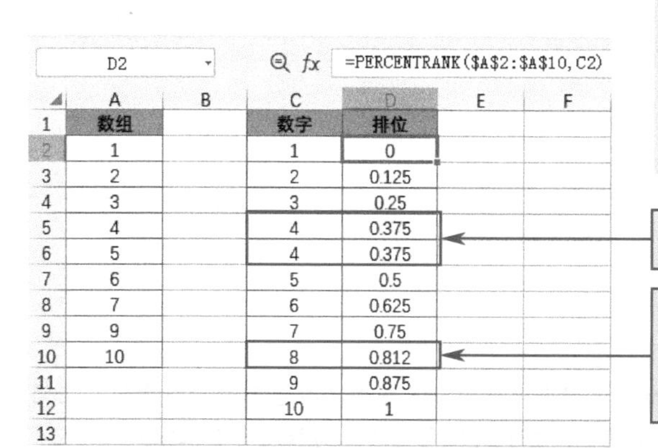
D2 =PERCENTRANK($A$2:$A$10,C2)

	A	B	C	D
1	数组		数字	排位
2	1		1	0
3	2		2	0.125
4	3		3	0.25
5	4		4	0.375
6	5		4	0.375
7	6		5	0.5
8	7		6	0.625
9	9		7	0.75
10	10		8	0.812
11			9	0.875
12			10	1
13				

重复值的排位相同

数组中不存在的值，返回相邻两个数字排位的中间值

第3章

函数26 VAR

——计算基于给定样本的方差[1]

语法格式：=VAR(数值1,数值2,...)

参数介绍：

❖ 数值1：为必需参数。表示样本值或样本值所在的单元格。若该参数小于1，返回错误值“#DIV/0!”；若指定数值以外的文本，则会返回错误值“#NAME?”；若引用单元格中的数值，空白单元格、文本、逻辑值将被忽略。

❖ 数值2，...：为可选参数。表示样本值或样本值所在的单元格。VAR函数最多可设置255个参数。

使用说明：

在统计中分析大量的信息数据和零散数据时比较困难，所以需要从统计数据中随机抽出有代表性的数据进行分析。抽出的具有代表性的数据称为样本，以样本作为基数的统计数据的估计值称为方差。使用VAR函数可以求解把数值数据看作统计数据样本的方差。统计数据指定所有数据，方差是把全体统计数据的偏差状况数值化。

● 函数应用实例：计算工具抗折损强度方差

下面将使用VAR函数计算工具抗折损强度方差。

D2　=VAR(B2:B10)

	A	B	C	D	E
1	工具	抗折损强度		方差值	
2	工具1	2655		38833.36111	
3	工具2	2637			
4	工具3	2500			
5	工具4	2350			
6	工具5	2580			
7	工具6	2800			
8	工具7	2300			
9	工具8	2840			
10	工具9	2350			
11					

选择D2单元格，输入公式“=VAR(B2:B10)”，按下【Enter】键，即可返回所有抗折损强度值的方差。

[1] 在概率论和数理统计中，方差（variance）用来度量随机变量和其数学期望（即均值）之间的偏离程度。在许多实际问题中，研究随机变量和均值之间的偏离程度有着很重要的意义。

提示：VAR函数会忽略引用区域中的空白单元格和文本，只对数字进行计算。

D3　=VAR(B2,B4:B5,B7:B10)

	A	B	C	D	E
1	工具	抗折损强度		方差值	
2	工具1	2655		50365.47619	
3	工具2			50365.47619	
4	工具3	2500			
5	工具4	2350			
6	工具5	待测试			
7	工具6	2800			
8	工具7	2300			
9	工具8	2840			
10	工具9	2350			
11					

=VAR(B2:B10)忽略空白单元格和文本

输入公式
=VAR(B2,B4:B5,B7:B10)
验证，返回结果相同

函数27 VARA
——求空白单元格以外给定样本的方差

语法格式：=VARA(数值1,数值2,...)

参数介绍：

❖ 数值1：为必需参数。表示样本值或样本值所在的单元格。若指定数值以外的文本，会返回错误值“#NAME?”；若引用单元格中的数值，则空白单元格将被忽略；逻辑值TRUE作为1计算，文本或逻辑值FALSE作为0计算；当参数小于1时，则返回错误值“#DIV/0!”。

❖ 数值2,...：为可选参数。表示样本值或样本值所在的单元格。VARA函数最多可设置255个参数。

使用说明：

从统计数据中随机抽取具有代表性的数据称为样本。使用VARA函数可求空白单元格以外给定样本的方差。它与VAR函数的不同之处在于：不仅数字计算在内，而且文本和逻辑值（如TRUE和FALSE）也将计算在内。VARA函数的计算结果比VAR函数的计算结果大。

● 函数应用实例：**根据包含文本的数据计算工具抗折损强度方差**

下面将使用VARA函数计算包含空白单元格和文本的样本数据的方差。

D2	=VARA(B2:B10)				
	A	B	C	D	E
1	工具	抗折损强度		方差值	
2	工具1	2655		850981.6964	
3	工具2				
4	工具3	2500			
5	工具4	2350			
6	工具5	待测试			
7	工具6	2800			
8	工具7	2300			
9	工具8	2840			
10	工具9	2350			
11					

选择D2单元格，输入公式“=VARA(B2:B10)”，按下【Enter】键，即可返回所有样本数据的方差值。

特别说明：VARA函数忽略了参数中的空白单元格，但是不会忽略文本，文本作为数字0被计算。

函数28 VARP

——求基于整个样本总体的方差

语法格式：=VARP(数值1,数值2,...)

参数介绍：

❖ 数值1：为必需参数。表示与总体抽样样本相应的第一个参数值。若直接指定数值以外的文本，会返回错误值“#NAME?”；若引用单元格中的数值，空白单元格、文本、逻辑值将被忽略。

❖ 数值2,...：为可选参数。表示与总体抽样样本相应的其余参数值。VARP函数最多可设置255个参数。

使用说明：

VARP函数用于计算基于整个样本总体的方差。它与VAR函数不同之处在于：VARP函数假设其参数为样本总体，或者看作所有样本总体数据点。

● 函数应用实例：计算工具抗折损强度方差

下面将使用VARP函数，根据样本值计算工具的抗折损强度方差。

E1	=VARP(B2:B10)					
	A	B	C	D	E	F
1	工具	抗折损强度		VARP函数计算方差	34518.54321	
2	工具1	2655		VAR函数计算方差	38833.36111	
3	工具2	2637				
4	工具3	2500				
5	工具4	2350				
6	工具5	2580				
7	工具6	2800				
8	工具7	2300				
9	工具8	2840				
10	工具9	2350				
11						

选择E1单元格，输入公式“=VARP(B2:B10)”，按下【Enter】键，返回一组样本值的方差。

在E2单元格中输入公式“=VAR(B2:B10)”，通过返回的结果对比可以发现，这两个函数所返回的方差不同。

提示：VAR函数计算基于给定样本的方差。VARP函数计算基于整个样本总体的方差，它的参数是全部的数据。

函数29 VARPA

——求空白单元格以外基于整个样本总体的方差

语法格式：=VARPA(数值1,数值2,...)

参数介绍：

❖ 数值1：为必需参数。表示构成样本总体的第一个数值参数。若直接指定数值以外的文本，会返回错误值“#NAME?”；若引用单元格中的数值，空白单元格将被忽略；包含TRUE的参数作为1计算，包含文本或FALSE的参数作为0计算。

❖ 数值2,...：为可选参数。表示构成样本总体的其他数值参数。VARPA函数最多可设置255个参数。

使用说明：

VARPA函数用于计算空白单元格以外基于整个样本总体的方差。它与VARP函数不同之处在于：VARPA函数不仅计算数字，而且也计算文本值和逻辑值（如TRUE和FALSE）。VARPA函数的返回值比VARP函数的返回值大。

● 函数应用实例：计算工具抗折损强度方差

下面将使用VARPA函数，根据样本总体计算方差。

D2 =VARPA(B2:B10)

	A	B	C	D	E
1	工具	抗折损强度		方差	
2	工具1	2655		34518.54321	
3	工具2	2637			
4	工具3	2500			
5	工具4	2350			
6	工具5	2580			
7	工具6	2800			
8	工具7	2300			
9	工具8	2840			
10	工具9	2350			
11					

选择D2单元格，输入公式“=VARPA(B2:B10)”，按下【Enter】键，即可计算出基于整个样本总体的方差。

函数 30 STDEV

——求给定样本的标准偏差

语法格式：=STDEV(数值1,数值2,...)

参数介绍：

❖ 数值1：为必需参数。表示与总体抽样样本相应的第一个参数。该参数可以指定为单元格区域；直接指定数值以外的文本，会返回错误值“#NAME?”；若引用单元格中的数值，空白单元格、文本、逻辑值将被忽略；若参数小于1，返回错误值“#DIV/0!”。

❖ 数值2,...：为可选参数。表示与总体抽样样本相应的其他参数。STDEV函数最多可设置255个参数。

使用说明：

指定样本总体为全部统计数据。标准偏差是将统计数据的方差情况数值化。在统计中，如果信息数据很庞大，会给调查方差情况带来困难，所以从统计数据中随机抽出具有代表性的数据来分析。这样具有代表性的数据称为样本。使用STDEV函数可求数值数据为样本总体的标准偏差。

● 函数应用实例：**计算全年销售额总体偏差**

下面将使用STDEV函数计算全年销售额的总体偏差。

D2 =STDEV(B2:B13)

	A	B	C	D	E
1	月份	销售额		总体标准偏差	
2	1月	¥55,780.00		¥27,249.69	
3	2月	¥88,430.00			
4	3月	¥65,700.00			
5	4月	¥56,200.00			
6	5月	¥76,800.00			
7	6月	¥96,300.00			
8	7月	¥89,200.00			
9	8月	¥123,600.00			
10	9月	¥115,300.00			
11	10月	¥115,800.00			
12	11月	¥133,200.00			
13	12月	¥122,100.00			
14					

选择D2单元格，输入公式“=STDEV(B2:B13)”，按下【Enter】键，即可返回全年销售额的总体标准偏差。

提示：样本标准偏差值越接近0值，偏离程度越小。如果将列表或数据库的列中满足指定条件的数字作为一个样本，估算样本总体的标准偏差时，可参照数据库函数中的DSTDEV函数。

函数31 STDEVA

——求空白单元格以外给定样本的标准偏差

语法格式：=STDEVA(数值1,数值2,...)

参数介绍：

❖ 数值1：为必需参数。表示构成总体抽样样本的第一个参数。该参数可以是单元格或单元格区域；直接指定数值以外的文本，则返回错误值“#NAME?”；若引用单元格中的数值，空白单元格将被忽略；包含TRUE的参数作为1计算，包含文本或FALSE的参数作为0计算；当参数小于1时，则返回错误值“#DIV/0!”。

❖ 数值2,...：为可选参数。表示构成总体抽样样本的其他参数。STDEVA函数最多可设置255个参数。

使用说明：

从统计数据中随机抽出有代表性的数据，把这些数据称为“样本”。使用STDEVA函数可计算空白单元格以外给定样本的标准偏差。它与STDEV函数的不同之处在于：STDEVA函数可以计算逻辑值和文本值，例如销售表中的“未统计”可以作为0来计算。STDEVA函数的返回值比STDEV函数的返回值大。

● 函数应用实例：在包含文本的样本中计算全年销售额总体标准偏差

下面将使用STDEVA函数计算包含文本的样本的总体标准偏差。

E1　=STDEVA(B2:B13)

	A	B	C	D	E
1	月份	销售额		STDEVA函数	¥45,575.74
2	1月	未统计		STDEV函数	¥25,792.04
3	2月	¥88,430.00			
4	3月	¥65,700.00			
5	4月	¥56,200.00			
6	5月	未统计			
7	6月	¥96,300.00			
8	7月	¥89,200.00			
9	8月	¥123,600.00			
10	9月	¥115,300.00			
11	10月	¥115,800.00			
12	11月	¥133,200.00			
13	12月	¥122,100.00			
14					

选择E1单元格，输入公式“=STDEVA(B2:B13)”，按下【Enter】键，即可计算出全年销售额的总体标准偏差。对比STDEV函数对B2:B13单元格区域求偏差的结果发现，STDEV函数忽略了参数中的文本，而STDEVA函数将文本作为0进行计算。

函数32 SKEW

——求分布的偏斜度

语法格式：=SKEW(数值1,数值2,...)

参数介绍：

❖ 数值1：为必需参数。表示要计算偏斜度的第一个值。该参数可以是数字、名称、数组或对数值的引用，参数为文本时会返回错误值“#NAME?”，空白单元格和逻辑值会被忽略。

❖ 数值2,...：为必需参数。表示要计算偏斜度的其他值。SKEW函数最多可设置255个参数。

使用说明：

将样本数据的分布与吊钟形的正态分布相比，向左或向右的偏斜数值称为“偏斜度”。使用SKEW函数可求样本数据分布的偏斜度。

值	偏斜度
正数	正态分布左侧为山形，右侧延伸分布
0	左右对称的吊钟形正态分布
负数	正态分布右侧为山形，左侧延伸分布

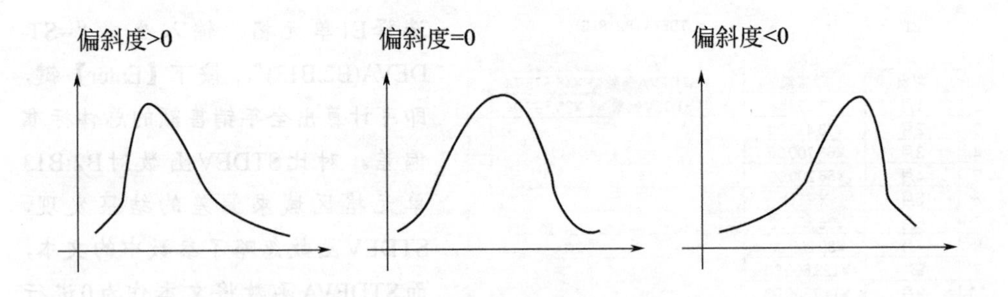

● 函数应用实例：**根据血糖测量值求偏斜度**

下面将以随机抽取的65岁以上老年人血糖测量值为原始数据，求血糖值偏斜度。

C9		=SKEW(A2:D7)		
	A	B	C	D	E
1	65岁以上老年人血糖值				
2	4.2	11.6	9.4	4.5	
3	5.1	10.8	5.3	11.6	
4	4.6	6.5	4.8	6.7	
5	4.2	11.3	6.5	8.2	
6	8.9	3.3	4.9	6.1	
7	10.4	12.6	7.8	8.9	
8					
9	偏斜度		0.35937		
10					

选择C9单元格，输入公式“=SKEW(A2:D7)”，按下【Enter】键，便可计算出一组血糖值的偏斜度。

提示：由于偏斜度大于0，靠近左右对称的正态分布的山形偏向左边。偏斜度是反映以平均值为中心的分布的不对称程度。如果求数据集的峰值，可参照KURT函数。

函数33 KURT

——求一组数据的峰值

语法格式：=KURT(数值1,数值2,...)

参数介绍：

❖ 数值1：为必需参数。表示用于计算峰值的第一个值。该参数可以是数字、名称、数组或对数值的引用，参数为文本时会返回错误值“#NAME?”，空白单元格和逻辑值会被忽略。

❖ 数值2,...：为可选参数。表示用于计算峰值的其他值。KURT函数最多可设置255个参数。

使用说明：

如果数据点少于4个，或样本标准偏差等于0，根据公式，分母变为0，则KURT函数返回错误值“#DIV/0!”。

● 函数应用实例：根据血糖测量值求峰值

下面将以随机抽取的65岁以上老年人血糖测量值为原始数据，使用KURT函数求血糖指数的峰值。

	A	B	C	D	E
1	65岁以上老年人血糖值				
2	4.2	11.6	9.4	4.5	
3	5.1	10.8	5.3	11.6	
4	4.6	6.5	4.8	6.7	
5	4.2	11.3	6.5	8.2	
6	8.9	3.3	4.9	6.1	
7	10.4	12.6	7.8	8.9	
8					
9	峰值		-1.25077		
10					

C9 =KURT(A2:D7)

在C9单元格中输入公式“=KURT(A2:D7)”，按下【Enter】键，即可返回一组血糖数据的峰值。

函数34 STDEVPA

——计算空白单元格以外的样本总体的标准偏差

语法格式：=STDEVPA(数值1,数值2,...)

参数介绍：

❖ 数值1：为必需参数。表示与总体抽样样本相应的第一个参数。若直接指定数值以外的文本，会返回错误值“#NAME?”；引用单元格中的数值时，空白单元格将被忽略；包含TRUE的参数作为1计算，包含文本或FALSE的参数作为0计算。

❖ 数值2,...：为可选参数。表示与总体抽样样本相应的其他参数。STDEVPA函数最多可设置255个参数。

● 函数应用实例：求全年销售额的标准偏差（包含文本数据）

下面将使用STDEVPA函数根据全年销售数据求标准偏差。销售数据中包含文本的单元格会作为0计算。

	A	B	C	D	E
1	月份	销售额		STDEVPA函数	¥43,820.14
2	1月	未统计			
3	2月	¥88,430.00			
4	3月	¥65,700.00			
5	4月	¥56,200.00			
6	5月	未统计			
7	6月	¥96,300.00			
8	7月	¥89,200.00			
9	8月				
10	9月	¥115,300.00			
11	10月	¥115,800.00			
12	11月	¥133,200.00			
13	12月	¥122,100.00			
14					

E1 =STDEVPA(B2:B13)

选择E1单元格，输入公式“=STDEVPA(B2:B13)”，按下【Enter】键，即可返回全年销售额的标准偏差。

函数35 RANK

——求指定数值在一组数值中的排位

语法格式：=RANK(数值,引用,排位方式)

参数介绍：

❖ 数值：为必需参数。表示要进行排名的数字。若指定的值不在第二参数指定的区域中或指定了空白单元格、逻辑值，会返回错误值“#N/A”；当参数为数值以外的文本时，返回错误值“#VALUE!”。

❖ 引用：为必需参数。表示一组数或对一个数据列表的引用。该参数为非数字时会被忽略。

❖ 排位方式：为可选参数。表示排序的方式。该参数为0或省略时按降序排序，为非零值时按升序排序（通常设置为数字1）；该参数为数值以外的文本时，返回错误值“#VALUE!”。

使用说明：

RANK函数用于计算一个数值在一组数值中的排位。可以按升序（从小到大）或降序（从大到小）排位。在对相同数进行排位时，其排位相同，但会影响后续数值的排位。另外，返回数据组中第k个最大值或最小值时，可参照LARGE函数和SMALL函数。

RANK函数排位效果见下表。

数值	10	9	9	8	6	5
排位	1	2	2	4	5	6

● 函数应用实例：**对员工销售业绩进行排位**

下面将使用RANK函数对所有员工的销售业绩进行排位。

AVERAGE　×　✓　fx　=RANK(C2,$C$2:$C$10)

	A	B	C	D	E
1	月份	员工姓名	销售业绩	业绩排名	
2	12月	孙山青	¥	=RANK(C2,$C$2:$C$10)	
3	12月	贾雨萌	¥ 30,000.00	RANK（数值，引用，[排位方式]	
4	12月	刘玉莲	¥ 50,000.00		
5	12月	陈浩安	¥ 50,000.00		
6	12月	蒋佩娜	¥ 100,000.00		
7	12月	周申红	¥ 35,000.00		
8	12月	刘如梦	¥ 75,000.00		
9	12月	丁家桥	¥ 120,000.00		
10	12月	雪玉凝	¥ 38,000.00		
11					

Step01：
输入公式

① 选择D2单元格，输入公式“=RANK(C2,$C$2:$C$10)”。

特别说明：RANK函数省略了第三参数，则按照降序方式排位，即要排位的数值相对于其他数值越大，返回的排位数字就越小。

D2	=RANK(C2,$C$2:$C$10)			
	A	B	C	D
1	月份	员工姓名	销售业绩	业绩排名
2	12月	孙山青	¥ 20,000.00	9
3	12月	贾雨萌	¥ 30,000.00	8
4	12月	刘玉莲	¥ 50,000.00	4
5	12月	陈浩安	¥ 50,000.00	4
6	12月	蒋佩娜	¥ 100,000.00	2
7	12月	周申红	¥ 35,000.00	7
8	12月	刘如梦	¥ 75,000.00	3
9	12月	丁家桥	¥ 120,000.00	1
10	12月	雪玉凝	¥ 38,000.00	6

Step02:
填充公式

② 按下【Enter】键后再次选中D2单元格，向下拖动填充柄，拖动到D10单元格时松开鼠标。

③ 所有销售业绩的排名随即产生。

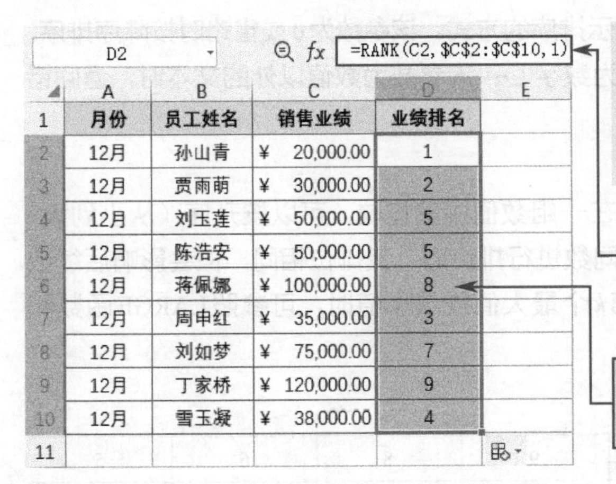

D2	=RANK(C2,$C$2:$C$10,1)			
	A	B	C	D
1	月份	员工姓名	销售业绩	业绩排名
2	12月	孙山青	¥ 20,000.00	1
3	12月	贾雨萌	¥ 30,000.00	2
4	12月	刘玉莲	¥ 50,000.00	5
5	12月	陈浩安	¥ 50,000.00	5
6	12月	蒋佩娜	¥ 100,000.00	8
7	12月	周申红	¥ 35,000.00	3
8	12月	刘如梦	¥ 75,000.00	7
9	12月	丁家桥	¥ 120,000.00	9
10	12月	雪玉凝	¥ 38,000.00	4

提示：若要按升序为销售业绩排位，可以将RANK函数的第三参数设置成除0以外的任意数字，为了方便理解和操作通常设置为数字1。

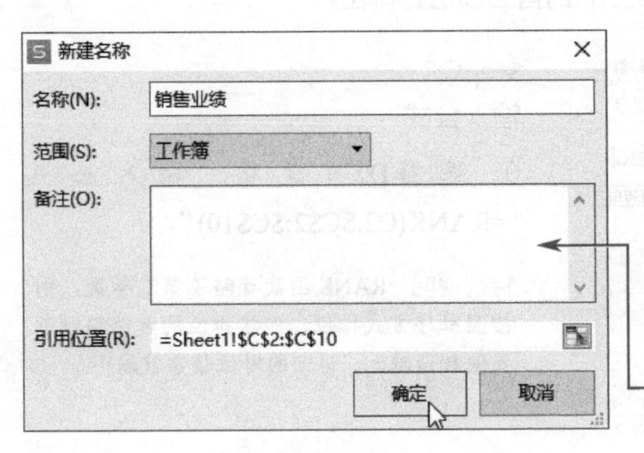

提示：排位的范围按原格式复制到其他单元格变为绝对引用。不用绝对引用，可以用名称来定义范围。如果指定范围名称，数据范围的指定不要错误。选择数据“范围”，然后在“名称”框内输入名字，按【Enter】键。或者选择“公式”选项卡中的“名称管理器”，在打开的对话框中单击“新建”命令，在弹出的“新建名称”对话框中自定义名称，然后指定引用位置，单击“确定”按钮。

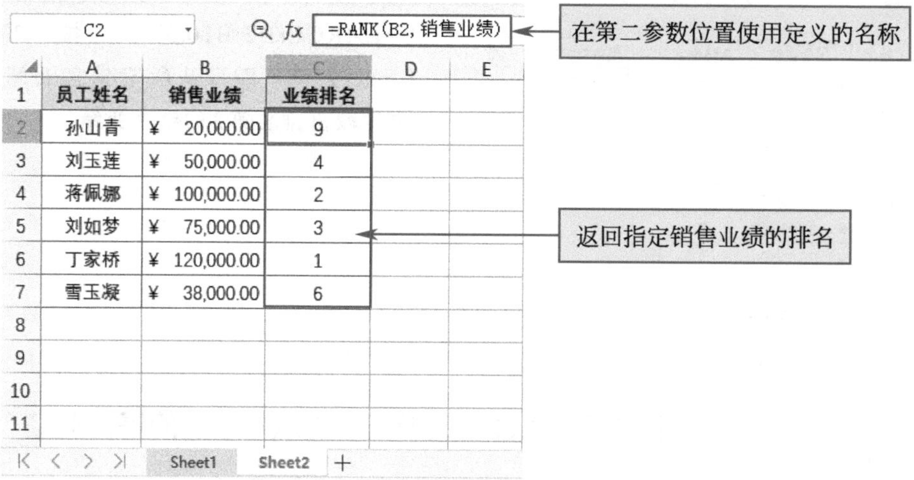

C2 =RANK(B2,销售业绩)

在第二参数位置使用定义的名称

	A	B	C	D	E
1	员工姓名	销售业绩	业绩排名		
2	孙山青	¥ 20,000.00	9		
3	刘玉莲	¥ 50,000.00	4		
4	蒋佩娜	¥ 100,000.00	2		
5	刘如梦	¥ 75,000.00	3		
6	丁家桥	¥ 120,000.00	1		
7	雪玉凝	¥ 38,000.00	6		
8					
9					
10					
11					

Sheet1 Sheet2

返回指定销售业绩的排名

函数36 LARGE

——求数据集中的第k个最大值

语法格式：=LARGE(数组,最大值点)

参数介绍：

❖ 数组：为必需参数。表示要计算第k个最大值点的数组或区域。区域中的空白单元格、文本和逻辑值将被忽略。

❖ 最大值点：为可选参数。表示要返回的最大值点在数组或数据区域中的位置。最大值点小于等于0或大于数据点的个数，则返回错误值“#NUM!”。若该参数为数值以外的文本，则返回错误值“#VALUE!”。

使用说明：

LARGE函数用于在指定范围内用降序（从大到小）排位，求与指定排位一致的数值，例如求第三名的成绩等。相反，返回数据集中的第k个最小值，使用SMALL函数。

● 函数应用实例：求排名第3的销售业绩

下面将使用LARGE函数从所有销售业绩中提取排在第3名的销售业绩。

	A	B	C	D	E	F
1	员工姓名	销售业绩	业绩排名		提取第3名销售业绩	
2	孙山青	¥ 20,000.00	9		75000	
3	贾雨萌	¥ 30,000.00	8			
4	刘玉莲	¥ 50,000.00	4			
5	陈浩安	¥ 50,000.00	4			
6	蒋佩娜	¥ 100,000.00	2			
7	周申红	¥ 35,000.00	7			
8	刘如梦	¥ 75,000.00	3			
9	丁家桥	¥ 120,000.00	1			
10	雪玉凝	¥ 38,000.00	6			
11						

E2 =LARGE(B2:B10,3)

选择E2单元格，输入公式“=LARGE(B2:B10,3)”，按下【Enter】键，即可从所有销售业绩中提取出排名第3的销售业绩。

● 函数组合应用：LARGE+LOOKUP——提取第1名的销售业绩和员工姓名

使用LARGE函数可以从所有销售业绩中提取出第1名的销售业绩，用LOOKUP函数[1]则可以提取相应成绩所对应的员工姓名。

F1 =LARGE(B2:B10,1)

	A	B	C	D	E	F	G
1	员工姓名	销售业绩	业绩排名		第1名销售业绩	120000	
2	孙山青	¥ 20,000.00	9		第1名员工姓名		
3	贾雨萌	¥ 30,000.00	8				
4	刘玉莲	¥ 50,000.00	4				
5	陈浩安	¥ 50,000.00	4				
6	蒋佩娜	¥ 100,000.00	2				
7	周申红	¥ 35,000.00	7				
8	刘如梦	¥ 75,000.00	3				
9	丁家桥	¥ 120,000.00	1				
10	雪玉凝	¥ 38,000.00	6				
11							

Step01：

提取排名第1的销售业绩

① 选择F1单元格，输入公式“=LARGE(B2:B10,1)”，按下【Enter】键，即可从所有销售业绩中提取出最高的销售业绩。

F2 =LOOKUP(F1,B2:B10,A2:A10)

	A	B	C	D	E	F	G
1	员工姓名	销售业绩	业绩排名		第1名销售业绩	120000	
2	孙山青	¥ 20,000.00	9		第1名员工姓名	丁家桥	
3	贾雨萌	¥ 30,000.00	8				
4	刘玉莲	¥ 50,000.00	4				
5	陈浩安	¥ 50,000.00	4				
6	蒋佩娜	¥ 100,000.00	2				
7	周申红	¥ 35,000.00	7				
8	刘如梦	¥ 75,000.00	3				
9	丁家桥	¥ 120,000.00	1				
10	雪玉凝	¥ 38,000.00	6				
11							

Step02：

提取排名第1的员工姓名

② 选择F2单元格，输入公式“=LOOKUP(F1,B2:B10,A2:A10)”，按下【Enter】键，即可提取出最高销售业绩所对应的员工姓名。

---

[1] LOOKUP函数的使用方法详见本书第5章。

函数37 SMALL

——求数据集中的第k个最小值

语法格式：=SMALL(数组,最小值点)

参数介绍：

❖ 数组：为必需参数。表示要计算第k个最小值点的数组或区域。区域中的空白单元格、文本和逻辑值将被忽略。

❖ 最小值点：为必需参数。表示要返回的最小值点在数组或数据区域中的位置。最小值点小于等于0或大于数据点的个数，则返回错误值“#NUM!”。若该参数为数值以外的文本，则返回错误值“#VALUE!”。

使用说明：

SMALL函数用于在指定范围内，用升序（从小到大）排位，求与指定排位相一致的数值，例如求倒数第3名的成绩等。相反，需返回数据集中第k个最大值，使用LARGE函数。

● 函数应用实例：**求业绩完成率倒数第2名**

下面将使用SMALL函数从所有员工的业绩完成率中提取倒数第2名的完成率。

D2 =SMALL(B2:B10,2)*100%

	A	B	C	D	E
1	姓名	业绩完成率		倒数第2名的业绩完成率	
2	孙山青	79.80%		59.00%	
3	贾雨萌	59.00%			
4	刘玉莲	100.00%			
5	陈浩安	73.00%			
6	蒋佩娜	112.00%			
7	周申红	43.50%			
8	刘如梦	92.70%			
9	丁家桥	66.00%			
10	雪玉凝	130.00%			

选择D2单元格，输入公式“=SMALL(B2:B10,2)*100%”，按下【Enter】键，即可提取出倒数第2名的业绩完成率，即所有业绩完成率中的第2个最小值。

特别说明：公式最后的“*100%”是为了返回百分数形式的结果，从而与业绩完成率的格式相匹配。

提示：本例也可直接使用公式“SMALL(B2:B10,2)”进行计算，然后按【Ctrl+Shift+%】组合键将返回的小数转换成百分数格式。

D2 =SMALL(B2:B10,2)

	A	B	C	D	E
1	姓名	业绩完成率		倒数第2名的业绩完成率	
2	孙山青	79.80%		59%	
3	贾雨萌	59.00%			
4	刘玉莲	100.00%			
5	陈浩安	73.00%			
6	蒋佩娜	112.00%			
7	周申红	43.50%			
8	刘如梦	92.70%			
9	丁家桥	66.00%			
10	雪玉凝	130.00%			
11					

按【Ctrl+Shift+%】组合键转换格式

- 函数组合应用：**SMALL+LOOKUP——提取业绩完成率最低的员工姓名**

使用SMALL函数和LOOKUP函数嵌套编写公式，可以直接提取出业绩完成率最低的员工姓名。

E2 =LOOKUP(SMALL(C2:C10,1),C2:C10,$B$2:$B$10)

	A	B	C	D	E	F	G
1	编号	姓名	业绩完成率		业绩完成率最低的员工姓名		
2	1	孙山青	79.80%		#N/A		
3	2	贾雨萌	59.00%				
4	3	刘玉莲	100.00%				
5	4	陈浩安	73.00%				
6	5	蒋佩娜	112.00%				
7	6	周申红	43.00%				
8	7	刘如梦	92.70%				
9	8	丁家桥	66.00%				
10	9	雪玉凝	130.00%				
11							

Step01：

输入公式

① 选择E2单元格，输入公式“=LOOKUP(SMALL(C2:C10,1),C2:C10,$B$2:$B$10)”，按下【Enter】键，即可返回提取结果，此时公式返回的是错误值“#N/A”。

E2 =LOOKUP(SMALL(C2:C10,1),C2:C10,$B$2:$B$10)

	A	B	C	D	E	F	G
1	编号	姓名	业绩完成率		业绩完成率最低的员工姓名		
2	6	周申红	43.00%		周申红		
3	2	贾雨萌	59.00%				
4	8	丁家桥	66.00%				
5	4	陈浩安	73.00%				
6	1	孙山青	79.80%				
7	7	刘如梦	92.70%				
8	3	刘玉莲	100.00%				
9	5	蒋佩娜	112.00%				
10	9	雪玉凝	130.00%				
11							

升序排序

Step02：

对业绩完成率进行升序排序

② 对业绩完成率进行升序排序，此时E2单元格中自动返回正确的结果。

函数38 PERMUT

——计算从给定元素数目的集合中选取若干元素的排列数

语法格式：=PERMUT(对象总数,每个排列中的对象数)

参数介绍：

❖ 对象总数：为必需参数。表示对象个数的数值，或者数值所在的单元。该参数为小数时，需舍去小数点后的数字取整数；若对象总数小于等于0或小于每个排列中的对象数，则返回错误值“#NUM!”；若参数为数值以外的文本，则返回错误值“#VALUE!”。

❖ 每个排列中的对象数：为必需参数。表示从全体样本数中抽取的数值个数，或者输入数值的单元格。该参数为小数时，需舍去小数点后的数字取整数；若对象总数小于等于0或小于每个排列中的对象数，则返回错误值“#NUM!”；若参数为数值以外的文本，则返回错误值“#VALUE!”。

● 函数应用实例：**根据所有人员编号计算排列数**

下面将使用PERMUT函数根据所有人员编号计算排列的总数。

C2 =COUNTA(A2:A6)

	A	B	C	D	E	F
1	人员编号		总人数	排列人数	排列总数	
2	A		5	2		
3	B					
4	C					
5	D					
6	E					
7						

Step01：
计算总人数

① 选择C2单元格，输入公式“=COUNTA(A2:A6)”，按下【Enter】键，计算出人员总数。

E2 =PERMUT(C2,D2)

	A	B	C	D	E	F
1	人员编号		总人数	排列人数	排列总数	
2	A		5	2	20	
3	B					
4	C					
5	D					
6	E					
7						

Step02：
计算排列组合的总数

② 选择E2单元格，输入公式“=PERMUT(C2,D2)”，按下【Enter】键，根据总人数和每个组合的人数计算出排列的总数。

提示：手动对所有人员编号进行组合，可验证公式的排列结果。

人员编号	A	B	C	D	E				
共20种排列方式	AB	AC	AD	AE	BC	BD	BE	CD	CE	DE
	ED	EC	EB	EA	DC	DB	DA	CB	CA	BA

● 函数组合应用：**PERMUT+TEXT——计算头等奖中奖率**

下面将使用PERMUT函数与TEXT函数[1]嵌套，计算10选3所有可能的排列数量。然后用1除以所有排列数量，得到头等奖的中奖率。

A5　fx　=TEXT(1/PERMUT(A2,B2),"0.00%")

	A	B	C	D	E	F
1	对象个数	抽取个数				
2	10	3				
3						
4	头等奖中奖率					
5	0.14%					
6						

选择A5单元格，输入公式"=TEXT(1/PERMUT(A2,B2),"0.00%")"，按下【Enter】键便可计算出10选3的头等奖中奖率。

函数 39 BINOMDIST

——计算一元二项式分布的概率值

语法格式：=BINOMDIST(试验成功的次数,试验的次数,成功的概率,返回累积分布函数)

参数介绍：

❖ 试验成功的次数：为必需参数。如果指定数值以外的文本，返回错误值"#VALUE!"。如果试验成功的次数小于0或大于试验的次数，返回错误值"#NUM!"。

❖ 试验的次数：为必需参数。表示用数值或者数值所在的单元格指定试验次数。如果指定数值以外的文本，将返回错误值"#VALUE!"。

---

[1] TEXT 函数的使用方法详见本书第 6 章。

❖ 成功的概率：为必需参数。表示用数值或者数值所在的单元格指定每次试验中成功的概率。如果指定数值以外的文本，将返回错误值“#VALUE!”。如果成功的概率小于0或大于1，将返回错误值“#NUM!”。

❖ 返回累积分布函数：为必需参数。表示一个逻辑值，用于确定函数的形式。如果指定逻辑值TRUE或者1，则表示求累积分布函数值；如果指定逻辑值FALSE或者0，则表示求概率密度函数值；如果指定逻辑值以外的文本，则返回错误值“#VALUE!”。

使用说明：

当反复进行某项操作时，发生成功和失败、合格与不合格现象的概率分布称为一元二项分布。例如，从某工厂的产品中抽取30个进行检查，不合格品为0的概率按照一元二项分布。使用BINOMDIST函数，在参数中指定函数形式，求一元二项分布的概率密度函数值和累积分布函数值。

● 函数应用实例：根据产品不合格率求不合格产品为0时的概率

抽取不同不合格率的产品进行检查，当抽取数为20、30、40时，求没有不合格品的概率（概率密度函数）。抽取数为30时，求不合格品在0～2以内的概率（累积分布函数）。在本例中，不合格率为参数“成功的概率”，抽检数量为参数“试验的次数”，不合格产品数量为参数“试验成功的次数”。

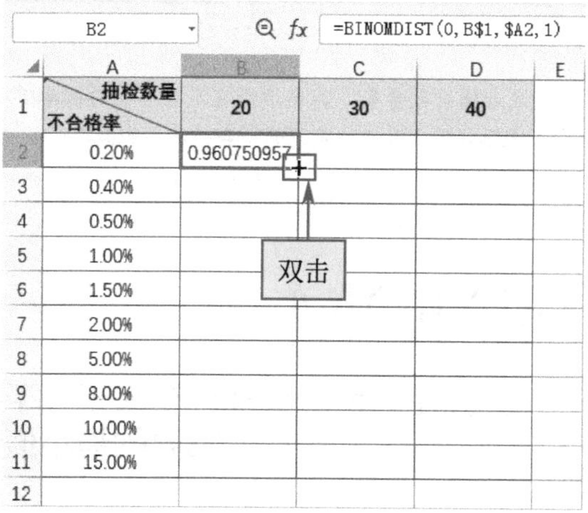

B2 =BINOMDIST(0, B$1, $A2, 1)

	A	B	C	D	E
1	抽检数量 / 不合格率	20	30	40	
2	0.20%	0.960750957			
3	0.40%				
4	0.50%				
5	1.00%				
6	1.50%				
7	2.00%				
8	5.00%				
9	8.00%				
10	10.00%				
11	15.00%				
12					

双击

Step01：
输入公式

① 选择B2单元格，输入公式“=BINOMDIST(0,B$1,$A2,1)”，按下【Enter】键，计算出抽检数量为20、不合格率为0.2%时，不合格产品数量为0的概率。

② 再次选中B2单元格，双击填充柄，将公式自动填充到下方区域，计算出其他不合格率时，不合格产品数量为0的概率。

10R x 1C　　fx =BINOMDIST(0,B$1,$A2,1)

抽检数量 不合格率	20	30	40
0.20%	0.960750957		
0.40%	0.922968265		
0.50%	0.90461048		
1.00%	0.817906938		
1.50%	0.739136433		
2.00%	0.667607972		
5.00%	0.358485922		
8.00%	0.188693329		
10.00%	0.121576655		
15.00%	0.038759531		

向右拖动

Step02:
向下填充公式

③ 保持B2:B11单元格区域为选中状态，按住填充柄向右侧拖动。

B2　　fx =BINOMDIST(0,B$1,$A2,1)

抽检数量 不合格率	20	30	40
0.20%	0.960750957	0.941707954	0.923042401
0.40%	0.922968265	0.886707032	0.851870417
0.50%	0.90461048	0.860384192	0.818320121
1.00%	0.817906938	0.739700373	0.668971759
1.50%	0.739136433	0.635458093	0.546322667
2.00%	0.667607972	0.545484319	0.445700404
5.00%	0.358485922	0.214638764	0.128512157
8.00%	0.188693329	0.081966204	0.035605172
10.00%	0.121576655	0.042391158	0.014780883
15.00%	0.038759531	0.00763076	0.001502301

Step03:
向右侧填充公式

④ 拖动到D列时松开鼠标，此时便可计算出在不同抽检数量及不同合格率时，不合格产品数量为0的概率。

提示：在概率密度函数图表中，如果不合格率变大或者抽检数量多，则表示没有不合格品的概率下降。在累积分布函数图表中，如果不合格率变大，则表示指定个数内检查到的不合格产品的概率低。

函数40 CRITBINOM

——计算使累积二项式分布大于等于临界的最小值

语法格式：=CRITBINOM(试验的次数,成功的概率,临界值)

参数介绍：

❖ 试验的次数：为必需参数。表示用数值或数值所在的单元格指定试验次数。

该参数如果为非数值型，将返回错误值“#VALUE!”。该参数为负数，将返回错误值“#NUM!”。

❖ 成功的概率：表示用数值或者数值所在的单元格指定一次试验的成功概率。该参数如果为非数值型，则返回错误值“#VALUE!”。如果指定负数或者大于1的值，则返回错误值“#NUM!”。

❖ 临界值：为必需参数。表示用数值或者数值所在的单元格指定成为临界值的概率。若该参数为非数值型，则返回错误值“#VALUE!”。如果指定负数或者大于1的值，则返回错误值“#NUM!”。

使用说明：

CRITBINOM函数用于计算使累积二项分布大于等于临界值的最小值。例如，从一定的合格率产品中抽出50个，当合格率为90%时，求不合格品的容许数量。

● 函数应用实例：求不合格品的容许数量

下面将从不合格率为3%的产品中抽出50个进行检查，当产品合格率在90%时，计算容许的不合格产品数量。

D2　fx =CRITBINOM(A2,B2,C2)

	A	B	C	D	E
1	提取数	不合格率	合格率	容许不合格数	
2	50	3%	90%	3	
3					
4	容许不合格数	合格率			
5	0				
6	1				
7	2				
8	3				
9	4				
10	5				
11					

Step01：

计算容许的不合格数量

① 选择D2单元格，输入公式“=CRITBINOM(A2,B2,C2)”，按下【Enter】键，计算出不合格率为3%的50个样本中，当合格率为90%时，容许的不合格产品数量。

B5　fx =BINOMDIST(A5,$A$2,$B$2,1)

	A	B	C	D	E
1	提取数	不合格率	合格率	容许不合格数	
2	50	3%	90%	3	
3					
4	容许不合格数	合格率			
5	0	0.218065375			
6	1	0.555279873			
7	2	0.810798075			
8	3	0.937240072			
9	4	0.983189355			
10	5	0.996263583			
11					

Step02：

计算指定容许不合格数量时的合格率

② 选择B5单元格，输入公式“=BINOMDIST(A5,$A$2,$B$2,1)”，随后将公式向下方填充，计算出指定容许不合格数量时的合格率。

提示：使用BINOMDIST函数的累积分布函数，能够预测到容许的不合格品数量，但是使用CRITBINOM函数能够直接指定目标值，可以简单求得容许的不合格品数量。

函数41 NEGBINOMDIST

——求负二项式分布的概率

语法格式：=NEGBINOMDIST(失败次数,成功的极限次数,成功的概率)

参数介绍：

❖ 失败次数：为必需参数。表示用数值或者数值所在的单元格指定失败次数。如果该参数为非数值型时，将返回错误值“#VALUE!”。如果“失败次数+成功次数-1”小于0，则返回错误值“#NUM!”。如果指定为小数，将被截尾取整。

❖ 成功的极限次数：为必需参数。表示用数值或者数值所在的单元格指定成功次数。如果该参数为非数值型时，将返回错误值“#VALUE!”。如果“失败次数+成功次数-1”小于0，则返回错误值“#NUM!”；如果指定为小数，将被截尾取整。

❖ 成功的概率：为必需参数。表示用数值或者数值所在的单元格指定试验的成功概率。如果该参数为非数值型时，则返回错误值“#VALUE!”。如果成功的概率小于0或大于1，则返回错误值“#NUM!”。

● 函数应用实例：求计算机考试中不同科目指定人数通过时的概率

下面将计算计算机考试中不同科目在已知通过率、未通过和通过人数的情况下的通过概率。

E2 =NEGBINOMDIST(B2,C2,D2)

考试科目	未通过的人数	通过的人数	通过的比率	概率
MS Office高级应用与设计	30	80	0.95	9.3587E-15
WPS Office高级应用与设计	22	100	0.98	4.29217E-15
计算机基础及Photoshop应用	34	80	0.95	8.12088E-18
网络安全素质教育	18	80	0.9	0.003669141
C语言程序设计	20	60	0.9	4.76475E-05
C++语言程序设计	15	50	0.9	0.000822125
Java语言程序设计	11	70	0.9	0.065650898
Python语言程序设计	20	40	0.95	3.42498E-12
Access数据库程序设计	30	60	0.98	1.43375E-28
MySQL数据库程序设计	15	50	0.96	2.22471E-08

选择E2单元格，输入公式“=NEGBINOMDIST(B2,C2,D2)”，按下【Enter】键，计算出当前科目的通过概率。接着将公式向下方填充，计算出其他科目的通过概率。

函数42 PROB
——求区域中的数值落在指定区间内的概率

语法格式：=PROB(数值的区域,概率值的区域,X所属区间的下界,X所属区间的上界)

参数介绍：

❖ 数值的区域：为必需参数。表示用数值数组或数值所在的单元格指定的概率区域。如果"数值的区域"和"概率值的区域"中的数据点个数不同，将返回错误值"#N/A"。

❖ 概率值的区域：为必需参数。表示用数值数组或者数值所在的单元格指定的概率区域对应的概率值。如果"概率值的区域"中所有值之和不是1，则返回错误值"#NUM!"。

❖ X所属区间的下界：为必需参数。表示计算概率的数值下界。该参数可以是数值或对单元格的引用。

❖ X所属区间的上界：为可选参数。表示用数值或者数值所在的单元格指定计算概率的数值上界。如果省略该参数，则求与"X所属区间的下界"一致的概率。

● 函数应用实例：**计算抽取红色球或蓝色球的总概率**

下面将使用PROB函数计算从所有颜色的小球中抽取红色球或蓝色球的概率总和。

D8 | =PROB(A2:A6, D2:D6, A2, A5)

	A	B	C	D	E
1	序号	颜色	样本数	概率	
2	1	红色	70	0.2333	
3	2	黄色	60	0.2	
4	3	白色	50	0.2667	
5	4	蓝色	80	0.1667	
6	5	绿色	40	0.1333	
7					
8	抽到红色球或蓝色球的总概率			0.8667	
9					

选择D8单元格，输入公式"=PROB(A2:A6,D2:D6,A2,A5)"，按下【Enter】键，即可计算出抽到红色球和蓝色球的总概率。

提示：概率区域不是数值时，可以制作"序号"栏，并将其数值化。

函数 43 HYPGEOMDIST

——求超几何分布

语法格式：=HYPGEOMDIST(样本中成功的次数,样本容量,样本总体中成功的次数,样本总体的容量)

参数介绍：

❖ 样本中成功的次数：为必需参数。表示用数值或者数值所在的单元格指定样本中成功的次数。若该参数为非数值型，将返回错误值“#VALUE!”；若指定负数或比样本数大的值，将返回错误值“#NUM!”。

❖ 样本容量：为必需参数。表示用数值或者数值所在的单元格指定样本数。若该参数为非数值型，则返回错误值“#VALUE!”；若指定值比样本数大，则返回错误值“#NUM!”。

❖ 样本总体中成功的次数：为必需参数。表示用数值或者数值所在的单元格指定样本总体中成功的次数。若该参数为非数值型，则返回错误值“#VALUE!”；若指定值比样本总体数大，则返回错误值“#NUM!”。

❖ 样本总体的容量：为必需参数。表示用数值或者数值所在的单元格指定样本总体的大小。若该参数为非数值型，则返回错误值“#VALUE!”；若指定值比样本数、样本总体的成功次数小，则返回错误值“#NUM!”。

● 函数应用实例：**计算没有不合格品的概率**

在对不同不合格率有限个产品进行检查时，从500个样本中抽取20个进行检测，使用HYPGEOMDIST函数求没有不合格产品的概率（概率密度函数）。样本总体中成功次数指定为“产品数×不合格率”。

B5　=HYPGEOMDIST($A$2, $B$2, $C$2*$A5, $C$2)

	A	B	C	D	E
1	不合格产品数	样本提取数	样本总数		
2	0	20	500		
3					
4	不合格率	超几何分布			
5	0.10%	1			
6	0.30%	0.96			
7	0.50%	0.921523046			
8	1.00%	0.814689317			
9	1.50%	0.750121865			
10	2.00%	0.662311593			
11	5.00%	0.351194135			
12	8.00%	0.182391387			
13	10.00%	0.116410993			
14	15.00%	0.036174624			
15					

选择B5单元格，输入公式“=HYPGEOMDIST($A$2,$B$2,$C$2*$A5,$C$2)”，按下【Enter】键，随后将公式向下方填充，便可计算出在不同合格率的情况下，没有不合格产品时的概率。

提示：

① 当修改样本总数和样本提取数时，超几何分布的概率自动发生变化。

② 作为参考，产品数比样本数大许多，也可以求假定时的二项分布概率。

③ 创建图表可知近似二项式的分布不合格率变大，没有（不合格品为0）不合格品的概率下降，或产品数（样本总体大小）比抽取数大许多。

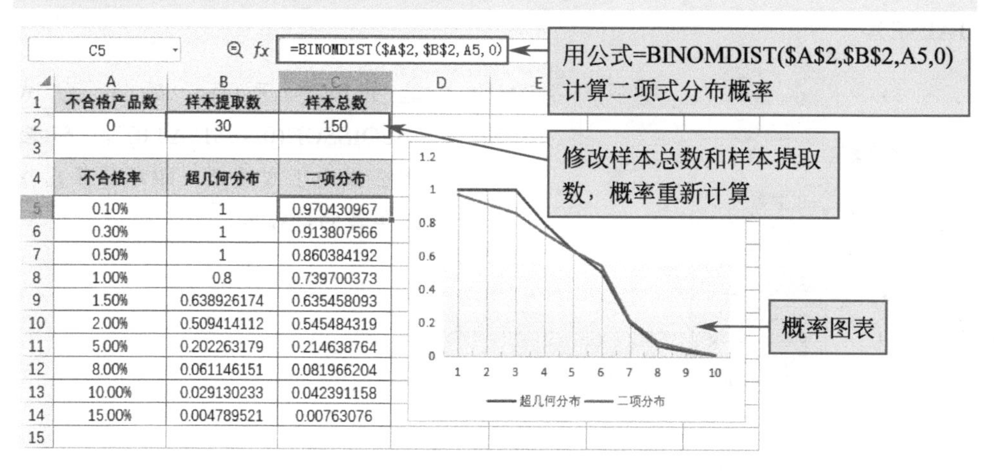

C5　=BINOMDIST($A$2, $B$2, A5, 0)

	A	B	C
1	不合格产品数	样本提取数	样本总数
2	0	30	150
3			
4	不合格率	超几何分布	二项分布
5	0.10%	1	0.970430967
6	0.30%	1	0.913807566
7	0.50%	1	0.860384192
8	1.00%	0.8	0.739700373
9	1.50%	0.638926174	0.635458093
10	2.00%	0.509414112	0.545484319
11	5.00%	0.202263179	0.214638764
12	8.00%	0.061146151	0.081966204
13	10.00%	0.029130233	0.042391158
14	15.00%	0.004789521	0.00763076
15			

函数44 POISSON

——求泊松分布

语法格式：=POISSON(数值,算术平均值,返回累积分布函数)

参数介绍：

❖ 数值：为必需参数。表示用数值或者数值所在的单元格指定发生事件的次数。若指定为非数值型，则返回错误值“#VALUE!”；若指定为负数，则返回错误值“#NUM!”；若x为小数，将被截尾取整。

❖ 算术平均值：为必需参数。表示用数值或者数值所在的单元格指定一段时间内发生事件的平均数。若指定为非数值型，则返回错误值“#VALUE!”；若指定为负数，则返回错误值“#NUM!”。

❖ 返回累积分布函数：为必需参数。表示指定概率分布的返回形式，是逻辑值。累积泊松概率使用TRUE或1，泊松概率密度函数使用FALSE或0。

使用说明：

POISSON函数用于根据参数指定函数形式，求泊松分布的概率密度和累积分布，例如偶发故障型零件每1年发生2次故障的概率等。

● 函数应用实例：**计算产品在单位时间内不发生故障的概率**

某家电维修公司维修的电脑每年发生故障0.2次，求各年一次也不发生故障的概率。此时，事件数为故障次数0（无故障），而且，用“经过年数×0.2次/年”求平均值。另外，由于求故障为0的概率，所以函数形式指定为表示概率密度函数的0（FALSE）。

B4　=POISSON(0,$B$1*A4,0)

	A	B	C	D	E
1	每年故障次数	0.5			
2					
3	经过年数	信赖度			
4	0.25	0.882496903			
5	0.5	0.778800783			
6	1	0.60653066			
7	2	0.367879441			
8	3	0.22313016			
9	4	0.135335283			
10	5	0.082084999			
11	10	0.006737947			
12					

选择B4单元格，输入公式“=POISSON(0,$B$1*A4,0)”，随后将公式向下方填充，即可计算出指定年数的信赖度。

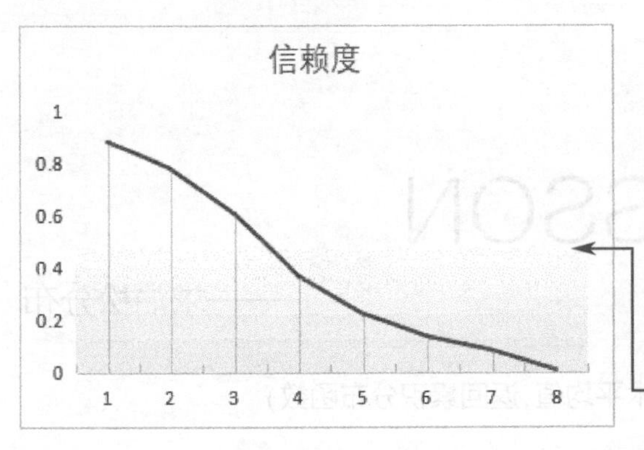

提示：创建概率图表可知，根据使用年数的增加，发生故障的概率在上升。换言之，如果年数增加，对产品的信赖度就变低。

无故障的概率图表

函数45 NORMDIST

——求给定平均值和标准偏差的正态分布函数

语法格式：=NORMDIST(数值,算术平均值,标准偏差,返回累积分布函数)

参数介绍：

❖ 数值：为必需参数。表示用数值或者数值所在的单元格指定需计算其分布的变量。若指定该参数为非数值型，将返回错误值“#VALUE!”。

❖ 算术平均值：为必需参数。表示用数值或者数值所在的单元格指定分布的算术平均值。若指定参数为非数值型，将返回错误值“#VALUE!”。

❖ 标准偏差：为必需参数。表示用数值或者数值所在的单元格指定分布的标准偏差值。若指定该参数为小于0的数值，则返回错误值“#NUM!”。

❖ 返回累积分布函数：为必需参数。表示一个逻辑值，决定函数的形式。若该参数使用TRUE或1，返回累积分布函数；若该参数使用FALSE或0，返回概率密度函数；若该参数使用逻辑值以外的文本，则返回错误值“#VALUE!”。

使用说明：

正态分布表示连续概率变量，经常用于统计中的左右对称的吊钟形分布。例如，生产螺钉时的螺钉尺寸误差、工厂生产的饮用水的容量误差等都是正态分布。使用NORMDIST函数，按照参数中指定的函数形式，求正态分布的概率密度函数值和累积分布函数值。

● 函数应用实例：求概率密度函数的值

下面将使用NORMDIST函数，根据提供的变量、平均值以及标准方差计算概率密度函数值。求概率密度函数值时的函数形式指定为0或FALSE。

B4　=NORMDIST($A4,B$1,B$2,0)

	A	B	C	D	E
1	平均值	0	1	0	
2	标准方差	1	1	2	
3	变量（x）	累积分布（0，1）	累积分布（1，1）	累积分布（0，2）	
4	-6.0	0.0000			
5	-5.0				
6	-4.0				
7	-3.0				
8	-2.0				
9	-1.0				
10	1.0				
11	2.0				
12	3.0				
13	4.0				
14	5.0				
15					

Step01：

输入公式并向下方填充

① 选择B4单元格，输入公式“=NORMDIST($A4,B$1,B$2,0)”。

② 按住B4单元格填充柄，向下方拖动，拖动到B14单元格时松开鼠标。

B4　=NORMDIST($A4,B$1,B$2,0)

	A	B	C	D	E
1	平均值	0	1	0	
2	标准方差	1	1	2	
3	变量（x）	累积分布（0，1）	累积分布（1，1）	累积分布（0，2）	
4	-6.0	0.0000	0.0000	0.0022	
5	-5.0	0.0000	0.0000	0.0088	
6	-4.0	0.0001	0.0000	0.0270	
7	-3.0	0.0044	0.0001	0.0648	
8	-2.0	0.0540	0.0044	0.1210	
9	-1.0	0.2420	0.0540	0.1760	
10	1.0	0.2420	0.3989	0.1760	
11	2.0	0.0540	0.2420	0.1210	
12	3.0	0.0044	0.0540	0.0648	
13	4.0	0.0001	0.0044	0.0270	
14	5.0	0.0000	0.0001	0.0088	
15					

Step02：

向右侧填充公式

③ 保持B4:B14单元格区域为选中状态，将光标放在B14单元格右下角，按住鼠标左键，向右侧拖动鼠标，拖动到D列时松开鼠标，完成概率密度的计算。

提示：从概率密度分布图可以看出，平均值随左右移动发生变化，标准偏差发生变化，偏斜度也发生变化。本例中算术平均值=0、标准偏差=0的正态分布称为标准正态分布。一般使用的正态分布是基于标准正态分布的。

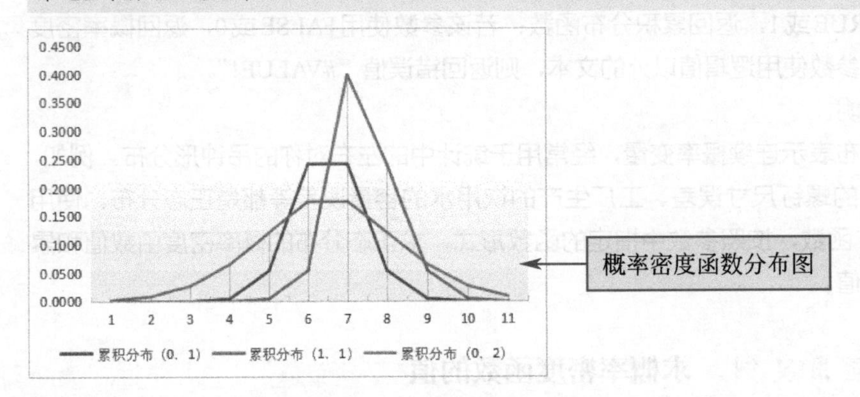

函数46 NORMINV

——求正态累积分布函数的反函数

语法格式：=NORMINV(分布概率,算术平均值,标准偏差)

参数介绍：

❖ 分布概率：为必需参数。表示用数值或者数值所在的单元格指定正态分布的概率。若该参数为非数值型，则返回错误值“#VALUE!”；若指定小于0或大于1的数值，则返回错误值“#NUM!”。

❖ 算术平均值：为必需参数。表示用数值或者数值所在的单元格指定分布的算术平均值。若该参数为非数值型，则返回错误值“#VALUE!”。

❖ 标准偏差：为必需参数。表示用数值或者数值所在的单元格指定分布的标准偏差。若该参数指定小于0的数值，则返回错误值“#NUM!”。

使用说明：

NORMINV函数用于计算正态累积分布函数的反函数，即求给定概率对应的变量值。例如，把螺钉尺寸误差引起的不合格品概率控制在5%时，求尺寸误差必须控制到多少才合适。

● 函数应用实例：求累积分布函数的反函数值

下面将使用NORMINV函数根据给定参数计算累积分布函数的反函数值。

D4 =NORMINV(A4,B$1,D$1)

	A	B	C	D
1	分布的算术平均值	2	分布的标准偏差	3
2				
3	正态分布的概率	变量	累积分布	反函数
4	0.01	-4.0	0.0228	-4.9790
5	0.02	-3.5	0.0334	-4.1612
6	0.05	-3.0	0.0478	-2.9346
7	0.10	-2.5	0.0668	-1.8447
8	0.20	-2.0	0.0912	-0.5249
9	0.35	-1.5	0.1217	0.8440
10	0.40	-1.0	0.1587	1.2400
11	0.55	0.0	0.2525	2.3770
12	0.60	1.0	0.3694	2.7600
13	0.70	2.0	0.5000	3.5732
14	0.80	3.0	0.6306	4.5249
15	0.90	3.5	0.6915	5.8447
16	1.00	4.0	0.7475	#NUM!
17				

选择D4单元格，输入公式“=NORMINV(A4,B$1,D$1)”，随后将公式向下方填充，计算出在固定算术平均值和标准偏差的情况下，不同正态分布的概率时的累积分布函数的反函数值。

提示：本例的累积分布值可以使用NORMDIST函数进行计算，具体公式为“=NORMDIST($B4,B$1,D$1,1)”。另外，创建图表可以观察累积分布函数和反函数的变化趋势。

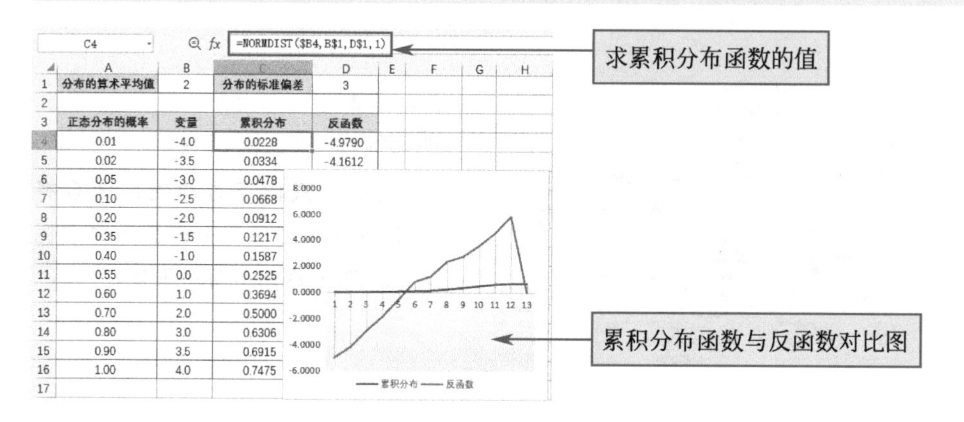

函数47 NORMSDIST
——计算标准正态累积分布函数

语法格式：=NORMSDIST(数值)

参数介绍：

数值：为必需参数。表示用数值或者数值所在的单元格指定需要计算其分布的数值。若该参数为非数值型，将返回错误值“#VALUE!”。

● 函数应用实例：制作正态分布表

在概率为1时引用NORMSDIST函数，制作正态分布表。在此，表示小数点后第一位数值的A列和表示小数点后第二位数值的“第2行”组合指定为NORMSDIST函数的参数。

B3　=1-NORMSDIST($A3+B$2)

正态分布表						
Z	0	0.01	0.02	0.03	0.04	0.05
0	0.5					
0.1						
0.2						
0.3						
0.4						
0.5						
0.6						
0.7						
0.8						
0.9						
1						
1.6						
1.9						

Step01：输入公式

① 选择B3，输入公式“=1-NORMSDIST($A3+B$2)”，随后按下【Enter】键返回正态分布的第一个值。

B3　=1-NORMSDIST($A3+B$2)

正态分布表						
Z	0	0.01	0.02	0.03	0.04	0.05
0	0.5	0.496010644	0.492021686	0.488033527	0.484046563	0.480061194
0.1	0.460172163	0.456204687	0.452241574	0.448283213	0.444329995	0.440382308
0.2	0.420740291	0.416833837	0.412935577	0.409045886	0.405165128	0.401293674
0.3	0.382088578	0.378280478	0.374484165	0.370699981	0.366928264	0.363169349
0.4	0.344578258	0.340902974	0.337242727	0.333597821	0.329968554	0.32635522
0.5	0.308537539	0.305025731	0.301531788	0.298055965	0.294598516	0.291159687
0.6	0.274253118	0.270930904	0.267628893	0.264347292	0.2610863	0.257846111
0.7	0.241963652	0.238852068	0.235762498	0.232695092	0.229649997	0.226627352
0.8	0.211855399	0.208970088	0.206108054	0.203269392	0.200454193	0.197662543
0.9	0.184060125	0.181411255	0.17878638	0.176185542	0.17360878	0.171056126
1	0.158655254	0.156247645	0.15386423	0.151505003	0.14916995	0.146859056
1.6	0.054799292	0.053698928	0.052616138	0.051550748	0.050502583	0.049471468
1.9	0.02871656	0.028066607	0.02742895	0.026803419	0.026189845	0.02558806

Step02：填充公式

② 先将公式向下方填充，随后将B3:B15单元格区域中的公式向右侧填充，即可返回所有结果值。

函数48 NORMSINV

——计算标准正态累积分布函数的反函数

语法格式：=NORMSINV(分布概率)

参数介绍：

分布概率：为必需参数。表示用数值或者数值所在的单元格指定标准正态分布的概率。若参数为非数值型，则返回错误值“#VALUE!”。若分布概率小于0或大于

1，则返回错误值“#NUM!”。

使用说明：

NORMSINV函数用于计算平均值为0、标准偏差为1的标准正态累积分布函数的反函数值，即求给定概率*P*对应的概率变量。

● 函数应用实例：**从正态分布概率开始求上侧百分点**

用“1～*P*”（*P*为到区间“最小：*Z*”的概率）求正态分布表中的上侧概率（参考NORMSDIST函数）。因此，NORMSINV函数用于求正态分布表中上侧概率对应的变量值，即百分点。其参数的概率值，从概率为1开始指定引用正态分布的概率值。

B3 =NORMSINV(1-A3)

	A	B	C
1	求标准正态分布表的百分点		
2	标准正态分布的概率	百分点	
3	0.100	1.281551566	
4	0.050	1.644853627	
5	0.025	1.959963985	
6	0.010	2.326347874	
7	0.005	2.575829304	
8			

选择B3单元格，输入公式“=NORMSINV(1-A3)”，按下【Enter】键，随后将公式向下方填充，求出其他单元格的百分点值。

提示：NORMSINV函数和NORMSDIST函数互为反函数。已知标准正态分布的概率*P*，求概率变量*Z*，使用NORMSINV函数；已知概率变量*Z*，求概率*P*，使用NORMSDIST函数。另外，没有标准化的变量（除去平均值0、标准偏差1）时，可使用NORMDIST函数和NORMINV函数。

函数49 STANDARDIZE

——求正态化数值

语法格式：=STANDARDIZE(数值,算术平均值,标准偏差)

参数介绍：

❖ 数值：为必需参数。表示用数值或者数值所在的单元格指定需要进行正态化的数值。若为该参数指定数值以外的文本，则返回错误值“#VALUE!”。

❖ 算术平均值：为必需参数。表示用数值或者数值所在的单元格指定分布的算术平均值。若为该参数指定数值以外的文本，则返回错误值“#NUM!”。

❖ 标准偏差：为必需参数。表示用数值或者数值所在的单元格指定分布的标准偏差。若为该参数指定小于0的数值，则返回错误值“#NUM!”。

● 函数应用实例：根据样本数据计算年龄和握力正态化数值

下面将利用年龄和握力的样本数据求各种正态化数值。因为作为样本数据处理，用STDEV函数求样本标准偏差值。

B13　=AVERAGE(B3:B12)

	A	B	C	D	E	F	G	H
1	样本数据				正态化数值			
2	序号	年龄（岁）	握力（kg）		序号	年龄	握力	
3	1	20	45		1			
4	2	22	48		2			
5	3	25	51		3			
6	4	26	62		4			
7	5	28	60		5			
8	6	30	56		6			
9	7	32	55		7			
10	8	40	52		8			
11	9	45	50		9			
12	10	50	47		10			
13	标准平均	31.8	52.6					
14	标准偏差							
15								

Step01：

计算年龄和握力的标准平均值

① 选择B13单元格，输入公式“=AVERAGE(B3:B12)”，随后将公式填充到右侧单元格，计算出所有年龄和握力的标准平均值。

B14　=STDEV(B3:B12)

	A	B	C	D	E	F	G	H
1	样本数据				正态化数值			
2	序号	年龄（岁）	握力（kg）		序号	年龄	握力	
3	1	20	45		1			
4	2	22	48		2			
5	3	25	51		3			
6	4	26	62		4			
7	5	28	60		5			
8	6	30	56		6			
9	7	32	55		7			
10	8	40	52		8			
11	9	45	50		9			
12	10	50	47		10			
13	标准平均	31.8	52.6					
14	标准偏差	10.031063	5.5817162					
15								

Step02：

计算年龄和握力的标准偏差值

② 选择B14单元格，输入公式“=STDEV(B3:B12)”，随后将公式填充到右侧单元格，计算出所有年龄和握力的标准偏差值。

F3　=STANDARDIZE(B3, B$13, B$14)

	A	B	C	D	E	F	G	H
1	样本数据				正态化数值			
2	序号	年龄（岁）	握力（kg）		序号	年龄	握力	
3	1	20	45		1	-1.176345932	-1.361588399	
4	2	22	48		2	-0.976965266	-0.824119294	
5	3	25	51		3	-0.677894266	-0.286650189	
6	4	26	62		4	-0.578203933	1.684069861	
7	5	28	60		5	-0.378823266	1.325757125	
8	6	30	56		6	-0.1794426	0.609131652	
9	7	32	55		7	0.019938067	0.429975284	
10	8	40	52		8	0.817460733	-0.107493821	
11	9	45	50		9	1.315912399	-0.465806557	
12	10	50	47		10	1.814364065	-1.003275662	
13	标准平均	31.8	52.6					
14	标准偏差	10.031063	5.5817162					
15								

Step03：

计算年龄和握力的正态化数值

③ 选择F3单元格，输入公式“=STANDARDIZE(B3,B$13,B$14)”，随后分别向下方和右侧填充公式，计算出年龄和握力的正态化数值。

函数50 TREND
——求回归直线的预测值

第3章

语法格式：=TREND(已知Y值集合,已知X值集合,新X值集合,不强制系数为0)

参数介绍：

❖ 已知Y值集合：为必需参数。表示用数组或单元格区域指定从属变量（因变量）的实测值。从属变量（因变量）是随其他变量变化而变化的量。如果“已知Y值集合”和“已知X值集合”的行数不同，则会返回错误值“#REF!”；如果区域内包含数值以外的数据，则会返回错误值“#VALUE!”。

❖ 已知X值集合：为可选参数。表示用数组或单元格区域指定独立变量（自变量）的实测值。独立变量（自变量）是引起其他变量发生变化的量。如果省略，则假设该数组为{1,2,3,...}，其大小与“已知Y值集合”相同。数组“已知X值集合”可以包含一组或多组变量。如果只用到一个变量，只要第一参数和第二参数的维数相同，那么它们可以是任何形状的区域。如果用到多个变量，则第一参数必须为向量（即必须为一行或一列）。如果区域内包含数值以外的数据，则会返回错误值“#VALUE!”。

❖ 新X值集合：为可选参数。表示用数组或单元格区域指定需要TREND函数返回对应Y值的新X值。如果省略，将假设它和第二参数一样；如果指定数值以外的文本，则会返回错误值“#VALUE!”。独立变量是影响预测值的变量。

❖ 不强制系数为0：为可选参数。该参数是一个逻辑值，用于指定是否将常量b强制设置为0。如果该参数为TRUE或省略，则常量b将按正常计算。如果该参数为FALSE，则常量b将被设为0，并同时调整m值使$Y=mX$。

● 函数应用实例：**求回归直线上的预测消耗热量**

以60分钟不同田径项目运动的公里数和所消耗的热量作为基数，求已知运动的公里数的回归直线上的消耗热量预测值。

AVERAGEIFS　=TREND(D3:D9,C3:C9,C12:C14)

	A	B	C	D	E
1	运动消耗热量表				
2	运动项目	时长(分钟)	公里数	消耗热量(卡)	
3	慢走	60	4	255	
4	快走	60	8	555	
5	慢跑	60	9	655	
6	快跑	60	12	700	
7	单车	60	9	245	
8	单车	60	16	415	
9	单车	60	21	655	
10					
11			公里数	消耗热量	
12			25		
13			30		
14			35		
15					

Step01：
输入数组公式

① 选择D12:D14单元格区域。

② 在编辑栏中输入公式“=TREND(D3:D9,C3:C9,C12:C14)”。

D12 | {=TREND(D3:D9,C3:C9,C12:C14)}

	A	B	C	D	E
1	运动消耗热量表				
2	运动项目	时长(分钟)	公里	消耗热量(卡)	
3	慢走	60	4	255	
4	快走	60	8	555	
5	慢跑	60	9	655	
6	快跑	60	12	700	
7	单车	60	9	245	
8	单车	60	16	415	
9	单车	60	21		
10					
11			公里	消耗热量	
12			25	717.8507463	
13			30	798.3171642	
14			35	878.7835821	
15					

按【Ctrl+Shift+Enter】组合键

Step02:

返回数组公式结果

③ 按下【Ctrl+Shift+Enter】组合键，求出相对于各公里数预测值的消耗热量预测值。

提示：使用LINEST函数可求得回归直线的标准误差。如果要求预测值和对应值之差的平方和，可使用TREND函数和SUMXMY2函数。

函数51 GROWTH

——根据现有的数据预测指数增长值

语法格式：=GROWTH(已知Y值集合,已知X值集合,新X值集合,不强制系数为1)

参数介绍：

❖ 已知Y值集合：为必需参数。表示用数组或单元格区域指定从属变量（因变量）的实测值。从属变量（因变量）是随其他变量变化而变化的量。如果第一参数和第二参数的行数不同，则会返回错误值“#REF!”；如果区域内包含数值以外的数据，则会返回错误值“#VALUE!”。

❖ 已知X值集合：为可选参数。表示用数组或单元格区域指定独立变量（自变量）的实测值。独立变量（自变量）是引起其他变量发生变化的量。如果省略该参数，则假设该数组为{1，2，3，…}，其大小与第一参数相同。数组“已知X值集合”可以包含一组或多组变量。如果只用到一个变量，只要第一参数和第二参数维数相同，那么它们可以是任何形状的区域。如果用到多个变量，则第一参数必须为向量（即必须为一行或一列）。如果区域内包含数值以外的数据，则会返回错误值“#VALUE!”。

❖ 新X值集合：为可选参数。表示用数组或单元格区域指定需要GROWTH函数返回对应Y值的一组新X值。如果省略该参数，将假设它和第二参数一样。如果指定数值以外的文本，则会返回错误值“#VALUE!”。独立变量是影响预测值的变量。

❖ 不强制系数为1：为可选参数。该参数是一个逻辑值，用于指定是否将常量b强制设为1。如果该参数为TRUE或省略，则常量b将按正常计算。如果该参数为FALSE，则常量b将设为1，m值将被调整以满足$Y=m^X$。

使用说明：

样本总体内的两变量间的关系近似于指数函数的曲线，把此曲线称为指数回归曲线。使用GROWTH函数，可以计算出指数回归曲线的预测值。

● 函数应用实例：根据前5年的产值利润预测未来3年的产值利润

下面将以某公司前5年的产值利润作为基数，使用GROWTH函数预测未来3年的产值利润。由于是同时求3年的产值利润，所以可以用数组公式一次完成计算。

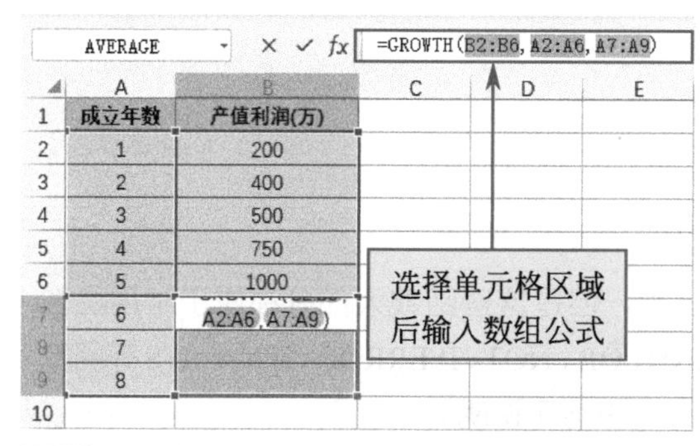

Step01：
输入数组公式

① 选择B7:B9单元格区域。

② 在编辑栏中输入公式“=GROWTH(B2:B6,A2:A6,A7:A9)”。

Step02：
返回数组公式结果

③ 按【Ctrl+Shift+Enter】组合键，即可返回预测的第6年、第7年以及第8年的产值利润。

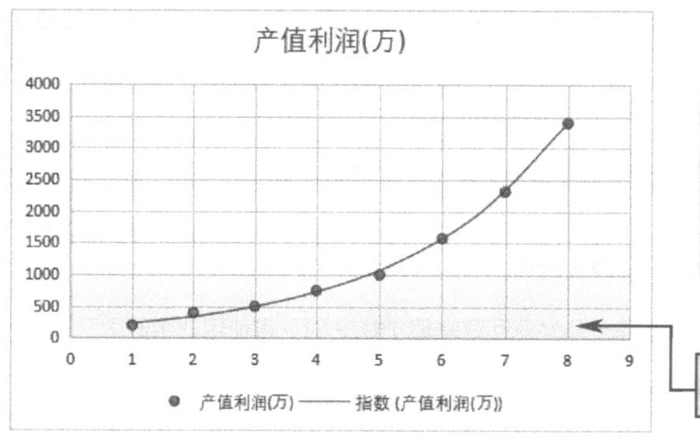

提示：制作分布图，可以很容易地捕捉到两变量间的相关关系。另外，在分布图中添加趋势线可以更直观地看出两变量的关系。

第4章 逻辑函数

逻辑函数在WPS表格中的应用十分广泛，这些函数可以通过逻辑计算执行真假判断，并返回逻辑值结果。本章将对WPS表格中常用逻辑函数的使用方法进行详细介绍。

逻辑函数一览

逻辑函数的种类虽然不多，只有11种，但是这些函数大部分都属于常用函数。例如最具代表性的IF函数，其次还有AND、OR、NOT、IFERROR、IFNA、IFS等函数。下表对这些逻辑函数进行了罗列并对其作用进行了说明。

序号	函数	作用
1	AND	用于确定测试中的所有条件是否均为 TRUE
2	FALSE	返回逻辑值 FALSE
3	IF	执行真假值判断，根据逻辑测试的真假值返回不同的结果
4	IFERROR	可捕获和处理公式中的错误。如果公式的计算结果错误，则返回指定的值，否则返回公式的结果
5	IFNA	如果公式返回错误值“#N/A”，则结果返回指定的值，否则返回公式的结果
6	IFS	判断指定的值是否满足一个或多个条件，并返回与第一个 TRUE 条件对应的值。IFS 可以替换多个嵌套的 IF 语句，并且更易于在多个条件下读取
7	NOT	对参数的逻辑值求反
8	OR	用于确定测试中的多个条件中是否至少有一个为 TRUE
9	SWITCH	根据值列表计算第一个值（称为表达式），并返回与第一个匹配值对应的结果。如果不匹配，则可能返回可选默认值
10	TRUE	返回逻辑值 TRUE。希望基于条件返回逻辑值 TRUE 时，可使用此函数
11	XOR	返回所有参数的逻辑异或值

逻辑函数的返回值均为逻辑值。逻辑值是计算机的语言，其类型只有两种，即TRUE(真)和FALSE（假）。它们也可以单独作为函数使用。这两个逻辑值的具体含义见下表。

类型	含义	说明	举例
TRUE	逻辑真	等同于人类语言的“是”	“＝0＜1”返回结果为逻辑值 TRUE
FALSE	逻辑假	等同于人类语言的“否”	“＝0＞1”返回结果为逻辑值 FALSE

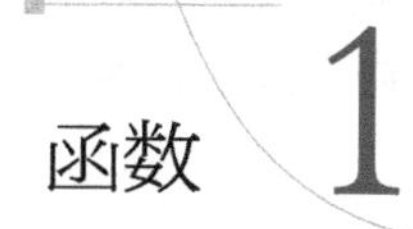

函数1 TRUE——返回逻辑值TRUE

语法格式：=TRUE()

参数介绍：

TRUE函数没有参数，其作用是返回逻辑值TRUE。直接在单元格中输入“=TRUE()”并按下【Enter】键后，会返回一个逻辑值TRUE。若在括号内输入参数将无法返回结果，如下图所示。

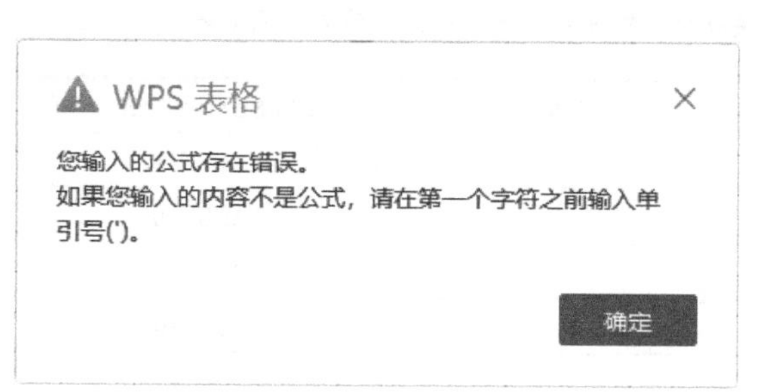

函数2 FALSE——返回逻辑值FALSE

语法格式：=FALSE()

参数介绍：

FALSE函数没有参数，其作用是返回逻辑值FALSE。直接在单元格中输入

“=FALSE()”并按下【Enter】键后，会返回一个逻辑值FALSE。若在括号内输入参数将无法返回结果。

● 函数应用实例：**比较前后两次输入的账号是否相同**

下面将输入公式比较两列中对应位置的账号是否相同，公式的返回值是逻辑值TRUE或FALSE。

D2 fx =B2=C2

	A	B	C	D
1	姓名	账号	账号2	是否相同
2	王冕	5120235712154552013	5120235712154552013	TRUE
3	高卫国	5243623156421265686	5243623156421265686	TRUE
4	徐莉	2121222366565552332	212122236565552332	FALSE
5	赵乐	7788995533200112232	7788995533200112232	TRUE
6	李远征	6655442255892200000	8955442255892200000	FALSE
7	程哥	8878221230300022523	8878221230300022523	TRUE
8	陈庆元	2332653222531256121	2332653222561256121	FALSE
9	蒋芳	6281211202121020022	6281211202121020022	TRUE
10	刘杰	9894212121202021200	9894212121202021200	TRUE
11	吴芳	2121020202001415525	3131020202201415525	FALSE
12	朱玉	9523131015126626254	9523131015126626254	TRUE
13	赵梅	3161456236237998995	3161456236237998995	TRUE
14	徐青	4454656569813326262	4454656569813326262	TRUE
15				

选择D2单元格，输入公式“=B2=C2”，随后将公式向下方填充，返回所有对比的逻辑值结果。其中TRUE表示相同，FALSE表示不同。

提示：逻辑值TRUE和FALSE通过数学运算可以转换成数字。TRUE相当于数字1，FALSE相当于数字0。将逻辑值转换成数字的方法不止一种，具体公式见下表。

TRUE 转换公式	转换结果	FALSE 转换公式	转换结果
=TRUE*1	1	=FALSE*1	0
=TRUE+0	1	=FALSE+0	0
=TRUE/1	1	=FALSE/1	0
=TRUE-0	1	=FALSE-0	0
=--TRUE	1	=--FALSE	0
=N(TRUE)	1	=N(FALSE)	0

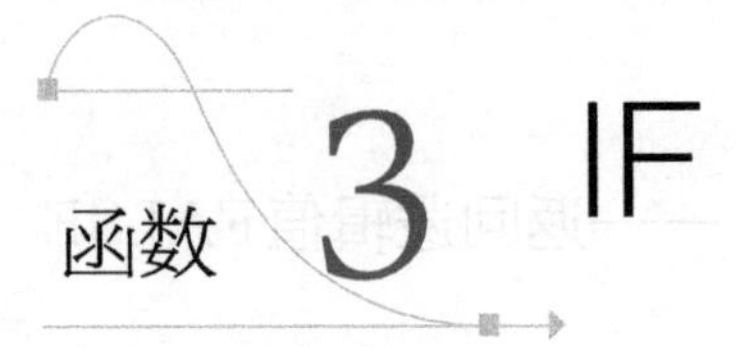

函数 3 IF

——执行真假值判断，根据逻辑测试值返回不同的结果

语法格式：=IF(测试条件,真值,假值)

参数介绍：

❖ 测试条件：为必需参数。表示用带有比较运算符的逻辑值指定条件判定公式。该参数的结果为TRUE或FALSE的任意值或表达式。

❖ 真值：为必需参数。表示逻辑式成立时返回的值。除公式或函数外，也可指定需显示的数值或文本。被显示的文本需加双引号。如果不进行任何处理，则省略该参数。

❖ 假值：为可选参数。表示逻辑式不成立时返回的值。除公式或函数外，也可指定需显示的数值或文本。被显示的文本需加双引号。如果不进行任何处理，则省略该参数。

使用说明：

根据逻辑式判断指定条件，如果逻辑式成立，返回真条件下的指定内容。如果逻辑式不成立，则返回假条件下的指定内容。如果在真条件、假条件中指定了公式，则根据逻辑式的判定结果进行各种计算。如果真条件或假条件中指定加双引号的文本，则返回文本值。如果只处理真或假中的任一条件，可以省略不处理该条件的参数，此时单元格内返回0。

● 函数应用实例1：**根据考试成绩判断是否及格**

假设科目1和科目2的考试成绩大于或等于60分时为及格，小于60分为不及格。下面将使用IF函数自动判断对应的考试成绩是否及格。

D2　fx　=IF(C2>=60,"及格","不及格")

	A	B	C	D	E	F
1	姓名	科目	分数	是否及格		
2	张芳	科目1	98	及格		
3	张芳	科目2	96			
4	徐凯	科目1	73			
5	徐凯	科目2	65			
6	赵武	科目1	92			
7	赵武	科目2	73			
8	姜迪	科目1	64			
9	姜迪	科目2	43			
10	李嵩	科目1	51			
11	李嵩	科目2	61			
12	文琴	科目1	72			
13	文琴	科目2	86			
14						

Step01：
输入公式

① 选择D2单元格，输入公式“=IF(C2＞=60,"及格","不及格")”，按下【Enter】键，得出第一个考生科目1的分数为及格。

D2　=IF(C2>=60,"及格","不及格")

	A	B	C	D	E	F
1	姓名	科目	分数	是否及格		
2	张芳	科目1	98	及格		
3	张芳	科目2	96	及格		
4	徐凯	科目1	73	及格		
5	徐凯	科目2	65	及格		
6	赵武	科目1	92	及格		
7	赵武	科目2	73	及格		
8	姜迪	科目1	64	及格		
9	姜迪	科目2	43	不及格		
10	李嵩	科目1	51	不及格		
11	李嵩	科目2	61	及格		
12	文琴	科目1	72	及格		
13	文琴	科目2	86	及格		
14						

Step02：

填充公式

② 将D2单元格中的公式向下方填充，判断出其他分数是否及格。

D2　=IF(C2>=60,,"不及格")

	A	B	C	D	E	F
1	姓名	科目	分数	是否及格		
2	张芳	科目1	98	0		
3	张芳	科目2	96	0		
4	徐凯	科目1	73	0		
5	徐凯	科目2	65	0		
6	赵武	科目1	92	0		
7	赵武	科目2	73	0		
8	姜迪	科目1	64	0		
9	姜迪	科目2	43	不及格		
10	李嵩	科目1	51	不及格		
11	李嵩	科目2	61	0		
12	文琴	科目1	72	0		
13	文琴	科目2	86	0		
14						

提示：IF函数在省略真或假条件的参数时返回的结果有如下情况。

① 省略真条件的参数，但保留分隔参数的逗号。

省略真条件，保留分隔参数的逗号，则条件判断为真时，公式返回“0”。

D2　=IF(C2>=60,"及格",)

	A	B	C	D	E	F
1	姓名	科目	分数	是否及格		
2	张芳	科目1	98	及格		
3	张芳	科目2	96	及格		
4	徐凯	科目1	73	及格		
5	徐凯	科目2	65	及格		
6	赵武	科目1	92	及格		
7	赵武	科目2	73	及格		
8	姜迪	科目1	64	及格		
9	姜迪	科目2	43	0		
10	李嵩	科目1	51	0		
11	李嵩	科目2	61	及格		
12	文琴	科目1	72	及格		
13	文琴	科目2	86	及格		
14						

② 省略假条件的参数，但保留分隔参数的逗号。

省略假条件，保留分隔参数的逗号，则条件判断为假时，公式返回“0”。

	A	B	C	D	E	F
1	姓名	科目	分数	是否及格		
2	张芳	科目1	98	及格		
3	张芳	科目2	96	及格		
4	徐凯	科目1	73	及格		
5	徐凯	科目2	65	及格		
6	赵武	科目1	92	及格		
7	赵武	科目2	73	及格		
8	姜迪	科目1	64	及格		
9	姜迪	科目2	43	FALSE		
10	李嵩	科目1	51	FALSE		
11	李嵩	科目2	61	及格		
12	文琴	科目1	72	及格		
13	文琴	科目2	86	及格		
14						

D2 =IF(C2>=60,"及格")

③ 省略假条件的参数，不保留分隔参数的逗号。

由于IF函数的第二参数（真条件的返回参数）为必需参数，第三参数（假条件的返回参数）为可选参数，所以，若只设置两个参数，则第二参数默认为真条件的返回参数。因此，在忽略了第三参数的情况下，当条件判断为假时，公式返回逻辑值FALSE。

	A	B	C	D	E	F
1	姓名	科目	分数	是否及格		
2	张芳	科目1	98			
3	张芳	科目2	96			
4	徐凯	科目1	73			
5	徐凯	科目2	65			
6	赵武	科目1	92			
7	赵武	科目2	73			
8	姜迪	科目1	64			
9	姜迪	科目2	43	不及格		
10	李嵩	科目1	51	不及格		
11	李嵩	科目2	61			
12	文琴	科目1	72			
13	文琴	科目2	86			
14						

D2 =IF(C2>=60,"","不及格")

④ 条件判断为真时返回空白。

将IF函数的第二参数设置为一对英文双引号，当条件判断为真时，公式返回空白。

	A	B	C	D	E	F
1	姓名	科目	分数	是否及格		
2	张芳	科目1	98	及格		
3	张芳	科目2	96	及格		
4	徐凯	科目1	73	及格		
5	徐凯	科目2	65	及格		
6	赵武	科目1	92	及格		
7	赵武	科目2	73	及格		
8	姜迪	科目1	64	及格		
9	姜迪	科目2	43			
10	李嵩	科目1	51			
11	李嵩	科目2	61	及格		
12	文琴	科目1	72	及格		
13	文琴	科目2	86	及格		
14						

D2 =IF(C2>=60,"及格","")

⑤ 条件判断为假时返回空白。

将IF函数的第三参数设置为一对英文双引号，当条件判断为假时，公式返回空白。

● 函数应用实例2：根据业绩金额自动评定为三个等级

一个IF函数只能执行一次判断，当需要进行两次判断时，则需要两个IF函数进行嵌套，第二个IF函数作为第一个IF函数的参数使用。例如，将员工的销售业绩评定为“优秀”“良好”“一般”三个等级，具体要求如下：业绩大于等于2万，评定为“优秀”；业绩大于等于1万且低于2万，评定为“良好”；业绩低于1万，评定为“一般”。

D2　fx =IF(C2>=20000,"优秀",IF(C2>=10000,"良好","一般"))

	A	B	C	D	E	F	G	H
1	姓名	门店	业绩	等级				
2	莫小贝	青峰路	¥ 11,400.00	良好				
3	张宁宁	青峰路	¥ 22,800.00					
4	刘宗霞	青峰路	¥ 8,400.00					
5	陈欣欣	德政路	¥ 7,700.00					
6	赵海清	青峰路	¥ 13,400.00					
7	张宇	德政路	¥ 23,800.00					
8	刘丽英	德政路	¥ 9,000.00					
9	陈夏	德政路	¥ 14,300.00					
10	张青	青峰路	¥ 13,400.00					
11								

Step01：
输入公式

① 选择D2单元格，输入公式“=IF(C2＞=20000,"优秀",IF(C2＞=10000,"良好","一般"))”，按下【Enter】键，返回第一位员工销售业绩的等级。

D2　fx =IF(C2>=20000,"优秀",IF(C2>=10000,"良好","一般"))

	A	B	C	D	E	F	G	H
1	姓名	门店	业绩	等级				
2	莫小贝	青峰路	¥ 11,400.00	良好				
3	张宁宁	青峰路	¥ 22,800.00	优秀				
4	刘宗霞	青峰路	¥ 8,400.00	一般				
5	陈欣欣	德政路	¥ 7,700.00	一般				
6	赵海清	青峰路	¥ 13,400.00	良好				
7	张宇	德政路	¥ 23,800.00	优秀				
8	刘丽英	德政路	¥ 9,000.00	一般				
9	陈夏	德政路	¥ 14,300.00	良好				
10	张青	青峰路	¥ 13,400.00	良好				
11								

Step02：
填充公式

② 将D2单元格中的公式向下方填充，得到所有业绩的评定结果。

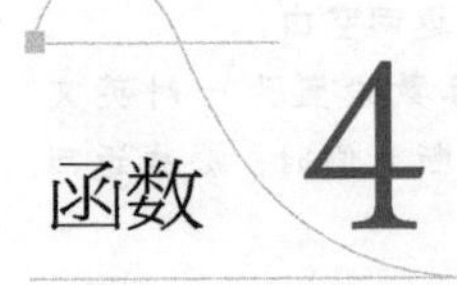

函数4 IFS
——检查是否满足一个或多个条件并返回与第一个TRUE条件对应的值

语法格式：=IFS(测试条件1,真值1,测试条件2,真值2,...)

参数介绍：

❖ 测试条件1：为必需参数。表示第一个可以被计算为TRUE或FALSE的数值或表达式。该参数是结果为TRUE或FALSE的任意值或表达式。

❖ 真值1：为必需参数。表示如果第一参数结果为TRUE，是否返回该值。该参数除公式或函数外，也可指定需显示的数值或文本。被显示的文本需加双引号。

❖ 测试条件2：为可选参数。表示第二个可以被计算为TRUE或FALSE的数值或表达式。该参数是结果为TRUE或FALSE的任意值或表达式。

❖ 真值2：为可选参数。表示如果第二个数值或表达式的结果为TRUE,是否返回该值。IFS函数最多可设置127个测试条件。

使用说明：

IFS函数用于检查是否满足一个或多个条件,并返回与第一个TRUE条件对应的值。IFS可以替换多个嵌套的IF语句,并且更易于在多个条件下读取。

第4章

● 函数应用实例：使用IFS函数将员工的销售业绩评定为三个等级

下面将使用IFS函数将员工的销售业绩评定为“优秀”“良好”“一般”三个等级。具体要求如下：业绩大于等于2万，评定为“优秀”；业绩大于等于1万且低于2万，评定为“良好”；业绩低于1万，评定为“一般”。

D2 =IFS(C2>=20000,"优秀",C2>=10000,"良好",TRUE,"一般")

	A	B	C	D
1	姓名	门店	业绩	等级
2	莫小贝	青峰路	¥ 11,400.00	良好
3	张宁宁	青峰路	¥ 22,800.00	
4	刘宗霞	青峰路	¥ 8,400.00	
5	陈欣欣	德政路	¥ 7,700.00	
6	赵海清	青峰路	¥ 13,400.00	
7	张宇	德政路	¥ 23,800.00	
8	刘丽英	德政路	¥ 9,000.00	
9	陈夏	德政路	¥ 14,300.00	
10	张青	青峰路	¥ 13,400.00	
11				

Step01：
输入公式

① 选择D2单元格，输入公式“=IFS(C2>=20000,"优秀",C2>=10000,"良好",TRUE,"一般")”，按下【Enter】键，计算出第一个员工业绩的等级。

D2 =IFS(C2>=20000,"优秀",C2>=10000,"良好",TRUE,"一般")

	A	B	C	D
1	姓名	门店	业绩	等级
2	莫小贝	青峰路	¥ 11,400.00	良好
3	张宁宁	青峰路	¥ 22,800.00	优秀
4	刘宗霞	青峰路	¥ 8,400.00	一般
5	陈欣欣	德政路	¥ 7,700.00	一般
6	赵海清	青峰路	¥ 13,400.00	良好
7	张宇	德政路	¥ 23,800.00	优秀
8	刘丽英	德政路	¥ 9,000.00	一般
9	陈夏	德政路	¥ 14,300.00	良好
10	张青	青峰路	¥ 13,400.00	良好
11				

Step02：
填充公式

② 再次选中D2单元格，双击填充柄，将公式填充到下方区域，求出其他员工业绩的等级。

函数5 AND——判定指定的多个条件是否全部成立

语法格式：=AND(逻辑值1,逻辑值2,...)

参数介绍：

❖ 逻辑值1：为必需参数。表示要检验的第一个条件。其计算结果可以为TRUE或FALSE。

❖ 逻辑值2,...：为可选参数。表示要检验的其他条件。其计算结果可以是TRUE或FALSE。

使用说明：

AND函数用于检查是否所有参数全部都是TRUE,当所有参数全部为TRUE时，公式返回TRUE；只要有一个参数为FALSE，则公式返回FALSE。此外，需要强调的是，参数的计算结果必须是逻辑值（如TRUE或FALSE），或者参数必须是包含逻辑值的数组或引用。如果数组或引用参数中包含文本或空白单元格，那么这些值将被忽略。如果指定的单元格区域未包含逻辑值，那么AND函数将返回错误值“#VALUE!”。

例如下面的公式，一共为AND函数设置了三个条件，其中前两个条件是成立的，其返回结果是TRUE,但是第三个条件是不成立的，返回结果为FALSE，所以这个公式的返回结果便是FALSE。

=AND(0＜1,50＞20,10＜5)

若公式中所有条件全部返回TRUE，那么公式的结果才会是TRUE。

=AND(0＜1,50＞20,10＞5)

● 函数应用实例1：判断公司新员工各项考核是否全部通过

某公司规定，新员工试用期结束后通过所有科目的考核方能被正式录用。各项考核的分值要求如下：“员工手册”大于等于90，“理论知识”大于等于80，“实际操作”大于等于70。下面将使用AND函数判断新员工各项考核是否全部通过。

E2 =AND(B2>=90,C2>=80,D2>=70)

	A	B	C	D	E	F
1	姓名	员工手册	理论知识	实际操作	考核结果	
2	王萌	80	80	90	FALSE	
3	赵四	60	60	50	FALSE	
4	陈方圆	90	80	80	TRUE	
5	赵爱厚	50	60	40	FALSE	
6	李威	60	70	80	FALSE	
7	徐青	90	80	70	TRUE	
8	李敏	40	60	50	FALSE	
9	王芸云	90	90	90	TRUE	
10						

选择E2单元格，输入公式“=AND(B2>=90,C2>=80,D2>=70)”，随后将公式向下方填充，得到所有员工的考核结果。TRUE表示通过，FALSE表示未通过。

● 函数应用实例2：判断员工是否符合内部竞聘条件

假设某公司内部竞聘的要求是必须符合以下三个条件：第一，所属部门必须是“财务部”；第二，工龄在3年以上；第三，性别为男性。下面将使用AND函数判断员工是否符合内部竞聘条件。

E6 =AND(B6=$B$3,C6=$C$3,D6>$D$3)

	A	B	C	D	E	F
1		内部竞聘条件				
2		性别	所属部门	工龄(大于)		
3		男	财务部	3		
4						
5	姓名	性别	所属部门	工龄	是否符合应聘条件	
6	周明月	女	制造部	5	FALSE	
7	刘洋	男	财务部	4	TRUE	
8	王五	男	业务部	6	FALSE	
9	李美	女	财务部	5	FALSE	
10	何田	女	设计部	2	FALSE	
11	赵乐乐	男	财务部	2	FALSE	
12	吴旭	男	财务部	8	TRUE	
13	陈东海	男	人事部	4	FALSE	
14						

选择E6单元格，输入公式“=AND(B6=$B$3,C6=$C$3,D6>$D$3)”，随后将公式向下方填充，即可判断出员工是否符合应聘条件。TRUE表示符合，FALSE表示不符合。

提示：本例公式若不从条件区域中引用单元格，也可直接将条件以常量形式进行输入。

E2 =AND(B2="男",C2="财务部",D2>3)

	A	B	C	D	E	F
1	姓名	性别	所属部门	工龄	是否符合应聘条件	
2	周明月	女	制造部	5	FALSE	
3	刘洋	男	财务部	4	TRUE	
4	王五	男	业务部	6	FALSE	
5	李美	女	财务部	5	FALSE	
6	何田	女	设计部	2	FALSE	
7	赵乐乐	男	财务部	2	FALSE	
8	吴旭	男	财务部	8	TRUE	
9	陈东海	男	人事部	4	FALSE	
10						

使用公式“=AND(B2="男",C2="财务部",D2>3)”，求是否符合内部竞聘条件。

● 函数组合应用：**AND+IF——将逻辑值结果转换成直观的文本**

如果想将逻辑值TRUE、FALSE转换成更便于理解的文本，那么就需要和IF函数组合使用。例如将内部竞聘结果转换成“符合”或“不符合”。

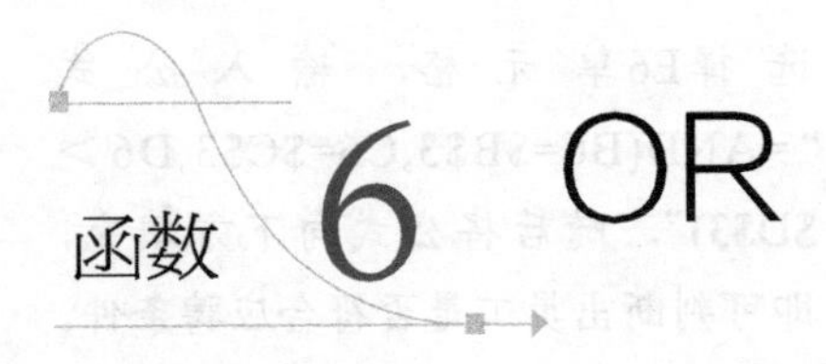

E6 =IF(AND(B6=$B$3,C6=$C$3,D6>$D$3),"符合","不符合")

	A	B	C	D	E
1			内部竞聘条件		
2		性别	所属部门	工龄(大于)	
3		男	财务部	3	
4					
5	姓名	性别	所属部门	工龄	是否符合应聘条件
6	周明月	女	制造部	5	不符合
7	刘洋	男	财务部	4	符合
8	王五	男	业务部	6	不符合
9	李美	女	财务部	5	不符合
10	何田	女	设计部	2	不符合
11	赵乐乐	男	财务部	2	不符合
12	吴旭	男	财务部	8	符合
13	陈东海	男	人事部	4	不符合
14					

选择E6单元格，输入公式“=IF(AND(B6=$B$3,C6=$C$3,D6＞$D$3),"符合","不符合")”，随后将公式向下方填充，即可返回文本形式的判断结果。

函数 6 OR

——判断指定的多个条件是否至少有一个是成立的

语法格式：=OR(逻辑值1,逻辑值2,...)

参数介绍：

❖ 逻辑值1：为必需参数。表示要检验的第一个条件。其计算结果可以是TRUE或FALSE。

❖ 逻辑值2,...：为可选参数。表示要检验的其他条件。其中最多可包含255个条件，检验结果均可以是TRUE或FALSE。

使用说明：

OR函数用于检查参数中是否有一个TRUE。只要有一个TRUE，公式便会返回TRUE；只有所有参数全部为FALSE时，公式才返回FALSE。若数组或引用的参数包含文本或空白单元格，则这些值将被忽略。逻辑式可指定到255个。若指定的单元格区域内不包括逻辑值，则函数将返回错误值“#VALUE!”。

通过下面两个公式可以直观了解到OR函数的应用规律。

=OR(3＜2,0＞1,5＜1,3=3)　公式返回TRUE
=OR(3＜2,0＞1,5＜1,3＞3)　公式返回FALSE

● 函数应用实例：判断公司新员工各项考核是否有一项通过

假设某公司从三个方面对员工进行考核，要求考核结果中只要有一项达到90分，则判定考核结果为TRUE，三科全部低于90分时判定为FALSE。下面使用OR函数判断新员工各项考核是否有一项通过。

E2　fx =OR(B2>=90, C2>=90, D2>=90)

	A	B	C	D	E	F
1	姓名	员工手册	理论知识	实际操作	考核结果	
2	王萌	80	80	90	TRUE	
3	赵四	60	60	50	FALSE	
4	陈方圆	90	80	80	TRUE	
5	赵爱厚	50	60	40	FALSE	
6	李威	60	70	80	FALSE	
7	徐青	90	80	70	TRUE	
8	李敏	40	60	50	FALSE	
9	王芸云	90	90	90	TRUE	
10						

选择E2单元格，输入公式“=OR(B2＞=90,C2＞=90,D2＞=90)”，随后将公式向下方填充，求出所有员工的考核结果。三科成绩中，只要有一科达到90分则返回TRUE。三科全部低于90分时返回FALSE。

● 函数组合应用：OR+AND——根据性别和年龄判断是否已退休

由于男性和女性的退休年龄是不同的，所以在判断某人是否退休时需要考虑性别和年龄两个因素。

假设男性职工的退休年龄为60岁，女性职工的退休年龄为55岁，下面根据给定的条件判断表格中的员工是否已退休。

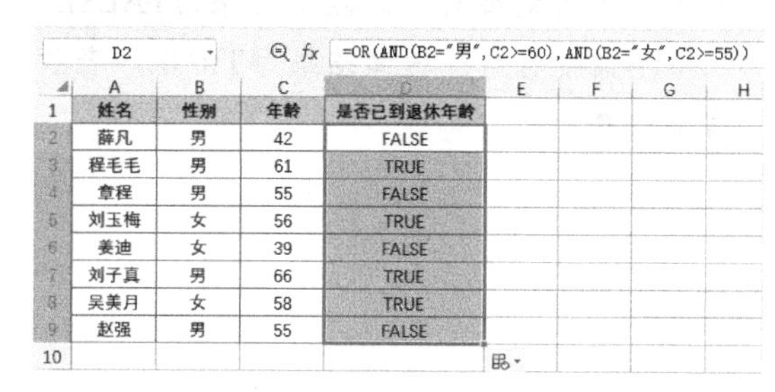

D2　fx =OR(AND(B2="男",C2>=60),AND(B2="女",C2>=55))

	A	B	C	D	E	F	G	H
1	姓名	性别	年龄	是否已到退休年龄				
2	薛凡	男	42	FALSE				
3	程毛毛	男	61	TRUE				
4	章程	男	55	FALSE				
5	刘玉梅	女	56	TRUE				
6	姜迪	女	39	FALSE				
7	刘子真	男	66	TRUE				
8	吴美月	女	58	TRUE				
9	赵强	男	55	FALSE				
10								

选择D2单元格，输入公式“=OR(AND(B2="男",C2＞=60),AND(B2="女",C2＞=55))”，随后将公式向下方填充，即可根据性别和年龄判断出对应的人员是否已达到退休年龄。

提示：为本例公式再嵌套一个IF函数，则可将逻辑值结果转换成直观的文本。具体公式为“=IF(OR(AND(B2="男",C2＞=60),AND(B2="女",C2＞=55)),"已到","未到")”，转换效果如下图所示。

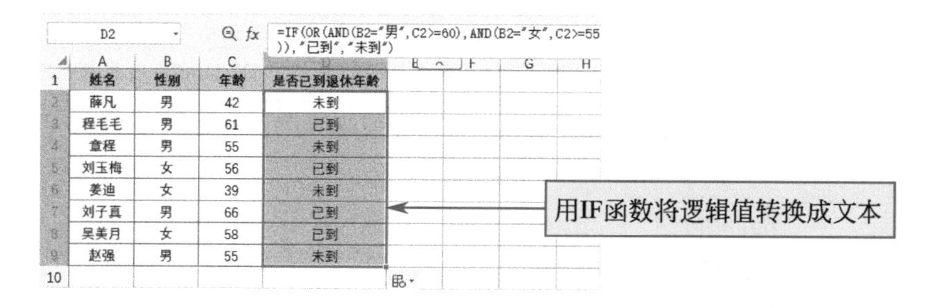

D2　fx =IF(OR(AND(B2="男",C2>=60),AND(B2="女",C2>=55)),"已到","未到")

	A	B	C	D	E	F	G	H
1	姓名	性别	年龄	是否已到退休年龄				
2	薛凡	男	42	未到				
3	程毛毛	男	61	已到				
4	章程	男	55	未到				
5	刘玉梅	女	56	已到				
6	姜迪	女	39	未到				
7	刘子真	男	66	已到				
8	吴美月	女	58	已到				
9	赵强	男	55	未到				
10								

函数7 NOT

——对参数的逻辑值求反

语法格式：=NOT(逻辑值)

参数介绍：

逻辑值：为必需参数。表示计算结果为TRUE或FALSE的任何值或表达式。如果逻辑值为FALSE，将返回TRUE；如果逻辑值为TRUE，将返回FALSE。

使用说明：

NOT函数的作用是对参数值进行求反。当要确保一个值不等于某一特定值时，可以使用该函数。

● 函数应用实例：**确定需要补考的名单**

科目1和科目2的考试分数满60分为过关，低于60分需要补考。下面将使用NOT函数判断当前分数是否需要补考。

D2 =NOT(C2>=60)

	A	B	C	D	E
1	姓名	科目	分数	是否需要补考	
2	张芳	科目1	98	FALSE	
3	张芳	科目2	96	FALSE	
4	徐凯	科目1	73	FALSE	
5	徐凯	科目2	43	TRUE	
6	赵武	科目1	92	FALSE	
7	赵武	科目2	73	FALSE	
8	姜迪	科目1	64	FALSE	
9	姜迪	科目2	43	TRUE	
10	李嵩	科目1	51	TRUE	
11	李嵩	科目2	61	FALSE	
12	文琴	科目1	72	FALSE	
13	文琴	科目2	86	FALSE	
14					

选择D2单元格，输入公式“=NOT(C2＞=60)”，随后将公式向下方填充，判断出所有分数是否需要补考。返回结果为FALSE，表示不需要补考；返回结果为TRUE，表示需要补考。

D2 =C2<60

	A	B	C	D	E
1	姓名	科目	分数	是否需要补考	
2	张芳	科目1	98	FALSE	
3	张芳	科目2	96	FALSE	
4	徐凯	科目1	73	FALSE	
5	徐凯	科目2	43	TRUE	
6	赵武	科目1	92	FALSE	
7	赵武	科目2	73	FALSE	
8	姜迪	科目1	64	FALSE	
9	姜迪	科目2	43	TRUE	
10	李嵩	科目1	51	TRUE	
11	李嵩	科目2	61	FALSE	
12	文琴	科目1	72	FALSE	
13	文琴	科目2	86	FALSE	
14					

提示：NOT函数是判定某条件不成立。使用比较运算符，它和输入在单元格内的相反条件式相同。因为NOT函数判定输入在D2单元格内的公式“C2＞=60”不成立，所以可以在D2单元格内直接输入公式“=C2＜60”，两者将返回相同的结果。

● 函数组合应用：**NOT+AND——根据要求判断是否需要补考**

使用OR函数或AND函数与NOT函数组合，可根据实际要求判断考生是否需要补考。假设科目1低于60分、科目2低于70，则需要补考。

D2　=NOT(AND(B2>=60,C2>=70))

	A	B	C	D	E	F
1	姓名	科目1	科目2	是否需要补考		
2	张芳	98	96	FALSE		
3	徐凯	73	43	TRUE		
4	赵武	92	73	FALSE		
5	姜迪	64	43	TRUE		
6	李嵩	51	61	TRUE		
7	文琴	72	86	FALSE		
8						

选择D2单元格，输入公式“=NOT(AND(B2>=60,C2>=70))”，随后将公式向下方填充，计算出相应人员是否需要补考。

提示：本例公式中“AND(B2>=60,C2>=70)”部分用于判断是否通过考试，与NOT函数进行求反，从而判断出哪些人员未通过考试（需要补考）。

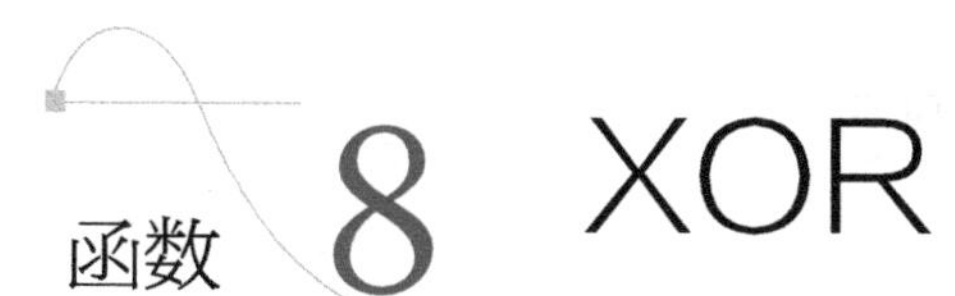

函数 8 XOR

——返回所有参数的逻辑“异或”值

语法格式：=XOR(逻辑值1,逻辑值2,...)

参数介绍：

❖ 逻辑值1：为必需参数。表示需要测试的第一个条件。该参数可以是TRUE或FALSE,可以是逻辑值、数组或引用。

❖ 逻辑值2：为可选参数。表示需要测试的第二个条件。该参数可以是TRUE或FALSE,可以是逻辑值、数组或引用。XOR函数最多可设置254个条件。

使用说明：

XOR函数用于返回所有参数的逻辑异或值。可以理解为：所有逻辑值都为FALSE（或TRUE）时，结果为FALSE，否则为TRUE。

● 函数应用实例：**检查是否包含不达标的测试值**

对多个产品的甲醛含量进行检测，假设检测的甲醛含量低于0.08mg/cm^{3}为达标。下面将使用XOR函数判断所有检测结果中是否包含甲醛含量不达标的检测值。

	A	B	C	D
1	产品编号	测试值(mg/cm³)		是否包含不达标测试值
2	01	0.005		FALSE
3	02	0.073		
4	03	0.042		
5	04	0.055		
6	05	0.061		
7	06	0.028		

D2 =XOR(B2<0.08,B3<0.08,B4<0.08,B5<0.08,B6<0.08,B7<0.08)

选择D2单元格，输入公式“=XOR(B2<0.08,B3<0.08,B4<0.08,B5<0.08,B6<0.08,B7<0.08)”，按下【Enter】键，即可返回判断结果。

提示：返回结果为FALSE，说明所有检测值全部都是小于0.08的。所有测试值的测试结果均为TRUE，所以XOR函数返回FALSE。

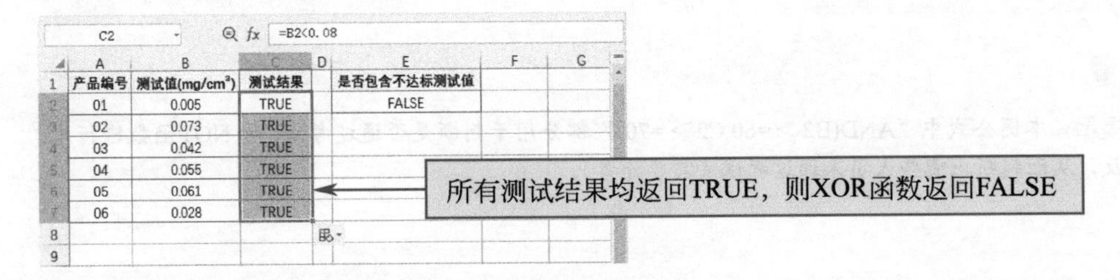

若测试结果中包含FALSE值，那么XOR函数将返回TRUE。

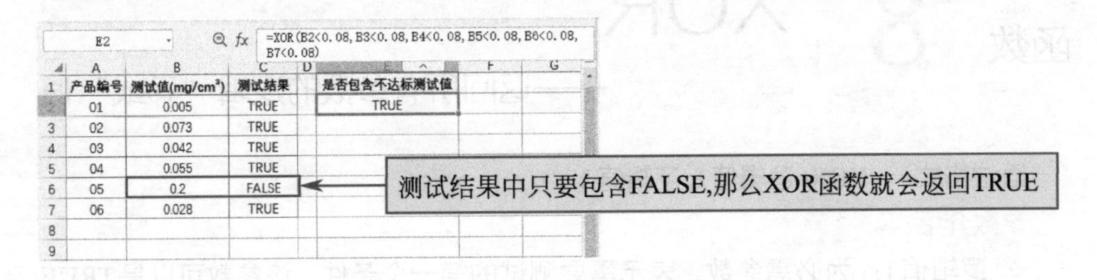

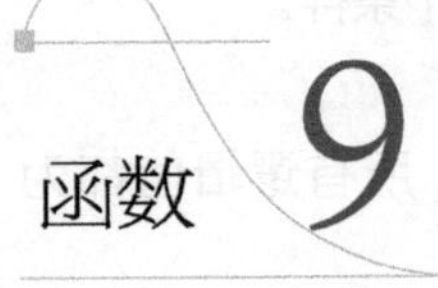

函数 9 IFERROR

——捕获和处理公式中的错误

语法格式：=IFERROR(值,错误值)

参数介绍：

❖ 值：为必需参数。表示需要检查是否存在错误的参数。该参数可以是一个单元格引用、公式或名称。

❖ 错误值：为必需参数。表示当公式的计算结果发生错误时返回的值。该参数计算以下错误类型：#N/A、#VALUE!、#REF!、#DIV/0!、#NUM!、#NAME?以及NULL!。

使用说明：

IFERROR函数用于判断指定计算结果是否为错误值。如果公式的计算结果错误，则返回指定的值，否则返回公式的结果。若第一参数或第二参数是空白单元格，则IFERROR函数将其视为空字符串值("")。若第一参数是数组公式，则IFERROR函数为第一参数中指定区域的每个单元格以数组形式返回结果。

● 函数应用实例：屏蔽公式返回的错误值

下面将使用IFERROR函数隐藏公式返回的错误值。

D2　=B2/C2

	A	B	C	D	E
1	商品	预算金额	单价	可采购数量	
2	商品1	280	14	20	
3	商品2	500	10	50	
4	商品3	1200	/	#VALUE!	
5	商品4	800	8	100	
6	商品5	750	50	15	
7	商品6	630	0	#DIV/0!	
8	商品7	2200	40	55	
9	商品8	500	50	10	
10	商品9	1500	80	18.75	
11	商品10	1000	25	40	
12					

当被除数为0或文本字符时，公式会返回“#DIV/0!”或“#VALUE!”错误值。这类错误值并不会对计算的结果造成太大影响，可以将其忽视，或将错误值以正常值的形式显示。

D2　=IFERROR(B2/C2,"")

	A	B	C	D	E
1	商品	预算金额	单价	可采购数量	
2	商品1	280	14	20	
3	商品2	500	10	50	
4	商品3	1200	/		
5	商品4	800	8	100	
6	商品5	750	50	15	
7	商品6	630	0		
8	商品7	2200	40	55	
9	商品8	500	50	10	
10	商品9	1500	80	18.75	
11	商品10	1000	25	40	
12					

选择D2单元格，输入公式“=IFERROR(B2/C2,"")”，随后将公式向下方填充，此时公式返回的错误值已经被隐藏。

函数10 IFNA

——检查公式是否返回“#N/A”错误

语法格式：=IFNA(值,N/A值)

参数介绍：

❖ 值：为必需参数。表示需要检查是否存在“#N/A”错误的参数。如果该参数是数组公式，则IFNA返回“值”中指定区域内每个单元格的结果数组。

❖ N/A值：表示当公式计算结果为“#N/A”错误时返回的值。如果第一参数或该参数为空白单元格，则IFNA会视为空字符串值("")。

● 函数应用实例：处理“#N/A”错误

使用VLOOKUP函数❶查询数据时，当查询表中找不到要查询的内容时会返回错误值“#N/A”。下面将使用IFNA函数隐藏错误值“#N/A”，并返回指定的文本。

F2 fx =VLOOKUP(E2,$A$2:$C$9,3,FALSE)

	A	B	C	D	E	F	G
1	产品名称	产品规格	产品价格		查询	价格	
2	液晶显示器	XYT5-5P	¥7,800.00		主机箱	¥3,200.00	
3	主机箱	JSS-1Q	¥3,200.00		无线鼠标	¥190.00	
4	机械键盘	WWA-7W	¥520.00		蓝牙耳机	#N/A	
5	高速优盘	TW-115	¥480.00		线控耳机	¥150.00	
6	无线鼠标	TEB-15T	¥190.00				
7	线控耳机	BBS-1T	¥150.00				
8	桌面音箱	TDX-11	¥230.00				
9	无线键盘	QI-101	¥430.00				
10							

Step01：

查询产品价格

① 选择F2单元格，输入公式“=VLOOKUP(E2,$A$2:$C$9,3,FALSE)”，随后向下方填充公式，此时“蓝牙耳机”所对应的位置返回的是错误值“#N/A”。这是由于查询的区域中不包含“蓝牙耳机”这个产品。

F2 fx =IFNA(VLOOKUP(E2,$A$2:$C$9,3,FALSE),"查询不到商品")

	A	B	C	D	E	F	G	H
1	产品名称	产品规格	产品价格		查询	价格		
2	液晶显示器	XYT5-5P	¥7,800.00		主机箱	¥3,200.00		
3	主机箱	JSS-1Q	¥3,200.00		无线鼠标	¥190.00		
4	机械键盘	WWA-7W	¥520.00		蓝牙耳机	查询不到商品		
5	高速优盘	TW-115	¥480.00		线控耳机	¥150.00		
6	无线鼠标	TEB-15T	¥190.00					
7	线控耳机	BBS-1T	¥150.00					
8	桌面音箱	TDX-11	¥230.00					
9	无线键盘	QI-101	¥430.00					
10								

Step02：

处理“#N/A”错误

② 修改F2单元格中的公式为“=IFNA(VLOOKUP(E2,$A$2:$C$9,3,FALSE),"查询不到商品")”，随后重新向下方填充公式，此时“蓝牙耳机”所对应的位置则会返回“查询不到商品”的文本。

提示：本例公式也可使用IFERROR函数代替IFNA函数，公式的返回结果完全相同。

❶ VLOOKUP的使用方法详见本书第5章。

函数11 SWITCH
——根据值列表计算第一个值，并返回与第一个匹配值对应的结果

语法格式：=SWITCH(表达式,值1,结果1,值2,结果2,...)

参数介绍：

❖ 表达式：为必需参数。表示要计算的表达式。

❖ 值1：为必需参数。表示要与表达式进行比较的第一个值。如果相关的表达式为TRUE，则返回此部分的数值或表达式。

❖ 结果1：为必需参数。表示在对应值与表达式匹配时要返回的结果。

❖ 值2：为可选参数。表示要与表达式进行比较的第二个值。

❖ 结果2,...：为可选参数。表示在对应值与表达式匹配时要返回的结果。该函数最多可计算126个匹配的值和结果。

● 函数应用实例：**根据产品名称查询产品规格**

下面将使用SWITCH函数根据产品名称查询对应的产品规格。

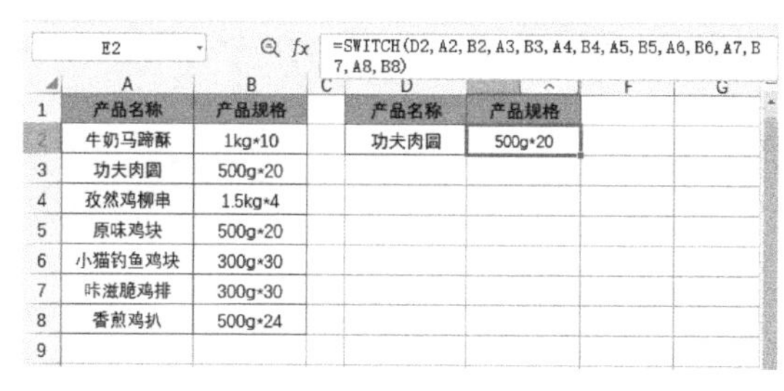

E2 =SWITCH(D2,A2,B2,A3,B3,A4,B4,A5,B5,A6,B6,A7,B7,A8,B8)

	A	B	C	D	E
1	产品名称	产品规格		产品名称	产品规格
2	牛奶马蹄酥	1kg*10		功夫肉圆	500g*20
3	功夫肉圆	500g*20			
4	孜然鸡柳串	1.5kg*4			
5	原味鸡块	500g*20			
6	小猫钓鱼鸡块	300g*30			
7	咔滋脆鸡排	300g*30			
8	香煎鸡扒	500g*24			

选择D2单元格，输入公式“=SWITCH(D2,A2,B2,A3,B3,A4,B4,A5,B5,A6,B6,A7,B7,A8,B8)”，输入产品名称，按下【Enter】键，即可返回对应产品的规格。

提示：当要查询的“产品名称”单元格中保持空白时，公式将会返回错误值。若不想让公式返回错误值，可为公式嵌套一个IFERROR函数。

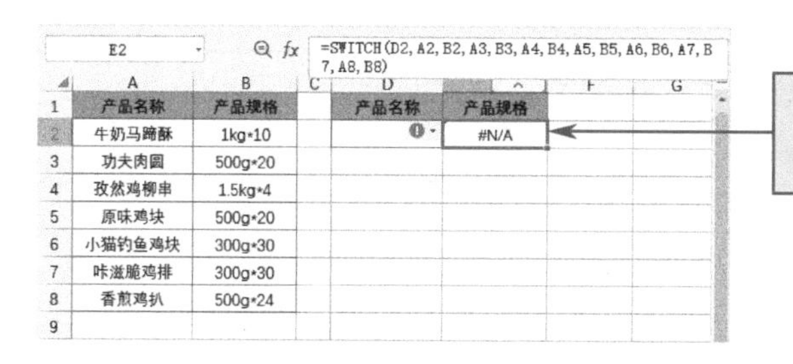

E2 =SWITCH(D2,A2,B2,A3,B3,A4,B4,A5,B5,A6,B6,A7,B7,A8,B8)

	A	B	C	D	E
1	产品名称	产品规格		产品名称	产品规格
2	牛奶马蹄酥	1kg*10			#N/A
3	功夫肉圆	500g*20			
4	孜然鸡柳串	1.5kg*4			
5	原味鸡块	500g*20			
6	小猫钓鱼鸡块	300g*30			
7	咔滋脆鸡排	300g*30			
8	香煎鸡扒	500g*24			

要查询的产品名称为空白时，公式返回错误值“#N/A”

E2 =IFERROR(SWITCH(D2,A2,B2,A3,B3,A4,B4,A5,B5,A6,B6,A7,B7,A8,B8),"")

	A	B	C	D	E	F	G
1	产品名称	产品规格		产品名称	产品规格		
2	牛奶马蹄酥	1kg*10					
3	功夫肉圆	500g*20					
4	孜然鸡柳串	1.5kg*4					
5	原味鸡块	500g*20					
6	小猫钓鱼鸡块	300g*30					
7	咔滋脆鸡排	300g*30					
8	香煎鸡扒	500g*24					
9							

修改公式为"=IFERROR(SWITCH(D2,A2,B2,A3,B3,A4,B4,A5,B5,A6,B6,A7,B7,A8,B8),"")"，屏蔽错误值

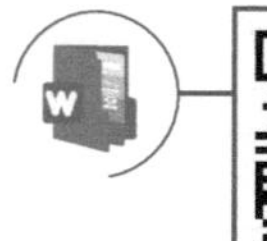

扫码观看
本章视频

第5章 查找与引用函数

工作中经常需要进行各种查询操作，例如从工资表中查询某月的工资、从销售报表中查询指定商品的销量、从成绩表中查询某科的成绩等，这时需要使用查找与引用函数。本章将对WPS表格中常用查找与引用函数的使用方法进行详细介绍。

查找与引用函数一览

WPS表格中包含了二十种查找与引用函数，下面将对这些函数进行罗列并对其作用进行说明。

（1）常用函数

查找与引用函数包括查找函数和引用函数两大类。其中，常用的查找函数包括VLOOKUP、HLOOKUP、LOOKUP、MATCH、CHOOSE等，常用的引用函数包括INDEX、OFFSET、ROW、COLUMN等。

序号	函数	作用
1	ADDRESS	根据指定行号和列（列标）建立文本类型的单元格地址
2	AREAS	返回引用中的区域个数。区域是指连续的单元格区域或单个单元格
3	CHOOSE	可以根据索引号从最多254个数值中选择一个
4	COLUMN	返回指定单元格引用的列号
5	COLUMNS	返回数组或引用的列数
6	GETPIVOTDATA	返回存储在数据透视表中的数据
7	HLOOKUP	在表格的首行或数值数组中搜索值，然后返回表格或数组中当前列中指定行处的数值
8	HYPERLINK	创建跳转到当前工作簿中的其他位置或用以打开存储在网络服务器、Intranet或Internet中的文件

续表

序号	函数	作用
9	INDEX	返回指定行列交叉处引用的单元格
10	INDIRECT	返回由文本、字符串指定的引用
11	LOOKUP	从单行单列或从数组中查找一个值
12	MATCH	在范围单元格中搜索特定的项，然后返回该项在此区域中的相对位置
13	OFFSET	以指定引用为参照系，通过给定偏移量得到新引用
14	ROW	返回引用的行号
15	ROWS	返回引用或数组的行数
16	TRANSPOSE	转置数组或工作表上单元格区域的垂直和水平方向
17	VLOOKUP	在数组或表格第一列中查找，将一个数组或表格中一列数据引用到另外一个表中

（2）其他函数

下表对工作中使用频率不高的查找与引用函数进行了整理，用户可浏览其大概作用。

序号	函数	作用
1	EVALUATE	对以文字表示的一个公式或表达式求值，并返回结果
2	RTD	从支持 COM 自动化的程序中检索实时数据
3	FIELDVALUE	从给定记录的字段中提取值

函数 1 VLOOKUP

——查找指定的数值，并返回当前行中指定列处的数值

语法格式：=VLOOKUP(查找值,数据表,列序数,匹配条件)

参数介绍：

❖ 查找值：为必需参数。表示需要在数据表第一列中查找的值。该参数可以是数值、引用或文本字符串。

❖ 数据表：为必需参数。表示指定的查找范围。该参数可以使用对区域或区域名称的引用。

❖ 列序数：为必需参数。表示待返回的匹配值的序列号。指定为1时，返回数据表第一列中的数值；指定为2时，返回数据表第二列中的数值，以此类推。

❖ 匹配条件：为可选参数。表示在查找时是精确匹配还是大致匹配。FALSE表示精确匹配，TRUE或省略表示大致匹配。

使用说明：

VLOOKUP函数将按照指定的查找值从数据表中查找相应的数据。使用此函数的重点是第四参数的设定。VLOOKUP函数是按照指定查找的数据返回当前行中指定列处的数值。如果按照指定查找的数据返回当前列中指定行处的数值，可参照HLOOKUP函数。

● 函数应用实例1：根据员工编号查询所属部门

下面将使用VLOOKUP函数从员工基本信息表中，根据员工编号查询对应的所属部门。

Step01：

选择函数

① 选择H3单元格。

② 打开“公式”选项卡，单击“查找与引用”下拉按钮。

③ 在展开的下拉列表中选择“VLOOKUP”选项。

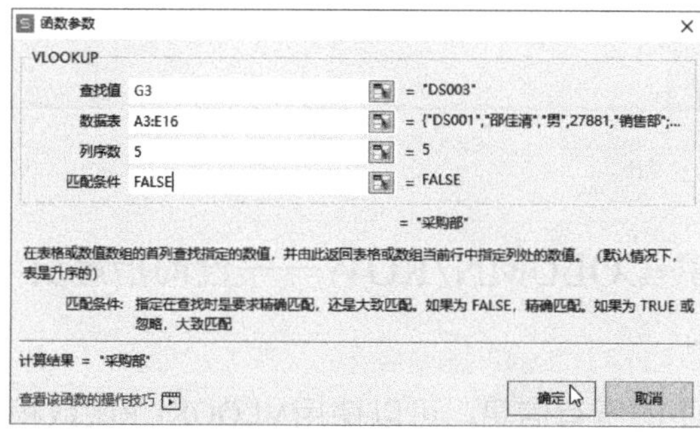

Step02：

设置参数

④ 系统随即弹出“函数参数”对话框，依次设置参数为“G3”“A3:E16”“5”“FALSE”。

⑤ 参数设置完后单击“确定”按钮，关闭对话框。

H3 =VLOOKUP(G3,A3:E16,5,FALSE)

	A	B	C	D	E	F	G	H
1	员工基本信息表						查询表	
2	员工编号	员工姓名	性别	出生日期	所属部门		员工编号	所属部门
3	DS001	邵佳清	男	1976/5/1	销售部		DS003	采购部
4	DS002	赵祥	男	1989/3/18	企划部			
5	DS003	甄乔乔	女	1989/2/5	采购部			
6	DS004	章强	女	1990/3/13	采购部			
7	DS005	李敏	男	1970/4/10	运营部			
8	DS006	程浩然	女	1980/8/1	生产部			
9	DS007	孙尚香	男	1981/10/29	质检部			
10	DS008	李媛	男	1980/9/7	采购部			
11	DS009	张籽沐	女	1991/12/14	采购部			
12	DS010	葛常杰	男	1994/5/28	生产部			
13	DS011	南青	男	1995/5/30	运营部			
14	DS012	王卿	女	1980/3/15	财务部			
15	DS013	汪强	男	1980/4/5	财务部			
16	DS014	乔恩	女	1986/3/3	生产部			
17								

Step03：
返回计算结果

⑥ 返回工作表，此时H3单元格中已经返回了查询结果。

● 函数应用实例2：根据实际销售业绩查询应发奖金金额

某公司根据员工的实际业绩发放奖金。由于不同业绩对应不同的奖金，下面将使用VLOOKUP函数进行模糊匹配，查询实际业绩所对应的奖金。

F2 =VLOOKUP(E2,$A$2:$B$9,2,TRUE)

	A	B	C	D	E	F
1	奖金对照表			姓名	业绩	奖金
2	业绩分段	奖金标准		肖恩	223000	4000
3	0	0		佩奇	35000	
4	50000	500		乔治	60000	
5	100000	2000		翠花	120000	
6	200000	4000		熊二	160000	
7	300000	5000		宝利	580000	
8	400000	6000		安娜	230000	
9	500000	7000		爱莎	90000	
10						

Step01：
输入公式

① 选择F2单元格，输入公式“=VLOOKUP(E2,$A$2:$B$9,2,TRUE)”，按下【Enter】键，即可返回第一个要查询的业绩所对应的奖金。

F2 =VLOOKUP(E2,$A$2:$B$9,2,TRUE)

	A	B	C	D	E	F
1	奖金对照表			姓名	业绩	奖金
2	业绩分段	奖金标准		肖恩	223000	4000
3	0	0		佩奇	35000	0
4	50000	500		乔治	60000	500
5	100000	2000		翠花	120000	2000
6	200000	4000		熊二	160000	2000
7	300000	5000		宝利	580000	7000
8	400000	6000		安娜	230000	4000
9	500000	7000		爱莎	90000	500
10						

Step02：
填充公式

② 选中F2单元格，向下方拖动填充柄，返回其他业绩对应的奖金。

● 函数组合应用：VLOOKUP+COLUMN/ROW——查询指定员工的基本信息

若要从员工信息表中查询指定员工的所有信息，可以使用VLOOKUP函数和

COLUMN❶函数或ROW❷函数编写嵌套公式实现自动查询。

（1）查询表为横向时使用VLOOKUP+COLUMN函数

B20 =VLOOKUP($A$20,$A$3:$E$16,COLUMN(B2),FALSE)

	A	B	C	D	E	F	G
1	员工基本信息表						
2	员工编号	员工姓名	性别	出生日期	所属部门		
3	DS001	邵佳清	男	1976/5/1	销售部		
4	DS002	赵祥	男	1989/3/18	企划部		
5	DS003	甄乔乔	女	1989/2/5	采购部		
6	DS004	章强	女	1990/3/13	采购部		
7	DS005	李敏	男	1970/4/10	运营部		
8	DS006	程浩然	女	1980/8/1	生产部		
9	DS007	孙尚香	男	1981/10/29	质检部		
10	DS008	李媛	男	1980/9/7	采购部		
11	DS009	张籽沐	女	1991/12/14	采购部		
12	DS010	葛常杰	男	1994/5/28	生产部		
13	DS011	南青	男	1995/5/30	运营部		
14	DS012	王卿	女	1980/3/15	财务部		
15	DS013	汪强	男	1980/4/5	财务部		
16	DS014	乔恩	女	1986/3/3	生产部		
17							
18	查询表						
19	员工编号	员工姓名	性别	出生日期	所属部门		
20	DS003	甄乔乔					
21							

Step01：

输入公式

① 选择B20单元格，输入公式“=VLOOKUP($A$20,$A$3:$E$16,COLUMN(B2),FALSE)”，按下【Enter】键，返回当前员工编号所对应的员工姓名。

B20 =VLOOKUP($A$20,$A$3:$E$16,COLUMN(B2),FALSE)

	A	B	C	D	E	F	G
1	员工基本信息表						
2	员工编号	员工姓名	性别	出生日期	所属部门		
3	DS001	邵佳清	男	1976/5/1	销售部		
4	DS002	赵祥	男	1989/3/18	企划部		
5	DS003	甄乔乔	女	1989/2/5	采购部		
6	DS004	章强	女	1990/3/13	采购部		
7	DS005	李敏	男	1970/4/10	运营部		
8	DS006	程浩然	女	1980/8/1	生产部		
9	DS007	孙尚香	男	1981/10/29	质检部		
10	DS008	李媛	男	1980/9/7	采购部		
11	DS009	张籽沐	女	1991/12/14	采购部		
12	DS010	葛常杰	男	1994/5/28	生产部		
13	DS011	南青	男	1995/5/30	运营部		
14	DS012	王卿	女	1980/3/15	财务部		
15	DS013	汪强	男	1980/4/5	财务部		
16	DS014	乔恩	女	1986/3/3	生产部		
17							
18	查询表						
19	员工编号	员工姓名	性别	出生日期	所属部门		
20	DS003	甄乔乔	女	32544	采购部		
21							

Step02：

横向填充公式

② 选择B20单元格，向右侧拖动填充柄，拖动到E20单元格后松开鼠标，自动提取出对应员工编号的其他信息。

提示：此时查询出的“出生日期”信息是以数值的形式显示的，用户可以将其转换成日期格式。

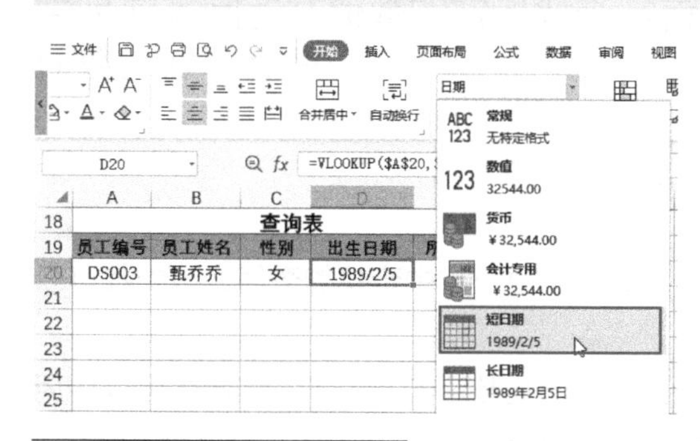

③ 选择要转换格式的单元格，在“开始”选项卡中的“数字”组内单击“数字格式”下拉按钮，从中选择“短日期”选项，即可完成格式转换。

---

❶ COLUMN函数的使用方法详见本书第5章。

❷ ROW函数的使用方法详见本书第5章。

（2）查询表为纵向时使用VLOOKUP+ROW函数

H3 =VLOOKUP($H$2,$A$3:$E$16,ROW(A2),FALSE)

	A	B	C	D	E	F	G	H
1	员工基本信息表						查询表	
2	员工编号	员工姓名	员工性别	出生日期	所属部门		员工编号	DS005
3	DS001	邵佳清	男	1976/5/1	销售部		员工姓名	李敏
4	DS002	赵祥	男	1989/3/18	企划部		员工性别	
5	DS003	甄乔乔	女	1989/2/5	采购部		出生日期	
6	DS004	章强	女	1990/3/13	采购部		所属部门	
7	DS005	李敏	男	1970/4/10	运营部			
8	DS006	程浩然	女	1980/8/1	生产部			
9	DS007	孙尚香	男	1981/10/29	质检部			
10	DS008	李媛	男	1980/9/7	采购部			
11	DS009	张籽沐	女	1991/12/14	采购部			
12	DS010	葛常杰	男	1994/5/28	生产部			
13	DS011	南青	男	1995/5/30	运营部			
14	DS012	王卿	女	1980/3/15	财务部			
15	DS013	汪强	男	1980/4/5	财务部			
16	DS014	乔恩	女	1986/3/3	生产部			
17								

Step01：

输入公式

① 选择H3单元格，输入公式“=VLOOKUP($H$2,$A$3:$E$16,ROW(A2),FALSE)”，按下【Enter】键，返回当前员工编号所对应的员工姓名。

H3 =VLOOKUP($H$2,$A$3:$E$16,ROW(A2),FALSE)

	A	B	C	D	E	F	G	H
1	员工基本信息表						查询表	
2	员工编号	员工姓名	员工性别	出生日期	所属部门		员工编号	DS005
3	DS001	邵佳清	男	1976/5/1	销售部		员工姓名	李敏
4	DS002	赵祥	男	1989/3/18	企划部		员工性别	男
5	DS003	甄乔乔	女	1989/2/5	采购部		出生日期	25668
6	DS004	章强	女	1990/3/13	采购部		所属部门	运营部
7	DS005	李敏	男	1970/4/10	运营部			
8	DS006	程浩然	女	1980/8/1	生产部			
9	DS007	孙尚香	男	1981/10/29	质检部			
10	DS008	李媛	男	1980/9/7	采购部			
11	DS009	张籽沐	女	1991/12/14	采购部			
12	DS010	葛常杰	男	1994/5/28	生产部			
13	DS011	南青	男	1995/5/30	运营部			
14	DS012	王卿	女	1980/3/15	财务部			
15	DS013	汪强	男	1980/4/5	财务部			
16	DS014	乔恩	女	1986/3/3	生产部			
17								

Step02：

纵向填充公式

② 选中H3单元格，向下拖动填充柄，拖动至H6单元格后松开鼠标，此时即可自动提取出对应员工编号的其他信息。

函数 2 HLOOKUP

——在首行查找指定的数值并返回当前列中指定行处的数值

语法格式：=HLOOKUP(查找值,数据表,行序数,匹配条件)

参数介绍：

❖ 查找值：为必需参数。表示需要在数据表第一行中查找的数值。该参数可以是数值、引用或文本字符串。

❖ 数据表：为必需参数。表示需要在其中查找数据的数据表。该参数可以使用对区域或区域名称的引用。例如，指定商品的数据区域等。

❖ 行序数：为必需参数。表示待返回的匹配值的序列号。表中第一行序列号为

1，以此类推。

❖ 匹配条件：为可选参数。表示指定在查找时是精确匹配还是大致匹配。FALSE表示精确匹配，TRUE或省略表示大致匹配。

使用说明：

HLOOKUP函数将按照指定的查找值查找数据表中相对应的数据。使用此函数的重点是匹配查找。HLOOKUP函数是按照指定查找的数据返回当前列指定行处的数值。如果按照指定查找的数据返回当前行中指定列处的数值，可参照VLOOKUP函数。

● 函数应用实例：查询产品在指定日期的出库数量

表格中记录了A产品和B产品每日的出库数量，下面将使用HLOOKUP函数查询这两种产品在指定日期的出库数量。

F3 | fx =HLOOKUP(E3, $A$1:$C$10, 6, FALSE)

	A	B	C	D	E	F	G
1	日期	A产品	B产品		出库数量		
2	2021/8/1	12	28		产品	2021/8/5	
3	2021/8/2	16	21		A产品	17	
4	2021/8/3	15	30		B产品	28	
5	2021/8/4	20	33				
6	2021/8/5	17	28				
7	2021/8/6	22	19				
8	2021/8/7	25	24				
9	2021/8/8	18	32				
10	2021/8/9	14	35				
11							

选择F3单元格，输入公式“=HLOOKUP(E3,$A$1:$C$10,6,FALSE)”，随后将公式向下方填充，即可查询出A产品和B产品“2021/8/5”的出库数量。

● 函数组合应用：HLOOKUP+MATCH——查询产品出库数量时自动判断日期位置

上一个案例中使用HLOOKUP函数查询指定日期需要手动确认日期的位置，在数据量很大的情况下手动确认既麻烦也容易出错，此时可以使用MATCH函数自动提取指定数据的位置。

F3 | fx =HLOOKUP(E3, $A$1:$C$10, MATCH($F$2, $A$1:$A$10, 0), FALSE)

	A	B	C	D	E	F	G	H
1	日期	A产品	B产品		出库数量			
2	2021/8/1	12	28		产品	2021/8/5		
3	2021/8/2	16	21		A产品	17		
4	2021/8/3	15	30		B产品	28		
5	2021/8/4	20	33					
6	2021/8/5	17	28					
7	2021/8/6	22	19					
8	2021/8/7	25	24					
9	2021/8/8	18	32					
10	2021/8/9	14	35					
11								

选择F3单元格，输入公式“=HLOOKUP(E3,$A$1:$C$10,MATCH($F$2,$A$1:$A$10,0),FALSE)”，随后将公式向下方填充，提取出两款产品在指定日期的出库数量。

F3 =HLOOKUP(E3,$A$1:$C$10,MATCH($F$2,$A$1:$A$10,0),FALSE)

	A	B	C
1	日期	A产品	B产品
2	2021/8/1	12	28
3	2021/8/2	16	21
4	2021/8/3	15	30
5	2021/8/4	20	33
6	2021/8/5	17	28
7	2021/8/6	22	19
8	2021/8/7	25	24
9	2021/8/8	18	32
10	2021/8/9	14	35

出库数量	
产品	2021/8/8
A产品	18
B产品	32

修改日期后，自动返回对应的出库数量

提示：若修改查询日期，不用修改公式，A产品和B产品的出库数量会自动更新。

函数3 LOOKUP

——从单行单列或从数组中查找一个值

语法格式：=LOOKUP(查找值,查找向量,返回向量)

参数介绍：

❖ 查找值：为必需参数。表示用数值或单元格号指定所要查找的值。该参数可以是数值、文本、逻辑值，也可以是数值的名称或引用。

❖ 查找向量：为必需参数。表示在一行或一列的区域内指定检查范围。该参数只包含单行或单列的单元格区域，其值为文本、数值或逻辑值且以升序排序。

❖ 返回向量：为可选参数。表示指定函数返回值的单元格区域。该参数只包含单行或单列的单元格区域，其大小必须与第二参数相同。

● 函数应用实例：根据姓名查询销量

下面将使用LOOKUP函数的向量形式从销售数据表中查询指定员工的销量。

数据透视表 自动筛选 全部显示 重新应用 排序 重复项 数据对比 股票 基金

升序(S) 降序(O) 自定义排序(U)...

	A	B	C	D	E	F	G	H
1	序号	姓名	性别	销量	地区		姓名	销量
2	1	张东	男	77	华东		孙丹	
3	2	万晓	女	68	华南			
4	3	李斯	男	32	华北			
5	4	刘冬	男	45	华中			
6	5	郑丽	女	72	华北			
7	6	马伟	男	68	华北			
8	7	孙丹	女	15	华东			
9	8	蒋钦	男	98	华中			
10	9	钱亮	男	43	华南			
11	10	丁茜	女	50	华南			

Step01：

对姓名字段执行升序排序

① 选择B列中包含数据的任意一个单元格，打开“数据”选项卡，单击“排序”下拉按钮，从展开的列表中选择“升序”选项，将所有“姓名”按升序排序。

特别说明：输入公式前一定要对检索范围进行升序排序，否则公式将返回错误值“#N/A”。

H2　fx　=LOOKUP(G2,B2:B11,D2:D11)

	A	B	C	D	E	F	G	H
1	序号	姓名	性别	销量	地区		姓名	销量
2	10	丁茜	女	50	华南		孙丹	15
3	8	蒋钦	男	98	华中			
4	3	李斯	男	32	华北			
5	4	刘冬	男	45	华中			
6	6	马伟	男	68	华北			
7	9	钱亮	男	43	华南			
8	7	孙丹	女	15	华东			
9	2	万晓	女	68	华南			
10	1	张东	男	77	华东			
11	5	郑丽	女	72	华北			
12								

Step02：

输入公式查询指定姓名的销量

② 选择H2单元格，输入公式“=LOOKUP(G2,B2:B11,D2:D11)”，按下【Enter】键，即可返回要查询的姓名所对应的销量。

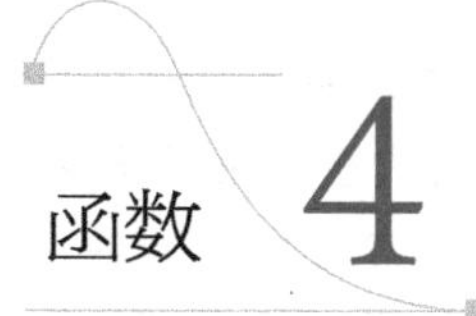

函数4 INDEX

——返回指定行列交叉处引用的单元格

语法格式：=INDEX(数组,行序数,列序数,区域序数)

参数介绍：

❖ 数组：为必需参数。表示指定的检索范围，例如指定商品的数据区域。也可指定多个单元格区域，用()把全体单元格区域引起来，用逗号区分各单元格区域。

❖ 行序数：为必需参数。表示引用中某行的行号，函数从该行返回一个引用。从首行数组开始查找，指定返回第几行的行号。如果超出指定范围数值，则返回错误值“#REF!”。如果数组只有一行，则省略此参数。

❖ 列序数：为可选参数。表示引用中某列的列标，函数从该列返回一个引用。从首列数组开始查找，指定返回第几列的列标。如果超出指定范围数值，则返回错误值“#REF!”。如果数组只有一列，则省略此参数。

❖ 区域序数：为可选参数。表示指定要返回的行列交叉点位于引用区域组中的第几个区域。第一个区域为1，第二个区域为2，以此类推。若省略，默认使用区域1。

● 函数应用实例1：提取指定行列交叉处的值

下面将使用INDEX函数提取指定行列交叉处的值。

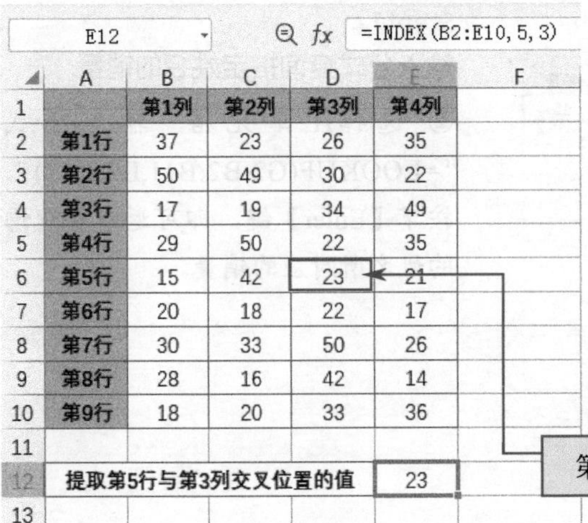

E12 =INDEX(B2:E10,5,3)

	A	B	C	D	E	F
1		第1列	第2列	第3列	第4列	
2	第1行	37	23	26	35	
3	第2行	50	49	30	22	
4	第3行	17	19	34	49	
5	第4行	29	50	22	35	
6	第5行	15	42	23	21	
7	第6行	20	18	22	17	
8	第7行	30	33	50	26	
9	第8行	28	16	42	14	
10	第9行	18	20	33	36	
11						
12	提取第5行与第3列交叉位置的值				23	
13						

选择E12单元格，输入公式“=INDEX(B2:E10,5,3)”，按下【Enter】键，即可从指定的数值区域中提取出指定行列交叉处的值。

提示：INDEX函数不仅能提取行列交叉处的某一个值，也可提取整行、整列或整个数据区域中的值。

E12 =INDEX(B2:E10,0,2)

	A	B	C	D	E	F
1		第1列	第2列	第3列	第4列	
2	第1行	37	23	26	35	
3	第2行	50	49	30	22	
4	第3行	17	19	34	49	
5	第4行	29	50	22	35	
6	第5行	15	42	23	21	
7	第6行	20	18	22	17	
8	第7行	30	33	50	26	
9	第8行	28	16	42	14	
10	第9行	18	20	33	36	
11						
12	提取第2列中的所有值				#VALUE!	
13	提取第6行中的所有值				17	
14	提取整个数据区域的值				#VALUE!	
15						

=INDEX(B2:E10,0,2)

=INDEX(B2:E10,6,0)

=INDEX(B2:E10,,)

由于一个单元格中无法显示一个区域中的值，所以公式会返回错误值，或只显示与公式位置对应的某一个值。这并不表示公式提取有误。

E12 =SUM(INDEX(B2:E10,0,2))

	A	B	C	D	E	F
1		第1列	第2列	第3列	第4列	
2	第1行	37	23	26	35	
3	第2行	50	49	30	22	
4	第3行	17	19	34	49	
5	第4行	29	50	22	35	
6	第5行	15	42	23	21	
7	第6行	20	18	22	17	
8	第7行	30	33	50	26	
9	第8行	28	16	42	14	
10	第9行	18	20	33	36	
11						
12	对第2列中的所有值求和				270	
13	对第6行中的所有值求和				77	
14	对整个数据区域的值求和				1051	
15						

=SUM(INDEX(B2:E10,0,2))

=SUM(INDEX(B2:E10,6,0))

=SUM(INDEX(B2:E10,,))

为INDEX函数嵌套SUM函数，对提取的值进行求和，公式均可以返回求和结果，从而可验证INDEX函数所提取的区域值是正确的。

- 函数应用实例2：**查询指定收发地的物流收费标准**

某物流公司制作的物流首重费用查询表如下，使用INDEX函数根据发货地和收货地查询对应的物流费用。

K15　fx =INDEX(C4:K12,H15,J15)

物流首重费用查询表										
发货地 / 收货地		1	2	3	4	5	6	7	8	9
		北京	深圳	上海	广东	四川	山东	南京	杭州	芜湖
1	北京	6	9	11	12	11	11	10	15	15
2	深圳	6	9	12	6	7	7	8	12	12
3	上海	9	6	6	6	6	6	7	8	9
4	广东	11	6	6	6	6	6	7	8	9
5	四川	11	6	6	6	6	6	6	7	8
6	山东	11	7	6	7	6	6	6	7	8
7	南京	11	7	6	9	7	6	5	6	7
8	杭州	13	8	7	12	8	7	5	6	7
9	芜湖	12	11	8	7	8	7	7	7	6

发货地	代码	收货地	代码	费用
上海	3	山东	6	6

选择K15单元格，输入公式“=INDEX(C4:K12,H15,J15)”，按下【Enter】键，即可返会查询结果。

- 函数应用实例3：**从多个区域中提取指定区域中行列交叉位置的值**

INDEX函数还可以设置多个查询区域。下面将使用INDEX函数从多个区域中指定其中一个区域，并从中提取指定行列交叉处的值。假设需要从指定的三个区域中提取第二个区域中第4行与第3列交叉处的值。

G10　fx =INDEX((A1:A8,C1:E8,G1:H6),4,3,2)

	A	B	C	D	E	F	G	H	I
1	42		67	23	17		12	16	
2	36		25	11	77		25	11	
3	36		31	54	86		29	13	
4	45		68	26	51		12	13	
5	35		67	83	30		18	13	
6	48		26	50	87		27	26	
7	30		77	49	87				
8	38		12	17	27				
9									
10	提取第二个区域中第4行，第3列中的值						51		

选择G10单元格，输入公式“=INDEX((A1:A8,C1:E8,G1:H6),4,3,2)”，按下【Enter】键，即可从“A1:A8,C1:E8,G1:H6”这三个区域中提取出第二个区域中第4行与第3列交叉处的值。

- 函数应用实例4：**从多个年度中提取指定年度和季度某商品的销售数据**

下面将从2020年和2021年的商品销售表中提取2021年3季度吹风机的销售数据。

H3 =INDEX((C3:F10,C14:F21),4,3,2)

	A	B	C	D	E	F	G	H
1	2020年							
2	商品名称	商品代码	1季度	2季度	3季度	4季度		2021年吹风机3季度的销量
3	美容仪	1	113	73	147	151		276
4	洗牙器	2	96	70	50	104		
5	加湿器	3	161	162	133	103		
6	吹风机	4	65	194	199	91		
7	卷发器	5	175	179	99	155		
8	直发梳	6	165	53	174	116		
9	拉直板	7	53	107	155	67		
10	洁面仪	8	134	170	192	55		
11								
12	2021年							
13	商品名称	商品代码	1季度	2季度	3季度	4季度		
14	美容仪	1	133	229	231	218		
15	洗牙器	2	164	95	256	93		
16	加湿器	3	241	218	110	123		
17	吹风机	4	285	100	276	140		
18	卷发器	5	145	99	151	275		
19	直发梳	6	87	131	285	222		
20	拉直板	7	121	111	149	100		
21	洁面仪	8	289	96	260	289		
22								

选择H3单元格，输入公式“=INDEX((C3:F10,C14:F21),4,3,2)”，按下【Enter】键，即可返回指定位置的销售数据。

函数5 GETPIVOTDATA——返回存储在数据透视表中的数据

语法格式：=GETPIVOTDATA(查询字段0,数据透视表区域0,字段名1,字段值1,...)

参数介绍：

❖ 查询字段0：为必需参数。表示包含需检索数据的数据字段的名称。该参数需要用引号引起来。

❖ 数据透视表区域0：为必需参数。表示在数据透视表中对任何单元格、单元格区域或定义的单元格区域的引用。该信息用于决定哪个数据透视表包含要检索的数据。如果第二参数并不代表找到了数据透视表的区域，则GETPIVOTDATA函数将返回错误值“#REF!”。

❖ 字段名1：为必需参数。表示要引用的字段，最多可设置126个字段。

❖ 字段值1：为必需参数。表示要引用的字段项，最多可设置126个字段项。

使用数据透视表，能够比较简单地统计大量的数据。

● 函数应用实例：检索乐器销售数据

下面将使用GETPIVOTDATA函数从乐器销售表中检索指定乐器的销售数据。首先根据数据源创建出数据透视表。

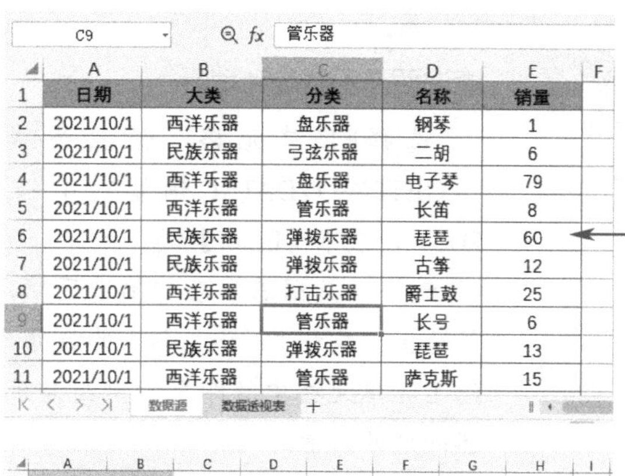

C9 | fx 管乐器

	A	B	C	D	E
1	日期	大类	分类	名称	销量
2	2021/10/1	西洋乐器	盘乐器	钢琴	1
3	2021/10/1	民族乐器	弓弦乐器	二胡	6
4	2021/10/1	西洋乐器	盘乐器	电子琴	79
5	2021/10/1	西洋乐器	管乐器	长笛	8
6	2021/10/1	民族乐器	弹拨乐器	琵琶	60
7	2021/10/1	民族乐器	弹拨乐器	古筝	12
8	2021/10/1	西洋乐器	打击乐器	爵士鼓	25
9	2021/10/1	西洋乐器	管乐器	长号	6
10	2021/10/1	民族乐器	弹拨乐器	琵琶	13
11	2021/10/1	西洋乐器	管乐器	萨克斯	15

	A	B	C	D	E	F	G	H	I
1	大类	(全部)							
2	名称	(全部)							
3									
4	求和项:销量	分类							
5	日期	打击乐器	弹拨乐器	电子声乐器	弓弦乐器	管乐器	盘乐器	弦乐器	总计
6	2021/10/1	25	85		6	29	80		225
7	2021/10/2	30	112	79		32	62	303	618
8	2021/10/3		136		24	3	36		199
9	2021/10/4	52	179			81			312
10	2021/10/5	60	170			8	51	138	427
11	2021/10/6		249	130	13			66	458

数据源 数据透视表

数据透视表

B17 | fx =GETPIVOTDATA("销量",A4,A15,A7,A16,B16)

	A	B	C	D	E	F	G	H	I
1	大类	(全部)							
2	名称	(全部)							
3									
4	求和项:销量	分类							
5	日期	打击乐器	弹拨乐器	电子声乐器	弓弦乐器	管乐器	盘乐器	弦乐器	总计
6	2021/10/1	25	85		6	29	80		225
7	2021/10/2	30	112	79		32	62	303	618
8	2021/10/3		136		24	3	36		199
9	2021/10/4	52	179			81			312
10	2021/10/5	60	170			8	51	138	427
11	2021/10/6		249	130	13			66	458
12	2021/10/7		179		13	2	40		234
13	总计	167	1110	209	56	155	269	507	2473
14									
15	日期	2021/10/2		西洋乐器					
16	名称	古筝							
17	销量	#REF!							
18									

Step01:

输入公式查询指定日期指定乐器的销量

① 选择B17单元格，输入公式“=GETPIVOTDATA("销量",A4,A15,A7,A16,B16)”，按下【Enter】键，此时公式返回的是错误值“#REF!”。

特别说明：公式返回错误值是由于数据透视表中尚未筛选出要查询的字段。

B17 | fx =GETPIVOTDATA("销量",A4,A15,A7,A16,B16)

	A	B	C
1	大类	(全部)	
2	名称	古筝	
3			
4	求和项:销量	分类	
5	日期	弹拨乐器	总计
6	2021/10/1	12	12
7	2021/10/2	39	39
8	2021/10/3	51	51
9	2021/10/4	106	106
10	2021/10/5	170	170
11	2021/10/6	120	120
12	2021/10/7	106	106
13	总计	604	604
14			
15	日期	2021/10/2	
16	名称	古筝	
17	销量	39	
18			

D15：西洋乐器

筛选“古筝”

返回查询结果

Step02:

筛选名称，返回查询结果

② 在数据透视表的筛选区域，筛选出要查询的名称“古筝”，B17单元格中随即会显示出指定日期和乐器名称的销量查询结果。

E15 =GETPIVOTDATA("销量",A4,A1,D15)

	A	B	C	D	E	F	G
1	大类	西洋乐器					
2	名称	(全部)					
3							
4	求和项:销量	分类					
5	日期	打击乐器	电子声乐器	管乐器	盘乐器	弦乐器	总计
6	2021/10/1	25		29	80		134
7	2021/10/2	30	79	32	62	303	506
8	2021/10/3			3	36		39
9	2021/10/4	52		81			133
10	2021/10/5	60		8	51	138	257
11	2021/10/6		130			66	196
12	2021/10/7			2	40		42
13	总计	167	209	155	269	507	1307
14							
15	日期	2021/10/2		西洋乐器	1307		
16	名称	古筝					

根据条件进行筛选

Step03：

查询西洋乐器总计销量

③ 选择E15单元格，输入公式“=GETPIVOTDATA("销量",A4,A1,D15)”，按下【Enter】键。

④ 随后在数据透视表的筛选区域，筛选出大类为“西洋乐器”的数据。

⑤ E15单元格中随即显示出西洋乐器的总计销量。

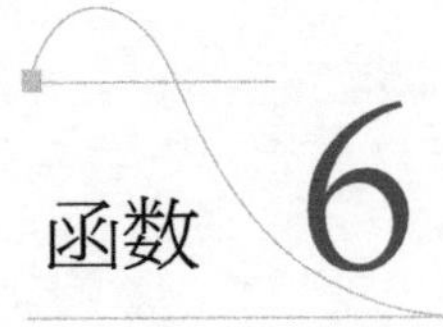

函数 6 CHOOSE

——根据给定的索引值，返回数值参数清单中的数值

语法格式：=CHOOSE(序号,值1,值2,...)

参数介绍：

❖ 序号：为必需参数。表示指明待选参数序号的参数值。该参数必须是介于1～254之间的数值，或者是返回介于1～254之间的引用或公式。

❖ 值1：为必需参数。表示用数值、文本、单元格引用、已定义的名称、公式、函数，或者是CHOOSE从中选定的文本参数。如果指定多个数值，需要用逗号分隔开。

❖ 值2,...：为可选参数。表示用数值、文本、单元格引用、已定义的名称、公式、函数，或者是CHOOSE从中选定的文本参数。CHOOSE函数最多可指定254个参数值。

使用说明：

CHOOSE函数用于返回在参数值指定位置的数据值。如果没有用于检索的其他表，则会把检索处理存储下来。

● 函数应用实例：根据数字代码自动检索家用电器的类型

根据家用电器的相关分类原则，本例将不同类型的家用电器用不同的数字代码表示，下面将根据家用电器的代码和名称自动检索其类型。

C2　fx　=CHOOSE(A2, $F$2, $F$3, $F$4, $F$5, $F$6, $F$7)

	A	B	C	D	E	F	G	H
1	电器代码	电器名称	电器类型		代码	类型		
2	4	微波炉	厨房电器		1	制冷电器		
3	1	冷饮机	制冷电器		2	空调器		
4	2	空调	空调器		3	清洁电器		
5	6	电视机	声像电器		4	厨房电器		
6	4	电烤箱	厨房电器		5	电暖器具		
7	3	电熨斗	清洁电器		6	声像电器		
8	3	吸尘器	清洁电器					
9	2	电扇	空调器					
10	3	洗衣机	清洁电器					
11	1	冰箱	制冷电器					
12	4	电饭煲	厨房电器					
13	5	电热毯	电暖器具					
14	6	投影仪	声像电器					
15	4	电磁炉	厨房电器					
16								

选择C2单元格，输入公式“=CHOOSE(A2,$F$2,$F$3,$F$4,$F$5,$F$6,$F$7)”，随后将公式向下方填充，即可检索到每一种家用电器的类型。

C2　fx　=CHOOSE(A2,"制冷电器","空调器","清洁电器","厨房电器","电暖器具","声像电器")

	A	B	C	D	E	F	G	H
1	电器代码	电器名称	电器类型		代码	类型		
2	4	微波炉	厨房电器		1	制冷电器		
3	1	冷饮机	制冷电器		2	空调器		
4	2	空调	空调器		3	清洁电器		
5	6	电视机	声像电器		4	厨房电器		
6	4	电烤箱	厨房电器		5	电暖器具		
7	3	电熨斗	清洁电器		6	声像电器		
8	3	吸尘器	清洁电器					
9	2	电扇	空调器					
10	3	洗衣机	清洁电器					
11	1	冰箱	制冷电器					
12	4	电饭煲	厨房电器					
13	5	电热毯	电暖器具					
14	6	投影仪	声像电器					
15	4	电磁炉	厨房电器					
16								

提示：本例公式中的检索值也可使用文本常量代替，输入公式“=CHOOSE(A2,"制冷电器","空调器","清洁电器","厨房电器","电暖器具","声像电器")”，返回的结果值是相同的。

● 函数组合应用：CHOOSE+CODE——代码为字母时也能完成自动检索

若代码是字母，可使用CODE函数[1]将字母转换成对应的数字，然后再用CHOOSE函数检索。

C2　fx　=CHOOSE(CODE(A2)-64, $F$2, $F$3, $F$4, $F$5, $F$6, $F$7)

	A	B	C	D	E	F	G	H
1	电器代码	电器名称	电器类型		代码	类型		
2	D	微波炉	厨房电器		A	制冷电器		
3	A	冷饮机	制冷电器		B	空调器		
4	B	空调	空调器		C	清洁电器		
5	F	电视机	声像电器		D	厨房电器		
6	D	电烤箱	厨房电器		E	电暖器具		
7	C	电熨斗	清洁电器		F	声像电器		
8	C	吸尘器	清洁电器					
9	B	电扇	空调器					
10	C	洗衣机	清洁电器					
11	A	冰箱	制冷电器					
12	D	电饭煲	厨房电器					
13	E	电热毯	电暖器具					
14	F	投影仪	声像电器					
15	D	电磁炉	厨房电器					
16								

选择C2单元格，输入公式“=CHOOSE(CODE(A2)－64,$F$2,$F$3,$F$4,$F$5,$F$6,$F$7)”，随后将公式向下方填充，即可检索到所有电器的类型。

特别说明：字母A返回的数字为65，字母B返回的数字为66，以此类推，所以为CODE函数的每个提取结果减去64，则得到1、2、3…的参数序列。

[1] CODE函数的使用方法详见本书第6章。

函数7 MATCH

——返回指定方式下与指定数值匹配的元素的相应位置

语法格式：=MATCH(查找值,查找区域,匹配类型)

参数介绍：

❖ 查找值：为必需参数。表示在查找范围内按照查找类型指定的查找值。该参数可以为数值（数字、文本或逻辑值）或对数字、文本或逻辑值的单元格引用。

❖ 查找区域：为必需参数。表示在1行或1列指定查找值的连续单元格区域。该参数可以为数组或数组引用。

❖ 匹配类型：为可选参数。表示指定检索查找值的方法。该参数用数字－1、0或1表示。

指定检索查找值所对应的检索方法见下表。

第三参数值	检索方法
1或省略	MATCH函数查找小于或等于第一参数的最大数值，此时第二参数必须按升序排列，否则不能得到正确的结果
0	MATCH函数查找等于第二参数的第一个数值。如果不是第一个数值，则返回错误值"#N/A!"
－1	MATCH函数查找大于或等于第二参数的最小数值，此时第二参数必须按降序排列，否则不能得到正确的结果

使用说明：

MATCH函数将按照指定的查找类型，返回与指定数值匹配的元素的位置。如果查找到符合条件的值，则该函数的返回值为该值在数组中的位置。

● 函数应用实例1：**检索商品入库次序**

下面将使用MATCH函数根据入库等级表中的数据精确查询指定商品的入库次序。

F2 =MATCH(E2,B2:B10,0)

	A	B	C	D	E	F	G
1	入库日期	入库商品	入库数量		入库商品	入库顺序	
2	2021/6/1	棉质油画布框	10		炭精条	6	
3	2021/6/1	36色马克笔	20				
4	2021/6/1	亚麻油画布框	5				
5	2021/6/1	24色油画棒	30				
6	2021/6/1	彩色铅笔	120				
7	2021/6/1	炭精条	300				
8	2021/6/1	旋转油画棒	22				
9	2021/6/1	花朵型蜡笔	15				
10	2021/6/1	42色水粉	12				
11							

选择F2单元格，输入公式"=MATCH(E2,B2:B10,0)"，按下【Enter】键，即可返回查询结果。

● 函数应用实例2：**检索积分所对应的档次**

很多商家举办会员积分兑换礼品的活动。根据会员拥有的实际积分，利用MATCH函数进行模糊匹配，可快速查询出该积分所对应的积分档次。

F2　fx　=MATCH(E2,B2:B7,1)

	A	B	C	D	E	F	G
1	档次	积分	可兑换礼品		实际积分	档次	
2	1	2000	玻璃杯		3200	2	
3	2	3000	自拍杆				
4	3	5000	晴雨伞				
5	4	7000	保温杯				
6	5	9000	电炖锅				
7	6	10000	乳胶枕				
8							

选择F2单元格，输入公式“=MATCH(E2,B2:B7,1)”，按下【Enter】键，即可返回相应积分所对应的档次。

● 函数组合应用：**MATCH+INDEX——根据会员积分查询可兑换的礼品**

使用MATCH函数与INDEX函数[1]嵌套编写公式，根据会员所拥有的实际积分查询可兑换的礼品。

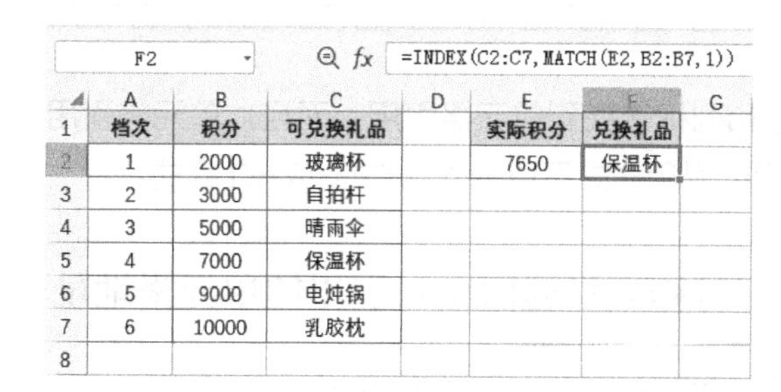
F2　fx　=INDEX(C2:C7,MATCH(E2,B2:B7,1))

	A	B	C	D	E	F	G
1	档次	积分	可兑换礼品		实际积分	兑换礼品	
2	1	2000	玻璃杯		7650	保温杯	
3	2	3000	自拍杆				
4	3	5000	晴雨伞				
5	4	7000	保温杯				
6	5	9000	电炖锅				
7	6	10000	乳胶枕				
8							

选择F2单元格，输入公式“=INDEX(C2:C7,MATCH(E2,B2:B7,1))”，按下【Enter】键，即可查询出实际的积分可兑换的礼品。

函数8 ADDRESS

——按给定的行号和列标，建立文本类型的单元格地址

语法格式：=ADDRESS(行序数,列序数,引用类型,引用样式,工作表名称)

[1] INDEX函数的使用方法详见本书第5章。

参数介绍：

❖ 行序数：为必需参数。表示在单元格引用中使用的行号。例如，当该参数为1时表示第1行，为2时表示第2行，以此类推。

❖ 列序数：为必需参数。表示在单元格引用中使用的列标。例如，当该参数为1时表示A列，为2时表示B列，以此类推。

❖ 引用类型：为可选参数。表示用1～4或5～8的整数指定返回的单元格引用类型。例如，绝对引用=1，绝对行/相对列=2，相对行/绝对列=3，相对引用=4。

❖ 引用样式：为可选参数。表示用以指定A1或R1C1引用样式的逻辑值。例如，A1样式=1或TRUE，R1C1样式=0或FALSE。

❖ 工作表名称：为可选参数。表示一个文本，指定作为外部引用的工作表的名称。如果省略，则不使用任何工作表名。

引用类型的设置可参照下表。

引用类型（第三参数）值	返回的引用类型	举例
1，5，省略	绝对引用	$A$1
2，6	绝对行号，相对列标	A$1
3，7	绝对列标，相对行号	$A1
4，8	相对引用	A1

使用说明：

ADDRESS函数用于将指定的行号和列标转换到单元格引用。而且，单元格引用类型有绝对引用、混合引用、相对引用，引用样式可以为A1样式、R1C1样式。

● 函数应用实例：根据指定行号和列号返回绝对引用的单元格地址

下面将使用ADDRESS函数根据指定的行号和列号返回绝对引用形式的单元格地址。

VLOOKUP　× ✓ fx　=ADDRESS(A2, B2, 1, 1)

	A	B	C	D	E
1	行号	列号	绝对引用地址		
2	8		=ADDRESS(A2,B2,1,1)		
3	6	2			
4	12	5			
5	10	3			
6	5	6			
7	18	4			
8	22	2			
9					

Step01：输入公式

① 选择C2单元格，输入公式“=ADDRESS(A2,B2,1,1)”。

② 随后按【Enter】键返回结果。

C2		=ADDRESS(A2,B2,1,1)		
	A	B	C	D	E

	A	B	C	D	E
1	行号	列号	绝对引用地址		
2	8	1	$A$8		
3	6	2	$B$6		
4	12	5	$E$12		
5	10	3	$C$10		
6	5	6	$F$5		
7	18	4	$D$18		
8	22	2	$B$22		
9					

Step02:
填充公式

③ 将C2单元格中的公式向下方填充，即可返回所有给定行号和列号所对应的绝对引用地址。

C2　=ADDRESS(A2,B2,1,0)

	A	B	C	D	E
1	行号	列号	绝对引用地址		
2	8	1	R8C1		
3	6	2	R6C2		
4	12	5	R12C5		
5	10	3	R10C3		
6	5	6	R5C6		
7	18	4	R18C4		
8	22	2	R22C2		
9					

R1C1单元格样式

提示：将ADDRESS函数的第四参数设置成0，可返回R1C1单元格样式的引用。

- 函数组合应用：**ADDRESS+MAX+IF+ROW——检索最高月薪所在的单元格地址**

下面将使用ADDRESS函数嵌套MAX函数、IF函数以及ROW函数查询最高月薪在工作表中的哪个单元格内。

E2　=MAX(C2:C16)

	A	B	C	D	E	F	G
1	姓名	职务	月薪		最高薪资	所处位置	
2	嘉怡	主管	5800		8300		
3	李美	经理	6200				
4	吴晓	组长	4600				
5	赵博	部长	8300				
6	陈丹	主管	5300				
7	李佳	主管	6000				
8	陆仟	部长	7600				
9	王鑫	主管	5100				
10	姜雪	经理	6300				
11	李斯	组长	4300				
12	孙尔	组长	3200				
13	刘铭	主管	5800				
14	赵贤	部长	6500				
15	薛策	组长	4800				
16	宋晖	组长	6200				

Step01:
计算最高薪资

① 选择E2单元格，输入公式“=MAX(C2:C16)”，按下【Enter】键，返回最高月薪。

F2 {=ADDRESS(MAX(IF(C2:C16=E2,ROW(2:16))),3)}

	A	B	C	D	E	F	G	H
1	姓名	职务	月薪		最高薪资	所处位置		
2	嘉怡	主管	5800		8300	$C$5		
3	李美	经理	6200					
4	吴晓	组长	4600					
5	赵博	部长	8300					
6	陈丹	主管	5300					
7	李佳	主管	6000					
8	陆仟	部长	7600					
9	王鑫	主管	5100					
10	姜雪	经理	6300					
11	李斯	组长	4300					
12	孙尔	组长	3200					
13	刘铭	主管	5800					
14	赵赟	部长	6500					
15	薛策	组长	4800					
16	宋晖	组长	6200					

按【Ctrl+Shift+Enter】组合键

Step02：

计算最高月薪所在的单元格位置

② 选择F2单元格，输入数组公式“=ADDRESS(MAX(IF(C2:C16=E2,ROW(2:16))),3)”，按下【Ctrl+Shift+Enter】组合键，即可返回最高月薪所在的单元格地址。

函数 9 OFFSET

——以指定引用为参照系，通过给定偏移量得到新引用

语法格式：=OFFSET(参照区域,行数,列数,高度,宽度)

参数介绍：

❖ 参照区域：为必需参数。表示指定作为引用的单元格或单元格区域。如果该参数不是对单元格或相连单元格区域的引用，则返回错误值“#VALUE!”。

❖ 行数：为必需参数。表示从作为引用的单元格中，指定单元格上下偏移的行数。行数如果指定为正数，则向下移动；如果指定为负数，则向上移动；如果指定为0，则不能移动。如果在单元格区域以外指定，则返回错误值“#VALUE!”。如果偏移量超出工作表边缘，则返回错误值“#REF!”。

❖ 列数：为必需参数。表示从作为引用的单元格中，指定单元格左右偏移的列数。列数如果指定为正数，则向右移动；如果指定为负数，则向左移动；如果指定为0，则不能移动。如果在单元格区域以外指定，则返回错误值“#VALUE!”。如果偏移量超出工作表边缘，则返回错误值“#REF!”。

❖ 高度：为可选参数。表示用正整数指定偏移引用的行数。如果省略，则假设其与参数区域相同。如果该参数超出工作表的行范围，则返回错误值“#REF!”。

❖ 宽度：为可选参数。表示用正整数指定偏移引用的列数。如果省略，则假设其与参数区域相同。如果该参数超出工作表的列范围，则返回错误值“#REF!”。

● 函数应用实例：从指定单元格开始，提取指定单元格区域内的值

下面将根据要求，将A2单元格作为起始偏移的单元格，提取指定偏移的新引用。

VLOOKUP　=OFFSET(A2,3,2,4,2)

	A	B	C	D	E	F
1	数值区域					
2	98	45	32	70		
3	96	39	71	69		
4	84	27	31	62		
5	84	33	90	91		
6	67	10	39	83		
7	11	32	69	26		
8	69	69	61	22		
9	92	40	59	87		
10	74	33	23	13		
11	80	22	68	85		
12						
13	要求：					
14	从A2单元格开始，向下偏移3行，向右偏移2列，返回4行2列的区域					
15	公式：					
16	=OFFSET(A2,3,2,4,2)					
17	OFFSET（参照区域，行数，列数，[高度]，[宽度]）					
18						

选择A16单元格，输入公式“=OFFSET(A2,3,2,4,2)”，即可根据指定偏移量提取新的引用区域。

特别说明：由于提取的是单元格区域，所以公式会返回错误值“#NALUE!”，用户可为该公式嵌套其他函数，对区域中的值，执行求和、求最大值、求最小值等操作。

● 函数组合应用：OFFSET+MATCH——查询员工在指定季度的销量

MATCH函数[1]可查询出指定员工在销售表中的位置，然后与OFFSET函数组合，可返回指定行列交叉处的值，即指定员工在指定季度的销量。

E18　=OFFSET($A$2,(MATCH(C18,$A$2:$A$15,0))-1,D18)

	A	B	C	D	E	F	G	H
1	姓名	1季度	2季度	3季度	4季度			
2	子悦	262	729	482	812			
3	小倩	701	354	958	634			
4	赵敏	856	671	626	863			
5	青霞	654	702	926	608			
6	小白	979	802	798	270			
7	小青	747	790	471	329			
8	香香	605	222	797	793			
9	萍儿	467	308	590	767			
10	晓峰	490	571	574	248			
11	宝玉	925	881	784	294			
12	保平	323	206	366	665			
13	孙怡	524	221	570	551			
14	杨方	636	773	214	418			
15	方宇	890	661	341	753			
16								
17			姓名	季度	销量			
18			小青	3	471			
19			萍儿	1	467			
20			宝玉	4	294			
21								

选择E18单元格，输入公式“=OFFSET($A$2,(MATCH(C18,$A$2:$A$15,0))-1,D18)”，随后将公式向下方填充，即可提取出指定员工在指定季度的销量。

[1] MATCH函数的使用方法详见本书第5章。

函数10 INDIRECT

——返回由文本字符串指定的引用

语法格式：=INDIRECT(单元格引用,引用样式)

参数介绍：

❖ 单元格引用：为必需参数。表示对单元格的引用。此单元格可以包含A1样式的引用、R1C1样式的引用、定义为引用的名称或对文本字符串单元格的引用。如果“单元格引用”不是合法的单元格的引用，则返回错误值“#REF!”。

❖ 引用样式：为可选参数。表示一个逻辑值，指明包含在单元格引用中的引用类型。如果“引用样式”为TRUE或省略，引用类型为A1样式的引用。如果“引用样式”为FALSE，引用类型为R1C1样式的引用。

使用说明：

INDIRECT函数将用于返回指定单元格引用区域的值。INDIRECT函数适用于需要更改公式中单元格的引用，而不更改公式本身。使用ADDRESS函数求引用的单元格位置，而INDIRECT函数求引用的值。

● 函数应用实例：应用INDIRECT函数返回指定文本字符指定的引用

下面将介绍INDIRECT函数的基本用法。

D2　fx =INDIRECT(A2)

	A	B	C	D	E
1	数据区域			INDIRECT函数应用示例	
2	B2	德胜书坊		德胜书坊	
3	B3	在线学习			
4	B	WPS函数			
5					
6					

选择D2单元格，输入公式“=INDIRECT(A2)”，按下【Enter】键，公式返回“德胜书坊”。

特别说明：A2单元格中的内容是“B2”，表示工作表中的一个单元格，而B2单元格中的对应内容是“德胜书坊”，所以公式返回“德胜书坊”。

D3　fx =INDIRECT("A2")

	A	B	C	D	E
1	数据区域			INDIRECT函数应用示例	
2	B2	德胜书坊		德胜书坊	
3	B3	在线学习		B2	
4	B	WPS函数			
5					
6					

在D3单元格中输入公式“=INDIRECT("A2")”，公式返回“B2”。

特别说明：公式中的“A2”输入在双引号中，可以视为文本，所以直接返回A2单元格中的内容，即“B2”。

D4 =INDIRECT(A4&3)

	A	B	C	D	E
1	数据区域			INDIRECT函数应用示例	
2	B2	德胜书坊		德胜书坊	
3	B3	在线学习		B2	
4	B	WPS函数		在线学习	
5					
6					

在D4单元格中输入公式“=INDIRECT(A4&3)”，公式返回“在线学习”。

特别说明：A4单元格中的内容是“B”，和“3”组合成“B3”，而B3单元格中的内容是“在线学习”。

D5 =INDIRECT("B"&4)

	A	B	C	D	E
1	数据区域			INDIRECT函数应用示例	
2	B2	德胜书坊		德胜书坊	
3	B3	在线学习		B2	
4	B	WPS函数		在线学习	
5				WPS函数	
6					

在D5单元格中输入公式“=INDIRECT("B"&4)”，公式返回“WPS函数”。

特别说明：公式中的“B”有双引号，表示一个文本字符，与“4”组合成“B4”，而B4单元格中的内容是“WPS函数”。

● 函数组合应用：**VLOOKUP+INDIRECT——跨表查询员工销售数据**

当数据跨表存储时可使用VLOOKUP函数和INDIRECT函数嵌套编写公式查询指定数据。下面将从四张工作表中查询指定员工所有季度的销售数据。

1季度

	A	B	C
1	姓名	区域	业绩
2	子悦	长沙	262
3	小倩	苏州	701
4	赵敏	长沙	856
5	青霞	武汉	654
6	小白	合肥	979
7	小青	合肥	747
8	香香	广州	605
9	萍儿	成都	467
10	晓峰	苏州	490
11	宝玉	广州	925
12	保平	成都	323
13	孙怡	上海	524
14	杨方	长沙	636
15	方宇	苏州	890

跨表查询　1季度　2季度

2季度

	A	B	C
1	姓名	区域	业绩
2	子悦	长沙	729
3	小倩	苏州	354
4	赵敏	长沙	671
5	青霞	武汉	702
6	小白	合肥	802
7	小青	合肥	790
8	香香	广州	222
9	萍儿	成都	308
10	晓峰	苏州	571
11	宝玉	广州	881
12	保平	成都	206
13	孙怡	上海	221
14	杨方	长沙	773
15	方宇	苏州	661

1季度　2季度　3季度

3季度

	A	B	C
1	姓名	区域	业绩
2	子悦	长沙	482
3	小倩	苏州	958
4	赵敏	长沙	626
5	青霞	武汉	926
6	小白	合肥	798
7	小青	合肥	471
8	香香	广州	797
9	萍儿	成都	590
10	晓峰	苏州	574
11	宝玉	广州	784
12	保平	成都	366
13	孙怡	上海	570
14	杨方	长沙	214
15	方宇	苏州	341

2季度　3季度　4季度

4季度

	A	B	C
1	姓名	区域	业绩
2	子悦	长沙	812
3	小倩	苏州	634
4	赵敏	长沙	863
5	青霞	武汉	608
6	小白	合肥	270
7	小青	合肥	329
8	香香	广州	793
9	萍儿	成都	767
10	晓峰	苏州	248
11	宝玉	广州	294
12	保平	成都	665
13	孙怡	上海	551
14	杨方	长沙	418
15	方宇	苏州	753

2季度　3季度　4季度

C2 =VLOOKUP($A2,INDIRECT(C$1&"!A:C"),3,0)

	A	B	C	D	E	F	G
1	姓名	区域	1季度	2季度	3季度	4季度	
2	小倩	苏州	701				
3	青霞	武汉	654				
4	小白	合肥	979				
5	小青	合肥	747				
6	萍儿	成都	467				
7	保平	成都	323				
8	孙怡	上海	524				
9	杨方	长沙	636				
10	方宇	苏州	890				
11							

Step01：

输入公式并向下方填充

① 选择C2单元格，输入公式“=VLOOKUP($A2,INDIRECT(C$1&"!A:C"),3,0)”。

② 随后向下拖动填充柄，计算出1季度指定员工的销量。

C2　=VLOOKUP($A2,INDIRECT(C$1&"!A:C"),3,0)

	A	B	C	D	E	F	G
1	姓名	区域	1季度	2季度	3季度	4季度	
2	小倩	苏州	701	354	958	634	
3	青霞	武汉	654	702	926	608	
4	小白	合肥	979	802	798	270	
5	小青	合肥	747	790	471	329	
6	萍儿	成都	467	308	590	767	
7	保平	成都	323	206	366	665	
8	孙怡	上海	524	221	570	551	
9	杨方	长沙	636	773	214	418	
10	方宇	苏州	890	661	341	753	
11							

Step02：

向右侧填充公式

③ 保持C2:C10单元格区域为选中状态，向右拖动填充柄，查询出指定员工所有季度的销量。

函数11 AREAS

——返回引用中包含的区域个数

语法格式：=AREAS(参照区域)

参数介绍：

参照区域：为必需参数。表示对某个单元格或单元格区域的引用，可包含多个区域。必须用逗号分隔各引用区域，并用()括起来。如果不用()将多个引用区域括起来，输入过程中会出现错误信息。另外，如果指定单元格或单元格区域以外的参数，也会返回错误值“#NAME?”。

使用说明：

在WPS表格中，将一个单元格或相连单元格区域称为区域。使用AREAS函数，可以用整数返回引用中包含的区域个数。在计算区域的个数时，也可使用INDEX函数求得单元格引用形式。

● 函数应用实例：计算数组的个数

下面将使用AREAS函数统计工作表中包含多少个区域数组。

C10　=AREAS((A2:A6,B2:B7,C2:C5,D2:D8))

	A	B	C	D	E	F	G
1	数组	数组	数组	数组			
2	8	40	19	72			
3	2	28	26	60			
4	6	35	7	82			
5	7	16	26	53			
6	9	26		54			
7		41		76			
8				68			
9							
10	统计数组的数量		4				
11							

选择C10单元格，输入公式“=AREAS((A2:A6,B2:B7,C2:C5,D2:D8))”，按下【Enter】键，即可计算出区域数组的数量。

函数12 ROW

——返回引用的行号

语法格式：=ROW(参照区域)

参数介绍：

参照区域：为必需参数。表示指定需要得到其行号的单元格或单元格区域。选择区域时，返回位于区域首行的单元格行号。该参数如果省略，则返回ROW函数所在的单元格行号。

● 函数应用实例：**返回指定单元格的行号**

下面将根据表格中给定的不同要求返回相应的行号。

B2 =ROW(E18)

	A	B	C	D
1	要求	行号	公式	
2	返回E18单元格的行号	18	=ROW(E18)	
3	返回H2单元格向下2行的行号	4	=ROW(H2)+2	
4	返回G20单元格向上5行的行号	15	=ROW(G20)-5	
5	返回当前行号	5	=ROW()	
6				

分别在B2、B3、B4、B5单元格中输入“=ROW(E18)”“=ROW(H2)+2”“=ROW(G20)－5”“=ROW()”，即可根据指定的要求返回对应的行号。

函数13 COLUMN

——返回引用的列号

语法格式：=COLUMN(参照区域)

参数介绍：

参照区域：为必需参数。表示指定需要得到其列号的单元格或单元格区域。选择区域时，返回位于区域首列的单元格列号。该参数如果省略，则返回COLUMN函数所在的单元格列号。

● 函数应用实例：**返回指定单元格的列号**

下面将根据表格中给定的不同要求返回相应的列号。

B2 =COLUMN(B8)

	A	B	C
1	要求	列号	公式
2	返回B8单元格的列号	2	=COLUMN(B8)
3	返回A3单元格右侧1列的列号	2	=COLUMN(A3)+1
4	返回M10单元格向左7列的列号	6	=COLUMN(M10)-7
5	返回当前列号	2	=COLUMN()
6			

分别在B2、B3、B4、B5单元格中输入"=COLUMN(B8)""=COLUMN(A3)+1""=COLUMN(M10)－7""=COLUMN()"，即可根据指定的要求返回对应的列号。

函数 14 ROWS

——返回引用或数组的行数

语法格式：=ROWS(数组)

参数介绍：

数组：为必需参数。表示指定为需要得到其行数的数组、数组公式或对单元格区域的引用。ROWS函数和ROW函数不同，不能省略参数。如果在单元格、单元格区域、数组、数组公式以外指定参数，则返回错误值"#VALUE!"。

● 函数应用实例：**统计整个项目有多少项任务内容**

下面将使用ROWS函数统计整个项目有多少项任务内容。

B13 =ROWS(A2:A11)

	A	B	C	D	E	F
1	具体任务计划	部门	负责	开始时间	结束时间	工期
2	分配工作,整理物料	市场开发	陈晓鸥	2021/8/11	2021/8/14	4
3	编辑分类物料	技术研发	王志龙	2021/8/14	2021/8/16	3
4	设计方案讨论定稿	技术研发	王志龙	2021/8/10	2021/8/29	20
5	设计制作APP图片	平面设计	刘红梅	2021/8/18	2021/9/16	30
6	编辑整理图片文字物料并分类	平面设计	陈晓鸥	2021/8/15	2021/8/29	15
7	技术架构APP环境，构建APP展架	技术研发	郝海波	2021/9/1	2021/9/20	20
8	技术导入整理后的物料	技术研发	蒋凡	2021/9/10	2021/9/15	6
9	编辑后台数据录入	技术研发	陈平	2021/9/15	2021/9/17	3
10	项目测试和修改	技术研发	刘红梅	2021/9/20	2021/9/23	4
11	提交App Store审核	开发	蒋凡	2021/9/23	2021/9/25	3
12						
13	具体任务数量	10				
14						

选择B13单元格，输入公式"=ROWS(A2:A11)"，按下【Enter】键，即可统计出项目的具体任务数量，即A2:A11单元格区域所包含的行数。

函数15 COLUMNS

——返回数组或引用的列数

语法格式：=COLUMNS(数组)

参数介绍：

数组：为必需参数。表示指定为需要得到其列数的数组、数组公式或对单元格区域的引用。COLUMNS函数和COLUMN函数不同，不能省略参数。如果在单元格、单元格区域、数组、数组公式以外指定参数，则返回错误值“#VALUE!”。

● 函数应用实例：统计员工税后工资的组成项目数量

下面将使用COLUMNS函数统计员工税后工资组成项目数量。

D17　fx　=COLUMNS(B1:G15)

	B	C	D	E	F	G	H	I
1	基本工资	奖金	养老保险	医疗保险	考勤奖罚	所得税	税后工资	
2	5300	2200	-424	-106	300	-795	6475	
3	4500	2300	-360	-90	400	0	6750	
4	2000	2300	-160	-40	400	0	4500	
5	2000	3300	-160	-40	-300	0	4800	
6	2000	2300	-160	-40	100	0	4200	
7	2000	2000	-160	-40	40	0	3840	
8	6800	3500	-544	-136	400	-1020	9000	
9	6800	3800	-544	-136	300	-1020	9200	
10	6800	3000	-544	-136	100	-1020	8200	
11	6800	3200	-544	-136	-300	-1020	8000	
12	8000	2000	-640	-160	250	-1200	8250	
13	3000	1500	-240	-60	400	0	4600	
14	7000	1500	-560	-140	300	-1050	7050	
15	4000	700	-320	-80	400	0	4700	
16								
17	资的组成项目数量		6					
18								

选择D17单元格，输入公式“=COLUMNS(B1:G15)”，按下【Enter】键，即可统计出员工税后工资组成项目的数量，即B1:G15单元格区域所包含的列数。

● 函数组合应用：COLUMNS+VLOOKUP+IFERROR——查询员工税后工资

税后工资位于工资表的最后一列，使用VLOOKUP函数查询指定员工的税后工资时，可以利用COLUMNS函数自动计算出要返回的值在查询区域的第几列。而IFERROR函数则可屏蔽查询工资表中不存在的姓名时所返回的错误值。

B18 =IFERROR(VLOOKUP(A18,$A$2:$H$15,COLUMNS($A:$H),),"查无此人")

姓 名	基本工资	奖金	养老保险	医疗保险	考勤奖罚	所得税	税后工资
张爱玲	5300	2200	-424	-106	300	-795	6475
顾明凡	4500	2300	-360	-90	400	0	6750
刘俊贤	2000	2300	-160	-40	400	0	4500
吴丹丹	2000	3300	-160	-40	-300	0	4800
刘乐	2000	2300	-160	-40	100	0	4200
赵强	2000	2000	-160	-40	40	0	3840
周菁	6800	3500	-544	-136	400	-1020	9000
蒋天海	6800	3800	-544	-136	300	-1020	9200
吴倩莲	6800	3000	-544	-136	100	-1020	8200
李青云	6800	3200	-544	-136	-300	-1020	8000
赵子新	8000	2000	-640	-160	250	-1200	8250
张洁	3000	1500	-240	-60	400	0	4600
吴亭	7000	1500	-560	-140	300	-1050	7050
计芳	4000	700	-320	-80	400	0	4700

姓名	税后工资
吴丹丹	4800
李青云	
王洪波	

Step01：

输入公式

① 选择B18单元格，输入公式“=IFERROR(VLOOKUP(A18,$A$2:$H$15,COLUMNS($A:$H),),"查无此人")”。

B18 =IFERROR(VLOOKUP(A18,$A$2:$H$15,COLUMNS($A:$H),),"查无此人")

姓 名	基本工资	奖金	养老保险	医疗保险	考勤奖罚	所得税	税后工资
张爱玲	5300	2200	-424	-106	300	-795	6475
顾明凡	4500	2300	-360	-90	400	0	6750
刘俊贤	2000	2300	-160	-40	400	0	4500
吴丹丹	2000	3300	-160	-40	-300	0	4800
刘乐	2000	2300	-160	-40	100	0	4200
赵强	2000	2000	-160	-40	40	0	3840
周菁	6800	3500	-544	-136	400	-1020	9000
蒋天海	6800	3800	-544	-136	300	-1020	9200
吴倩莲	6800	3000	-544	-136	100	-1020	8200
李青云	6800	3200	-544	-136	-300	-1020	8000
赵子新	8000	2000	-640	-160	250	-1200	8250
张洁	3000	1500	-240	-60	400	0	4600
吴亭	7000	1500	-560	-140	300	-1050	7050
计芳	4000	700	-320	-80	400	0	4700

姓名	税后工资
吴丹丹	4800
李青云	8000
王洪波	查无此人

Step02：

填充公式

② 随后将B18单元格中的公式向下方填充，即可根据指定的姓名查询出对应的税后工资。当工资表中不存在要查询的姓名时，公式返回“查无此人”。

函数 16 TRANSPOSE

——转置单元格区域

语法格式：=TRANSPOSE(数组)

参数介绍：

数组：为必需参数。表示指定需要转置的单元格区域或数组。所谓数组的转置，就是将数组的第一行作为新数组的第一列，数组的第二行作为新数组的第二列，以此类推。

使用说明：

TRANSPOSE函数用于将数组的横向转置为纵向、纵向转置为横向及行列间的转置。使用该函数时，必须提前选择转置单元格区域的大小，而且原表格的行数为新表格的列数。因为，此函数为数组函数，参数必须指定为数组公式。

● 函数应用实例：将销售表中的数据进行转置

下面将使用TRANSPOSE函数将横向显示的销售表转换成纵向显示。

	A	B	C	D	E	F	G	H	I
1	商品名称	美容仪	洗牙器	加湿器	吹风机	卷发器	直发梳	拉直板	洁面仪
2	1季度	133	164	241	285	145	87	121	289
3	2季度	229	95	218	100	99	131	111	96
4	3季度	231	256	110	276	151	285	149	260
5	4季度	218	93	123	140	275	222	100	289

Step01：选择转置区域

① 选择A7:E15单元格区域。

特别说明：选择的转置区域，其行数要和原数据区域的列数相等，选择的列数则要和原数据区域的行数相等，否则在多选的单元格中，将返回错误值。若是少选了单元格，则原数据区域中的数据将无法被完整显示出来。

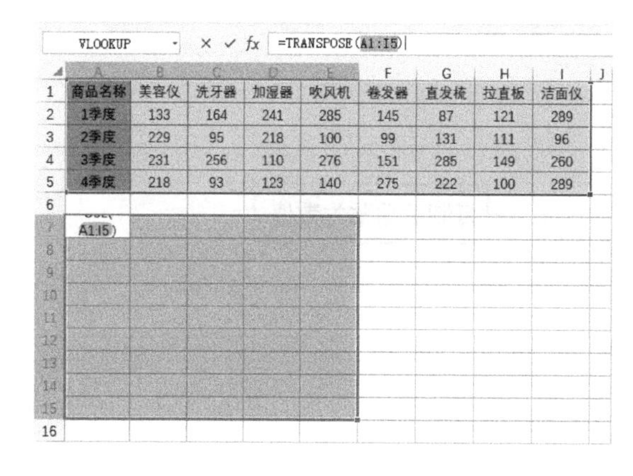

VLOOKUP　=TRANSPOSE(A1:I5)

	A	B	C	D	E	F	G	H	I
1	商品名称	美容仪	洗牙器	加湿器	吹风机	卷发器	直发梳	拉直板	洁面仪
2	1季度	133	164	241	285	145	87	121	289
3	2季度	229	95	218	100	99	131	111	96
4	3季度	231	256	110	276	151	285	149	260
5	4季度	218	93	123	140	275	222	100	289
7	A1:I5)								

Step02：输入公式

② 在编辑栏中输入公式“=TRANSPOSE(A1:I5)”。

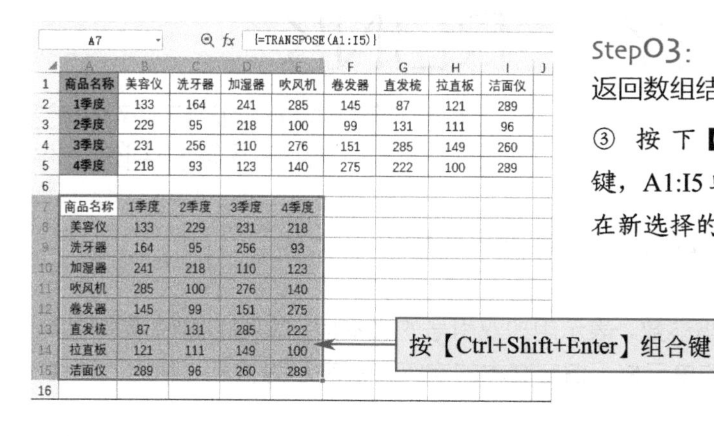

A7　{=TRANSPOSE(A1:I5)}

	A	B	C	D	E	F	G	H	I
1	商品名称	美容仪	洗牙器	加湿器	吹风机	卷发器	直发梳	拉直板	洁面仪
2	1季度	133	164	241	285	145	87	121	289
3	2季度	229	95	218	100	99	131	111	96
4	3季度	231	256	110	276	151	285	149	260
5	4季度	218	93	123	140	275	222	100	289
7	商品名称	1季度	2季度	3季度	4季度				
8	美容仪	133	229	231	218				
9	洗牙器	164	95	256	93				
10	加湿器	241	218	110	123				
11	吹风机	285	100	276	140				
12	卷发器	145	99	151	275				
13	直发梳	87	131	285	222				
14	拉直板	121	111	149	100				
15	洁面仪	289	96	260	289				

Step03：返回数组结果

③ 按下【Ctrl+Shift+Enter】组合键，A1:I5单元格中的销售数据随即在新选择的区域内完成行列转置。

提示：完成转置后若直接删除原数据区域，则由公式转置得来的数据全部会返回错误值“#REF!”。

A2 fx {=TRANSPOSE(#REF!)}

	A	B	C	D	E	F
1						
2	#REF!	#REF!	#REF!	#REF!	#REF!	
3	#REF!	#REF!	#REF!	#REF!	#REF!	
4	#REF!	#REF!	#REF!	#REF!	#REF!	
5	#REF!	#REF!	#REF!	#REF!	#REF!	
6	#REF!	#REF!	#REF!	#REF!	#REF!	
7	#REF!	#REF!	#REF!	#REF!	#REF!	
8	#REF!	#REF!	#REF!	#REF!	#REF!	
9	#REF!	#REF!	#REF!	#REF!	#REF!	
10	#REF!	#REF!	#REF!	#REF!	#REF!	
11						

删除原数据区域后，公式返回错误值

更为稳妥的方法是，用公式完成转置后，将这些数据转换成数值形式显示。

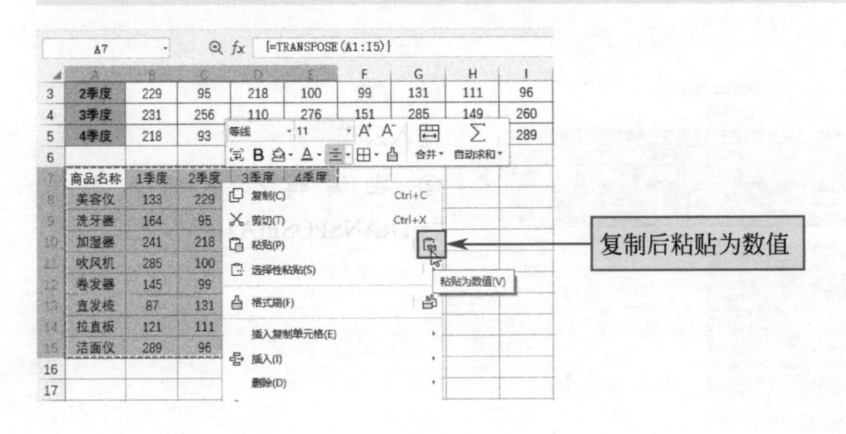

函数 17 HYPERLINK

——创建一个快捷方式以打开存储在网络服务器中的文件

语法格式：=HYPERLINK(链接位置,显示文本)

参数介绍：

❖ 链接位置：为必需参数。表示用加双引号的文本指定文档的路径或文件名，或包含文本字符串链接的单元格。指定文本的字符串被表示为检索，利用“地址”栏比较方便。

❖ 显示文本：为可选参数。表示单元格中显示的跳转文本值或数字值。可以省略此参数，如果省略此参数，文本字符串按原样表示。

使用说明：

使用HYPERLINK函数，将打开存储在链接位置中的文件。打开被链接的文件时，单击HYPERLINK函数设定好的单元格。

● 函数应用实例：打开存储在网络服务器中的文件

下面将使用HYPERLINK函数打开存储在网络服务器中的文件。

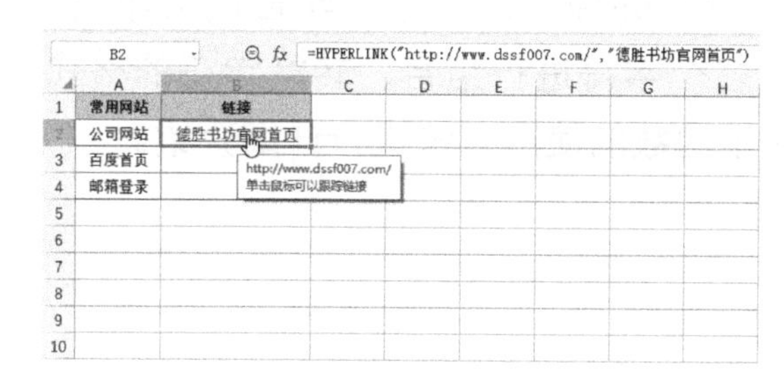

选择B2单元格，输入公式“=HYPERLINK("http://www.dssf007.com/","德胜书坊官网首页")”，按下【Enter】键，即可创建相关网址的链接，单击该链接即可自动在浏览器中打开该网页。

第6章 文本函数

文本函数主要用来对字符串进行处理，例如改变字母的大小写、从字符串中提取或替换字符、对多个字符进行组合、转换字符的格式等。本章将对WPS表格中常用文本函数的使用方法进行详细介绍。

文本函数一览

WPS表格中包含了几十种文本函数，下面将对这些函数进行罗列并对其作用进行说明。

（1）常用函数

不同类型的文本函数可以对字符串执行有针对性的处理，例如计算字符个数、计算指定字符位置、从字符串中提取指定字符、合并字符串等。常用的文本函数包括LEN、FIND、LEFT、MID、RIGHT、SUBSTITUTE、TEXT、TRIM等。

序号	函数	作用
1	ASC	将全角（双字节）字符更改为半角（单字节）字符
2	BAHTTEXT	将数字转换为泰语文本
3	CHAR	返回由数字代码指定的字符
4	CLEAN	删除文本中所有不能打印的字符
5	CODE	返回文本字符串中第一个字符的数字代码
6	CONCATENATE	将多个文本字符串合并成一个文本字符串
7	DOLLAR	按照货币格式及给定的小数位数，将数值转换成文本
8	EXACT	比较两个文本字符串是否完全相同（区分大小写）
9	FIND	返回一个字符串在另一个字符串中出现的起始位置（区分大小写，且不允许使用通配符）

续表

序号	函数	作用
10	FINDB	在一文本字符串中搜索另一文本字符串的起始位置。与双字节字符集一起使用
11	FIXED	用定点小数格式将数值舍入成特定位数并返回带或不带逗号的文本
12	LEFT	从一个文本字符串的第一个字符开始返回指定个数的字符
13	LEFTB	返回字符串最左边起指定字节数的字符。与双字节字符集一起使用
14	LEN	返回文本字符串中的字符数
15	LENB	返回文本字符串用于代表字符的字节数。与双字节字符集一起使用
16	LOWER	将文本字符串转换成英文字母全部小写形式
17	MID	从文本字符串中指定的位置开始，返回指定个数的字符
18	MIDB	从文本字符串中指定的位置开始，返回指定字节数的字符。与双字节字符集一起使用
19	NUMBERSTRING	将数字转换为中文字符串
20	PROPER	将文本字符串的首字母及任何非字母字符之后的首字母转换成大写，将其余的字母转换成小写
21	REPLACE	将一个字符串中的部分字符用另一个字符串替换
22	REPLACEB	将一个字符串中的部分字符根据所指定的字节数用另一个字符串替换。与双字节字符集一起使用
23	REPT	根据指定的次数重复显示文本
24	RIGHT	从一个文本字符串的最后一个字符开始返回指定个数的字符
25	RIGHTB	从一个文本字符串的最后一个字符开始返回指定字节数的字符。与双字节字符集一起使用
26	RMB	按照货币格式及给定的小数位数，将数值转换为文本
27	SEARCH	返回一个指定字符或文本字符串在字符串中第一次出现的位置，从左到右查找
28	SEARCHB	返回一个指定字符或文本字符串在字符串中第一次出现的字节数，从左到右查找。与双字节字符集一起使用
29	SUBSTITUTE	将字符串中的部分字符替换成新字符串
30	T	检测引用的值是否为文本
31	TEXT	将数值转换为指定数字格式表示的文本
32	TRIM	除了单词之间的单个空格外，清除文本中多余的空格
33	UPPER	将文本字符串转换成英文字母全部大写形式
34	VALUE	将代表数字的文本字符串转换成数字
35	WIDECHAR	将半角字符转换成全角字符。与双字节字符集一起使用

（2）其他函数

下表对工作中使用率比较低的文本函数进行了整理，用户可浏览其大概作用。

序号	函数	作用
1	CONCAT	将多个区域或字符串的文本组合起来
2	ENCODEURL	返回 URL 编码的字符串
3	FORMULATEXT	以字符串形式返回公式
4	NUMBERVALUE	按独立于区域设置的方式将文本转换为数字
5	TEXTJOIN	使用分隔符连接列表或文本字符串区域

使用文本函数时经常会出现以下名词解释。

词语	说明
字符	是计算机中使用的字母、数字、汉字以及其他符号的统称，一个字母、汉字、数字或其他符号就是一个字符（用 LEN 函数可统计字符数量）
字节	是计算机存储数据的单位，一个半角英文字母或数字、英文标点符号占一个字节的空间，一个汉字、全角英文字母或数字、中文标点占两个字节的空间（用 LENB 函数可统计字节数量）
字符串	是由数字、字母、汉字、符号等组成的一串字符
文本长度	表示文本字符串中所包含的字符数量或字节数量

函数 1 LEN
——返回文本字符串的字符数

语法格式：=LEN(字符串)

参数介绍：

字符串：为必需参数。表示查找其长度的文本或文本所在的单元格。如果直接输入文本，需用双引号引起来。如果不加双引号，则会返回错误值“#NAME?”。另外，指定的文本单元格只有一个，不能指定单元格区域，否则将返回错误值“#VALUE!”。

使用说明：

LEN函数用于返回文本字符串中的字符数，即字符串的长度。字符串中不分全角和半角，句号、逗号、空格作为一个字符进行计数。LEN函数也可以单独使用，例如根据字符串的长度提取部分文本字符串等。计数单位不是字符而是字节时，可以使用LENB函数。LEN函数和LENB函数有相同的功能，但计数单位不同。

● 函数应用实例1：**计算书名的字符个数**

下面将使用LEN函数计算图书名称的字符个数。

D2　　fx　=LEN(B2)

	A	B	C	D	E
1	序号	书名	作者	书名长度	
2	1	稻草人手记	三毛	5	
3	2	平凡的世界	路遥	5	
4	3	四世同堂	老舍	4	
5	4	花田半亩	田维	4	
6	5	围城	钱钟书	2	
7	6	送你一颗子弹	刘瑜	6	
8	7	活着	余华	2	
9	8	呐喊	鲁迅	2	
10	9	家	巴金	1	
11	10	人生	路遥	2	
12					

选择D2单元格，输入公式“=LEN(B2)”，随后将公式向下方填充，即可统计出所有书名的字符个数。

● 函数应用实例2：**判断手机号码是否为11位数**

使用LEN函数可对所输入的手机号码位数进行判断，若不是11位数则说明所输入的号码有误。

C2　　fx　=LEN(B2)=11

	A	B	C	D
1	姓名	手记号码	是否为11位数	
2	小张	12564568656	TRUE	
3	小王	65215278452	TRUE	
4	小李	26233232323	TRUE	
5	小赵	2623233232	FALSE	
6	小刘	19561212322	TRUE	
7	小孙	656459125685	FALSE	
8	小钱	1562323222	FALSE	
9	小周	12546887945	TRUE	
10				

选择C2单元格，输入公式“=LEN(B2)=11”，随后将公式向下方填充，即可判断出所有手机号码是否为11位数。TRUE表示是11位数，FALSE表示不是11位数。

函数2 LENB

——返回文本字符串中用于代表字符的字节数

语法格式：=LENB(字符串)

参数介绍：

字符串：为必需参数。表示查找其长度的文本或文本所在的单元格。如果直接输入文本，则需要用双引号引起来。如果不加双引号，则会返回错误值“#NAME?”。只能指定一个文本单元格，不能指定单元格区域，否则会返回错误值“#VALUE!”。

使用说明：

LENB函数用于返回字符串的字节数，即字符串的长度。字符串中的全角字符为两个字节，半角字符为一个字节，句号、逗号、空格也可计算。LENB函数可以单独使用，例如根据字符串的长度提取部分文本字符串等。

● 函数应用实例：**计算产品编号的字节数量**

下面将使用LENB函数计算产品编号的字节数量，本例产品编号中的一个汉字占两个字节，一个字母、一个符号以及一个数字分别占一个字节。

D2 =LENB(B2)

	A	B	C	D	E
1	产品名称	产品编号	入库数量	编号字节数	
2	产品1	同YH-0214491	1567	12	
3	产品2	YHD-0214492	1568	11	
4	产品3	YH-021493	1569	9	
5	产品4	YH-0214	1570	7	
6	产品5	YH-02149	1571	8	
7	产品6	YHD-0211496	1572	11	
8	产品7	YH-02149558	1574	11	
9	产品8	同YH-02150000	1576	13	
10	产品9	YHD-021501	1577	10	
11	产品10	YH-021503001	1579	12	
12	产品11	YHD-0215	1582	8	
13					

选择D2单元格，输入公式“=LENB(B2)”，随后将公式向下方填充，即可统计出所有产品编号的字节数量。

函数3 FIND

——返回一个字符串出现在另一个字符串中的起始位置

语法格式：=FIND(要查找的字符串,被查找的字符串,开始位置)

参数介绍：

❖ 要查找的字符串：为必需参数。表示要查找的文本或文本所在的单元格。如果直接输入要查找的文本，则需要用双引号引起来。如果不加双引号，则会返回错误值“#NAME?”。如果要查找的字符串是空文本("")，则函数会匹配搜索编号为开始位置或1的字符。

❖ 被查找的字符串：为必需参数。表示包含要查找的文本或文本所在的单元格。如果直接输入文本，需用双引号引起来。如果不加双引号，则返回错误值“#NAME?”。如果该参数中没有要查找的字符串，则返回错误值“#VALUE!”。

❖ 开始位置：为可选参数。表示用数值或数值所在的单元格指定开始查找的字符。要查找文本的起始位置指定为一个字符数。如果省略该参数，则假设其为1，从查找对象的起始位置开始查找。另外，如果该参数不大于0，则会返回错误值“#VALUE!”。如果该参数大于被查找的字符串的长度，则会返回错误值“#VALUE!”。

使用说明：

FIND函数用于从文本字符串中查找特定的文本，并返回查找文本的起始位置。查找时，要区分大小写、全角字符和半角字符。查找结果的字符位置不分全角和半角，作为一个字符来计算。可以单独使用FIND函数，例如按照查找字符的起始位置分开文本字符串，或替换部分文本字符串等，也多用于处理其他信息。计数单位如果不是字符而是字节，可以使用FINDB函数。FIND函数和FINDB函数有相同的功能，但它们的计数单位不同。

● 函数应用实例1：从飞花令中计算“花”出现的位置

下面将使用FIND函数根据飞花令诗句计算每句中“花”第一次出现的位置。

B2　=FIND("花",A2)

	A	B	C
1	飞花令	“花”出现的位置	
2	采莲南塘秋，莲花过人头。	8	
3	人归落雁后，思发在花前。	10	
4	花须连夜发，莫待晓风吹。	1	
5	他乡共酌金花酒，万里同悲鸿雁天。	6	
6	解落三秋叶，能开二月花。	11	
7	昨夜闲潭梦落花，可怜春半不还家。	7	
8	火树银花合，星桥铁锁开。	4	
9	洛阳女儿惜颜色，坐见落花长叹息。	12	
10	今年花落颜色改，明年花开复谁在？	3	
11	古人无复洛城东，今人还对落花风。	14	
12	年年岁岁花相似，岁岁年年人不同。	5	
13			

选择B2单元格，输入公式“=FIND("花",A2)”，按下【Enter】键，计算出第一句诗中“花”出现的位置。随后向下方填充公式，即可计算出其他诗句中“花”第一次出现的位置。

● 函数应用实例2：**当“花”出现多次时，查找从指定字符开始“花”的位置**

FIND函数的第三参数表示起始的搜索位置。诗句中包含多个“花”时，可以设置第三参数，从指定位置开始搜索。

Step01：
从第一个字符开始查询第一个“花”的位置

B2　fx =FIND("花",A2)

	A	B	C
1	包含"花"的字符串	从第一个字符开始搜索	从第四个字符开始搜索
2	花谢花飞花满天，红消香断有谁怜？	1	
3	手把花锄出绣帘，忍踏落花来复去。	3	
4	花开易见落难寻，阶前愁杀葬花人。	1	
5	独倚花锄泪暗洒，洒上空枝见血痕。	3	
6			

选择B2单元格，输入公式“=FIND("花",A2)”，随后将公式向下方填充，即可从字符串的第一个字开始，查询到第一个“花”出现的位置。

Step02：
从第四个字符开始查询“花”出现的位置

C2　fx =FIND("花",A2,4)

	A	B	C
1	包含"花"的字符串	从第一个字符开始搜索	从第四个字符开始搜索
2	花谢花飞花满天，红消香断有谁怜？	1	5
3	手把花锄出绣帘，忍踏落花来复去。	3	12
4	花开易见落难寻，阶前愁杀葬花人。	1	14
5	独倚花锄泪暗洒，洒上空枝见血痕。	3	#VALUE!
6			

选择C2单元格，输入公式“=FIND("花",A2,4)”，随后将公式向下方填充，即可查询到从第四个字符开始出现的第一个“花”的位置。

特别说明：若没有查询到指定的字符，公式将返回错误值“#VALUE!”。

函数4 FINDB

——返回一个字符串出现在另一个字符串中的起始位置

语法格式：=FINDB(要查找的字符串,被查找的字符串,开始位置)

参数介绍：

❖ 要查找的字符串：为必需参数。表示查找的文本或文本所在的单元格。如果直接输入要查找的文本，则需要用双引号引起来。如果不加双引号，则会返回错误值“#NAME?”。如果要查找的字符串是空文本("")，则函数会匹配搜索编号为开始位置或1的字符。

❖ 被查找的字符串：为必需参数。表示包含要查找的文本或文本所在的单元格。如果直接输入文本，则需要用双引号引起来。如果不加双引号，则会返回错误值“#NAME?”。如果被查找的字符串中没有要查找的内容，则会返回错误值“#VALUE!”。

❖ 开始位置：为可选参数。表示用数值或数值所在的单元格指定开始查找的字符。要查找文本的起始位置指定为一个字节数。如果省略该参数，则假设其为1，从查找对象的起始位置开始检索。另外，如果该参数不大于0，则返回错误值“#VALUE!”。如果该参数大于被查找的字符串的长度，则会返回错误值“#VALUE!”。

使用说明：

FINDB函数用于从文本字符串中查找特定的文本，并返回查找文本在另一个字符串中基于字节数的起始位置。查找时，区分大小写、全角字符和半角字符。查找的全角字符作为两个字节，半角字符作为一个字节。可单独使用FINDB函数，例如按照查找字节的起始位置分开文本字符串，或替换部分文本字符串等，也多用于处理其他信息。

● 函数应用实例：**查找指定字符在字符串中出现的字节位置**

下面将使用FINDB函数查找指定字符在字符串中的字节位置。

C2 =FINDB(B2, A2)

	A	B	C	D
1	字符串	查找值	出现位置（FINDB）	
2	19901653	0	4	
3	desheng	s	3	
4	德胜书坊	书	5	
5	2021Excel	e	8	
6	文本函数	函数	5	
7				

选择C2单元格，输入公式“=FINDB(B2,A2)”，随后将公式向下方填充，即可计算出指定字符在对应字符串中的字节位置。

函数5 SEARCH

——返回一个指定字符或字符串在字符串中第一次出现的位置

语法格式：=SEARCH(要查找的字符串,被查找的字符串,开始位置)

参数介绍：

❖ 要查找的字符串：为必需参数。表示要查找的文本或文本所在的单元格。如果直接输入要查找的文本，则需要用双引号引起来。如果不加双引号，则返回错误值“#NAME?”。如果要查找的字符串是空文本("")，则SEARCH函数会匹配搜索编号为开始位置或1的字符。可以在要查找的字符串中使用通配符，包括问号(?)和星号(*)。问号可匹配任意的单个字符，星号可匹配任意的一串字符。

❖ 被查找的字符串：为必需参数。表示包含要查找的文本或文本所在的单元格。如果直接输入文本，则需要用双引号引起来。如果不加双引号，则会返回错误值“#NAME?”。如果被查找的字符串中没有要查找的内容，则会返回错误值“#VALUE!”。

❖ 开始位置：为可选参数。表示用数值或数值所在的单元格指定开始查找的字符。要查找的文本起始位置指定为第一个字符。如果省略该参数，则假设其为1，从查找对象的起始位置开始查找。如果该参数不大于0，则会返回错误值“#VALUE!”。如果该参数大于被查找的字符串的长度，则会返回错误值“#VALUE!”。

使用说明：

SEARCH函数用于从文本字符串中查找指定字符，并返回该字符从第三参数开始第一次出现的位置。查找区分文本字符串的全角字符和半角字符，但是不区分英文的大小写。还可以在第一参数中使用通配符进行查找。查找结果的字符位置忽略全角字符或半角字符，显示为一个字符。可单独使用SEARCH函数，例如按照查找字符的起始位置分开文本字符串，或替换部分文本字符串等。

● 函数应用实例1：忽略大小写从字符串中查找指定字符第一次出现的位置

SEARCH函数在查找字符位置时不区分字母的大小写，下面将利用SEARCH函数，从字符串中查找指定英文字母第一次出现的位置。

C2 | fx =SEARCH(B2,A2)

	A	B	C	D
1	考试科目	查找内容	位置	
2	MS Office高级应用与设计	office	4	
3	WPS Office高级应用与设计	office	5	
4	计算机基础及Photoshop应用	photoshop	7	
5	Java语言程序设计	A	2	
6	Python语言程序设计	N	6	
7	Access数据库程序设计	access	1	
8	MySQL数据库程序设计	sql	3	
9				

选择C2单元格，输入公式“=SEARCH(B2,A2)”，随后将公式向下方填充，即可计算出要查找的英文字符在对应字符串中第一次出现的位置。

特别说明：字符串中的空格也会被计算。

● 函数应用实例2：**使用通配符查找指定内容出现的位置**

FIND函数不支持通配符的使用，而SEARCH函数却可以使用通配符模糊查找指定内容在字符串中的位置。

C2 =SEARCH(B2,A2)

	A	B	C
1	考试科目	查找内容	位置
2	MS Office高级应用与设计	??应用	10
3	WPS Office高级应用与设计	??应用	11
4	计算机基础及Photoshop应用	??应用	14
5	Java语言程序设计	????设计	5
6	Python语言程序设计	????设计	7
7	Access数据库程序设计	????设计	8
8	MySQL数据库程序设计	????设计	7

选择C2单元格，输入公式“=SEARCH(B2,A2)”，随后将公式向下方填充，即可查找到指定内容在对应字符串中的位置。

特别说明：?通配符表示任意的一个字符。

函数6 SEARCHB

——返回一个指定字符或字符串在字符串中的起始字节位置

语法格式：=SEARCHB(要查找的字符串,被查找的字符串,开始位置)

参数介绍：

❖ 要查找的字符串：为必需参数。表示要查找的文本或文本所在的单元格。如果直接输入要查找的文本，则需要用双引号引起来。如果不加双引号，则返回错误值“#NAME?”。如果要查找的字符串是空文本("")，则SEARCHB函数会匹配搜索编号为开始位置或1的字符。可以在要查找的字符串中使用通配符，包括问号(?)和星号(*)。问号可匹配任意的单个字符，星号可匹配任意的一串字符。

❖ 被查找的字符串：为必需参数。表示包含要查找的文本或文本所在的单元格。如果直接输入文本，需用双引号引起来。如果不加双引号，则会返回错误值“#NAME?”。如果被查找的字符串中没有要查找的内容，则会返回错误值“#VALUE!”。

❖ 开始位置：为可选参数。表示用数值或数值所在的单元格指定开始查找的字符。要查找的文本起始位置指定为第一个字节。如果省略该参数，则假设其为1，从查找对象的起始位置开始查找。另外，如果该参数不大于0，则会返回错误值“#VALUE!”。如果该参数大于被查找的字符串的长度，则会返回错误值“#VALUE!”。

使用说明：

SEARCHB函数用于从文本字符串中开始查找字符，并返回查找文本在另一文本字符串中基于字节数的起始位置。查找区分文本字符串的全角字符和半角字符，但是不区分英文的大小写。当查找文本中有不明确的部分时，还可以使用通配符进行查找。查找结果的字符位置忽略全角字符或半角字符，为一个字节。可单独使用SEARCHB函数，例如按照查找字符的起始位置分开文本字符串，或替换部分文本字符串等，也多用于处理其他信息。

● 函数应用实例：提取字符串中第一个字母出现的字节位置

SEARCHB函数可以用字节单位求部分不明确字符的位置，下面将利用通配符“?”作为要查询的参数，从目标单元格中提取字符串中第一个字母出现的位置。

B2　fx =SEARCHB("?",A2)-1

	A	B	C
1	商品信息	第一个字母的位置	
2	电风扇MDM30	6	
3	空调MD301-变频	4	
4	净水机QYBA55(金色)	6	
5	抽油烟机DH113-b侧吸式	8	
6	滚筒洗衣机YD30D13Kg	10	
7			

选择B2单元格，输入公式“=SEARCHB("?",A2)-1”，随后将公式向下方填充，即可将目标单元格中的首个字母出现的位置提取出来。

提示：一个汉字代表两个字节。一个“?”会自动查询指定字符串中第一次出现的字母位置。公式最后减去1是为了去掉多选的一个字符。

● 函数组合应用：SEARCHB+LEFTB——提取混合型数据中的商品名称

SEARCHB函数计算出了商品信息中第一个字母的位置，根据本例的特点，商品名称在第一个字母的左侧，所以可以组合LEFTB函数[1]将第一个字母左侧的文本提取出来。

[1] LEFTB函数的使用方法详见本书第6章。

	A	B	C
1	商品信息	商品名称	
2	电风扇MDM30	电风扇	
3	空调MD301-变频	空调	
4	净水机QYBA55(金色)	净水机	
5	抽油烟机DH113-b侧吸式	抽油烟机	
6	滚筒洗衣机YD30D13Kg	滚筒洗衣机	
7			

B2 fx =LEFTB(A2,SEARCHB("?",A2)-1)

选择B2单元格，输入公式"=LEFTB(A2,SEARCHB ("?",A2)-1)"，随后将公式向下方填充，即可从所有商品信息中提取出商品名称。

函数7 LEFT

——从一个字符串第一个字符开始返回指定个数的字符

语法格式：=LEFT(字符串,字符个数)

参数介绍：

❖ 字符串：为必需参数。表示包含要提取字符的文本字符串。如果直接指定文本字符串，需用双引号引起来。如果不加双引号，则会返回错误值"#NAME?"。

❖ 字符个数：为可选参数。表示用大于0的数值或数值所在的单元格指定要提取的字符数。以指定字符串开头作为第一个字符，并用字符单位指定数值。字符个数设置及返回值见下表。

字符个数	返回值
省略	假定为 1，返回第一个字符
0	返回空格
大于文本长度	返回所有文本
负数	返回错误值"#VALUE!"

使用说明：

LEFT函数用于从一个文本字符串的第一个字符开始返回指定个数的字符。不区分全角字符和半角字符，句号、逗号、空格作为一个字符。例如，从姓氏的第一个字符开始提取"名字"，从地址的第一个字符开始提取"省份"，都可以使用LEFT函数。另外，计数单位如果不是字符而是字节，可以使用LEFTB函数。LEFT函数和LEFTB函数有相同的功能，但它们的计数单位不同。

● 函数应用实例：从学生信息表中提取专业信息

本例所有学生信息的前4个字提取出来即是所属专业，可以使用LEFT函数进行提取。

E2　fx =LEFT(D2,4)

学号	姓名	性别	信息	专业
21001	王阳阳	男	口腔医学21级2班	口腔医学
21004	吴晓敏	女	临床医学21级12班	临床医学
21008	刘瑜	女	基础医学21级7班	基础医学
21009	李勇	男	预防医学21级3班	预防医学
21011	张明宇	男	预防医学21级2班	预防医学
21012	刘朵朵	女	麻醉医学21级1班	麻醉医学
21013	沈佳	女	耳鼻喉学21级10班	耳鼻喉学
21014	孙尚本	男	眼视光学21级5班	眼视光学
21015	赵梅	女	传染医学21级16班	传染医学

选择E2单元格，输入公式“=LEFT(D2,4)”，随后将公式向下方填充，即可从所有学生信息中截取出专业信息。

提示：本例从排列有序、长度相等的文本字符串中开始提取指定字符数的字符时，使用LEFT函数比较合适。但是，如果“专业”的字符长度各不相同，使用LEFT函数提取固定数量的字符数则无法得到理想的结果。

● 函数组合应用：LEFT+FIND——根据关键字提取不固定数量的字符

本例需要提取学生的专业，而专业的字符数量有所差别，但是所有专业的最后一个字符都是“学”。所以用FIND函数先将“学”的位置计算出来，再使用LEFT函数提取出文本。

E2　fx =LEFT(D2,FIND("学",D2))

学号	姓名	性别	信息	专业
21001	王阳阳	男	口腔医学21级2班	口腔医学
21002	李成玉	女	法医学21级2班	法医学
21003	姜海	男	法医学21级2班	法医学
21004	吴晓敏	女	临床医学21级12班	临床医学
21005	李思霖	女	中医学21级12班	中医学
21006	郑刚	男	中药学21级12班	中药学
21007	蒋小波	男	食品卫生与营养学21级12班	食品卫生与营养学
21008	刘瑜	女	基础医学21级12班	基础医学
21009	李勇	男	预防医学21级3班	预防医学
21010	周潇	男	康复治疗学21级2班	康复治疗学
21011	张明宇	男	预防医学21级2班	预防医学
21012	刘朵朵	女	麻醉医学21级1班	麻醉医学

选择E2单元格，输入公式“=LEFT(D2,FIND("学",D2))”，随后将公式向下方填充，即可从所有学生信息中提取出专业信息。

函数 8 LEFTB

——从字符串的第一个字符开始返回指定字节数的字符

语法格式：=LEFTB(字符串,字节个数)

参数介绍：

❖ 字符串：为必需参数。表示包含要提取字符的文本字符串。如果直接指定文本字符串，需用双引号引起来。如果不加双引号，则返回错误值“#NAME?”。

❖ 字节个数：为可选参数。表示输入0以上的数值，或指定要提取的字节个数。文本字符串的开头也作为一个字节，并用字节为单位指定数值。字节个数的设置与返回值见下表。

字节个数	返回值
省略	假定为1，返回起始字符
0	返回空格
文本字符串长度以上的数值	返回所有文本字符串
负数	返回错误值“#VALUE!”

使用说明：

LEFTB函数用于从一个文本字符串的第一个字符开始返回指定个数的字节。全角字符为两个字节，半角字符为一个字节，句号、逗号、空格也计算在内。例如，从“商品代码”的第一个字符开始提取商品特定的分类，从电话号码的第一个字节开始提取“市外号码”，都可以使用LEFTB函数。

● 函数应用实例：利用字节数量提取商品重量

C2　　fx　=LEFTB(B2, 4)

	A	B	C	D
1	NO	采购商品	提取重量	
2	1	5kg大米	5kg	
3	2	13kg绿豆	13kg	
4	3	7kg小黄米	7kg	
5	4	16kg芸豆	16kg	
6	5	30kg黑米	30kg	
7	6	9kg薏仁	9kg	
8				

本例中商品重量在字符串的开始处，且数字和字母各占一个字节，下面将利用LEFTB函数提取采购商品中的重量。

选择C2单元格，输入公式“=LEFTB(B2,4)”，随后将公式向下方填充，即可从所有采购商品中提取出重量。

函数 9 MID

——从字符串中指定的位置起返回指定个数的字符

语法格式：=MID(字符串,开始位置,字符个数)

参数介绍：

❖ 字符串：为必需参数。表示包含要提取字符的文本字符串。如果直接指定文本字符串，需用双引号引起来。如果不加双引号，则返回错误值“#NAME?”。

❖ 开始位置：为必需参数。表示文本中要提取的第一个字符的位置。该参数以文本字符串的开头作为第一个字符，并用字符为单位指定数值。如果该参数大于文本长度，则返回空文本("")。如果该参数小于1，则返回错误值“#VALUE!”。

❖ 字符个数：为必需参数。表示指定的返回字符的个数。数值不分全角字符和半角字符，全作为一个字符计算。字符个数的设置及返回值见下表。

字符个数	返回值
省略	显示提示信息“此函数输入参数不够”
0	返回空文本
大于文本长度	返回直到文本末尾的字符
负数	返回错误值“#VALUE!”

使用说明：

MID函数用于从文本字符串中指定的起始位置起返回指定长度的字符。不区分全角字符和半角字符，句号、逗号、空格也作为一个字符计算。

● 函数应用实例：**从身份证号码中提取出生年份**

D2 =MID(C2, 7, 4)

	A	B	C	D	E
1	序号	姓名	身份证号码	出生年份	
2	1	毛豆豆	4403001985101563**	1985	
3	2	吴明月	4201001988121563**	1988	
4	3	赵海波	3601001987051123**	1987	
5	4	林小丽	3205031988061087**	1988	
6	5	王冕	1401001989070925**	1989	
7	6	许强	6101001973040225**	1973	
8	7	姜洪峰	3401041985061027**	1985	
9	8	陈芳芳	2301031992122525**	1992	
10					

身份证号码的第7至10位数代表出生的年份，下面将使用MID函数从身份证号码中提取出出生年份。

选择D2单元格，输入公式“=MID(C2,7,4)”，随后将公式向下方填充，即可将所有身份证号码中的出生年份提取出来。

● 函数组合应用：MID+TEXT——从身份证号码中提取出生日期并转换成标准日期格式

身份证号码的第7至14位数代表出生年月日，使用MID函数可将这串数字提取出来，然后用TEXT函数将数字转换成标准日期格式。

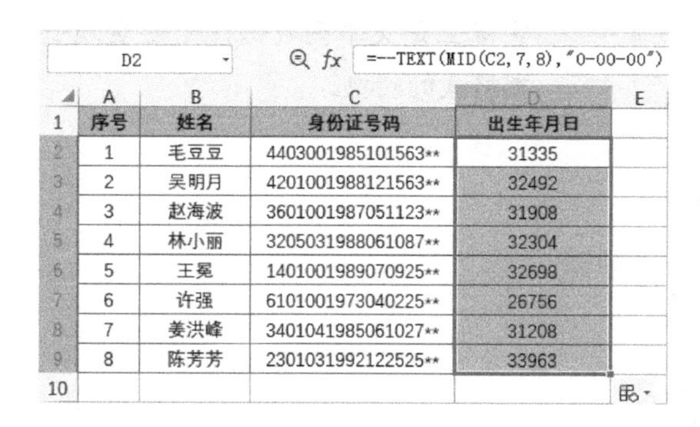

D2　=--TEXT(MID(C2,7,8),"0-00-00")

	A	B	C	D	E
1	序号	姓名	身份证号码	出生年月日	
2	1	毛豆豆	4403001985101563**	31335	
3	2	吴明月	4201001988121563**	32492	
4	3	赵海波	3601001987051123**	31908	
5	4	林小丽	3205031988061087**	32304	
6	5	王冕	1401001989070925**	32698	
7	6	许强	6101001973040225**	26756	
8	7	姜洪峰	3401041985061027**	31208	
9	8	陈芳芳	2301031992122525**	33963	
10					

Step01：

输入公式，提取出生日期

① 选择D2单元格，输入公式“=－－TEXT(MID (C2,7,8),"0-00-00")”。

② 将D2单元格中的公式向下方填充，提取出所有身份证号码中的出生年月日信息。

特别说明：此时的出生年月日是以对应的数值形式显示的。

Step02：

更改日期格式

③ 保持D2:D9单元格区域为选中状态，按【Ctrl+1】组合键打开“单元格格式”对话框，选择需要的日期类型。

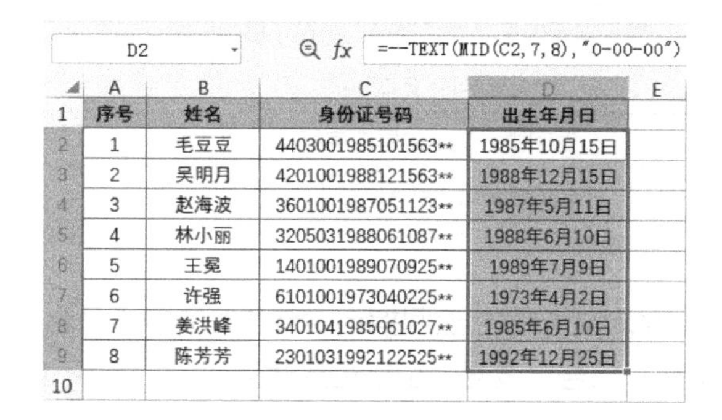

D2　=--TEXT(MID(C2,7,8),"0-00-00")

	A	B	C	D	E
1	序号	姓名	身份证号码	出生年月日	
2	1	毛豆豆	4403001985101563**	1985年10月15日	
3	2	吴明月	4201001988121563**	1988年12月15日	
4	3	赵海波	3601001987051123**	1987年5月11日	
5	4	林小丽	3205031988061087**	1988年6月10日	
6	5	王冕	1401001989070925**	1989年7月9日	
7	6	许强	6101001973040225**	1973年4月2日	
8	7	姜洪峰	3401041985061027**	1985年6月10日	
9	8	陈芳芳	2301031992122525**	1992年12月25日	
10					

Step03：

出生日期以标准日期格式显示

④ 单击“确定”按钮，D2:D9单元格区域中的数值即可转换成所选择的日期类型来显示。

提示：公式前面的两个负号作用是通过两次“负”的运算将文本型数值转换成真正的数字，从而让提取出的数字变成真正的日期。

D2 =TEXT(MID(C2,7,8),"0-00-00")

	A	B	C	D	E
1	序号	姓名	身份证号码	出生年月日	
2	1	毛豆豆	4403001985101563**	1985-10-15	
3	2	吴明月	4201001988121563**	1988-12-15	
4	3	赵海波	3601001987051123**	1987-05-11	
5	4	林小丽	3205031988061087**	1988-06-10	
6	5	王冕	1401001989070925**	1989-07-09	
7	6	许强	6101001973040225**	1973-04-02	
8	7	姜洪峰	3401041985061027**	1985-06-10	
9	8	陈芳芳	2301031992122525**	1992-12-25	
10					

公式前面不添加“－－”，提取出的内容只是外观上看起来是日期，实际上是文本型数据，无法实现日期格式的转换。

函数10 MIDB

——从字符串中指定的位置起返回指定字节数的字符

语法格式：=MIDB(字符串,开始位置,字节个数)

参数介绍：

❖ 字符串：为必需参数。表示包含要提取字符的文本字符串。如果直接指定文本字符串，需用双引号引起来。如果不加双引号，则返回错误值“#NAME?”。

❖ 开始位置：为必需参数。表示文本中要提取的第一个字符的位置。以文本字符串的开头作为第一个字节，并用字节为单位指定数值。如果该参数大于文本的字节数，则返回空文本。如果该参数小于1，则返回错误值“#VALUE!”。

❖ 字节个数：为必需参数。表示要提取的字符串长度。全角字符作为两个字节计算，半角字符作为一个字节计算。字节个数的设置及返回值见下表。

字节个数	返回值
省略	显示提示信息“此函数输入参数不够”
0	返回空文本
大于文本长度	返回直到文本末尾的字符
负数	返回错误值“#VALUE！”

使用说明：

MIDB函数用于从文本字符串中指定的起始位置起返回指定字节长度的字符。全角字符是两个字节，半角字符是一个字节，句号、逗号、空格也要计算在内。

● 函数应用实例：**使用字节计算方式提取具体楼号及房号**

从指定字符串中按指定字节位置提取指定数量的字符，可以使用MIDB函数。

B2 =MIDB(A2,7,9)

	A	B	C
1	信息	提取楼号/房号	
2	碧桂园A8-1-701张先生	A8-1-701	
3	碧桂园A6-3-501刘女士	A6-3-501	
4	碧桂园A15-4-302赵小姐	A15-4-302	
5	碧桂园C42-2-102李女士	C42-2-102	
6	碧桂园A5-1-602陈先生	A5-1-602	
7	碧桂园B22-3-401孙先生	B22-3-401	
8			

选择B2单元格，输入公式“=MIDB(A2,7,9)”，随后将公式向下方填充，即可从所有对应的信息中提取出楼号和房号。

函数11 RIGHT

——从字符串的最后一个字符开始返回指定字符数的字符

语法格式：=RIGHT(字符串,字符个数)

参数介绍：

❖ 字符串：为必需参数。表示包含要提取字符的文本字符串。如果直接指定文本字符串，需用双引号引起来。如果不加双引号，则返回错误值“#NAME?”。

❖ 字符个数：为可选参数。表示要提取的字符数量。把文本字符串的结尾作为一个字符，并用字符单位指定数值。字符个数的设置及返回值见下表。

字符个数	返回值
省略	假定为1，或返回结尾字符
0	返回空文本
大于文本长度	返回所有文本字符串
负数	返回错误值“#VALUE!”

使用说明：

RIGHT函数用于从一个文本字符串的最后一个字符开始返回指定个数的字符。不分全角字符和半角字符，句号、逗号、空格作为一个字符计算。例如，从姓名的最后一个字符开始提取“名字”，从地址的最后字符开始提取“地址号码”，都可以使用RIGHT函数。

RIGHT函数面向使用单字节字符集（SBCS）的语言，而RIGHTB函数面向使用双字节字符集（DBCS）的语言。用户计算机上的默认语言设置对返回值的影响方式如下。

① 无论默认语言设置如何，RIGHT函数始终将每个字符按1计数。

② 当启用支持DBCS语言的编辑并将其设置为默认语言时，RIGHTB函数会将每个双字节字符按2计数，否则RIGHTB函数会将每个双字节字符按1计数。

● 函数应用实例：从后向前提取姓名

本例中姓名在信息字符串的最后，且全部是3个字符，可以使用RIGHT函数从最后一个字向前提取3个字符，将姓名提取出来。

C2 fx =RIGHT(A2,3)

	A	B	C
1	信息	提取楼号/房号	姓名
2	碧桂园A8-1-701张先生	A8-1-701	张先生
3	碧桂园A6-3-501刘女士	A6-3-501	刘女士
4	碧桂园A15-4-302赵小姐	A15-4-302	赵小姐
5	碧桂园C42-2-102李女士	C42-2-102	李女士
6	碧桂园A5-1-602陈先生	A5-1-602	陈先生
7	碧桂园B22-3-401孙先生	B22-3-401	孙先生
8			

选择C2单元格，输入公式“=RIGHT(A2,3)”，随后将公式向下方填充，即可从所有对应信息中提取出姓名信息。

● 函数组合应用：RIGHT+LEN+FIND——提取不同字符数量的姓名

本例中学生信息的最后面是学生姓名，但是学生姓名的字符个数不等，所以不能直接使用RIGHT函数进行提取，此时可以用RIGHT函数与LEN函数以及FIND函数组合编写公式提取姓名。

C2 fx =RIGHT(B2,LEN(B2)-FIND("班",B2))

	A	B	C
1	学号	信息	姓名
2	21001	口腔医学21级2班王阳阳	王阳阳
3	21002	法医学21级2班端木何君	端木何君
4	21003	法医学21级2班姜海	姜海
5	21004	临床医学21级2班吴晓敏	吴晓敏
6	21005	中医学21级2班李思霖	李思霖
7	21006	中药学21级2班郑刚	郑刚
8	21007	食品卫生与营养学21级2班蒋小波	蒋小波
9	21008	基础医学21级2班刘瑜	刘瑜
10	21009	预防医学21级2班李勇	李勇
11	21010	康复治疗学21级2班周潇	周潇
12	21011	预防医学21级2班张明宇	张明宇
13	21012	麻醉医学21级2班刘朵朵	刘朵朵
14			

选择C2单元格，输入公式“=RIGHT(B2,LEN(B2)-FIND("班",B2))”，随后将公式向下方填充，即可从所有对应的信息中提取出姓名。

函数12 RIGHTB
——从字符串的最后一个字符起返回指定字节数的字符

语法格式：=RIGHTB(字符串,字节个数)

参数介绍：

❖ 字符串：为必需参数。表示包含要提取字符的文本字符串。如果直接指定文本字符串，需用双引号引起来。如果不加双引号，则返回错误值“#NAME?”。

❖ 字节个数：为可选参数。表示要提取的字节数量。把文本字符串的结尾作为一个字节，并以字节为单位指定数值。字节个数的设置及返回值见下表。

字节个数	返回值
省略	假定为 1，或返回结尾字符
0	返回空文本
文本长度以上的数值	返回所有文本字符串
负数	返回错误值“#VALUE!”

使用说明：

RIGHTB函数用于从文本字符串的最后一个字符开始返回指定字节数的字符。全角字符是两个字节，半角字符是一个字节，句号、逗号、空格也要计算在内。例如从“商品代码”的最后字符开始提取特定商品的“分类”，从电话号码的最后字符开始提取“市内通话号码”，都需使用RIGHTB函数。

● 函数应用实例：利用字节数量计算方式从后向前提取学生班级

下面将使用RIGHTB函数从大学生信息中提取学生的班级。

B2 =RIGHTB(A2, 4)

	A	B	C
1	信息	班级	
2	口腔医学21级2班	2班	
3	法医学21级2班	2班	
4	法医学21级2班	2班	
5	临床医学21级12班	12班	
6	中医学21级12班	12班	
7	中药学21级12班	12班	
8	食品卫生与营养学21级12班	12班	
9	基础医学21级12班	12班	
10	预防医学21级3班	3班	
11	康复治疗学21级2班	2班	
12	预防医学21级2班	2班	
13	麻醉医学21级1班	1班	
14			

选择B2单元格，输入公式“=RIGHTB(A2,4)”，随后将公式向下方填充，即可从所有学生信息中提取出班级。

函数13 CONCATENATE

——将多个文本字符串合并成一个文本字符串

语法格式：=CONCATENATE(字符串1,字符串2,...)

参数介绍：

❖ 字符串1：为必需参数。表示需要合并的文本或文本所在的单元格。该参数可以是字符串、数字或对单元格的引用。

❖ 字符串2,...：为可选参数。表示需要合并的文本或文本所在的单元格。该参数可以是字符串、数字或对单元格的引用。CONCATENATE函数最多可设置255个参数。

使用说明：

CONCATENATE函数用于将多个文本字符串合并成一个。例如，把分开输入的姓和名合并成一个，或把分开输入的地址合并成一个。

● 函数应用实例：**将品牌和产品名称合并为一个整体**

下面将使用CONCATENATE函数将表格中的品牌和产品名称合并为一个整体。

C2　=CONCATENATE(A2, B2)

	A	B	C	D
1	品牌	产品	合并	
2	娃哈哈	矿泉水	娃哈哈矿泉水	
3	娃哈哈	乳酸菌饮料	娃哈哈乳酸菌饮料	
4	娃哈哈	AD钙奶	娃哈哈AD钙奶	
5	旺仔	儿童成长牛奶	旺仔儿童成长牛奶	
6	旺仔	复原乳牛奶	旺仔复原乳牛奶	
7	旺仔	零食礼包	旺仔零食礼包	
8	旺仔	碎碎冰	旺仔碎碎冰	
9	旺仔	果冻	旺仔果冻	
10	旺仔	卷心饼	旺仔卷心饼	
11				

选择C2单元格，输入公式“=CONCATENATE(A2,B2)”，随后将公式向下方填充，即可将A列中的品牌和B列中的产品名称合并到一起。

提示：文本运算符“&”也可合并文本字符串，“&”和CONCATENATE函数的使用方法基本相同。

函数14 REPLACE

——将一个字符串中的部分字符用另一个字符串替换

语法格式：=REPLACE(原字符串,开始位置,字符个数,新字符串)

参数介绍：

❖ 原字符串：为必需参数。表示指定成为替换对象的文本或文本所在的单元格。如果直接指定文本字符串，需用双引号引起来。如果不加双引号，则返回错误值“#NAME?”。

❖ 开始位置：为必需参数。表示用数值或数值所在的单元格指定开始替换的字符位置。字符串开头为第一个字符，并用字符单位指定数值。如果指定数值超过文本字符串的字符数，则在字符串的结尾追加替换字符串。如果该参数小于0，则返回错误值“#VALUE!”。

❖ 字符个数：为必需参数。表示要从原字符串中替换的字符个数。要替换几个字符则设置该参数为数字几。

❖ 新字符串：为必需参数。表示用来对原字符串中指定字符进行替换的字符串。如果直接指定文本字符串，需用双引号引起来。如果不加双引号，则返回错误值“#NAME?”。

● 函数应用实例：隐藏身份证号码后4位数

身份证号码属于隐私信息，在公开场合应该注意设置隐私保护，下面将使用REPLACE函数将表格中的身份证号码批量处理为“*”显示。

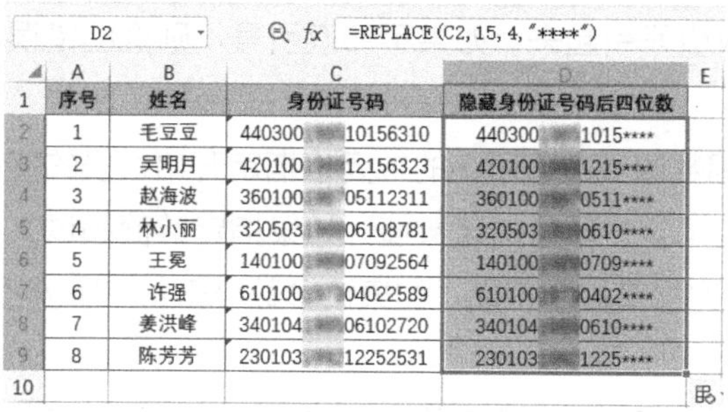

D2 =REPLACE(C2,15,4,"****")

	A	B	C	D
1	序号	姓名	身份证号码	隐藏身份证号码后四位数
2	1	毛豆豆	440300[illegible]10156310	440300[illegible]1015****
3	2	吴明月	420100[illegible]12156323	420100[illegible]1215****
4	3	赵海波	360100[illegible]05112311	360100[illegible]0511****
5	4	林小丽	320503[illegible]06108781	320503[illegible]0610****
6	5	王冕	140100[illegible]07092564	140100[illegible]0709****
7	6	许强	610100[illegible]04022589	610100[illegible]0402****
8	7	姜洪峰	340104[illegible]06102720	340104[illegible]0610****
9	8	陈芳芳	230103[illegible]12252531	230103[illegible]1225****
10				

选择D2单元格，输入公式“=REPLACE(C2,15,4,"****")”，随后将公式向下方填充，即可将所有对应身份证号码的后4位数替换成“*”符号。

● 函数组合应用：REPLACE+IF——自动更新商品编号

本例中商品编号的特点为，同一种类型的商品编号前面的字母数量相同。例如，“衣柜”的商品编号前面有2个字母，“书桌”的商品编号前面有3个字母。现在要求升级商品编号，依次在“衣柜”“书桌”以及“餐桌”的商品编号的前置字母之后增加数字01、02以及03。下面将使用REPLACE与IF函数组合编写公式完成商品编号的自动更新。

D2 fx =IF(A2="衣柜",REPLACE(C2,3,0,"01"),IF(A2="书桌",REPLACE(C2,4,0,"02"),REPLACE(C2,3,0,"03")))

	A	B	C	D
1	商品类型	规格/型号	原商品编码	更新后的商品编码
2	衣柜	欧式4门	MH22301566	MH0122301566
3	衣柜	两扇推拉门	MH321058732	MH01321058732
4	衣柜	儿童款两门	MH0075	MH010075
5	衣柜	儿童款高低柜	MH0060	MH010060
6	书桌	转角带书架	JLB1100	JLB021100
7	书桌	L型带柜	JLB30302B	JLB0230302B
8	书桌	1.2m可升降	JLR11120	JLR0211120
9	书桌	极简实木钢脚	JLB3965	JLB023965
10	餐桌	4人	CU1024	CU031024
11	餐桌	6人	CU1026	CU031026
12				

选择D2单元格，输入公式“=IF(A2="衣柜",REPLACE(C2,3,0,"01"),IF(A2="书桌",REPLACE(C2,4,0,"02"),REPLACE(C2,3,0,"03")))”，随后向下方填充公式，即可完成对相应商品编号的更新。

函数15 REPLACEB

——将一个字符串中的部分字符根据所指定的字节数用另一个字符串替换

语法格式：=REPLACEB(原字符串,开始位置,字节个数,新字符串)

参数介绍：

❖ 原字符串：为必需参数。表示指定成为替换对象的文本或文本所在的单元格。如果直接指定文本字符串，需用双引号引起来。如果不加双引号，则返回错误值“#NAME?”。

❖ 开始位置：为必需参数。表示用数值或数值所在的单元格指定开始替换的字符位置。字符串开头为第一个字节，并用字节单位指定数值。如果指定数值超过文本字符串的字节数，则在字符串的结尾追加替换字符串。如果该参数小于0，则返回错误值“#VALUE!”。

❖ 字节个数：为必需参数。表示要从原字符串中替换的字节个数。需要替换几个字节则设置该参数为数字几。

❖ 新字符串：为必需参数。表示用来替换旧字符串的文本或文本字符串所在的单元格。如果直接指定文本字符串，需用双引号引起来。如果不加双引号，则返回错误值“#NAME?”。

● 函数应用实例：**从混合型数据中提取商品重量**

下面将使用REPLACEB函数从采购商品中提取出重量。

C2 =REPLACEB(B2,5,6,"")

	A	B	C	D	E
1	NO	采购商品	提取重量		
2	1	50kg大米	50kg		
3	2	13kg绿豆	13kg		
4	3	72kg小黄米	72kg		
5	4	16kg芸豆	16kg		
6	5	30kg黑米	30kg		
7	6	19kg薏仁	19kg		
8					

选择C2单元格，输入公式“=REPLACEB(B2,5,6,"")”，随后将公式向下方填充，即可提取出相应采购商品的重量。

C2 =REPLACEB(B2,5,0,"-")

	A	B	C	D	E
1	NO	采购商品	提取重量		
2	1	50kg大米	50kg-大米		
3	2	13kg绿豆	13kg-绿豆		
4	3	72kg小黄米	72kg-小黄米		
5	4	16kg芸豆	16kg-芸豆		
6	5	30kg黑米	30kg-黑米		
7	6	19kg薏仁	19kg-薏仁		
8					

提示：若修改公式为“=REPLACEB(B2,5,0,"-")”，则可在采购商品的重量和商品名称之间添加一个“-”分隔符。

函数16 SUBSTITUTE
——用新字符串替换字符串中的部分字符串

语法格式：=SUBSTITUTE(字符串,原字符串,新字符串,替换序号)

参数介绍：

❖ 字符串：为必需参数。表示需要替换其中字符的文本或对含有文本的单元格的引用。如果直接指定文本字符串，需用双引号引起来。如果不加双引号，则返回错误值“#NAME?”。

❖ 原字符串：为必需参数。表示需要替换的旧文本或文本所在的单元格。如果直接指定查找文本字符串，需用双引号引起来。如果不加双引号，则返回错误值“#NAME?”。

❖ 新字符串：为必需参数。表示用于替换原字符串的文本或文本所在的单元格。如果直接指定替换文本字符串，需用双引号引起来。如果不加双引号，则返回错误值“#NAME?”。省略替换文本字符串时，则删除查找字符串，但省略时要在查找字符串后加逗号。如果不加逗号，则出现提示信息“此函数输入参数不够。”

❖ 替换序号：为可选参数。表示用数值或数值所在的单元格指定以新字符串替换第几次出现的原字符串。如果省略该参数，则用新字符串替换字符串中出现的所有原字符串。如果该参数小于0，则返回错误值“#VALUE!”。

使用说明：

使用SUBSTITUTE函数查找字符串，将查找到的字符串替换为另一个字符串。如果有多个查找字符串，则指定替换第几次出现的字符串。SUBSTITUTE函数用于在某一文本字符串中替换指定的文本。如果需要在某一个文本字符串中替换指定位置处的任意文本，可参照REPLACE函数或REPLACEB函数。

● 函数应用实例：将字符串中指定的字符替换成其他字符

下面将使用SUBSTITUTE函数将产品编号中的字母“YH”替换为“MZ”。

C2 fx =SUBSTITUTE(B2,"YH","MZ")

	A	B	C	D	E
1	产品名称	产品编号	新产品编号		
2	产品1	同YH-0214491	同MZ-0214491		
3	产品2	YHD-0214492	MZD-0214492		
4	产品3	YH-021493	MZ-021493		
5	产品4	YH-0214	MZ-0214		
6	产品5	YH-02149	MZ-02149		
7	产品6	YHD-0211496	MZD-0211496		
8	产品7	YH-02149558	MZ-02149558		
9	产品8	YH-021499	MZ-021499		
10	产品9	同YH-02150000	同MZ-02150000		
11	产品10	YHD-021501	MZD-021501		
12	产品11	YH-021503001	MZ-021503001		
13	产品12	YH-0211504	MZ-0211504		
14					

选择C2单元格，输入公式“=SUBSTITUTE(B2,"YH","MZ")”，随后将公式向下方填充，即可将所有产品编号中的字母“YH”替换成“MZ”。

提示：SUBTITUTE函数和REPLACE函数的作用差不多。它们的区别在于：REPLACE函数用数字指出替换的起始位置，一次只能完成一处替换；而SUBTITUTE函数直接指出要替换的内容，若要替换的内容在字符串中重复出现，可一次批量替换指定内容。

● 函数组合应用：SUBTITUTE+LEN——根据用顿号分隔的数据计算每日值班人数

假设某公司将10月1日至10月7日每天的值班人员输入在一个单元格中，每个姓名用顿号（、）分隔。下面将使用SUBTITUTE函数与LEN函数组合编写公式，计算每日值班的人数。

	A	B	C	D
1	日期	值班人员	值班人数	
2	2021/10/1	蒋小波、王敏、刘丽华、陈玉、赵乐	5	
3	2021/10/2	苏晓、李晓梅、周梅、江尚北	4	
4	2021/10/3	孙华、刘乐乐、肖华	3	
5	2021/10/4	李强、赵凯、刘梅、吴江进	4	
6	2021/10/5	小鹿、陈康康	2	
7	2021/10/6	夏宇、倪尚明、李白	3	
8	2021/10/7	张华英、苏明月	2	
9				

C2　fx　=LEN(B2)-LEN(SUBSTITUTE(B2,"、",""))+1

选择C2单元格，输入公式“=LEN(B2)-LEN(SUBSTITUTE(B2,"、",""))+1”，随后将公式向下方填充，即可计算出每日的值班人数。

提示：本例公式用LEN函数计算值班人员字符串的总长度，再减去删除所有顿号后的长度，两者的差加1便得到了值班人数。

函数17 UPPER

——将文本字符串的英文字母转换为大写形式

语法格式：=UPPER(字符串)

参数介绍：

字符串：为必需参数。表示需要转换成英文大写形式的文本。如果直接指定文本字符串，需用双引号引起来。如果不加双引号，则返回错误值“#NAME?”。指定的文本单元格只有一个，而且不能指定单元格区域。如果指定单元格区域，则返回错误值“#VALUE!”。

使用说明：

UPPER函数与LOWER函数的功能相反，用于将指定的文本字符串转换成大写形式。如果参数为汉字、数值等英文以外的文本字符串，按原样返回。如果需将大写英文转换为小写英文，可使用LOWER函数；如果将英文首字母变为大写，可使用PROPER函数。

● 函数应用实例：**将产品参数中所有英文字母转换为大写**

某品牌电动牙刷的各项产品参数中有些包含英文字母，这些英文字母有大写也有小写，下面使用UPPER函数将所有字母转换成大写。

	A	B	C
1		产品参数	将所有字母转换成大写
2	名称	Bb-de201声波震动电动牙刷	BB-DE201声波震动电动牙刷
3	型号	bb-201	BB-201
4	充电	4h dc 5v 1W	4H DC 5V 1W
5	充电时间	每次充电12Hour	每次充电12HOUR
6	功能	清洁/美白/抛光/牙龈护理/敏感	清洁/美白/抛光/牙龈护理/敏感
7			

选择C2单元格，输入公式“=UPPER(B2)”，随后将公式向下方填充，即可将各项参数中的英文字母全部转换成大写。

函数18 LOWER

——将文本字符串的英文字母转换为小写形式

语法格式：=LOWER(字符串)

参数介绍：

字符串：为必需参数。表示需要转换成英文小写形式的文本。如果直接指定文本字符串，需用双引号引起来。如果不加双引号，则返回错误值“#NAME?”。指定的文本单元格只有一个，而且不能指定单元格区域。如果指定单元格区域，则返回错误值“#VALUE!”。

● 函数应用实例：**将产品参数中所有英文字母转换为小写**

某品牌电动牙刷的各项产品参数中有些包含英文字母，这些英文字母有大写也有小写，下面使用LOWER函数将所有字母转换成小写。

	A	B	C
1		产品参数	将所有字母转换成小写
2	名称	Bb-de201声波震动电动牙刷	bb-de201声波震动电动牙刷
3	型号	bb-201	bb-201
4	充电	4h dc 5v 1W	4h dc 5v 1w
5	充电时间	每次充电12Hour	每次充电12hour
6	功能	清洁/美白/抛光/牙龈护理/敏感	清洁/美白/抛光/牙龈护理/敏感
7			

选择C2单元格，输入公式“=LOWER(B2)”，随后将公式向下方填充，即可将对应产品参数中的英文字母全部转换为小写。

函数19 PROPER

——将文本字符串及非字母字符之后的首字母转换成大写

语法格式：=PROPER(字符串)

参数介绍：

字符串：为必需参数。可以是一组双引号中的文本字符串，或者返回文本值的公式或是对包含文本的单元格的引用。如果直接指定文本字符串，需用双引号引起来。如果不加双引号，则返回错误值“#NAME?”。指定的文本单元格只有一个，而且不能指定单元格区域。如果指定单元格区域，则返回错误值“#VALUE!”。

● 函数应用实例：**将英文歌曲的名称转换成首字母大写**

假若所有英文歌曲的名称全部是小写字母，下面将使用PROPER函数将歌曲名称的每个单词转换成首字母大写。

B2 =PROPER(A2)

	A	B	C
1	歌曲名称	将首字母转换成大写	
2	everything i need	Everything I Need	
3	way back home	Way Back Home	
4	let go	Let Go	
5	ocean to ocean	Ocean To Ocean	
6	san francisco	San Francisco	
7	imagine	Imagine	
8	give me everything	Give Me Everything	
9	hide	Hide	
10			

选择B2单元格，输入公式“=PROPER(A2)”，随后将公式向下方填充，即可将所有歌曲名称中的每个单词转换成首字母大写。

函数20 ASC

——将全角（双字节）字符更改为半角（单字节）字符

语法格式：=ASC(字符串)

参数介绍：

字符串：为必需参数。表示文本或对包含文本的单元格的引用。如果直接指定文本字符串，需用双引号引起来。如果不加双引号，则返回错误值“#NAME?”。参数只能指定为一个单元格，不能指定单元格区域。如果指定单元格区域，则返回错误值“#VALUE!”。

使用说明：

ASC函数与WIDECHAR函数功能相反，用于将指定文本字符串的全角英文字符转换成半角英文字符。如果文本中不包含任何全角字母，则按原样返回。英文的全角字符和半角字符不能混合在一起使用。如果要将半角字符转换为全角字符，可使用WIDECHAR函数。

● 函数应用实例：将产品参数中的全角字符转换为半角字符

在全角输入法状态下，在WPS表格中输入的字母、数字、符号以及空格等占两个字节，在半角输入状态下输入以上字符时则占一个字节。所以，全角和半角的选择对一个字符串中所包含的字节数量起到决定性的作用。为了便于数据统计和分析，可以使用ASC函数将全角字符转换成半角字符。

B9 =ASC(B2)

	A	B	C	D
1	产品参数		字节数量统计	
2	名称	ＢＢ－ＤＥ２０１声波震动电动牙刷		
3	型号	ＢＢ２０１		
4	充电	４Ｈ　ＤＣ　５Ｖ　１Ｗ		
5	充电时间	每次充电１２Ｈｏｕｒ		
6	功能	清洁／美白／抛光／牙龈护理／敏感		
7				
8	将全角字符转换成半角字符		字节数量统计	
9	名称	BB-DE201声波震动电动牙刷		
10	型号	BB201		
11	充电	4H DC 5V 1W		
12	充电时间	每次充电12Hour		
13	功能	清洁/美白/抛光/牙龈护理/敏感		
14				

选择B9单元格，输入公式"=ASC(B2)"，随后将公式向下方填充至B13单元格，即可将B2:B6单元格区域中的全角字符全部转换成半角字符。

提示：使用LENB函数可以对字节数量进行统计，从而验证全角字符和半角字符所占的字节数量。

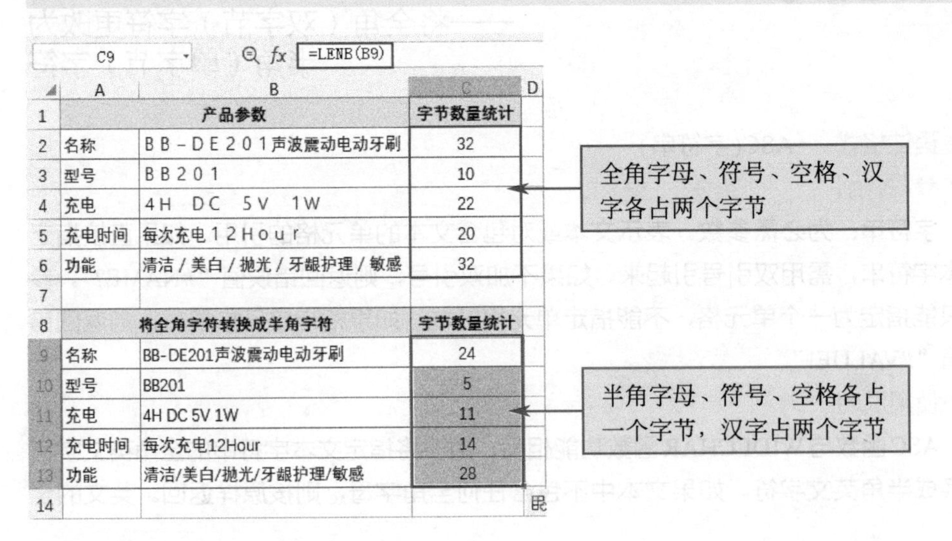

C9 =LENB(B9)

	A	B	C	D
1	产品参数		字节数量统计	
2	名称	ＢＢ－ＤＥ２０１声波震动电动牙刷	32	
3	型号	ＢＢ２０１	10	
4	充电	４Ｈ　ＤＣ　５Ｖ　１Ｗ	22	
5	充电时间	每次充电１２Ｈｏｕｒ	20	
6	功能	清洁／美白／抛光／牙龈护理／敏感	32	
7				
8	将全角字符转换成半角字符		字节数量统计	
9	名称	BB-DE201声波震动电动牙刷	24	
10	型号	BB201	5	
11	充电	4H DC 5V 1W	11	
12	充电时间	每次充电12Hour	14	
13	功能	清洁/美白/抛光/牙龈护理/敏感	28	
14				

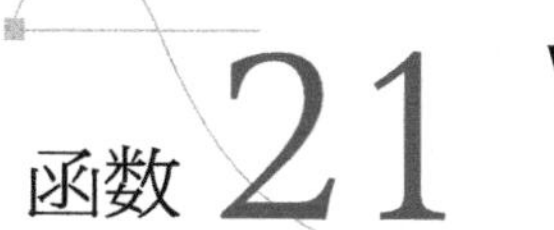

函数21 WIDECHAR
——将半角字符转换成全角字符

语法格式：=WIDECHAR(字符串)

参数介绍：

字符串：为必需参数。表示文本或对包含要更改文本的单元格的引用。如果直接指定文本字符串，需用双引号引起来。如果不加双引号，则返回错误值“#NAME?”。参数只能指定一个文本单元格，而不能指定单元格区域。如果指定单元格区域，则返回错误值“#VALUE!”。

● 函数应用实例：**将产品参数中的半角字符转换为全角字符**

下面将使用WIDECHAR函数将产品参数中的半角字符转换为全角字符。

B9　fx =WIDECHAR(B2)

	A	B	C	D
1	产品参数		字节数量统计	
2	名称	BB-DE201声波震动电动牙刷		
3	型号	BB201		
4	充电	4H DC 5V 1W		
5	充电时间	每次充电12Hour		
6	功能	清洁/美白/抛光/牙龈护理/敏感		
7				
8	将半角字符转换成全角字符		字节数量统计	
9	名称	ＢＢ－ＤＥ２０１声波震动电动牙刷		
10	型号	ＢＢ２０１		
11	充电	４Ｈ　ＤＣ　５Ｖ　１Ｗ		
12	充电时间	每次充电１２Ｈｏｕｒ		
13	功能	清洁／美白／抛光／牙龈护理／敏感		
14				

选择B9单元格，输入公式“=WIDECHAR(B2)”，随后将公式向下方填充至B13单元格，即可将B2:B6单元格区域中的半角字符全部转换成全角字符。

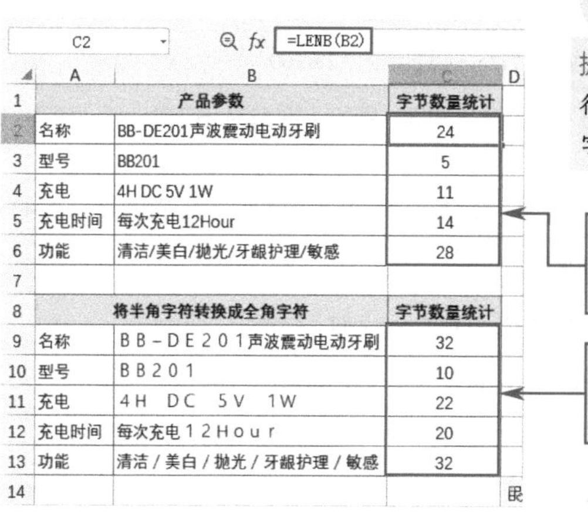

C2　fx =LENB(B2)

	A	B	C	D
1	产品参数		字节数量统计	
2	名称	BB-DE201声波震动电动牙刷	24	
3	型号	BB201	5	
4	充电	4H DC 5V 1W	11	
5	充电时间	每次充电12Hour	14	
6	功能	清洁/美白/抛光/牙龈护理/敏感	28	
7				
8	将半角字符转换成全角字符		字节数量统计	
9	名称	ＢＢ－ＤＥ２０１声波震动电动牙刷	32	
10	型号	ＢＢ２０１	10	
11	充电	４Ｈ　ＤＣ　５Ｖ　１Ｗ	22	
12	充电时间	每次充电１２Ｈｏｕｒ	20	
13	功能	清洁／美白／抛光／牙龈护理／敏感	32	
14				

提示：使用WIDECHAR函数可以对字节数量进行统计，从而验证全角字符和半角字符所占的字节数量。

半角字母、符号、空格各占一个字节，汉字占两个字节

全角字母、符号、空格、汉字各占两个字节

函数22 TEXT

——将数值转换为按指定数值格式表示的文本

语法格式：=TEXT(值,数值格式)

参数介绍：

❖ 值：为必需参数。表示需要转换格式的值。该参数可以是数值、计算结果为数字值的公式，或对包含数字值的单元格的引用。

❖ 数值格式：为必需参数。表示用于指定文本形式的数字格式。在TEXT函数中指定数值格式的方法是，选择“开始”选项卡中的“数字”选项，在弹出的“单元格格式”对话框中的“数字”选项卡下的“分类”列表框中指定。但数值格式中不能包含*号，否则返回错误值“#VALUE!”。

常用的格式符号及其含义见下表。

格式符号	格式符号的含义
	数值型
#	表示数字。如果没有达到用 # 指定数值的位数，则不能用 0 补充。例如，将 12.3 设定为 ##.## 时，则显示为 12.3
0	表示数字。没有达到用0指定数值的位数时，则添加0补充。例如，将12.3 设定##.#0 时，则显示为 12.30
?	表示数字
.	表示小数点。例如，将 123 设定为 ###.0 时，则显示为 123.0
,	表示 3 位分隔段。但在数值的末尾带有逗号时，则在百位进行四舍五入，并用千位表示。例如，将 1234567 设定为 #，### 时，则显示为 1,235,000
%	表示百分比。数值表示百分比时，则用 % 表示。例如，将 0.123 设定为 ##.#% 时，则显示为 12.3%
/	表示分数。例如，将 1.23 设定为 #??/???，则显示为 123/100
¥ $	用带有人民币符号 ¥ 或美元符号 $ 的数值表示。例如，将 1234 设定为 ¥#，##0 时，则表示为 ¥1,234
()	符号或运算符号、括号的表示。例如，将 1234 设定为（#，##0）时，则显示（1,234）
	日期和时间型
yyyy	用 4 位数表示年份。例如，将 2004/1/1 设定为 yyyy 时，则表示为 2004
yy	用 2 位数表示年份。例如，将 2004/1/1 设定为 yy 时，则表示为 04
m	用 1 ～ 12 的数字表示日期的月份。例如，将 2004/1/1 设定为 m 时，则显示 1

续表

格式符号	格式符号的含义
日期和时间型	
mm	用 01 ～ 12 两位数表示日期的月份。例如，将 2004/1/1 设定为 mm 时，则显示为 01
mmm	用英语 Jan ～ Dec 表示日期中的月份。例如，将 2004/1/1 设定 mmm 时，则显示为 Jan
mmmm	用英语 January ～ December 表示日期中的月份。例如，将 2004/1/1 设定 mmmm 时，则显示为 January
d	用 1 ～月末数字表示日期中的日。例如，将 2004/1/1 设定为 d 时，则显示为 1
dd	用 01 ～月末两位数字表示日期中的日。例如，将 2004/1/1 设定为 dd 时，则显示为 01
ddd	用英语 Sun ～ Sat 表示日期中的星期。例如，将 2004/1/1 设定为 ddd 时，则显示为 Thu
dddd	用英语 Sunday ～ Saturday 表示日期中的星期。例如，将 2004/1/1 设定为 dddd 时，则显示为 Thursday
aaa	用日～六汉字表示日期的星期。例如，将 2004/1/1 设定为 aaa 时 , 则显示为四
aaaa	用星期日～星期六汉字表示日期的星期。例如，将 2004/1/1 设定为 aaaa 时，则显示为星期四
h	用 0 ～ 23 的数字表示时间的小时数。例如，将 9:09:05 设定为 h 时，则显示为 9
hh	用 00 ～ 23 的数字表示时间的小时数。例如，将 9:09:05 设定为 hh 时，则显示为 09
m	用 0 ～ 59 的数字表示时间的分钟数。例如，将 9:09:05 设定为 h:m 时，则显示为 9:9。如果单独指定 m，则是指定日期的月份，所以它必须和表示时间中的“小时”的 h 或 hh 或“秒”的 s 或 ss 一起指定
mm	用 00 ～ 59 的数字表示两位数字时间的分钟数。例如，将 9:09:05 设定为 hh:mm 时，则显示为 09:09。它和 m 相同，单独指定时，必须和表示时间中的“小时”的 h 或 hh 或“秒”的 s 或 ss 一起指定
s	用 0 ～ 59 的数字表示时间的秒数。例如，将 9:09:05 设定为 s 时，则显示为 5
ss	用 00 ～ 59 的数字表示时间的秒数。例如，将 9:09:05 设定为 ss 时，则显示为 05
AM/PM	用上午、下午表示时间。例如，9:09:05 设定为 h:m 和 AM/PM 时，则显示为 9:9AM
[ ]	表示经过的时间。例如，将 9:09:05 设定为［mm］时，则显示为 549（9 个小时过 9 分 =549 分）
其他类型	
G/（通用格式）	标准格式显示。例如，将 1,234 设定为 G/ 通用格式时，则显示为 1234
[DBNum1]	显示汉字。用十、百、千、万 … 显示。例如，将 1234 设定为［DBNum1］时，则显示为一千二百三十四
[DBNum1]###0	用数字表示数值。例如，将 1234 设定为 [DBNum1]###0 时，则显示为一二三四

第6章

续表

格式符号	格式符号的含义
其他类型	
[DBNum2]	表示大写的数字。例如，将 1234 设定为 [DBNum2] 时，则显示为壹仟贰百叁拾肆
[DBNum2]###0	表示大写的数字。例如，将 1234 设定为 [DBNum2]###0 时，则显示为壹贰叁肆
[DBNum3]	显示数字和汉字。例如，将 1234 设定为 [DBNum3]，则显示为 1 千 2 百 3 十 4
[DBNum3]###0	显示全角数字。例如，将 1234 设定为 [DBNum3]###0 时，则显示为 １２３４
;	用于不同情况下，分号左边表示正数格式，右边表示负数格式。例如，将 -1234 设定为 #,##0;（#,##0），则显示为 1,234
_	用于字符中有间隔情况。“_”的后面显示指定的字符有相同间隔。例如，将 1234 设定为 ¥_-#,##0 时，则显示为 ¥1,234

使用说明：

TEXT 函数用于将数值转换为与单元格格式相同的文本格式。对于输入数值的单元格也能设定格式，但格式的设定只能改变单元格格式，而不会影响其中的数值。

TEXT 函数的常见数据格式转换公式如左图所示。

	A	B	C
1	需要转换格式的数据	公式	转换结果
2	2021/12/7	=TEXT(A2,"aaaa")	星期二
3	2022/5/22	=TEXT(A3,"yyyy")	2022
4	2010/8/6	=TEXT(A4,"yyyy-mm-dd")	2010-08-06
5	1	=TEXT(A5,"0000")	0001
6	11	=TEXT(A6,"0000")	0011
7	118	=TEXT(A7,"正数;负数;零")	正数
8	-5	=TEXT(A8,"正数;负数;零")	负数
9	2600000	=TEXT(A9,"#,###")	2,600,000
10	25.6	=TEXT(A10,"0.00")	25.60
11	65800563	=TEXT(A11,"0,000.00")	65,800,563.00
12	65	=TEXT(A12,"[>=85]优秀;[<60]不及格;良好")	良好
13	40	=TEXT(A13,"[>=85]优秀;[<60]不及格;良好")	不及格
14			

● 函数应用实例1：将电话号码设置成分段显示

为了方便读取，可以使用 TEXT 函数将 11 位的电话号码设置成分段显示。

C2 =TEXT(B2,"000 000 00000")

	A	B	C	D	E
1	姓名	电话号码	分段显示		
2	姓名1	12345678900	123 456 78900		
3	姓名2	22334455667	223 344 55667		
4	姓名3	12312312312	123 123 12312		
5	姓名4	12345612345	123 456 12345		
6	姓名5	76542315645	765 423 15645		
7	姓名6	98765432165	987 654 32165		
8	姓名7	85296374185	852 963 74185		
9	姓名8	96385274185	963 852 74185		
10	姓名9	75984162357	759 841 62357		
11					

选择 C2 单元格，输入公式“=TEXT(B2,"000 000 00000")”，随后将公式向下方填充，即可将对应的所有电话号码设置为分段显示。

● 函数应用实例2：**直观对比实际业绩与目标业绩的差距**

下面将使用TEXT函数根据某公司业务员的目标业绩和实际业绩，计算业绩完成情况。

D2　　=TEXT(C2-B2,"超出#元;差#元;完成")

	A	B	C	D	E	F
1	业务员	目标业绩	实际业绩	业绩完成情况		
2	王玉	100000	73000	差27000元		
3	宋远程	130000	150000	超出20000元		
4	张博	100000	110000	超出10000元		
5	刘玉明	300000	350000	超出50000元		
6	陈丹	100000	100000	完成		
7	赵庆坤	100000	98000	差2000元		
8	李媛媛	200000	200000	完成		
9	周晓琳	100000	130000	超出30000元		
10	袁博生	100000	650000	超出550000元		
11	孙玉清	250000	260000	超出10000元		
12	赵恺	100000	100000	完成		
13						

选择D2单元格，输入公式"=TEXT(C2-B2,"超出#元;差#元;完成")"，随后将公式向下方填充，即可以直观地以文字形式返回对应业务员的业绩完成情况。

提示：本例公式所使用的代码用分号（;）分隔三组代码，当C2-B2的结果值为正数时返回第一组代码，当结果值为负数时返回第二组代码，当结果值为0时返回第三组代码。占位符"#"的作用是计算C2-B2的结果值。

第6章

函数23 FIXED

——将数字按指定位数四舍五入，并以文本形式返回

语法格式：=FIXED(数值,小数位数,无逗号分隔符)

参数介绍：

❖ 数值：为必需参数。表示要进行四舍五入并转换成文本字符串的数字。该参数可以是数字常量或对包含数值的单元格的引用。

❖ 小数位数：为可选参数。表示小数点右边的位数。该参数指定位数为2时，四舍五入掉小数点后第3位的数值。如果省该参数，则假定其值为2。

❖ 无逗号分隔符：为可选参数。该参数是一个逻辑值，指定在返回文本中是否显示逗号。该参数省略或为FALSE时显示逗号，为TRUE时则不显示逗号。

小数位数的设置和四舍五入的位置关系见下表。

小数位数	四舍五入的位置
正数	四舍五入掉小数点后第 $n+1$ 位的数值
0	四舍五入掉小数点后第 1 位的数值
负数	四舍五入到整数的第 n 位
省略	假定其值为 2，四舍五入掉小数点后第 3 位的数值

使用说明：

FIXED函数用于将数字按指定的小数位数进行取整，利用小数点和逗号，以小数格式对该数进行格式设置，并以文本形式返回。用小数位数指定四舍五入的位置。它和在输入数值的单元格中设定“数值”的格式相同，但格式的设定只能改变工作表中单元格的格式，而不能将其结果转换为文本。

● 函数应用实例：对灯具报价金额进行取整

报价单中的灯具报价金额包含位数不等的小数，下面将使用FIXED函数对报价总额进行取整。

I2 =FIXED(H2,0,FALSE)

序号	品牌	灯具编号	名称	类型	单价	数量	总价	总价取整
1	阳光灯具	PHR20	101温馨家园	餐厅吊灯	128.37	2	256.74	257
2	阳光灯具	PHR21	田园风情611	射灯	129.776	3	389.328	389
3	阳光灯具	PHR22	温晴暖暖	灯带	130.435	4	521.74	522
4	阳光灯具	PHR23	106温馨家园	客厅大灯	131.777	5	658.885	659
5	阳光灯具	PHR24	田园风情611	射灯	132.2342	6	793.4052	793
6	阳光灯具	PHR25	温晴暖暖	灯带	133.1152	7	931.8064	932
7	阳光灯具	PHR26	104温馨家园	客厅大灯	134.235	8	1073.88	1,074
8	阳光灯具	PHR27	田园风情616	射灯	135.7	9	1221.3	1,221
9	阳光灯具	PHR28	温晴暖暖	灯带	136.98	10	1369.8	1,370
10	阳光灯具	PHR29	105温馨家园	餐厅吊灯	137.458	11	1512.038	1,512
11	阳光灯具	PHR30	田园风情614	射灯	138.111	12	1657.332	1,657
12	阳光灯具	PHR31	温晴暖暖	灯带	139.658	13	1815.554	1,816
13	阳光灯具	PHR32	106温馨家园	客厅大灯	140.4598	14	1966.437	1,966
14	阳光灯具	PHR33	田园风情615	射灯	141.22	15	2118.3	2,118

选择I2单元格，输入公式“=FIXED(H2,0,FALSE)”，随后将公式向下方填充，即可对相应总价进行四舍五入取整。

特别说明：本例公式使用逻辑值FALSE，表示不阻止逗号。所以，超过1000元的数值会自动添加千位分隔符。

函数24 RMB

——四舍五入数值，并转换为带￥货币符号的文本

语法格式：=RMB(数值,小数位数)

参数介绍：

❖ 数值：为必需参数。表示数值或输入数值的单元格。如果指定文本，则返回

错误值“#VALUE!”。

❖ 小数位数：为可选参数。表示小数点后的位数。例如，保留小数点后第3位的数值时，位数指定为2。此时，四舍五入小数点后第3位的数字。如果省略位数，则假定其值为2。小数位数的设置和四舍五入的位置关系见下表。

小数位数	四舍五入的位置
正数	四舍五入掉小数点后第 n+1 位的数值
0	四舍五入掉小数点后第 1 位的数值
负数	四舍五入到整数的第 n 位
省略	假定其值为 2，四舍五入掉小数点后第 3 位的数值

使用说明：

RMB函数用于四舍五入数值，并转换为带人民币符号的文本。小数位数用于指定四舍五入的位置。它和在输入数值的单元格中设定“货币”的格式相同，但格式的设定只改变工作表的格式，不转换为文本。

使用命令来设置包含数字的单元格格式与使用RMB函数直接设置数字格式之间的主要区别在于：RMB函数将计算结果转换为文本，使用“单元格格式”对话框设置格式后的数字仍为数字。之所以可以继续在公式中使用由RMB函数设置格式的数字，是因为WPS表格在计算时会将以文本值输入的数字转换为数字。

● 函数应用实例：将代表金额的数字转换为带人民币符号的货币格式

下面将使用RMB函数将灯具报价单中的总价转换成带￥符号的货币格式，并四舍五入保留小数点后的1位小数。

I2 =RMB(H2,1)

序号	品牌	灯具编号	名称	类型	单价	数量	总价	货币格式
1	阳光灯具	PHR20	101温馨家园	餐厅吊灯	128.37	2	256.74	￥256.7
2	阳光灯具	PHR21	田园风情611	射灯	129.776	3	389.328	￥389.3
3	阳光灯具	PHR22	温晴暖暖	灯带	130.435	4	521.74	￥521.7
4	阳光灯具	PHR23	106温馨家园	客厅大灯	131.777	5	658.885	￥658.9
5	阳光灯具	PHR24	田园风情611	射灯	132.2342	6	793.4052	￥793.4
6	阳光灯具	PHR25	温晴暖暖	灯带	133.1152	7	931.8064	￥931.8
7	阳光灯具	PHR26	104温馨家园	客厅大灯	134.235	8	1073.88	￥1,073.9
8	阳光灯具	PHR27	田园风情616	射灯	135.7	9	1221.3	￥1,221.3
9	阳光灯具	PHR28	温晴暖暖	灯带	136.98	10	1369.8	￥1,369.8
10	阳光灯具	PHR29	105温馨家园	餐厅吊灯	137.458	11	1512.038	￥1,512.0
11	阳光灯具	PHR30	田园风情614	射灯	138.111	12	1657.332	￥1,657.3
12	阳光灯具	PHR31	温晴暖暖	灯带	139.658	13	1815.554	￥1,815.6
13	阳光灯具	PHR32	106温馨家园	客厅大灯	140.4598	14	1966.437	￥1,966.4
14	阳光灯具	PHR33	田园风情615	射灯	141.22	15	2118.3	￥2,118.3

选择I2单元格，输入公式“=RMB(H2,1)”，随后将公式向下方填充，即可将总价四舍五入保留1位小数并转换成带￥符号的货币格式。

提示：若省略第二参数，则默认保留2位小数。若要舍去所有小数只保留整数，则将第二参数设置为0。

I2 fx =RMB(H2)

	A	B	C	D	E	F	G	H	I
1	序号	品牌	灯具编号	名称	类型	单价	数量	总价	货币格式
2	1	阳光灯具	PHR20	101温馨家园	餐厅吊灯	128.37	2	256.74	¥256.74
3	2	阳光灯具	PHR21	田园风情611	射灯	129.776	3	389.328	¥389.33
4	3	阳光灯具	PHR22	温晴暖暖	灯带	130.435	4	521.74	¥521.74
5	4	阳光灯具	PHR23	106温馨家园	客厅大灯	131.777	5	658.885	¥658.89
6	5	阳光灯具	PHR24	田园风情611	射灯	132.2342	6	793.4052	¥793.41
7	6	阳光灯具	PHR25	温晴暖暖	灯带	133.1152	7	931.8064	¥931.81
8	7	阳光灯具	PHR26	104温馨家园	客厅大灯	134.235	8	1073.88	¥1,073.88
9	8	阳光灯具	PHR27	田园风情616	射灯	135.7	9	1221.3	¥1,221.30
10	9	阳光灯具	PHR28	温晴暖暖	灯带	136.98	10	1369.8	¥1,369.80
11	10	阳光灯具	PHR29	105温馨家园	餐厅吊灯	137.458	11	1512.038	¥1,512.04
12	11	阳光灯具	PHR30	田园风情614	射灯	138.111	12	1657.332	¥1,657.33
13	12	阳光灯具	PHR31	温晴暖暖	灯带	139.658	13	1815.554	¥1,815.55
14	13	阳光灯具	PHR32	106温馨家园	客厅大灯	140.4598	14	1966.437	¥1,966.44
15	14	阳光灯具	PHR33	田园风情615	射灯	141.22	15	2118.3	¥2,118.30
16									

省略第二参数，默认保留2位小数

I2 fx =RMB(H2,0)

	A	B	C	D	E	F	G	H	I
1	序号	品牌	灯具编号	名称	类型	单价	数量	总价	货币格式
2	1	阳光灯具	PHR20	101温馨家园	餐厅吊灯	128.37	2	256.74	¥257
3	2	阳光灯具	PHR21	田园风情611	射灯	129.776	3	389.328	¥389
4	3	阳光灯具	PHR22	温晴暖暖	灯带	130.435	4	521.74	¥522
5	4	阳光灯具	PHR23	106温馨家园	客厅大灯	131.777	5	658.885	¥659
6	5	阳光灯具	PHR24	田园风情611	射灯	132.2342	6	793.4052	¥793
7	6	阳光灯具	PHR25	温晴暖暖	灯带	133.1152	7	931.8064	¥932
8	7	阳光灯具	PHR26	104温馨家园	客厅大灯	134.235	8	1073.88	¥1,074
9	8	阳光灯具	PHR27	田园风情616	射灯	135.7	9	1221.3	¥1,221
10	9	阳光灯具	PHR28	温晴暖暖	灯带	136.98	10	1369.8	¥1,370
11	10	阳光灯具	PHR29	105温馨家园	餐厅吊灯	137.458	11	1512.038	¥1,512
12	11	阳光灯具	PHR30	田园风情614	射灯	138.111	12	1657.332	¥1,657
13	12	阳光灯具	PHR31	温晴暖暖	灯带	139.658	13	1815.554	¥1,816
14	13	阳光灯具	PHR32	106温馨家园	客厅大灯	140.4598	14	1966.437	¥1,966
15	14	阳光灯具	PHR33	田园风情615	射灯	141.22	15	2118.3	¥2,118
16									

第二参数为0，四舍五入保留整数

函数25 DOLLAR

——四舍五入数值，并转换为带$货币符号的文本

语法格式：=DOLLAR(数值,小数位数)

参数介绍：

❖ 数值：为必需参数。表示数字或对包含数字的单元格引用，或是计算结果为数字的公式。如果指定的数值中含有文本，则返回错误值“#VALUE!”。

❖ 小数位数：为可选参数。表示小数点后的位数。例如，表示到小数点后第2位的数值时，位数指定为2。此时，四舍五入小数点后第三位的数字。如果省略位数，则假定其值为2。小数位数的设置和四舍五入的位置关系见下表。

小数位数	四舍五入的位置
正数	四舍五入掉小数点后第 n+1 位的数值
0	四舍五入掉小数点后第 1 位的数值
负数	四舍五入到整数的第 n 位
省略	假定其值为 2，四舍五入掉小数点后第 3 位的数值

使用说明：

DOLLAR函数用于四舍五入数值，并转换为带“$”符号的货币格式文本。用小数位数指定四舍五入的位置。它将单元格设置为“货币”格式类型，但格式的设置只改变工作表的格式，不能转换为文本。

● 函数应用实例：**将代表金额的数字转换为带$符号的货币格式**

下面将使用DOLLAR函数对灯具总价进行四舍五入，保留到整数，并转换成带$符号的货币格式。

I2 fx =DOLLAR(H2, 0)

	C	D	E	F	G	H	I	J
1	灯具编号	名称	类型	单价	数量	总价	货币格式	
2	PHR20	101温馨家园	餐厅吊灯	128.37	2	256.74	$257	
3	PHR21	田园风情611	射灯	129.776	3	389.328	$389	
4	PHR22	温晴暖暖	灯带	130.435	4	521.74	$522	
5	PHR23	106温馨家园	客厅大灯	131.777	5	658.885	$659	
6	PHR24	田园风情611	射灯	132.2342	6	793.4052	$793	
7	PHR25	温晴暖暖	灯带	133.1152	7	931.8064	$932	
8	PHR26	104温馨家园	客厅大灯	134.235	8	1073.88	$1,074	
9	PHR27	田园风情616	射灯	135.7	9	1221.3	$1,221	
10	PHR28	温晴暖暖	灯带	136.98	10	1369.8	$1,370	
11	PHR29	105温馨家园	餐厅吊灯	137.458	11	1512.038	$1,512	
12	PHR30	田园风情614	射灯	138.111	12	1657.332	$1,657	
13	PHR31	温晴暖暖	灯带	139.658	13	1815.554	$1,816	
14	PHR32	106温馨家园	客厅大灯	140.4598	14	1966.437	$1,966	
15	PHR33	田园风情615	射灯	141.22	15	2118.3	$2,118	
16								

选择I2单元格，输入公式“=DOLLAR(H2,0)”，随后将公式向下方填充，将所有总价四舍五入到整数部分，并转换成带$符号的货币格式。

第6章

函数26 BAHTTEXT

——将数字转换为泰语文本

语法格式：=BAHTTEXT(数值)

参数介绍：

数值：为必需参数。表示要转换成文本的数字、对包含数字的单元格的引用或结果为数字的公式。如果参数指定为文本，则返回错误值“#VALUE!”。

使用说明：

BAHTTEXT函数用于将数字转换为泰语文本并添加前缀“泰铢”。

- 函数应用实例：**将数字转换为泰语文本**

下面将使用BAHTTEXT函数，将菜单中的价格转换为泰语文本。

D2 =BAHTTEXT(C2)

	A	B	C	D	E
1	类别	名称	价格	泰铢	
2	小炒类	新鲜时蔬	18	สิบแปดบาทถ้วน	
3	小炒类	合菜	18	สิบแปดบาทถ้วน	
4	小炒类	炸蘑菇	25	ยี่สิบห้าบาทถ้วน	
5	小炒类	炒菜心	18	สิบแปดบาทถ้วน	
6	小炒类	香菇	20	ยี่สิบบาทถ้วน	
7	粥类	小米粥	3	สามบาทถ้วน	
8	粥类	绿豆粥	4	สี่บาทถ้วน	
9	粥类	南瓜粥	4	สี่บาทถ้วน	
10	粥类	黑米粥	4	สี่บาทถ้วน	
11	粥类	豆腐条汤	5	ห้าบาทถ้วน	
12					

选择D2单元格，输入公式“=BAHTTEXT(C2)”，随后将公式向下方填充，即可将所有对应的价格转换为泰文显示。

函数27 NUMBERSTRING

——将数字转换为中文字符串

语法格式：=NUMBERSTRING(数值,选项)

参数介绍：

❖ 数值：为必需参数。表示数值或数值所在的单元格。如果省略该参数，则假定值为0。如果参数指定为文本，则返回错误值“#VALUE!”。

❖ 选项：为必需参数。用1～3的数值指定汉字的表示方法。如果省略该参数，则返回错误值“#NUM!”。

“选项”参数的设置与返回值的关系见下表。

类型	汉字	表示方法
1	一百二十三	用“十百千万”的表示方法
2	壹百贰拾叁	用大写表示
3	一二三	不取位数，按原样表示

使用说明：

NUMBERSTRING函数用于将数值转换为汉字文本。汉字的转换方法有三种，例如“123”可用“一百二十三”“壹百贰拾叁”“一二三”中的任何一个表示。输入数值的单元格设定为汉字的格式，也会得到相同的表示，但格式的设置不改变工作表的格式，文本也不被转换。

● 函数应用实例：将数字转换成汉字

下面将使用NUMBERSTRING函数，把数字形式的金额转换成中文的大写格式。

H19　fx　=NUMBERSTRING((D18+H18-D19),2)

对账单

单位名称：　联系人　联系电话：

单位地址：　截止日期：2021年9月20日

订单号	产品名称	规格	单位	数量	单价	金额	备注
2109062	红酒	2瓶/箱	箱	5	108	540.00	
21080315	红酒	4瓶/箱	箱	6	226	1,356.00	
21080651	果酒	12瓶/箱	箱	10	57	570.00	赠送1箱
21080312	果酒	6瓶/箱	箱	10	29	290.00	
						0.00	
						0.00	
						0.00	
						0.00	
						0.00	
						0.00	
						0.00	
备注：							
上期未付款		¥0.00		本月合计		¥2,756.00	
本月已付款		¥0.00		累计未付款		贰仟柒佰伍拾陆	

选择H19:I19的合并单元格，输入公式“=NUMBERSTRING((D18+H18－D19),2)”，按下【Enter】键，即可返回中文大写格式的金额。

提示：将公式修改为“=NUMBERSTRING((D18+H18-D19),2)&"元整"”可让中文大写格式的金额更加标准。

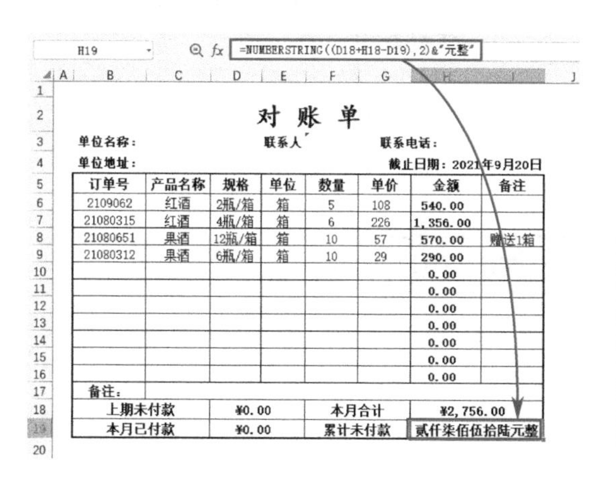

H19　fx　=NUMBERSTRING((D18+H18-D19),2)&"元整"

对账单

单位名称：　联系人　联系电话：

单位地址：　截止日期：2021年9月20日

订单号	产品名称	规格	单位	数量	单价	金额	备注
2109062	红酒	2瓶/箱	箱	5	108	540.00	
21080315	红酒	4瓶/箱	箱	6	226	1,356.00	
21080651	果酒	12瓶/箱	箱	10	57	570.00	赠送1箱
21080312	果酒	6瓶/箱	箱	10	29	290.00	
						0.00	
						0.00	
						0.00	
						0.00	
						0.00	
						0.00	
						0.00	
备注：							
上期未付款		¥0.00		本月合计		¥2,756.00	
本月已付款		¥0.00		累计未付款		贰仟柒佰伍拾陆元整	

提示：使用NUMBERSTRING函数转换的文本不能作为公式中的数值使用，只作为文本表示。用汉字的格式制作公式时，选择“单元格格式”对话框中的“数字”选项卡中的“特殊”选项，再从“类型”列表中选择“中文大写数字”。

函数28 VALUE

——将代表数字的文本字符串转换为数字

语法格式：=VALUE(字符串)

参数介绍：

字符串：为必需参数。表示能转换为数值并加双引号的文本，或文本所在的单元格。如果文本不加双引号，则返回错误值“#NAME?”。如果指定不能转换为数值的文本或单元格区域，则返回错误值“#VALUE!”。

使用说明：

VALUE函数用于将指定文本转换为数值。但是参数可以是WPS表格中可识别的任意常数、日期或时间格式。在编辑栏中使用数字时，数字被自动看作数值，所以使用VALUE函数时没必要将数字转换为数值。WPS表格可以自动在需要时将文本转换为数字。提供此函数是为了与其他电子表格程序兼容。

● 函数应用实例：**将销量数据由文本型转换成数值型**

下面销售报表中所有销量数据都是文本格式，对这些文本型数字进行求和，其返回结果为0。下面将使用VALUE函数，把文本型数字转换成数值型数字，再进行求和计算。

D12 | fx =SUM(D2:D11)

	A	B	C	D	E	F
1	序号	姓名	地区	销量	转换成数字格式	
2	1	张东	华东	77	77	
3	2	万晓	华南	68	68	
4	3	李斯	华北	32	32	
5	4	刘冬	华中	45	45	
6	5	郑丽	华北	72	72	
7	6	马伟	华北	68	68	
8	7	孙丹	华东	15	15	
9	8	蒋钦	华中	98	98	
10	9	钱亮	华南	43	43	
11	10	丁茜	华南	50	50	
12		合计		0		
13						

=SUM(D2:D11)

选择E2单元格，输入公式“=VALUE(D2)”，随后向下填充公式至E11单元格，即可将D列中对应单元格中的文本型数字转换成数值型数字。

提示：完成转换后，再使用SUM函数对转换后的数字进行求和，即可得到正确的结果。

E12			=SUM(E2:E11)		
	A	B	C	D	E
1	序号	姓名	地区	销量	转换成数字格式
2	1	张东	华东	77	77
3	2	万晓	华南	68	68
4	3	李斯	华北	32	32
5	4	刘冬	华中	45	45
6	5	郑丽	华北	72	72
7	6	马伟	华北	68	68
8	7	孙丹	华东	15	15
9	8	蒋钦	华中	98	98
10	9	钱亮	华南	43	43
11	10	丁茜	华南	50	50
12	合计			0	568
13					

返回求和结果

函数29 CODE

——返回文本字符串中第一个字符的数字代码

语法格式：=CODE(字符串)

参数介绍：

字符串：为必需参数。表示加双引号的文本或文本所在的单元格。如果不加双引号，则返回错误值“#NAME?”。指定多个字符时，返回第一个字符的数字代码。

使用说明：

CODE函数与CHAR函数功能相反，可用十进制数表示指定文本字符串第一个字符对应的数字代码。字符代码是与标准规定的ASCII代码和JIS代码相对应的。需要求指定数值对应的字符时，可以使用CHAR函数。

● 函数应用实例：**将字符串的首字符转换为数字代码**

B2	=CODE(A2)
A	B
歌曲名称（半角）	首字符转换成数值
Everything I Need	69
海阔天空	47779
Let Go	76
Ocean To Ocean	79
San Francisco	83
Imagine	73
Give Me Everything	71
大海	46323

下面将使用CODE函数提取字符串中第一个字符的数字代码。

选择B2单元格，输入公式“=CODE(A2)”，随后向下方填充公式，即可将A列中对应字符串的第一个字符（半角）转换成数字代码。

提示：对于全角或半角状态下输入的字符及其大小写形式，其对应的数字代码是不同的。

C2 　 =CODE(B2)

	A	B	C	D
1	录入状态	歌曲名称	首字符转换成数值	
2	半角大写	A	65	
3	半角小写	a	97	
4	全角大写	Ａ	41921	
5	全角小写	ａ	41953	
6				

左图以字母A为例，反映了在不同输入状态下，转换成不同数字代码的效果。

函数30 CHAR

——返回对应于数字代码的字符

语法格式：=CHAR(数值)

参数介绍：

数值：为必需参数。表示用于转换的数字代码，介于1～255之间。如果参数为不能当作字符的数值或数值以外的文本，则返回错误值“#VALUE!”。

● 函数应用实例：**将数字代码转换成文本**

下面将使用CHAR函数把指定的数字转换成对应的文本。

B2 　 =CHAR(A2)

	A	B	C	D	E	F	G
1	第一组数字	转换的文本	第二组数字	转换的文本	第三组数字	转换的文本	
2	48	0	63	?	78	N	
3	49	1	64	@	79	O	
4	50	2	65	A	80	P	
5	51	3	66	B	81	Q	
6	52	4	67	C	82	R	
7	53	5	68	D	83	S	
8	54	6	69	E	84	T	
9	55	7	70	F	85	U	
10	56	8	71	G	86	V	
11	57	9	72	H	87	W	
12	58	:	73	I	88	X	
13	59	;	74	J	89	Y	
14	60	<	75	K	90	Z	
15	61	=	76	L	91	[	
16	62	>	77	M	92	\	
17							

选择B2单元格，输入公式“=CHAR(A2)”，随后将公式填充或复制到其他需要转换文本的单元格中，即可将对应的数字转换成相应的文本。

提示：数值在1～31间对应的字符称为控制字符，不能被打印出来。控制字符在工作表中显示为“•”或不显示。

函数31 T——检测引用的值是否为文本

语法格式：=T(值)

参数介绍：

数值：为必需参数。表示需要检测的值。指定加双引号的文本值，或指定输入文本的单元格。文本如果不加双引号，则返回错误值“#NAME?”。

使用说明：

使用T函数时如果指定的为文本，则返回文本；如果指定的不是文本，则返回空文本。也可用于从设定好的文本中提取无格式的文本。

● 函数应用实例：提取文本格式的字符串

下面将使用T函数从A列中提取文本格式的字符串。

B2 =T(A2)

	A	B	C
1	字符串	提取结果	
2	德胜书坊	德胜书坊	
3	微信公众号：dssf007	微信公众号：dssf007	
4	Office 在线学习	Office 在线学习	
5	2021/12/30		
6	Excel Office	Excel Office	
7	12315		
8			

选择B2单元格，输入公式“=T(A2)”，随后将公式向下方填充，即可从A列中对应的单元格中提取出文本格式的字符串，日期和数字会被忽略。

函数32 EXACT——比较两个文本字符串是否完全相同

语法格式：=EXACT(字符串1,字符串2)

参数介绍：

❖ 字符串1：为必需参数。表示待比较的第一个字符串。该参数如果指定字符串，字符串用双引号引起来。

❖ 字符串2：为必需参数。表示待比较的第二个字符串。和字符串1相同，直接输入时，字符串用双引号引起来。若不加双引号，则返回错误值“#NAME!”。另外，只能指定一个单元格，如果字符串1、字符串2中指定为单元格区域，则返回错误值“#VALUE!”。

● 函数应用实例：**比较两组字符串是否相同**

下面将使用EXACT函数对比字符串1和字符串2是否相同。

C2　=EXACT(A2,B2)

	A	B	C	D
1	字符串1	字符串2	对比结果	
2	德胜书坊	德胜书坊	TRUE	
3	微信公众号：dssf007	微信公众号：DSSF007	FALSE	
4	Office 在线学习	office 在线学习	FALSE	
5	2021/12/30	2021年12月30日	TRUE	
6	Excel Office	Excel Office	TRUE	
7	12315	1 23 15	FALSE	
8				

选择C2单元格，输入公式“=EXACT(A2,B2)”，随后将公式向下方填充，返回对比结果。TRUE表示相同，FALSE表示不同。

提示：由于单元格格式的不同造成的数据外观改变，并不会使数据的本质发生变化。例如，日期“2021/12/30”和“2021年12月30日”只是使用的日期格式不同，所以EXACT函数判断这两个字符串是相同的。

函数33 CLEAN

——删除文本中的所有非打印字符

语法格式：=CLEAN(字符串)

参数介绍：

字符串：为必需参数。表示要从中删除不能打印字符的任何工作信息。如果直接指定文本，需加双引号。如果不加双引号，则返回错误值“#VALUE!”。

使用说明：

使用CLEAN函数删除文本中不能打印的字符。WPS表格中不能打印的字符主要是控制字符或特殊字符，在读取控制字符、特殊字符、其他OS或应用程序生成的文本时，将删除当前操作系统无法打印的字符。CLEAN函数删除一个控制字符时，会出现换行现象。

● 函数应用实例：清除字符串中不能打印的字符

下面将使用CLEAN函数清除字符串中不能被打印的强制换行符。

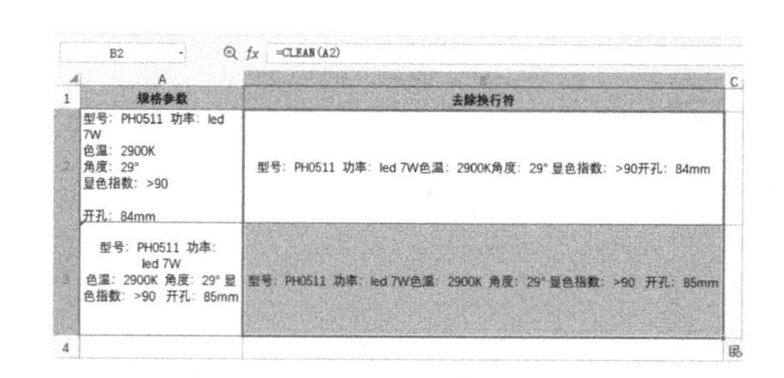

选择B2单元格，输入公式“=CLEAN(A2)”，随后将公式向下方填充，即可去除相应单元格中的强制换行符。

函数34 TRIM

——删除文本中的多余空格

语法格式：=TRIM(字符串)

参数介绍：

字符串：为必需参数。表示需要清除空格的文本。直接指定为文本时，需加双引号。如果不加双引号，则返回错误值“#VALUE!”。

使用说明：

TRIM函数用于删除文本中的多余空格，全部删除插入在字符串开头和结尾中的空格；对于插入在字符间的多个空格，只保留一个空格，其他的多余空格全部被删除。此外，在从其他应用程序中获取带有不规则空格的文本时，也可以使用该函数。

● 函数应用实例：删除产品名称中的空格

本例中有些产品名称包含数字和文本两种类型的数据，数字和文本之间只需要一个空格来起到分隔作用。下面将使用TRIM函数删除名称中多余的空格，只保留一个空格。

E2	=TRIM(D2)				
	A	B	C	D	E
1	序号	品牌	灯具编号	名称	删除名称中的多余空格
2	1	阳光灯具	PHR20	101 温馨家园	101 温馨家园
3	2	阳光灯具	PHR21	田园风情 611	田园风情 611
4	3	阳光灯具	PHR22	温晴暖暖	温晴暖暖
5	4	阳光灯具	PHR23	106 温馨家园	106 温馨家园
6	5	阳光灯具	PHR24	田园风情 611	田园风情 611
7	6	阳光灯具	PHR25	温晴暖暖	温晴暖暖
8	7	阳光灯具	PHR26	104 温馨家园	104 温馨家园
9	8	阳光灯具	PHR27	田园风情 616	田园风情 616
10	9	阳光灯具	PHR28	温晴暖暖	温晴暖暖
11	10	阳光灯具	PHR29	105 温馨家园	105 温馨家园
12	11	阳光灯具	PHR30	田园风情 614	田园风情 614
13	12	阳光灯具	PHR31	温晴暖暖	温晴暖暖
14	13	阳光灯具	PHR32	106 温馨家园	106 温馨家园
15	14	阳光灯具	PHR33	田园风情 615	田园风情 615
16					

选择E2单元格，输入公式“=TRIM(D2)”，随后将公式向下方填充，即可将相应单元格中多余的空格删除，只保留一个空格来分隔数据。

函数35 REPT

——按照给定的次数重复显示文本

语法格式：=REPT(字符串,重复次数)

参数介绍：

❖ 字符串：为必需参数。表示需要重复显示的文本。该参数直接指定文本时，需加双引号。如果不加双引号，则返回错误值“#VALUE!”。

❖ 重复次数：为必需参数。表示根据指定的次数重复显示文本。如果该参数指定次数不是整数，则将被截尾取整。如果指定次数为0，则REPT函数返回空文本。重复次数不能大于32767个字符或为负数，否则REPT函数将返回错误值“#VALUE!”。

● 函数应用实例：以小图标直观显示业绩完成率

下面将使用REPT函数以指定的小图标直观地显示销售人员的业绩完成率。完成率越高，图标数量越多。

D2　fx　=REPT("☆",C2*10)

	A	B	C	D	E
1	序号	姓名	业绩完成率	业绩完成率直观展示	
2	1	毛豆豆	30%	☆☆☆	
3	2	吴明月	55%	☆☆☆☆☆	
4	3	赵海波	80%	☆☆☆☆☆☆☆☆	
5	4	林小丽	75%	☆☆☆☆☆☆☆	
6	5	王冕	100%	☆☆☆☆☆☆☆☆☆☆	
7	6	许强	60%	☆☆☆☆☆☆	
8	7	姜洪峰	90%	☆☆☆☆☆☆☆☆☆	
9	8	陈芳芳	88%	☆☆☆☆☆☆☆☆	
10					

选择D2单元格，输入公式“=REPT("☆",C2*10)”，随后将公式向下方填充，即可将对应的业绩完成率转换成图标显示。

函数36 FORMULATEXT

——以字符串的形式返回公式

语法格式：=FORMULATEXT(参照区域)

参数介绍：

参照区域：为必需参数。表示对单元格或单元格区域的引用。如果选择引用单元格，则返回编辑栏中显示的内容。如果参照区域表示另一个未打开的工作簿，则返回错误值“#N/A”。如果参照区域表示整行或整列，或表示包含多个单元格的区域或定义名称，则返回行、列或区域中最左上角单元格中的值。

● 函数应用实例：**轻松查看公式结构**

下面将使用FORMULATEXT函数提取单元格中的公式。

B2　fx　=FORMULATEXT(A2)

	A	B	C	D
1	由公式返回的值	提取公式		
2	2021/9/17	=TODAY()		
3	3	=ROW()		
4	7	=COLUMN(G1)		
5	1900	=YEAR(1)		
6				

选择B2单元格，输入公式“=FORMULATEXT(A2)”，随后将公式向下方填充，即可将A列中使用的公式以文本形式提取出来。

提示：FORMULATEXT函数返回错误值的原因如下。

① 在下列情况下，FORMULATEXT函数返回错误值“#N/A”。

第一，用作参照区域的单元格不包含公式。

第二，单元格中的公式超过8192个字符。

第三，无法在工作表中显示公式，例如由于工作表保护。

第四，包含此公式的外部工作簿未在WPS表格中打开。

② 用作输入的无效数据类型将生成错误值“#VALUE!”。

第7章 日期与时间函数

WPS表格中包含十分丰富的日期与时间函数，这类函数主要用来处理年、月、日、小时、分钟、秒以及星期等时间问题。本章将对WPS表格中常用日期与时间函数的实际应用进行详细介绍。

日期与时间函数一览

WPS表格中包含二十多种日期与时间函数，下面将通过表格对其作用进行说明。

（1）常用函数

日期与时间函数包括日期函数和时间函数两大类。其中常用的函数包括TODAY、NOW、YEAR、DATEDIF、WEEKDAY、MONTH、HOUR、DATE等。

序号	函数	作用
1	DATE	返回日期时间代码中代表日期的数字
2	DATEDIF	计算两个日期之间的天数、月数或年数
3	DATESTRING	将指定日期序号转换为文本日期
4	DATEVALUE	将存储为文本的日期转换为日期序号
5	DAY	返回以日期序号表示的某日期的天数
6	DAYS	返回两个日期之间的天数
7	DAYS360	按照一年360天的算法（每个月以30天计，一年共计12个月），返回两个日期间相差的天数
8	EDATE	计算出某日期所指定之前或之后月数的日期
9	EOMONTH	从日期序号或文本中算出指定月最后一天的序列号
10	HOUR	将时间值转换为小时

续表

序号	函数	作用
11	MINUTE	返回时间值中的分钟
12	MONTH	返回日期（以日期序号表示）中的月份
13	NETWORKDAYS	返回参数开始日期和终止日期之间完整的工作日数值
14	NOW	返回当前日期和时间的序列号
15	SECOND	返回时间值的秒数
16	TIME	在给定时、分、秒三个值的情况下，将三个值合并为一个内部表示时间的值
17	TIMEVALUE	返回由文本字符串表示的时间的十进制数字
18	TODAY	返回当前日期
19	WEEKDAY	返回指定日期为星期几
20	WEEKNUM	返回特定日期的周数
21	WORKDAY	返回在某日期（起始日期）之前或之后、与该日期相隔指定工作日的某一日期的日期值
22	YEAR	返回对应于某个日期的年份
23	YEARFRAC	返回开始日期和终止日期之间的天数占全年天数的比例

（2）其他函数

下表对工作中使用率较低的日期与时间函数进行了整理，用户可浏览其大概作用。

序号	函数	作用
1	NETWORKDAYS.INTL	返回两个日期之间的所有工作日数
2	WORKDAY.INTL	返回指定的若干个工作日之前或之后的日期序号（使用自定义周末参数）

（3）关键字

使用日期与时间函数时必须了解以下关键字。

① 序号。使用日期或时间进行计算时，包含有序号的计算。序号分为整数部分和小数部分。序号表示整数部分，如：1900年1月1日看作1，1900年1月2日看作2，把每一天的每一个数字一直分配到9999年12月31日中。例如，序号是30000，从1900年1月1日开始数到第30000天，日期则变成1982年2月18日。序号表示小数部分，从上午0点0分0秒开始到下午11点59分59秒的24小时分配到0到0.99999999的数字中。例如，0.5用半天时间表示为下午0点0分0秒。WPS表格是把整数部分和小数部分组合成一个表示日期和时间的数字。

因为序号作为数值处理，所以可以进行通常的加、减运算。例如，想知道某日期90天后的日期，只需把此序号加上90即可。相反，想知道某日期90天前的日期，则用此序号减去90即可。

把单元格的“单元格格式”转换为“日期”和“时间”以外的格式时，可以改变序号的格式。

② 日期系统。序号的起始日期在Windows版中是1900年1月1日，在Macintosh版中是1904年1月1日。因此，使用Windows和Macintosh版编制的工作表时，两者之间会有4年的误差。使用WPS表格日期系统时，可以通过在“选项”对话框中勾选“使用1904日期系统”来切换工作簿的日期系统。

具体操作步骤如下：在WPS表格软件的左上角单击“文件”按钮，在展开的列表中选择“选项”选项。打开“选项”对话框，在“重新计算”界面中找到“使用1904日期系统”选项，通过勾选或取消勾选该复选框，即可控制日期系统的切换。

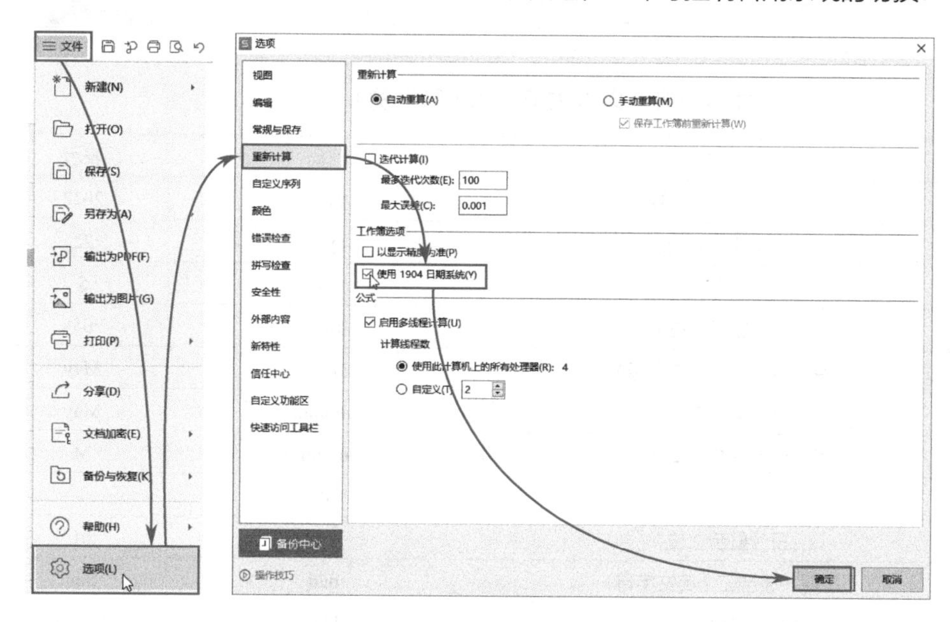

③ 日期和时间的单元格格式。按照序号的解说，序号分为整数部分和小数部分。整数部分表示日期，小数部分表示时间。但是，只有序号时，若用户想知道日期或时间表示的数值，需先设置单元格格式。

在单元格内设定日期和时间的格式，即使删除单元格中输入的日期和时间，输入其他数值也表示日期和时间。这是因为单元格还是表示日期和时间的单元格格式。通过功能区或者右键菜单均可打开“单元格格式”对话框，从中打开“数字”选项卡，选择“日期”或“时间”，如下页左图所示。

内置的日期和时间格式没有所需要的类型时，用户可以通过“自定义”设置想要的格式，如下页右图所示。

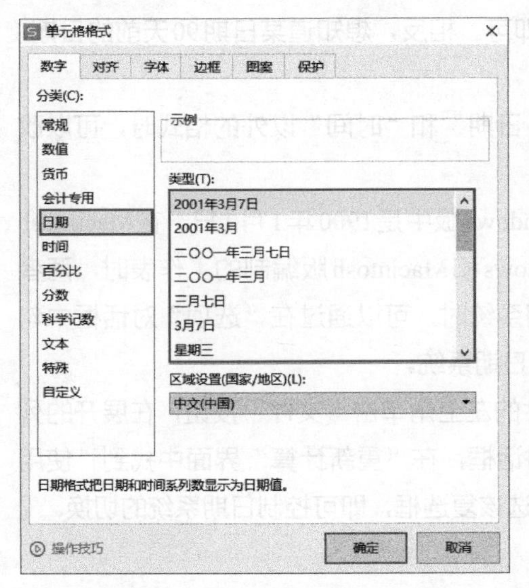

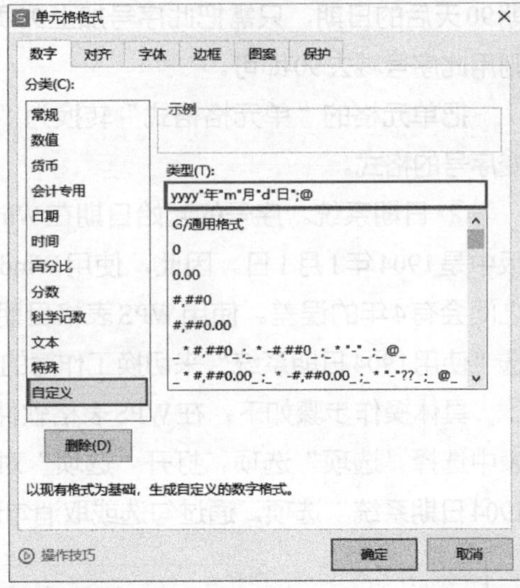

日期的表示格式见下表（以2022年5月1日为例）。

要求	代码	表示
年（公历显示4位数）	yyyy	2022
年（公历显示2位数）	yy	22
月	m	5
月（显示2位）	mm	05
月（显示三个英文字母）	mmm	May
月（英文表示）	mmmm	May
月（显示一个英文字母）	mmmmm	M
日	d	1
日（显示2位）	dd	01
星期（显示三个英文字母）	ddd	Sun
星期（英文显示）	dddd	Sunday

时间的表示格式见下表（以8时30分15秒为例）。

种类	代码	表示
时	h	8
时（显示2位）	hh	08
分	m	1
分（显示2位）	mm	01
秒	s	15
秒（显示2位）	ss	15

函数1 TODAY

——提取当前日期

语法格式：=TODAY()

参数介绍：

该函数没有参数，但函数名称后面的一对括号不能省略。若在括号中输入任何参数，都会返回错误值。

使用说明：

TODAY 函数用于返回计算机系统内部时钟当前日期。

● 函数应用实例：自动填写当前日期

下面将在费用报销单中填入当前日期，使用TODAY函数可直接自动输入当前日期

G2 fx =TODAY()

	A	B	C	D	E	F	G	H
1		费用报销单						
2		部门:				填制日期:	2021/9/18	
3		费用发生日期	摘要	费用性质	发票张数	报销金额	备注	
4		8月28日	出差报销住宿费	住宿费	1	600		
5		8月28日	出差报销餐费	餐费	5	200		
6		8月28日	出差报销往返高铁票	交通费	2	520		
7		8月28日	出差报销打车费	交通费	3	62		
8								
9								
10								
11								
12								
13								
14								
15		财务:		领款人:		报销人:		

选择G2单元格，输入公式“=TODAY()”，按下【Enter】键，即可返回当前日期。

● 函数组合应用：TODAY+IF——统计哪些合同在30天内到期

C2 fx =IF((B2-TODAY())<30,"即将到期","")

	A	B	C	D	E
1	合同编号	截至日期	到期提醒		
2	19053301	2023/5/18			
3	15630832	2021/9/20	即将到期		
4	18990653	2022/5/1			
5	20379951	2023/12/30			
6	17398711	2021/12/30			
7	19030258	2025/10/15			
8	20115511	2022/9/1			
9	16543530	2029/3/10			
10	17705352	2021/10/31			
11					

使用TODAY函数与IF函数组合编写公式，可根据合同的签订日期以及截至日期判断是否在30天内到期。选择C2单元格，输入公式“=IF((B2-TODAY())<30,"即将到期","")”，随后将公式向下方填充，此时合同截至日期距离当前日期小于30天，即会返回提示文本“即将到期”。

函数2 NOW

——提取当前日期和时间

语法格式：=NOW()

参数介绍：

NOW函数没有参数，函数名称后面的一对括号不能省略。若在括号中输入任何参数，都会返回错误值。

使用说明：

NOW函数用于返回计算机系统内部时钟当前日期和时间。

● 函数应用实例：**返回当前日期和时间**

下面将使用NOW函数在表格中返回当前日期和时间。

B5 =NOW()

	A	B	C
1	测试统计	测试时间	
2	第一次测试	2021/8/20 8:30	
3	第二次测试	2021/8/22 11:45	
4	第三次测试	2021/9/10 16:05	
5	第四次测试	2021/9/18 15:05	
6			

选择B5单元格，输入公式“=NOW()”，按下【Enter】键，即可返回当前日期和时间。

提示：TODAY函数和NOW函数的返回值会随着手动刷新或自动刷新操作更新到最新日期和时间，若想让返回值固定在最初的返回结果，可以去除公式只保留结果值。复制包含公式的单元格后，以“值”方式粘贴到原单元格，即可完成去除公式、保留结果值的操作。

剪切 复制 格式刷 粘贴 =NOW()

粘贴(P)
保留源格式(K)
值(V)
公式(F)
无边框(B)
转置(T)
粘贴为图片(U)

函数 3 WEEKNUM

——提取日期序号对应的一年中的周数

语法格式：=WEEKNUM(日期序号,返回值类型)

参数介绍：

❖ 日期序号：为必需参数。表示要计算一年中周数的日期。如果该参数为日期以外的文本（例如“7月15日的生日”），则返回错误值“#VALUE!”。如果输入负数，则返回错误值“#NUM!”。

❖ 返回值类型：为可选参数。表示确定周数计算从哪一天开始的数字，默认值为1，即从星期日开始。如果该参数指定1，则从星期日开始进行计算；如果该参数指定2，则从星期一开始进行计算，以此类推。

使用说明：

WEEKNUM函数用于返回指定日期是一年中第几周的数字。WEEKNUM函数将1月1日所在的星期定义为一年中的第一个星期。

● 函数应用实例1：计算各种节日是当年的第几周

下面将使用WEEKNUM函数计算各种指定的节日是当年中的第几周。

VLOOKUP　×　✓　fx　=WEEKNUM(B2, 2)

	A	B	C	D
1	节日	日期	第几周	
2	劳动节	2	=WEEKNUM(B2,2)	
3	母亲节	2021/5/9		
4	儿童节	2021/6/1		
5	端午节	2021/6/14		
6	建军节	2021/8/1		
7	中秋节	2021/9/21		
8				

Step01：
输入公式

① 选择C2单元格，手动输入公式，当输入到第二参数时屏幕中会出现一个列表，提示不同数字分别对应的一周是从星期几开始的。用户可以根据提示选择要使用的参数。

C2　fx　=WEEKNUM(B2, 2)

	A	B	C	D
1	节日	日期	第几周	
2	劳动节	2021/5/1	18	
3	母亲节	2021/5/9	19	
4	儿童节	2021/6/1	23	
5	端午节	2021/6/14	25	
6	建军节	2021/8/1	31	
7	中秋节	2021/9/21	39	
8				

Step02：
填充公式

② 继续输入完整的公式“=WEEKNUM(B2,2)”，随后将公式向下方填充，即可计算出每个节日分别在当前年份中的第几周。

● 函数应用实例2：**计算从下单到交货经历了几周时间**

已知订单的下单时间和交货日期，下面将使用WEEKNUM函数计算下单日期和交货日期之间的间隔周数。

E2　=WEEKNUM(D2,2)-WEEKNUM(C2,2)+1

	A	B	C	D	E	F
1	序号	订单号	下单日期	交货日期	周日天数	
2	1	1105011	2021/7/12	2021/8/22	6	
3	2	1105012	2021/6/13	2021/8/20	11	
4	3	1105013	2021/7/5	2021/7/30	4	
5	4	1105014	2021/6/18	2021/9/5	12	
6	5	1105015	2021/8/2	2021/8/31	5	
7	6	1105016	2021/5/15	2021/7/20	11	
8	7	1105017	2021/6/18	2021/7/16	5	
9	8	1105018	2021/6/1	2021/6/19	3	
10						

选择E2单元格，输入公式“=WEEKNUM(D2,2)-WEEKNUM(C2,2)+1”，随后将公式向下方填充，即可计算出对应的两个日期间隔的周数。

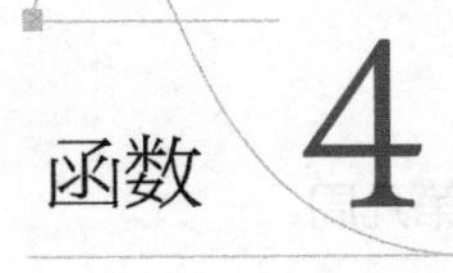

函数4 NETWORKDAYS
——计算起始日和结束日间的天数（除星期六、日和节假日）

语法格式：=NETWORKDAYS(开始日期,终止日期,假期)

参数介绍：

❖ 开始日期：为必需参数。表示开始日期，是一串代表起始日期的日期。如果该参数为日期以外的文本，则返回错误值“#VALUE!”。

❖ 终止日期：为必需参数。表示终止日期，是一串代表终止日期的日期。该参数可以是表示日期的序号或文本，也可以是单元格引用日期。

❖ 假期：为可选参数。表示要从工作日历中排除的一个或多个日期。该参数可以是一个或多个日期的可选组合，例如传统假日、国家法定假日以及非固定假日。该参数可以是包含日期的单元格区域，也可以是由代表日期的序号所构成的数组常量。也可以省略此参数，省略时用排除星期六和星期天的天数计算。

使用说明：

NETWORKDAYS函数用于计算两日期间的工作天数，或计算出不包含星期六、星期天和节假日的工作天数。

● 函数应用实例1：计算每项任务的实际工作天数（除去星期六和星期日）

下面将使用NETWORKDAYS函数根据任务开始和结束日期计算排除双休日后的实际工作天数。

D2 =NETWORKDAYS(B2,C2)

	A	B	C	D	E
1	任务名称	开始日期	结束日期	工作天数	
2	立项	2021/9/1	2021/9/2	2	
3	产品设计	2021/9/15	2021/9/20	4	
4	新品制样	2021/9/20	2021/9/28	7	
5	产品试产	2021/9/29	2021/10/6	6	
6	结案	2021/10/8	2021/10/10	1	
7					

选择D2单元格，输入公式“=NETWORKDAYS(B2,C2)”，随后将公式向下方填充，即可计算出每项任务从开始日期到结束日期之间实际的工作天数。公式返回的结果自动去除了星期六和星期日。

● 函数应用实例2：计算每项任务的实际工作天数（除去星期六、星期日和节假日）

假设在项目进行过程中除了双休日正常休息外还包含了节假日，那么应该将放假的天数从工作天数中除去。

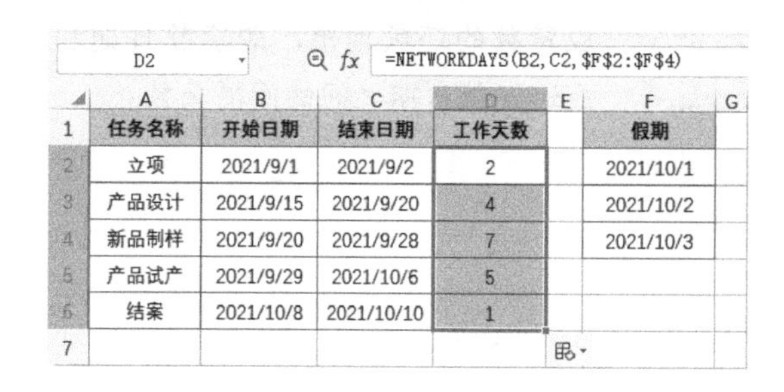
D2 =NETWORKDAYS(B2,C2,$F$2:$F$4)

	A	B	C	D	E	F	G
1	任务名称	开始日期	结束日期	工作天数		假期	
2	立项	2021/9/1	2021/9/2	2		2021/10/1	
3	产品设计	2021/9/15	2021/9/20	4		2021/10/2	
4	新品制样	2021/9/20	2021/9/28	7		2021/10/3	
5	产品试产	2021/9/29	2021/10/6	5			
6	结案	2021/10/8	2021/10/10	1			
7							

选择D2单元格，输入公式“=NETWORKDAYS(B2,C2,$F$2:$F$4)”，随后将公式向下方填充，即可返回除去双休日和节假日后，开始日期和结束日期之间的实际工作天数。

函数5 DAYS360

——按照一年360天的算法，返回两日期间相差的天数

语法格式：=DAYS360(开始日期,终止日期,选项)

参数介绍：

❖ 开始日期：为必需参数。表示开始日期。该参数可以指定加双引号的表示日期的文本（例如"2011年12月20日"或序号，或者引包含日期的单元格。如果参数为日期以外的文本，则返回错误值“#VALUE!”。

❖ 终止日期：为必需参数。表示终止日期。与开始日期相同，可以是表示日期的序号或文本，也可以是单元格引用日期。

❖ 选项：为可选参数。表示用于指定计算方式的逻辑值。用TRUE或1、FALSE或0指定计算方式。如果省略，则作为FALSE来计算。TRUE表示用欧洲方式进行计算，FALSE表示用美国方式进行计算。

使用说明：

在证券交易所或会计事务所，一年不是按照365天计算，而是按照一个月30天、12个月360天来计算。如果使用DAYS360函数，按照一年360天来计算两日期间的天数。

● 函数应用实例：用NASD方式计算贷款的还款期限

下面将根据贷款日期和最迟还款日期，按照一年360天的算法，计算还款期限。

D2 =DAYS360(B2,C2,FALSE)

	A	B	C	D
1	项目	贷款日期	最迟还款日期	还款期限(天)
2	1	2021/5/1	2022/5/1	360
3	2	2021/3/20	2021/12/30	280
4	3	2020/1/1	2021/5/30	509
5	4	2019/7/18	2021/7/18	720
6	5	2019/12/1	2020/3/1	90
7	6	2020/6/12	2022/12/30	918
8	7	2018/1/1	2021/5/1	1200

选择D2单元格，输入公式“=DAYS360(B2,C2,FALSE)”，随后将公式向下方填充，即可计算出对应贷款的还款期限，即贷款日期和最迟还款日期之间的间隔天数。

函数6 DAYS——计算两个日期之间的天数

语法格式：=DAYS(终止日期,开始日期)

参数介绍：

❖ 终止日期：为必需参数。表示用于计算期间天数的终止日期。该参数可以指定加双引号的表示日期的文本（例如"2011年12月20日"）或序号，或者引用包含日期的单元格。如果参数为日期以外的文本，则返回错误值“#VALUE!”。

❖ 开始日期：为必需参数。表示用于计算期间天数的起始日期。与终止日期相同，可以是表示日期的序号或文本，也可以是单元格引用日期。

使用说明：

WPS表格可将日期存储为序号，以便在计算中使用它们。在默认情况下，1900年1月1日的序号是1，而2022年1月1日的序号是44562，这是因为它距1900年1月1日有44561天。

在使用DAYS函数时，若两个日期参数为数字，则使用终止日期－开始日期计算两个日期之间的天数。

若任何一个日期参数为文本，则该参数将被视为DATEVALUE函数参数并返回整型日期，而不是时间组件。

若日期参数是超出有效日期范围的数值，则返回错误值“#NUM!”。

若日期参数是无法解析为字符串的有效日期，则返回错误值“#VALUE!”。

● 函数应用实例：计算贷款的实际还款期限

DAYS函数克服了DAYS360函数以360天计算的缺陷，完全依据实际的日期进行计算，因此更具准确性。

D2 =DAYS(C2,B2)

	A	B	C	D
1	项目	贷款日期	最迟还款日期	还款期限(天)
2	1	2021/5/1	2022/5/1	365
3	2	2021/3/20	2021/12/30	285
4	3	2020/1/1	2021/5/30	515
5	4	2019/7/18	2021/7/18	731
6	5	2019/12/1	2020/3/1	91
7	6	2020/6/12	2022/12/30	931
8	7	2018/1/1	2021/5/1	1216
9				

选择D2单元格，输入公式“=DAYS(C2,B2)”，随后将公式向下方填充，即可计算出每笔贷款的实际还款期限，即贷款日期和最迟还款日期之间的实际间隔天数。

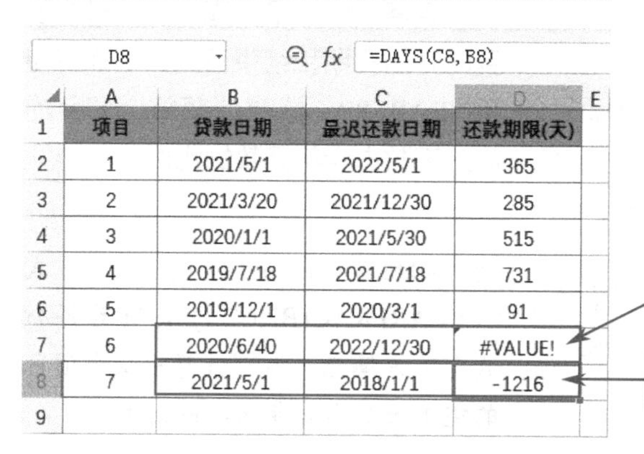

D8 =DAYS(C8,B8)

	A	B	C	D
1	项目	贷款日期	最迟还款日期	还款期限(天)
2	1	2021/5/1	2022/5/1	365
3	2	2021/3/20	2021/12/30	285
4	3	2020/1/1	2021/5/30	515
5	4	2019/7/18	2021/7/18	731
6	5	2019/12/1	2020/3/1	91
7	6	2020/6/40	2022/12/30	#VALUE!
8	7	2021/5/1	2018/1/1	-1216
9				

日期错误，返回错误值“VALUE!”

终止日期早于开始日期，返回负值

提示：若日期格式错误（例如输入的是不存在的日期），公式会返回错误值“VALUE!”；若终止日期早于开始日期，则公式会返回负值。

函数7 YEARFRAC

——从开始日到结束日间所经过天数占全年天数的比例

语法格式：=YEARFRAC(开始日期,终止日期,基准选项)

参数介绍：

❖ 开始日期：为必需参数。表示一个代表开始日期的日期。该参数可以指定加双引号的表示日期的文本（例如"2011年12月20日"）或序号，或者引用包含日期的单元格。如果参数为日期以外的文本，则返回错误值"#VALUE!"。

❖ 终止日期：为必需参数。表示一个代表终止日期的日期。与开始日期相同，可以是日期的序号或文本，也可以是单元格引用日期。

❖ 基准选项：为可选参数。表示用数字指定日期的计算方法。该参数可以省略，省略时作为0计算。基准选项为不同数字时，所表示的日期计算方法见下表。

0（或省略）	1年作为360天，用NASD方式计算
1	用一年的天数（365或366）除经过的天数
2	360除经过的天数
3	365除经过的天数
4	1年作为360天，用欧洲方式计算

使用说明：

YEARFRAC函数用于计算从开始日到结束日之间的天数占全年天数的百分比，返回值是比例数字。

● 函数应用实例：**计算各项工程施工天数占全年天数的比例**

D2　fx =YEARFRAC(B2,C2,1)

	A	B	C	D
1	工程名称	开始日期	结束日期	施工天数占全年天数的比例
2	施工前准备	2021/3/25	2021/4/10	4.38%
3	车库基础土方	2021/3/25	2021/4/20	7.12%
4	基础降水	2021/3/25	2021/7/20	32.05%
5	塔吊基础	2021/4/10	2021/4/25	4.11%
6	砖模	2021/4/10	2021/4/25	4.11%
7	基础底板垫层	2021/4/5	2021/4/20	4.11%
8	基础底板防水	2021/4/25	2021/5/15	5.48%
9	基础底板防水保护层	2021/5/1	2021/5/15	3.84%
10	基础钢筋、模板	2021/5/5	2021/6/5	8.49%
11	基础底板砼	2021/5/25	2021/6/20	7.12%
12	基础车库竖向构件	2021/6/5	2021/6/30	6.85%
13	车库顶板	2021/6/15	2021/7/20	9.59%
14	车库外墙及顶板防水	2021/7/10	2021/8/10	8.49%
15	车库外防水保护	2021/7/30	2021/8/20	5.75%
16	车库外侧及顶板回填土	2021/8/10	2021/8/30	5.48%

表格中记录了车库施工中各个项目的开始日期和结束日期，下面将使用YEARFRAC函数计算每个项目的施工天数占全年天数的比例。

选择D2单元格，输入公式"=YEARFRAC(B2,C2,1)"，随后将公式向下方填充，即可计算出每个项目的施工天数占全年天数的比例。

函数 8 DATEDIF
——计算两个日期之间的天数、月数或年数

语法格式：=DATEDIF(开始日期,终止日期,比较单位)

参数介绍：

❖ 开始日期：为必需参数。表示一个代表开始日期的日期。该参数可以指定加双引号的表示日期的文本（例如"2011年12月20日"）或序号，或者引用包含日期的单元格。如果参数为日期以外的文本，则返回错误值“#VALUE!”。

❖ 终止日期：为必需参数。表示一个代表终止日期的日期。与开始日期参数相同，可以是日期的序号或文本，也可以是单元格引用日期。

❖ 比较单位：为可选参数。表示所需信息的返回类型。必须用加双引号的字符指定日期的计算方法。比较单位符号所代表的含义见下表。

比较单位	含义
“Y”	计算两个日期间隔的整年数
“M”	计算两个日期间隔的整月数
“D”	计算两个日期间隔的整日数
“YM”	计算不到一年的月数
“YD”	计算不到一年的日数
“MD”	计算不到一个月的日数

● 函数应用实例：**分别以年、月、日的方式计算还款期限**

已知贷款日期和最迟还款日期，下面将使用DATEDIF函数计算以年、月以及天为单位的还款期限。

F2 =DATEDIF(B2,C2,"D")

	A	B	C	D	E	F	G
1	项目	贷款日期	最迟还款日期	还款期限(年)	还款期限(月)	还款期限(天)	
2	1	2021/5/1	2022/5/1	1	12	365	
3	2	2021/3/20	2021/12/30	0	9	285	
4	3	2020/1/1	2021/5/30	1	16	515	
5	4	2019/7/18	2021/7/18	2	24	731	
6	5	2019/12/1	2020/3/1	0	3	91	
7	6	2020/6/12	2022/12/30	2	30	931	
8	7	2018/1/1	2021/5/1	3	40	1216	
9							

分别在D2、E2、F2单元格中输入“=DATEDIF(B2,C2,"Y")”“=DATEDIF(B2,C2,"M")”“=DATEDIF(B2,C2,"D")”。

随后分别将这三个单元格中的公式向下方填充，即可计算出以年、月以及天为单位的还款期限。

C2 =DATEDIF(A2,B2,"YM")

	A	B	C
1	起始日期	终止日期	相差月数
2	2020/8/1	2025/4/1	8
3	2020/8/1	2022/4/1	8
4	2022/6/10	2023/10/10	4
5	2023/10/10	2022/6/10	-4

提示：将DATEDIF函数的第三参数设置为“YM”时，将忽略年份，计算从起始日期到结束日期之间不到一年的月数。若终止日期早于起始日期，将返回负数值。

C2 =DATEDIF(A2,B2,"YD")

	A	B	C
1	起始日期	终止日期	相差天数
2	2020/8/1	2025/4/1	243
3	2020/8/1	2022/4/1	243
4	2022/6/10	2023/10/10	122
5	2023/10/10	2022/6/10	-122

而将第三参数设置为“YD”时，将忽略年份，计算从起始日期到结束日期之间不到一年的天数。

● 函数组合应用：DATEDIF+TODAY——根据入职日期计算员工工龄

使用DATEDIF函数根据入职日期和当前日期可计算出员工的工龄。当前日期可使用TODAY函数计算。

E2 =DATEDIF(D2,TODAY(),"Y")&"年"

	A	B	C	D	E
1	姓名	部门	性别	入职日期	工龄
2	李雷	财务部	男	2005/6/10	16年
3	韩梅梅	人力资源部	女	2019/8/3	2年
4	周舒克	市场开发部	女	2016/7/1	5年
5	夏贝塔	人力资源部	男	2020/5/20	1年
6	刘毛毛	财务部	男	2015/3/18	6年
7	张晓霞	设计部	女	2009/6/5	12年
8	马良	业务部	男	2018/8/16	3年
9	孙青	业务部	女	2021/5/8	0年
10	刘宁远	设计部	男	2017/9/1	4年
11	刘佩琪	生产部	女	2004/3/15	17年
12	赵肖恩	生产部	男	2018/3/10	3年

选择E2单元格，输入公式“=DATEDIF(D2,TODAY(),"Y")&"年"”，随后将公式向下方填充，即可计算出工龄，即入职日期到当前日期间隔的年数。

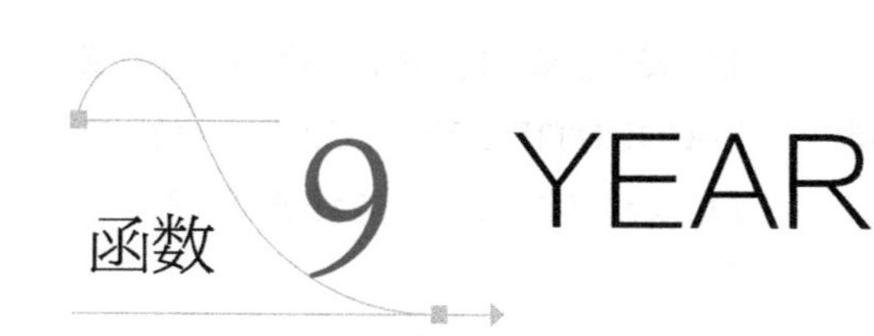

函数9 YEAR

——提取某日期对应的年份

语法格式：=YEAR(日期序号)

参数介绍：

日期序号：为必需参数。表示一个日期值。该参数可以指定加双引号的表示日期的文本（例如"2011年12月20日"）或序号，或者引用包含日期的单元格。如果参数为日期以外的文本，则返回错误值“#VALUE!”。

使用说明：

YEAR函数用于显示日期值的或表示日期文本的年份部分。返回值为1900～9999间的整数。

● 函数应用实例：提取入职年份

下面将使用YEAR函数根据入职日期提取入职年份。

E2　fx　=YEAR(D2)

	A	B	C	D	E	F
1	姓名	部门	性别	入职日期	入职年份	
2	李雷	财务部	男	2005/6/10	2005	
3	韩梅梅	人力资源部	女	2019/8/3	2019	
4	周舒克	市场开发部	女	2016/7/1	2016	
5	夏贝塔	人力资源部	男	2020/5/20	2020	
6	刘毛毛	财务部	男	2015/3/18	2015	
7	张晓霞	设计部	女	2009/6/5	2009	
8	马良	业务部	男	2018/8/16	2018	
9	孙青	业务部	女	2021/5/8	2021	
10	刘宁远	设计部	男	2017/9/1	2017	
11	刘佩琪	生产部	女	2004/3/15	2004	
12	赵肖恩	生产部	男	2018/3/10	2018	
13						

选择E2单元格，输入公式“=YEAR(D2)”，随后将公式向下方填充，即可从所有入职日期中提取出年份。

● 函数组合应用：YEAR+COUNTIF——计算指定年份入职的人数

使用YEAR函数提取出所有员工的入职年份后，可以利用COUNTIF函数统计这些入职年份中指定年份入职的人数。

	A	B	C	D	E	F	G	H
1	姓名	部门	性别	入职日期	入职年份		入职年份	入职人数
2	李雷	财务部	男	2005/6/10	2005		2018	2
3	韩梅梅	人力资源部	女	2019/8/3	2019			
4	周舒克	市场开发部	女	2016/7/1	2016			
5	夏贝塔	人力资源部	男	2020/5/20	2020			
6	刘毛毛	财务部	男	2015/3/18	2015			
7	张晓霞	设计部	女	2009/6/5	2009			
8	马良	业务部	男	2018/8/16	2018			
9	孙青	业务部	女	2021/5/8	2021			
10	刘宁远	设计部	男	2017/9/1	2017			
11	刘佩琪	生产部	女	2004/3/15	2004			
12	赵肖恩	生产部	男	2018/3/10	2018			
13								

H2 =COUNTIF(E2:E12,G2)

在E2单元格中输入公式"=YEAR(D2)"，随后向下填充公式，提取入职年份

选择H2单元格，输入公式"=COUNTIF(E2:E12,G2)"，按下【Enter】键，即可统计出2018年入职的人数。

函数10 MONTH

——提取以日期序号表示的日期中的月份

语法格式：=MONTH(日期序号)

参数介绍：

日期序号：为必需参数。表示一个日期值。该参数可以指定加双引号的表示日期的文本（例如"2011年12月20日"）或序号，或者引用包含日期的单元格。如果参数为日期以外的文本，则返回错误值"#VALUE!"。

使用说明：

MONTH函数用于显示日期值的或表示日期的文本的月份部分。返回值是1～12间的整数。

● 函数应用实例：**提取员工出生月份**

下面将使用MONTH函数根据员工的出生日期中提取出生月份。

E2 =MONTH(D2)

	A	B	C	D	E
1	姓名	部门	性别	出生日期	出生月份
2	李雷	财务部	男	1988/8/4	8
3	韩梅梅	人力资源部	女	1987/12/9	12
4	周舒克	市场开发部	女	1998/9/10	9
5	夏贝塔	人力资源部	男	1981/6/13	6
6	刘毛毛	财务部	男	1986/10/11	10
7	张晓霞	设计部	女	1988/8/4	8
8	马良	业务部	男	1985/11/9	11
9	孙青	业务部	女	1990/8/4	8
10	刘宁远	设计部	男	1971/12/5	12
11	刘佩琪	生产部	女	1993/5/21	5
12	赵肖恩	生产部	男	1986/6/12	6
13					

选择E2单元格，输入公式"=MONTH(D2)"，随后将公式向下方填充，即可从对应的出生日期中提取出生月份。

● 函数组合应用：MONTH+TODAY+SUM——统计当前月份过生日的人数

使用MONTH函数可从出生日期中提取出生月份，用提取出的月份与当前月份相比较，可返回一组由TRUE或FALSE组成的逻辑值，最后用SUM函数统计TRUE的数量，即可得到当前月份出生的总人数。由于本例对区域进行计算，所以需要用数组公式。

F2 {=SUM((MONTH(D2:D12)=MONTH(TODAY()))*1)}

	A	B	C	D	E	F
1	姓名	部门	性别	出生日期		当前月份过生日的人数
2	李雷	财务部	男	1988/8/4		2
3	韩梅梅	人力资源部	女	1987/12/9		
4	周舒克	市场开发部	女	1998/9/10		
5	夏贝塔	人力资源部	男	1981/6/13		
6	刘毛毛	财务部	男	1986/10/11		
7	张晓霞	设计部	女	1988/8/4		
8	马良	业务部	男	1985/11/9		
9	孙青	业务部	女	1990/9/4		
10	刘宁远	设计部	男	1971/12/5		
11	刘佩琪	生产部	女	1993/5/21		
12	赵肖恩	生产部	男	1986/6/12		
13						

选择F2单元格，输入数组公式“=SUM((MONTH(D2:D12)=MONTH(TODAY()))*1)”，随后按【Ctrl+Shift+Enter】组合键，即可统计出出生日期和当前月份相同的人数。

特别说明：本案例的当前月份为9月。

函数11 DAY

——提取以日期序号表示的日期中的天数

语法格式：=DAY(日期序号)

参数介绍：

日期序号：为必需参数。表示一个日期值。该参数可以指定加双引号的表示日期的文本（例如"2011年12月20日"）或序号，或者引用包含日期的单元格。如果参数为日期以外的文本，则返回错误值“#VALUE!”。

使用说明：

DAY函数用于显示日期值的或表示日期的文本的天数部分。返回值为1～31间的整数。

● 函数应用实例：从商品生产日期中提取生产日

下面将使用DAY函数根据生产日期提取生产日。

	A	B	C	D
1	产品名称	生产日期	生产日	
2	1号产品	2021/9/1	1	
3	2号产品	2021/9/1	1	
4	3号产品	2021/9/1	1	
5	4号产品	2021/9/2	2	
6	5号产品	2021/9/2	2	
7	6号产品	2021/9/3	3	
8	7号产品	2021/9/3	3	
9	8号产品	2021/9/4	4	
10	9号产品	2021/9/5	5	
11	10号产品	2021/9/6	6	
12				

选择C2单元格，输入公式“=DAY(B2)”，随后将公式向下方填充，即可从相应的生产日期中提取出生产日。

函数12 HOUR

——提取时间值对应的小时数

语法格式：=HOUR(时间序号)

参数介绍：

时间序号：为必需参数。表示一个时间值。该参数可以指定加双引号的表示时间的文本（例如"21:19:08"或"2010/7/9 19:30"），或者引用包含时间的单元格。如果参数为时间以外的文本，则返回错误值“#VALUE!”。

使用说明：

HOUR函数用于显示时间值的或表示时间的文本的小时数。返回值是0～23间的整数。

● 函数应用实例：从打卡记录中提取小时数

下面将使用HOUR函数从员工的上班打卡时间中提取小时数。

	A	B	C	D	E
1	打卡日期	员工姓名	上班打卡	打卡小时数	
2	2021/8/1	李雷	9:18:22	9	
3	2021/8/1	韩梅梅	9:26:17	9	
4	2021/8/1	周舒克	9:15:00	9	
5	2021/8/1	夏贝塔	9:30:05	9	
6	2021/8/1	刘毛毛	9:08:00	9	
7	2021/8/1	张晓霞	10:20:00	10	
8	2021/8/1	马良	12:00:00	12	
9	2021/8/1	孙青	9:06:09	9	
10	2021/8/1	刘宁远	8:30:00	8	
11	2021/8/1	刘佩琪	9:53:20	9	
12	2021/8/1	赵肖恩	8:46:43	8	
13					

选择D2单元格，输入公式“=HOUR(C2)”，随后将公式向下方填充，即可从相应的上班打卡时间中提取出代表小时的数值。

函数13 MINUTE

——提取时间值的分钟数

语法格式：=MINUTE(时间序号)

参数介绍：

时间序号：为必需参数。表示一个时间值。该参数可以指定加双引号的表示时间的文本（例如"21:19:08"或"2010/7/9 19:30"），或者引用包含时间的单元格。如果参数为时间以外的文本，则返回错误值“#VALUE!”。

使用说明：

MINUTE函数用于从时间值或表示时间的文本中提取分钟数。返回值为0～59间的整数。

● 函数应用实例：从打卡记录中提取分钟数

下面将使用MINUTE函数根据上班打卡时间，提取打卡时间的分钟数。

D2 | fx =MINUTE(C2)

	A	B	C	D	E
1	打卡日期	员工姓名	上班打卡	提取打卡分钟数	
2	2021/8/1	李雷	9:18:22	18	
3	2021/8/1	韩梅梅	9:26:17	26	
4	2021/8/1	周舒克	9:15:00	15	
5	2021/8/1	夏贝塔	9:30:05	30	
6	2021/8/1	刘毛毛	9:08:00	8	
7	2021/8/1	张晓霞	10:20:00	20	
8	2021/8/1	马良	12:00:00	0	
9	2021/8/1	孙青	9:06:09	6	
10	2021/8/1	刘宁远	8:30:00	30	
11	2021/8/1	刘佩琪	9:53:20	53	
12	2021/8/1	赵肖恩	8:46:43	46	
13					

选择D2单元格，输入公式“=MINUTE(C2)”，随后将公式向下方填充，即可从对应的上班打卡时间中提取出打卡时间的分钟数。

第7章

函数14 SECOND

——提取时间值的秒数

语法格式：=SECOND(时间序号)

参数介绍：

时间序号：为必需参数。表示一个时间值。该参数可以指定加双引号的表示时间的文本（例如"21:19:08"或"2010/7/9 19:30"），或者引用包含时间的单元格。如果参数为时间以外的文本，则返回错误值“#VALUE!”。

使用说明：

SECOND函数用于从时间值或表示时间的文本中提取秒数。返回值为0～59间的整数。

● 函数应用实例：**从打卡记录中提取秒数**

下面将使用SECOND函数根据上班打卡时间，提取打卡时间的秒数。

D2 | =SECOND(C2)

	A	B	C	D
1	打卡日期	员工姓名	上班打卡	提取打卡秒数
2	2021/8/1	李雷	9:18:22	22
3	2021/8/1	韩梅梅	9:26:17	17
4	2021/8/1	周舒克	9:15:00	0
5	2021/8/1	夏贝塔	9:30:05	5
6	2021/8/1	刘毛毛	9:08:00	0
7	2021/8/1	张晓霞	10:20:00	0
8	2021/8/1	马良	12:00:00	0
9	2021/8/1	孙青	9:06:09	9
10	2021/8/1	刘宁远	8:30:00	0
11	2021/8/1	刘佩琪	9:53:20	20
12	2021/8/1	赵肖恩	8:46:43	43

选择D2单元格，输入公式“=SECOND(C2)”，随后将公式向下方填充，即可从对应的上班打卡时间中提取出打卡时间的秒数。

函数15 WEEKDAY

——计算指定日期为星期几

语法格式：=WEEKDAY(日期序号,返回值类型)

参数介绍：

❖ 日期序号：为必需参数。表示一个日期值。该参数可以指定加双引号的表示日期的文本或序号，或者引用包含日期的单元格。如果参数为日期以外的文本，则返回错误值“#VALUE!”。

❖ 返回值类型：为可选参数。表示一个代表返回值类型的数字。该参数用数字1～3表示，若省略则默认为数字1。部分不同返回值类型所代表的含义见下表。

返回值类型	返回结果
1或省略	把星期日作为一周的开始，从星期日到星期六的1～7的数字作为返回值（星期日=1，星期一=2，星期二=3，星期三=4，星期四=5，星期五=6，星期六=7）
2	把星期一作为一周的开始，从星期一到星期日的1～7的数字作为返回值（星期一=1，星期二=2，星期三=3，星期四=4，星期五=5，星期六=6，星期日=7）
3	把星期一作为一周的开始，从星期一到星期日的0～6的数字作为返回值（星期一=0，星期二=1，星期三=2，星期四=3，星期五=4，星期六=5，星期日=6）

1 - 从1（星期日）到7（星期六）的数字
2 - 从1（星期一）到7（星期日）的数字
3 - 从0（星期一）到6（星期日）的数字
11 - 数字1（星期一）至7（星期日）
12 - 数字1（星期二）至7（星期一）
13 - 数字1（星期三）至7（星期二）
14 - 数字1（星期四）至7（星期三）
15 - 数字1（星期五）至7（星期四）
16 - 数字1（星期六）至7（星期五）

使用说明：

使用WEEKDAY函数从日期值或表示日期的文本中提取表示星期数，返回值是1～7的整数。在手动输入第二参数时，屏幕中会出现如左图所示的参数选项列表，用户可从该列表中选择需要使用的返回值类型。

● 函数应用实例：**根据日期提取任务开始时是星期几**

下面将使用WEEKDAY函数根据任务开始时间，提取该日期是星期几。

C2　　fx　=WEEKDAY(B2,2)

	A	B	C	D
1	任务	开始时间	星期几	
2	报告提交	2017/11/2	4	
3	数据分析	2017/12/1	5	
4	数据录入	2017/12/19	2	
5	实地考察	2017/12/27	3	
6	问卷调查	2018/1/15	1	
7	试访	2018/1/21	7	
8	设计	2018/2/1	4	
9				

选择C2单元格，输入公式“=WEEKDAY(B2,2)”，随后将公式向下方填充，即可计算出所有开始时间对应的是星期几。

提示：通常中国人习惯将星期一看作一周的第1天，将星期日看作一周的最后一天，也就是第7天。所以，若无特殊要求，一般会将WEEKDAY函数的第二参数设置成“2”，即星期一返回数字1、星期二返回数字2……星期日返回数字7。

- 函数组合应用：**WEEKDAY+CHOOSE——将代表星期几的数字转换成中文格式**

WEEKDAY函数的返回值只能是1～7的数字，若想将数字转换成中文的“星期几”格式，可以与CHOOSE函数嵌套编写公式。

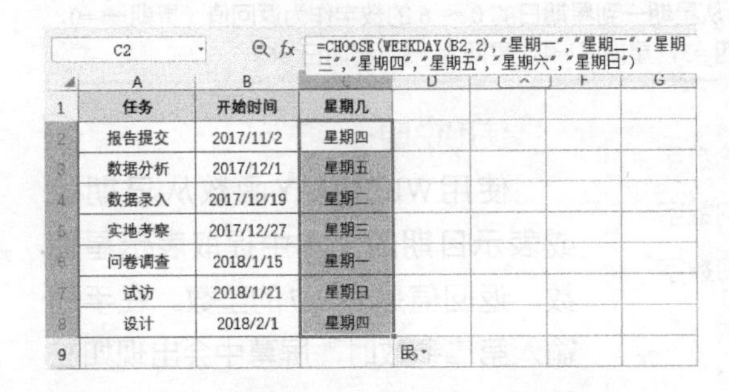

C2　=CHOOSE(WEEKDAY(B2,2),"星期一","星期二","星期三","星期四","星期五","星期六","星期日")

	A	B	C	D	E	F	G
1	任务	开始时间	星期几				
2	报告提交	2017/11/2	星期四				
3	数据分析	2017/12/1	星期五				
4	数据录入	2017/12/19	星期二				
5	实地考察	2017/12/27	星期三				
6	问卷调查	2018/1/15	星期一				
7	试访	2018/1/21	星期日				
8	设计	2018/2/1	星期四				
9							

选择C2单元格，输入公式“=CHOOSE(WEEKDAY(B2,2),"星期一","星期二","星期三","星期四","星期五","星期六","星期日")”，随后将公式向下方填充，即可根据开始日期提取出中文格式的星期几。

提示：除了使用CHOOSE函数外，也可利用文本函数TEXT与WEEKDAY函数进行嵌套，提取中文格式的星期几。而且，使用这两个函数编写的公式更简短。

C2　=TEXT(WEEKDAY(B2,1),"aaaa")

	A	B	C	D	E
1	任务	开始时间	星期几		
2	报告提交	2017/11/2	星期四		
3	数据分析	2017/12/1	星期五		
4	数据录入	2017/12/19	星期二		
5	实地考察	2017/12/27	星期三		
6	问卷调查	2018/1/15	星期一		
7	试访	2018/1/21	星期日		
8	设计	2018/2/1	星期四		
9					

在C2单元格中输入公式“=TEXT(WEEKDAY(B2,1),"aaaa")”，随后将公式向下填充，即可提取出中文格式的星期几

函数16 EDATE
——计算出某日期所指定之前或之后月数的日期

语法格式：=EDATE(开始日期,月数)

参数介绍：

❖ 开始日期：为必需参数。表示开始日期。该参数可以指定加双引号的表示日期的文本或序号，或者引用包含日期的单元格。如果参数为日期以外的文本，则返

回错误值“#VALUE!”。

❖ 月数：为可选参数。表示开始日期之前或之后的月数。正数表示未来日期，负数表示过去日期。如果月数不是整数，将截尾取整。

使用说明：

在计算某日期之后或之前月数的日期时，只需加、减相同日数的月数，就能简单地计算出来。但一个月可能有31天或30天，而且2月在闰年或不在闰年，计算就不同。此时，使用EDATE函数能简单地计算指定月数后的日期。

EDATE函数的应用示例见下表。

公式示例	返回结果
=EDATE("1990/5/3",2)	1990/7/3
=EDATE("2000/12/20",5)	2001/5/20
=EDATE("2021/6/11",-3)	2021/3/11
=EDATE("2005 年 8 月 15 日 ",2)	2005/10/15
=EDATE("2020/5/1",2.99)	2020/7/1
=EDATE("2005.8.15",2)	“#VALUE!”（日期格式不正确）
=EDATE("2020/5/1",TRUE)	“#VALUE!”（月份值不是数字）

● 函数应用实例：根据商品生产日期以及保质期推算过期日期

根据食品的生产日期和保质期可以计算出过期的日期，下面将使用EDATE函数完成这项计算。

Step01：

输入公式并转换成日期格式

① 选择D2单元格，输入公式“=EDATE(B2,C2)”，按下【Enter】键，返回结果。

② 重新选择D2单元格，在“开始”选项卡中的“数字”组内单击“数字格式”下拉按钮，从下拉列表中选择“短日期”选项。

D2 =EDATE(B2,C2)

	A	B	C	D	E
1	商品名称	生产日期	保质期（月）	过期日期	
2	薯片	2020/8/15	6	2021/2/15	
3	可乐	2021/6/2	12	2022/6/2	
4	牛轧糖	2020/3/17	12	2021/3/17	
5	华夫饼	2020/12/1	3	2021/3/1	
6	冻干草莓	2021/1/6	12	2022/1/6	
7	糖霜山楂	2020/11/21	4	2021/3/21	
8	芒果干	2021/8/3	18	2023/2/3	
9	葡萄干	2021/6/5	18	2022/12/5	
10	威化饼干	2020/11/19	12	2021/11/19	
11	山楂卷	2021/5/9	9	2022/2/9	
12	麦丽素	2021/6/14	16	2022/10/14	
13					

Step02：
填充公式

③ 将D2单元格中的公式向下方填充，即可根据生产日期和保质期计算出商品的过期日期。

函数 17 EOMONTH

——从日期序号或文本中算出指定月最后一天的序号

语法格式：=EOMONTH(开始日期,月数)

参数介绍：

❖ 开始日期：为必需参数。表示开始日期。该参数可以指定加双引号的表示日期的文本或序号，或者引用包含日期的单元格。如果参数为日期以外的文本，则返回错误值“#VALUE!”。

❖ 月数：为可选参数。表示开始日期之前或之后的月数。正数表示未来日期，负数表示过去日期。如果月数不是整数，将截尾取整。

使用说明：

进行月末日期的计算时，因为一个月有31天或30天，而闰年的2月或者不是闰年的2月的最后一天不同，所以日期的计算也不同。使用EOMONTH函数能简单地推算月末日。

● 函数应用实例：根据约定收款日期计算最迟收款日期

根据某公司要求，必须在约定的收款日期和延期收款月数的最后一天之前完成收款，下面将使用EOMONTH函数计算最迟还款日期。

	A	B	C	D	E
1	收款项目	约定收款日期	延期收款月数	最迟收款日期	
2	款项1	2021/9/10	1	44500	
3	款项2	2021/9/15	2		
4	款项3	2021/9/20	1		
5	款项4	2021/10/20	3		
6	款项5	2021/10/15	2		
7	款项6	2021/11/30	1		
8	款项7	2021/11/20	2		
9					

Step01:
输入公式

① 选择D2单元格，输入公式“=EOMONTH(B2,C2)”，按下【Enter】键，返回计算结果。

Step02:
设置日期格式

② 此时返回的是数字形式的日期代码，需要将数字转换成日期格式。保持D2单元格为选中状态，按【Ctrl+1】组合键，打开“单元格格式”对话框，选择一个合适的日期格式。

	A	B	C	D	E
1	收款项目	约定收款日期	延期收款月数	最迟收款日期	
2	款项1	2021/9/10	1	2021/10/31	
3	款项2	2021/9/15	2	2021/11/30	
4	款项3	2021/9/20	1	2021/10/31	
5	款项4	2021/10/20	3	2022/1/31	
6	款项5	2021/10/15	2	2021/12/31	
7	款项6	2021/11/30	1	2021/12/31	
8	款项7	2021/11/20	2	2022/1/31	
9					

Step03:
填充公式

③ 将D2单元格中的公式向下方填充，计算出延期收款的最迟收款日期。

C2	=EOMONTH(B2,0)		
	A	B	C
1	收款项目	约定收款日期	最迟收款日期
2	款项1	2021/9/10	2021/9/30
3	款项2	2021/9/15	2021/9/30
4	款项3	2021/9/20	2021/9/30
5	款项4	2021/10/20	2021/10/31
6	款项5	2021/10/15	2021/10/31
7	款项6	2021/11/30	2021/11/30
8	款项7	2021/11/20	2021/11/30
9			

提示：若要求必须在约定收款日期的当月的最后一天之前收款，可以使用公式“=EOMONTH(B2,0)”计算最迟收款日期。

函数18 WORKDAY

——从日期序号或文本中计算出指定工作日后的日期

语法格式：=WORKDAY(开始日期,天数,假期)

参数介绍：

❖ 开始日期：为必需参数。表示开始日期。该参数可以指定加双引号的表示日期的文本或序号，或者引用包含日期的单元格。如果参数为日期以外的文本，则返回错误值“#VALUE!”。

❖ 天数：为必需参数。表示开始日期之前或之后的非周末和非节假日的天数。该参数为开始日期之前或之后不含周末及节假日的天数。天数为正值，则产生未来日期；天数为负值，则产生过去日期，如天数为－10，则表示10个工作日前的日期。

❖ 假期：为可选参数。表示要从工作日历中去除的一个或多个日期。该参数可以是一个或多个日期的可选组合，例如传统假期、国家法定假日及非固定假日。该参数可以是包含日期的单元格区域，也可以是由代表日期的序号所构成的数组常量。也可以省略此参数，省略时用除去星期六和星期天的天数计算。

使用说明：

WORKDAY函数用于返回起始日期之前或之后相隔指定工作日的某一日期的日期值。

● 函数应用实例：根据开工日期和预计工作天数计算预计完工日期

根据各项工程任务的开始日期和预计工作天数，可计算出预计完成日期，下面将使用WORKDAY函数进行计算。

D2 =WORKDAY(B2-1,C2)

	A	B	C	D	E
1	任务名称	开始日期	预计工作天数	预计完工日期	
2	立项	2021/9/1	3	2021/9/3	
3	产品设计	2021/9/15	4	2021/9/20	
4	新品制样	2021/9/20	7	2021/9/28	
5	产品试产	2021/9/29	5	2021/10/5	
6	结案	2021/10/8	3	2021/10/12	
7					

Step01:

计算不包含节假日的预计完工日期

选择D2单元格，输入公式“=WORKDAY(B2-1,C2)”，随后将公式向下方填充，即可计算出去除周末的预计完工日期。

特别说明：WORKDAY函数是用来计算起始日期之后或之前的某个日期的，计算时要去除起始日期，因此本例公式中用B2-1,也就是以开始日期的前一天作为起始日期，这样才能准确地计算出结果。

D2 =WORKDAY(B2-1,C2,$F$2:$F$8)

	A	B	C	D	E	F	G
1	任务名称	开始日期	预计工作天数	预计完工日期		假期	
2	立项	2021/9/1	3	2021/9/3		2021/10/1	
3	产品设计	2021/9/15	4	2021/9/20		2021/10/2	
4	新品制样	2021/9/20	7	2021/9/28		2021/10/3	
5	产品试产	2021/9/29	5	2021/10/12		2021/10/4	
6	结案	2021/10/8	3	2021/10/12		2021/10/5	
7						2021/10/6	
8						2021/10/7	
9							

Step02:

计算包含节假日的完工日期

若工作过程中包含假期，需要包含放假的天数。选择D2单元格，输入公式“=WORKDAY(B2-1,C2,$F$2:$F$8)”，随后向下方填充公式，即可计算出去包含周末和节假日的预计完工日期。

第7章

函数19 DATE

——求以年、月、日表示的日期序号

语法格式：=DATE(年,月,日)

参数介绍：

❖ 年：为必需参数。表示年份或者年份所在的单元格。年份的指定在Windows系统中范围为1900～9999，在Macintosh系统中范围为1904～9999。如果输入的年份为负数，函数返回错误值“#NUM!”。如果输入的年份数据带有小数，则只有整数部分有效，小数部分将被忽略。

❖ 月：为必需参数。表示月份或者月份所在的单元格。月份数值在1～12之间，如果输入的月份数据带有小数，那么小数部分将被忽略。如果输入的月份数据大于12，那么月份将从指定年份的一月份开始往上累加计算［例如DATE(2008,14,2)

返回代表2009年2月2日的序列号]；如果输入的月份数据为0，那么就以指定年份的前一年的十二月份来进行计算；如果输入的月份数据为负数，那么就以指定年份的前一年的十二月份加上该负数来进行计算。

❖ 日：为必需参数。表示日或者日所在的单元格。如果日期大于该月份的最大天数，则将从指定月份的第一天开始往上累加计算。如果输入的日期数据为0，那么就以指定月份的前一个月的最后一天来进行计算；如果输入的日期数据为负数，那么就以指定月份的前一月的最后一天来向前追溯。

使用说明：

DATE函数用于将分别输入在不同单元格中的年、月、日综合在一个单元格中进行表示，或在年、月、日为变量的公式中使用。

● 函数应用实例：根据给定年份和月份计算最早和最迟收款日期

根据给定的年份和月份可计算出当月的第一天和最后一天的日期，下面将使用DATE函数完成计算。

C2　fx　=DATE(A2,B2,0)+1

	A	B	C	D	E
1	年份	月份	月初收款（最早收款日期）	月末收款（最迟收款日期）	
2	2021	1	2021/1/1		
3	2021	2	2021/2/1		
4	2021	3	2021/3/1		
5	2021	4	2021/4/1		
6	2021	5	2021/5/1		
7	2021	6	2021/6/1		
8	2021	7	2021/7/1		
9	2021	8	2021/8/1		
10	2021	9	2021/9/1		
11	2021	10	2021/10/1		
12	2021	11	2021/11/1		
13	2021	12	2021/12/1		
14					

Step01：

计算指定年份和月份的第一天

① 选择C2单元格，输入公式“=DATE(A2,B2,0)+1”，随后将公式向下方填充，即可根据指定年份和月份计算出第一天的日期。

D2　fx　=DATE(A2,B2+1,0)

	A	B	C	D	E
1	年份	月份	月初收款（最早收款日期）	月末收款（最迟收款日期）	
2	2021	1	2021/1/1	2021/1/31	
3	2021	2	2021/2/1	2021/2/28	
4	2021	3	2021/3/1	2021/3/31	
5	2021	4	2021/4/1	2021/4/30	
6	2021	5	2021/5/1	2021/5/31	
7	2021	6	2021/6/1	2021/6/30	
8	2021	7	2021/7/1	2021/7/31	
9	2021	8	2021/8/1	2021/8/31	
10	2021	9	2021/9/1	2021/9/30	
11	2021	10	2021/10/1	2021/10/31	
12	2021	11	2021/11/1	2021/11/30	
13	2021	12	2021/12/1	2021/12/31	
14					

Step02：

计算指定年份和月份的最后一天

② 选择D2单元格，输入公式“=DATE(A2,B2+1,0)”，随后将公式向下方填充，即可根据指定年份和月份计算出最后一天的日期。

特别说明：DATE函数的第三参数为0或省略时，会返回给定月份的上一个月的最后一天的日期，例如公式“=DATE(2021,8,0)”所返回的日期即为“2021/7/31”。所以在公式的最后加“1”，就表示上个月的最后一天再加1天，返回结果为当前月的第一天；而在“月”参数后面加“1”则表示加1个月，公式返回当前月的最后一天。

函数20 TIME

——求某一特定时间的值

语法格式：=TIME(小时,分,秒)

参数介绍：

❖ 小时：为必需参数。表示用数值或数值所在的单元格指定表示小时的数值。该参数在0～23之间指定小时数。忽略小数部分。

❖ 分：为必需参数。表示用数值或数值所在的单元格指定表示分钟的数值。该参数在0～59之间指定分钟数。忽略小数部分。

❖ 秒：为必需参数。表示用数值或数值所在的单元格指定表示秒的数值。该参数在0～59之间指定秒数。忽略小数部分。

使用说明：

TIME函数用于将输入在各个单元格内的小时、分、秒作为时间统一为一个数值，返回特定时间的小数值。

● 函数应用实例：**根据给定的时、分、秒参数返回具体时间**

下面将使用TIME函数根据给定的小时、分钟以及秒数值返回具体的时间值。

D2 =TIME(A2,B2,C2)

	A	B	C	D	E
1	小时	分钟	秒	时间	
2	16	55	11	4:55 PM	
3	4	54	32	4:54 AM	
4	10	60	21	11:00 AM	
5	11	7	35	11:07 AM	
6	5	30	43	5:30 AM	
7	19	5	6	7:05 PM	
8	23	59	24	11:59PM	
9					

选择D2单元格，输入公式“=TIME(A2,B2,C2)”，随后将公式向下方填充，即可得到具体的时间值。

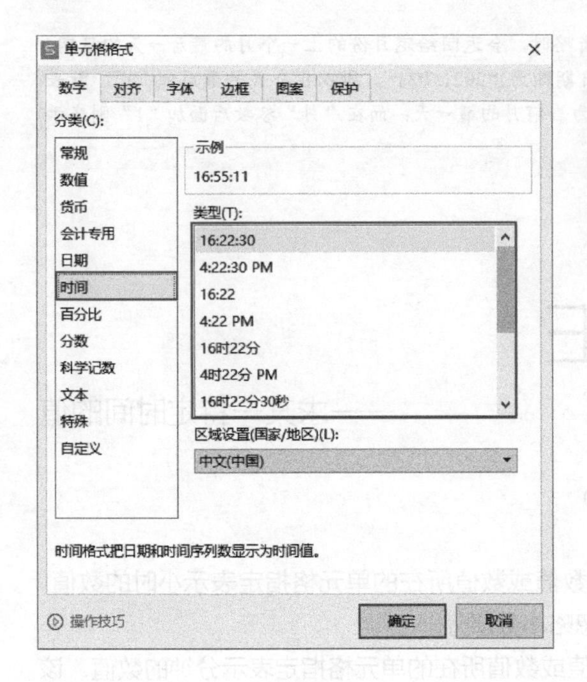

提示：公式返回的时间格式可以根据需要进行修改。选择包含时间值的单元格后，按【Ctrl+1】组合键，打开“单元格格式”对话框，在“数字”选项卡中设置时间格式。

函数21 DATEVALUE

——将日期值从字符串转换为日期序号

语法格式：=DATEVALUE(日期字符串)

参数介绍：

日期字符串：为必需参数。表示一个日期。该参数可以是与日期格式相同的文本，并加双引号，例如"2021/1/5"或"1月5日"。如果输入日期以外的文本，或指定日期格式以外的格式，则返回错误值“#VALUE!”。如果指定的数值省略了年数，则为当前的年数。

- 函数应用实例：**将文本形式的年份、月份以及日信息转换成标准日期格式**

下面将使用DATEVALUE函数把文本形式的年、月、日信息转换成标准日期格式。

D4 =DATEVALUE($B$2&$D$2&C4)

	A	B	C	D	E
1	出库表				
2	年份	2021年	月份	8月	
3	订单编号	产品名称	出库日	出库日期	
4	2101001	茉莉花茶	3日	44411	
5	2101002	西湖龙井	5日		
6	2101003	云南普洱	7日		
7	2101004	白毫银针	12日		
8	2101005	六安瓜片	12日		
9					

Step01：

输入公式

① 选择D4单元格，输入公式“=DATEVALUE($B$2&$D$2&C4)”，按【Enter】键，返回计算结果。

② 将公式结果更改成标准日期格式。

D4 =DATEVALUE($B$2&$D$2&C4)

	A	B	C	D	E
1	出库表				
2	年份	2021年	月份	8月	
3	订单编号	产品名称	出库日	出库日期	
4	2101001	茉莉花茶	3日	2021/8/3	
5	2101002	西湖龙井	5日	2021/8/5	
6	2101003	云南普洱	7日	2021/8/7	
7	2101004	白毫银针	12日	2021/8/12	
8	2101005	六安瓜片	12日	2021/8/12	
9					

Step02：

填充公式

③ 将D4单元格的公式向下方填充至D8单元格，完成所有出库日期的转换。

函数22 TIMEVALUE——提取由文本字符串所代表的时间的十进制数字

语法格式：=TIMEVALUE(时间字符串)

参数介绍：

时间字符串：为必需参数。表示一个时间。该参数可以是与时间格式相同的文本，并加双引号，例如"15:10"或"15时30分"。但输入时间以外的文本，则返回错误值“#VALUE!”。忽略时间文本中包含的日期信息。

● 函数应用实例：根据规定的下班时间和实际下班时间计算加班时长

下面将使用TIMEVALUE函数根据规定的下班时间以及实际下班时间计算加班时间。

F2 =TIMEVALUE(D2&E2)-TIMEVALUE(B2&C2)

	A	B	C	D	E	F	G
1	姓名	下班时间		实际打卡时间		加班时间	
2	李雷	17时	30分	19时	20分	0.076388889	
3	韩梅梅	17时	30分	17时	32分		
4	周舒克	17时	30分	21时	18分		
5	夏贝塔	17时	30分	19时	40分		
6	刘毛毛	17时	30分	20时	50分		
7	张晓霞	17时	30分	18时	17分		
8	马良	17时	30分	18时	39分		
9	孙青	17时	30分	20时	6分		
10	刘宁远	17时	30分	20时	42分		
11	刘佩琪	17时	30分	17时	22分		
12	赵肖恩	17时	30分	28时	28分		
13							

Step01：

输入公式

① 选择F2单元格，输入公式“=TIMEVALUE(D2&E2)-TIMEVALUE(B2&C2)”，按下【Enter】键，返回计算结果。

② 此时返回的是代表时间值的数字，用户可通过更改单元格格式，将数字转换成标准时间格式。

F2 =TIMEVALUE(D2&E2)-TIMEVALUE(B2&C2)

	A	B	C	D	E	F	G
1	姓名	下班时间		实际打卡时间		加班时间	
2	李雷	17时	30分	19时	20分	1:50:00	
3	韩梅梅	17时	30分	17时	32分	0:02:00	
4	周舒克	17时	30分	21时	18分	3:48:00	
5	夏贝塔	17时	30分	19时	40分	2:10:00	
6	刘毛毛	17时	30分	20时	50分	3:20:00	
7	张晓霞	17时	30分	18时	17分	0:47:00	
8	马良	17时	30分	18时	39分	1:09:00	
9	孙青	17时	30分	20时	6分	2:36:00	
10	刘宁远	17时	30分	20时	42分	3:12:00	
11	刘佩琪	17时	30分	17时	22分	############	
12	赵肖恩	17时	30分	28时	28分	############	
13							

Step02：

填充公式

③ 将F2单元格中的公式向下方填充，即可计算出加班时间。

特别说明：当实际下班时间早于规定的下班时间，或超出正常的时间范围时，将返回一串“#”符号。

函数23 DATESTRING

——将指定日期的日期序号转换为文本日期

语法格式：=DATESTRING(日期字符串)

参数介绍：

日期字符串：为必需参数。表示一个日期值。该参数可以指定加双引号的表示日期的文本，例如"2021年10月1日"。如果参数为日期以外的文本，则返回错误值“#VALUE!”。

● 函数应用实例：**将指定日期转换成文本格式**

下面将使用DATESTRING函数，把指定的日期转换成文本格式的日期。

	A	B	C	D
1	日期	转换成文本格式		
2	2021/5/1	21年05月01日		
3	2021/10/20	21年10月20日		
4	2022年3月2日	22年03月02日		
5	2022-11-08	22年11月08日		
6	36872	00年12月12日		
7				

B2 =DATESTRING(A2)

选择B2单元格，输入公式“=DATESTRING(A2)”，随后将公式向下方填充，即可将对应的日期转换成文本格式的日期。

● 函数组合应用：DATESTRING+DATEVALUE——将文本字符组合成日期

下面将使用DATESTRING函数与DATEVALUE函数嵌套编写公式，将各产品的出库年、月、日信息组合成文本格式的日期。

D4 =DATESTRING(DATEVALUE($B$2&$D$2&C4))

	A	B	C	D
1	出库表			
2	年份	2021年	月份	8月
3	订单编号	产品名称	出库日	出库日期
4	2101001	茉莉花茶	3日	21年08月03日
5	2101002	西湖龙井	5日	21年08月05日
6	2101003	云南普洱	7日	21年08月07日
7	2101004	白毫银针	12日	21年08月12日
8	2101005	六安瓜片	12日	21年08月12日
9				

选择D4单元格，输入公式“=DATESTRING(DATEVALUE($B$2&$D$2&C4))”，随后将公式向下方填充，即可提取出所有产品的出库日期。

第8章 财务函数

财务函数主要可以分为投资计算函数、折旧计算函数、偿还率计算函数及其他金融函数四种类型。利用这些函数可以执行各种财务计算。下面将对WPS表格中常用财务函数的使用方法进行介绍。

财务函数一览

WPS表格中包含了三十多种财务函数，下面将这些函数详细罗列了出来并对其作用进行了说明。

(1) 常用函数

常用的财务函数包括贷款、投资、证券、票息、折旧计算等类型，其中使用率较高的函数包括PV、FV、PMT、DB、PPMT、DDB、IPMT、DISC等。

序号	函数	作用
1	ACCRINT	返回定期付息有价证券的应计利息
2	ACCRINTM	返回在到期日支付利息的有价证券的应计利息
3	COUPDAYS	返回包含成交日在内的付息期的天数
4	COUPNUM	返回在结算日和到期日之间的付息次数，向上舍入到最近的整数
5	CUMIPMT	返回一笔贷款在给定的两个参数期间累计偿还的利息数额
6	CUMPRINC	返回一笔贷款在给定的两个参数期间累计偿还的本金数额
7	DB	使用固定余额递减法计算一笔资产在给定期间内的折旧值
8	DDB	用双倍余额递减法或其他指定方法，返回指定期间内某项固定资产的折旧值
9	DISC	返回有价证券的贴现率
10	FV	用于根据固定利率及等额分期付款方式计算投资的未来值
11	IPMT	基于固定利率及等额分期付款方式，返回给定期数内对投资的利息偿还额
12	IRR	返回由值中的数字表示的一系列现金流的内部收益率

续表

序号	函数	作用
13	ISPMT	计算特定投资期内要支付的利息
14	MIRR	返回某一连续期间内现金流的修正内部收益率，同时考虑投资的成本和现金再投资的收益率
15	NPER	基于固定利率及等额分期付款方式，返回某项投资的总期数
16	NPV	使用贴现率和一系列未来支出（负值）和收益（正值）来计算一项投资的净现值
17	PMT	用于根据固定付款额和固定利率计算贷款的付款额
18	PPMT	返回根据定期固定付款和固定利率而定的投资在已知期间内的本金偿还额
19	PV	用于根据固定利率计算贷款或投资的现值
20	RATE	返回年金（等额、定期）每期的利率
21	SLN	返回一个期间内资产的线性折旧值
22	SYD	返回在指定期间内资产按年限总和折旧法计算的折旧值
23	VDB	使用双倍余额递减法或其他指定方法返回一笔资产在给定期间内的折旧值，必要时启用线性折旧法
24	XIRR	返回一组不定期产生的现金流的内部收益率
25	XNPV	返回一组现金流的净现值，这些现金流不一定定期发生
26	YIELD	返回定期支付利息的债券的收益率

（2）其他函数

下表对工作中使用率不高的财务函数进行了整理，用户可浏览其大概作用。

序号	函数	作用
1	AMORDEGRC	返回每个结算期间的折旧值
2	AMORLINC	返回每个结算期间的折旧值。如果某资产是在结算期间的中期购入的，则按线性折旧法计算
3	COUPDAYBS	返回从付息期开始到结算日的天数
4	COUPDAYSNC	返回从结算日到下一票息支付日之间的天数
5	COUPNCD	返回表示结算日之后下一个付息日的数字
6	COUPPCD	返回表示结算日之前上一个付息日的数字
7	DOLLARDE	将以整数部分和分数部分表示的价格转换为以小数部分表示的价格
8	DOLLARFR	将小数转换为分数表示金额数字，如证券价格
9	DURATION	用于计量债券价格对于收益率变化的敏感程度
10	MDURATION	返回假设面值￥100 的有价证券的麦考利修正期限
11	PRICE	返回定期付息的面值￥100 的有价证券的价格

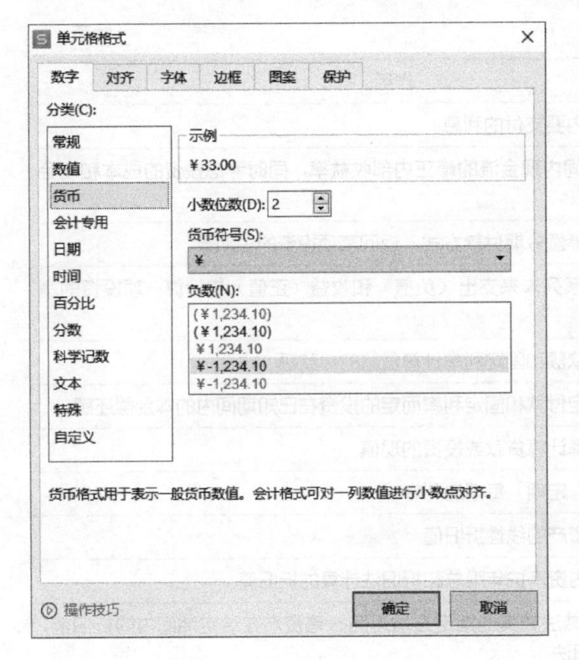

提示：在使用财务函数的过程中，由于需要得到不同形式的计算结果，所以必须首先设定单元格格式。

财务函数中的参数是否应该带负号是经常容易混淆的问题。WPS表格把流入资金当作正数计算，流出资金当作负数计算。储蓄时，支付现金当作流出资金，收到现金当作流入资金。参数中加不加负号会得到完全不同的计算结果，所以必须注意参数符号的指定。

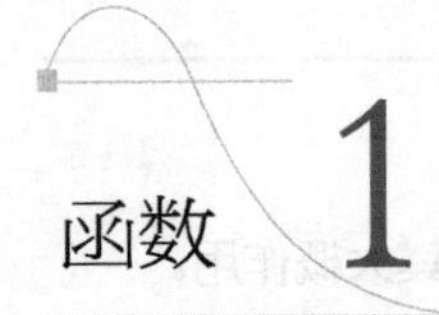

函数 1 RATE

——计算年金的各期利率

语法格式：=RATE(支付总期数,定期支付额,现值,终值,是否期初支付,预估值)

参数介绍：

❖ 支付总期数：为必需参数。表示用单元格、数值或公式指定结束贷款或储蓄时的总次数。如果指定为负数，则返回错误值“#NUM!”。

❖ 定期支付额：为必需参数。表示用单元格或数值指定各期付款额。在整个期间内的利息和本金的总支付额不能使用RATE函数来计算。不能同时省略第二参数和第三参数（即定期支付额和现值）。如果省略该参数，则假设该值为0。

❖ 现值：为必需参数。表示用单元格或数值指定支付当前所有余额的金额。如果省略该参数，则假设该值为0。

❖ 终值：为可选参数。表示用单元格或数值指定最后一次付款时的余额。如果省略该参数，则假设该值为0。该参数如果指定为负数，则返回错误值“#NUM!”。

❖ 是否期初支付：为可选参数。表示指定各期的付款时间是在期初还是在期末。期初支付指定值为1，期末支付指定值为0。如果省略支付时间，则假设其值为0。该参数如果指定为负数，则返回错误值“#NUM!”。

❖ 预估值：为可选参数。表示大概利率。如果省略该参数，则假设该值为10%。

使用说明：

RATE函数用于计算贷款或储蓄的利息。用于计算的利息与支付期数是相对应的，所以如果按月支付，则计算一个月的利息。使用此函数的要点是指定预估值。如果假设的利息与预估值不吻合，则返回错误值“#NUM!”。如果求年利率，则参照EFFECT函数或NOMINAL函数。

● 函数应用实例：用RATE函数计算贷款的月利率和年利率

下面将使用RATE函数根据贷款总额、贷款期数以及每月还款额计算贷款的月利率以及年利率。

B4　fx =RATE(B1, B2, B3, 0, 0)

	A	B	C	D	E
1	贷款期限（月）	36			
2	每月支付	-2300			
3	贷款总额	50000			
4	贷款月利率	3%			
5	贷款年利率				
6					

Step01：
计算贷款的月利率

① 选择B4单元格，输入公式“=RATE(B1,B2,B3,0,0)”，按下【Enter】键，即可计算出当前贷款的月利率。

B5　fx =RATE(B1, B2, B3, 0, 0)*12

	A	B	C	D	E
1	贷款期限（月）	36			
2	每月支付	-2300			
3	贷款总额	50000			
4	贷款月利率	3%			
5	贷款年利率	36%			
6					

Step02：
计算贷款的年利率

② 选择B5单元格，输入公式“=RATE(B1,B2,B3,0,0)*12”，按下【Enter】键，即可计算出当前贷款的年利率。

提示：由于RATE函数是计算与期数相对应的利率，本例先计算出每月的利率，再乘以12即得出年利率。如果每半年偿还贷款，计算的结果则为半年的利率，乘以2得出年利率。

函数2 PV

——计算贷款或投资的现值

语法格式：=PV(利率,支付总期数,定期支付额,终值,是否期初支付)

参数介绍：

❖ 利率：为必需参数。表示各期利率。可以直接输入带%的数值或是数值所在单元格的引用。利率和支付总期数的单位必须一致（年对年，月对月）。由于通常用年利率表示利率，所以如果按年利率2.5%支付，则月利率为2.5%/12。该参数如果指定为负数，则返回错误值“#NUM!”。

❖ 支付总期数：为必需参数。表示指定付款期总数。该参数可以使用数值或引用数值所在的单元格。例如，10年期的贷款，如果按每半年支付一次，则支付总期数为10×2；5年期的贷款，如果按月支付，则支付总期数为5×12。该参数如果指定为负数，则返回错误值“#NUM!”。

❖ 定期支付额：为必需参数。表示各期所应支付的金额，其数值在整个年金期间保持不变。通常，定期支付额包括本金和利息，但不包括其他的费用及税款。如果定期支付额小于0，则返回正值。

❖ 终值：为可选参数。表示未来值，或在最后一次付款后希望得到的现金余额。如果省略终值，则假设其值为0。

❖ 是否期初支付：为可选参数。表示指定付息方式是在期初还是在期末。指定1为期初支付，指定0为期末支付。如果省略该参数，则指定为期末支付。

使用说明：

在支付期间内，把固定的支付额和利率作为前提。由于用负数指定支出，所以定期支付额、终值的指定方法是重点。

● 函数应用实例1：计算银行贷款的总金额

B6 =PV(B2/12,B3*12,-B4,0,0)

	A	B	C	D
1	计算贷款的金额			
2	贷款的利率	7.40%		
3	贷款年限	5		
4	每月支付金额	5000		
5	支付日期	期末		
6	贷款总金额	¥250,119.27		
7				

下面将使用PV函数根据利率、还款期数以及定期还款额等信息计算银行贷款的总金额。

选择B6单元格，输入公式“=PV(B2/12,B3*12,-B4,0,0)”，按【Enter】键，即可计算出贷款的总金额。

提示：在WPS表格中负号表示支出，正号表示收入。接受现金时，则用正号；用现金偿还贷款时，则用负号。求贷款的现值时，最好用负数表示计算结果，用正数指定定期支付额。

● 函数应用实例2：**计算投资的未来现值**

PV函数还可以计算投资的现值。下面将根据指定年回报率、支付月数以及每月支付金额，计算投资的未来现值。

B6 =PV(B2/12,B3,-B4,0,1)

	A	B	C	D
1	计算投资的未来现值			
2	年回报率	10.08%		
3	支付月数	120		
4	每月支付金额	1800		
5	支付日期	期初		
6	投资未来现值	¥136,892.93		
7				

选择B6单元格，输入公式“=PV(B2/12,B3,-B4,0,1)”，按下【Enter】键，即可计算出这笔投资的未来现值。

函数3 NPV——基于一系列现金流和固定贴现率，返回净现值

语法格式：=NPV(贴现率,收益1,收益2,...)

参数介绍：

❖ 贴现率：为必需参数。表示某一期间的贴现率，是一个固定值。该参数用单元格或数值指定现金流的贴现率。如果指定为数值以外的值，则返回错误值“#VALUE!”。

❖ 收益1：为必需参数。表示第一个支出及收入参数。收益1，收益2，…在时间上必须具有相等间隔，并且都发生在期末。支出用负号，收入用正号。

❖ 收益2，…：为可选参数。表示其他支出及收入参数。该函数最多可设置254个支出及收入参数。

使用说明：

NPV函数用于基于一系列现金流和固定贴现率，返回一项投资的净现值。净现值是现金流的结果，是未来相同时间内现金流入量与现金流出量之间的差值。而且，现金流必须在期末产生。

● 函数应用实例：**计算投资的净现值**

下面将使用NPV函数根据利率以及各期的投资和收益额计算净现值。

B8 =NPV(B2,B3,B4,B5,B6,B7)

	A	B	C	D
1	计算投资的净现值			
2	利率	8.05%		
3	第1年投资	-20000		
4	第2年投资	-20000		
5	第1年收益	10000		
6	第2年收益	15000		
7	第3年收益	30000		
8	净现值	¥3,661.80		
9				

选择B8单元格，输入公式“=NPV(B2,B3,B4,B5,B6,B7)”，按下【Enter】键，即可计算出投资的净现值。

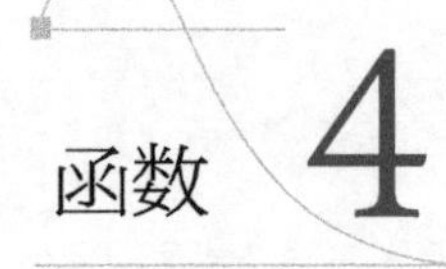

函数4 XNPV——基于不定期发生的现金流，返回它的净现值

语法格式：=XNPV(贴现率,现金流,日期流)

参数介绍：

❖ 贴现率：为必需参数。表示用单元格或数值指定用于计算现金流的贴现率。该参数如果指定为负数，则返回错误值“#NUM!”。

❖ 现金流：为必需参数。表示用单元格区域指定计算的现金流。如果单元格内容为空，则返回错误值“#VALUE!”。

❖ 日期流：为必需参数。表示发生现金流的日期。如果现金流和支付日期的顺序相对应，则不必指定发生的顺序。如果起始日期不是对应最初的现金流，则返回错误值“#NUM!”。

使用说明：

XNPV函数用于计算不定期内发生现金流的净现值。XNPV函数中的现金流和日期的指定方法是重点。所谓净现值是现金流的结果，是未来相同时间内现金流入量与现金流出量之间的差值。如果将相同的贴现率用于XNPV函数的结果中，只能看到相同金额的期值。如果此函数结果为负数，则表示投资的本金为负数。

● 函数应用实例：**计算一组现金流的净现值**

下面将使用XNPV函数根据贴现率、现金流以及日期流计算这组现金流的净现值。

C9 | =XNPV(B2,B3:B8,C3:C8)

	A	B	C	D
1	信息	值	日期	
2	贴现率	10%		
3	投资金额	¥200,000.00	2020/5/1	
4	第1笔本息	¥15,000.00	2020/6/20	
5	第2笔本息	¥20,000.00	2020/8/15	
6	第3笔本息	¥23,000.00	2020/9/1	
7	第4笔本息	¥31,000.00	2020/11/1	
8	第5笔本息	¥38,000.00	2021/2/10	
9	现金流的净现值		¥321,352.92	
10				

选择C9单元格，输入公式“=XNPV(B2,B3:B8,C3:C8)”，按下【Enter】键，即可求出这一组现金流的净现值。

提示：现金流可以是不定期的，如果XNPV函数的日期和现金流相对应，则没必要按顺序指定。

函数5 FV

——基于固定利率及等额分期付款方式，返回期值

语法格式：=FV(利率,支付总期数,定期支付额,现值,是否期初支付)

参数介绍：

❖ 利率：为必需参数。表示各期利率。该参数可以直接输入带%的数值或是引用数值所在单元格。利率和支付总期数的单位必须一致（年对年，月对月）。由于通常用年利率表示利率，所以如果按年利率2.5%支付，则月利率为2.5%/12。该参数如果指定为负数，则返回错误值“#NUM!”。

❖ 支付总期数：为必需参数。表示付款期总数。该参数可以用数值或数值所在的单元格指定。例如，10年期的贷款，如果按每半年支付一次，则支付总期数为10×2；5年期的贷款，如果按月支付，则支付总期数为5×12。该参数如果指定为负数，则返回错误值“#NUM!”。

❖ 定期支付额：为必需参数。表示各期所应支付的金额，其数值在整个年金期

间保持不变。通常，定期支付额包括本金和利息，但不包括其他的费用及税款。如果定期支付额小于0，则返回正值。

❖ 现值：为可选参数。表示现值，即从该项投资开始计算时已经入账的款项，或一系列未来付款当前值的累计和，也称为本金。如果省略现值，则假设其值为0，并且必须包括定期支付额参数。

❖ 是否期初支付：为可选参数。表示指定付息方式是在期初还是在期末。指定1为期初支付，指定0为期末支付。如果省略该参数，则指定为期末支付。

使用说明：

FV函数可以基于固定利率及等额分期付款方式，返回它的期值。用负号指定支出值，用正号指定收入值。指定定期支付额和现值是此函数的重点。

● 函数应用实例：计算银行储蓄的本金与利息总和

下面将使用FV函数根据银行的年利率、每月固定存款金额以及存款期数计算多笔存款在指定期数后的本金与利息总和。

E2　fx　=FV(B2,C2,-D2*12,0)

	A	B	C	D	E	F
1	存款项目	年利率	存款年限	每月存款金额	本金+利率总额	
2	存款1	3.20%	5	¥3,000.00	¥191,894.58	
3	存款2	0.80%	10	¥3,000.00	¥373,240.39	
4	存款3	4.10%	20	¥3,000.00	¥1,083,202.47	
5	存款4	1.50%	8	¥3,000.00	¥303,582.21	
6						

选择E2单元格，输入公式"=FV(B2,C2,-D2*12,0)"，随后将公式向下方填充，计算出所有存款项目的本金和利率总金额。

提示：存款时，通常用负号指定定期支付额和现值。但是，以负数为计算结果时，则要保持这两个参数为正数。

函数6 NPER
——求某项投资的总期数

语法格式：=NPER(利率,定期支付额,现值,终值,是否期初支付)

参数介绍：

❖ 利率：为必需参数。表示各期利率。该参数可以直接输入带%的数值或是数值所在单元格的引用。由于通常用年利率表示利率，所以如果按年利率2.5%支付，则月利率为2.5%/12。该参数如果指定为负数，则返回错误值“#NUM!”。

❖ 定期支付额：为必需参数。表示各期所应支付的金额，其数值在整个年金期间保持不变。通常，定期支付额包括本金和利息，但不包括其他的费用及税款。如果定期支付额小于0，则返回错误值“#NUM!”。

❖ 现值：为必需参数。表示现值，即从该项投资开始计算时已经入账的款项，或一系列未来付款当前值的累计和，也称为本金。如果现值小于0，则返回错误值“#NUM!”。

❖ 终值：为可选参数。表示未来值，或在最后一次付款后希望得到的现金余额。如果省略终值，则假设其值为0。如果终值小于0，则返回错误值“#NUM!”。

❖ 是否期初支付：为可选参数。表示指定付息方式是在期初还是在期末。期初支付指定为1，期末支付指定为0。如果省略该参数，则指定为期末支付。如果该参数不是数字0或1，则返回错误值“#NUM!”。

使用说明：

NPER函数将基于固定利率及等额分期付款方式，返回某项投资的总期数。若将固定利率、等额支付本金和利率作为条件求有价证券利息的支付次数，可参照COUPNUM函数。

● 函数应用实例：求期值达到30万时投资的总期数

下面将使用NPER函数根据给定的信息计算期值达到30万时的投资总期数。

B7　fx　=NPER(B2/12,-B3,-B4,B5,0)

	A	B	C	D
1	投资信息	数值		
2	年利率	11.80%		
3	每期支付金额	¥2,200.00		
4	现值	¥50,000.00		
5	期值	¥300,000.00		
6	支付时间	期末		
7	投资总期数	66.30722466		
8				

选择B7单元格，输入公式“=NPER(B2/12,-B3,-B4,B5,0)”，按下【Enter】键，即可求出达到目标期值时的投资总期数。

● 函数组合应用：NPER+ROUNDUP——计算达到目标期值时的整期数

使用NPER函数计算投资期数时可能会返回小数，而实际上小数次数是不可能的，所以这里使用ROUNDUP函数将返回的小数值向上取整到最接近的整数。

B7 =ROUNDUP(NPER(B2/12,-B3,-B4,B5,0),0)

	A	B	C	D	E
1	投资信息	数值			
2	年利率	11.80%			
3	每期支付金额	¥2,200.00			
4	现值	¥50,000.00			
5	期值	¥300,000.00			
6	支付时间	期末			
7	投资总期数	67			
8					

选择B7单元格，输入公式“=ROUNDUP(NPER(B2/12,-B3,-B4,B5,0),0)”，按下【Enter】键，即可返回整数的投资总期数。

提示：投资或贷款等必须连续支付到目的金额时，按照反复操作的计算结果，求最后支付的次数。本例函数组合应用中NPER函数的计算结果是66.30722466，在第66次支付金额时，还不能达到30万元，所以需要支付第67次。

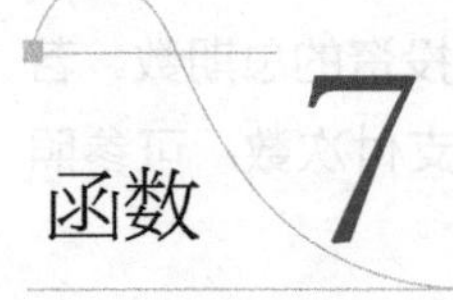

函数7 COUPNUM
——计算成交日和到期日之间的付息次数

语法格式：=COUPNUM(成交日,到期日,年付息次数,基准选项)

参数介绍：

❖ 成交日：为必需参数。表示用单元格、文本、日期、序号或公式指定证券成交日期。该参数如果指定日期以外的数值，则返回错误值“#VALUE!”。

❖ 到期日：为必需参数。表示用单元格、文本、日期、序号或公式指定证券偿还日期。该参数如果指定日期以外的数值，则返回错误值“#VALUE!”。

❖ 年付息次数：为必需参数。表示用数值或单元格指定年利息的支付次数。该参数如果指定为1，则一年支付一次；如果指定为2，则每半年支付一次；如果指定为4，则每3个月支付一次；如果指定1、2、4以外的值，则返回错误值“#NUM!”。

❖ 基准选项：为可选参数。表示用单元格或数值指定计算日期的方法。该参数如果指定0，则为30/360（NASD方式）；如果指定1，则为实际日数/实际日数；如果指定2，则变为实际日数/360；如果指定3，则为实际日数/365；如果指定4，则为30/360（欧洲方式）。如果省略数值，则假定为0；如果指定0～4以外的数值，则返回错误值“#NUM!”。

使用说明：

COUPNUM函数用于返回在成交日和到期日之间的付息次数，并向上舍入到最近的整数。使用此函数的要点是年付息次数的指定。如果要求达到目标金额的支付次数，可以使用NPER函数。

● 函数应用实例：**计算债券的付息次数**

下面将使用COUPNUM函数根据给定的结算日、到期日、年付息次数等信息计算债券的付息次数。

B6 =COUPNUM(B2,B3,B4,B5)

	A	B	C	D
1	债券信息	数值		
2	结算日	2020/6/2		
3	到期日	2021/9/1		
4	按季度支付	4		
5	基准	1		
6	债券的付息次数	5		
7				

选择B6单元格，输入公式“=COUPNUM(B2,B3,B4,B5)”，按下【Enter】键，求出给定信息下的债券付息次数。

函数 8 PMT

——基于固定利率，返回贷款的每期等额付款额

语法格式：=PMT(利率,支付总期数,现值,终值,是否期初支付)

参数介绍：

❖ 利率：为必需参数。表示期间内的利率。利率和支付总期数的单位必须一致（年对年，月对月）。因为通常用年利率表示利率，如果按月偿还，则除以12；如果每两个月偿还，则除以6；如果每三个月偿还，则除以4。

❖ 支付总期数：为必需参数。表示付款期总数。如果按月支付，是25年期，则付款期总数是25×12；如果按每半年支付，是5年期，则付款期总数是5×2。

❖ 现值：为必需参数。表示各期所应支付的金额，其数值在整个年金期间保持不变。

❖ 终值：为可选参数。表示贷款的付款期总数完成后的金额。如果省略此参数，则假设其值为0。

❖ 是否期初支付：为可选参数。表示各期的付款时间是在期初还是在期末。在各期的期初支付称为期初付款，各期的最后时间支付称为期末付款。期初指定为1，期末指定为0。如果省略此参数，则假设其值为0。

使用说明：

PMT函数用于计算为达到储存的未来金额，每次必须储存的金额，或在特定期间内要偿还完贷款，每次必须偿还的金额。PMT函数既可用于贷款，也可用于储蓄。

● 函数应用实例：**计算贷款的每月偿还额**

下面将使用PMT函数根据给定的月利息、当前本金、贷款期限以及支付方式计算贷款的每月偿还额。

B6 =PMT(B2, B4*12, B3, 0, 0)

	A	B	C	D
1	贷款信息	数据		
2	月利息	0.68%		
3	当前本金	-50000		
4	贷款期限（年）	3		
5	支付方式	期末		
6	每月偿还额	¥1,570.51		
7				

选择B6单元格，输入公式“=PMT(B2,B4*12,B3,0,0)”，按下【Enter】键，即可计算出每月偿还额。

提示：若支付时间为期初，那么可以将计算每月偿还额的公式修改为“=PMT(B2,B4*12,B3,0,1)”。

B6 =PMT(B2, B4*12, B3, 0, 1) ← 第五参数值为1，表示期初付款

	A	B	C	D
1	贷款信息	数据		
2	月利息	0.68%		
3	当前本金	-50000		
4	贷款期限（年）	3		
5	支付方式	期初		
6	每月偿还额	¥1,559.90		
7				

可以看出期末付款和期初付款的每月偿还额有所差别

函数9 PPMT

——求偿还额的本金部分

语法格式：=PPMT(利率,期数,支付总期数,现值,终值,是否期初支付)

参数介绍：

❖ 利率：为必需参数。表示各期利率。可以直接输入带%的数值或是引用数值所在单元格。利率和支付总期数的单位必须一致（年对年，月对月）。由于通常用年利率表示利率，所以如果按年利率2.5%支付，则月利率为2.5%/12。

❖ 期数：为必需参数。表示用于计算其本金数额的期次，就是分几次支付本金。第一次支付为1。期数必须介于1到支付总期数之间。

❖ 支付总期数：为必需参数。表示总投资或贷款期数，即该项目投资或贷款的付款总期数。例如，10年期的贷款，如果每半年支付一次，则支付总期数为10×2；5年期的贷款，如果按月支付，则支付总期数为5×12。

❖ 现值：为必需参数。表示现值，即从该项投资开始计算时已经入账的款项，或一系列未来付款当前值的累计和，也称为本金。如果省略该参数，则假设其值为0。

❖ 终值：为可选参数。表示未来值，或在最后一次付款后希望得到的现金余额。

❖ 是否期初支付：为可选参数。表示各期的付款时间是在期初还是在期末。指定1为期初支付，指定0为期末支付。如果省略此参数，则指定为期末支付。

使用说明：

PPMT函数用于计算支付的本金部分。合计本金和利息，每次的支付额一定，随着支付的推进，内容也发生变化。因此，使用此函数时，期次不能指定错误。

● 函数应用实例：计算贷款的每年偿还本金额度

下面将使用PPMT函数根据给定的年利率、当前本金、贷款年限等信息计算每年应偿还的本金额度。

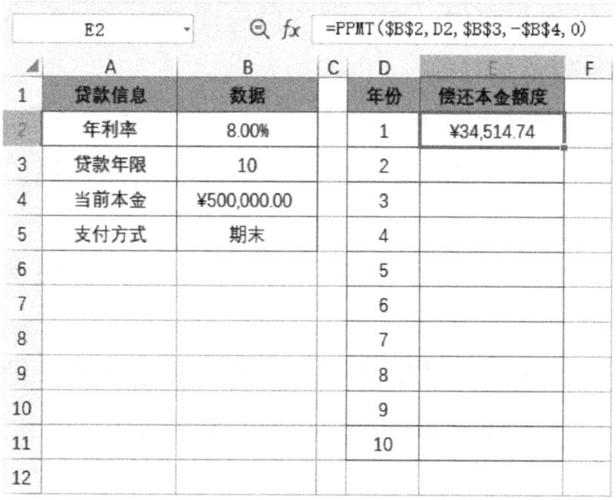

E2 =PPMT($B$2,D2,$B$3,-$B$4,0)

	A	B	C	D	E	F
1	贷款信息	数据		年份	偿还本金额度	
2	年利率	8.00%		1	¥34,514.74	
3	贷款年限	10		2		
4	当前本金	¥500,000.00		3		
5	支付方式	期末		4		
6				5		
7				6		
8				7		
9				8		
10				9		
11				10		
12						

Step01：

计算第一年的本金偿还额

① 选择E2单元格，输入公式"=PPMT($B$2,D2,$B$3,-$B$4,0)"，按下【Enter】键，计算出第1年的本金偿还金额。

	A	B	C	D	E	F
1	贷款信息	数据		年份	偿还本金额度	
2	年利率	8.00%		1	¥34,514.74	
3	贷款年限	10		2	¥37,275.92	
4	当前本金	¥500,000.00		3	¥40,258.00	
5	支付方式	期末		4	¥43,478.64	
6				5	¥46,956.93	
7				6	¥50,713.48	
8				7	¥54,770.56	
9				8	¥59,152.21	
10				9	¥63,884.38	
11				10	¥68,995.13	
12						

E2 =PPMT($B$2,D2,$B$3,-$B$4,0)

Step02：

计算剩余年份的每年本金偿还额

② 选中E2单元格，向下方拖动该单元格的填充柄，拖动至E11单元格，计算出剩余年份每年的本金偿还额。

函数10 IPMT——计算给定期数内对投资的利息偿还额

语法格式：=IPMT(利率,期数,支付总期数,现值,终值,是否期初支付)

参数介绍：

❖ 利率：为必需参数。表示各期利率。该参数可以直接输入带%的数值或是引用数值所在单元格。利率和支付总期数的单位必须一致（年对年，月对月）。由于通常用年利率表示利率，所以如果按年利率2.5%支付，则月利率为2.5%/12。

❖ 期数：为必需参数。表示用于计算其本金数额的期次，就是分几次支付本金。第一次支付为1。期数必须介于1到支付总期数之间。

❖ 支付总期数：为必需参数。表示付款期总数。该参数可以是数值或数值所在的单元格。例如，10年期的贷款，如果每半年支付一次，则支付总期数为10×2；5年期的贷款，如果按月支付，则支付总期数为5×12。

❖ 现值：为必需参数。表示现值，即从该项投资开始计算时已经入账的款项，或一系列未来付款当前值的累计和，也称为本金。如果省略该参数，则假设其值为0。

❖ 终值：为可选参数。表示未来值，或在最后一次付款后希望得到的现金余额。如果省略此参数，则假设其值为0。

❖ 是否期初支付：为可选参数。表示各期的付款时间是在期初还是在期末。指定1为期初支付，指定0为期末支付。如果省略此参数，则指定为期末支付。

使用说明：

IPMT函数用于计算给定期数内对投资的利息偿还额。每次支付的金额相同，随着本金的减少，利息也随之减少。因此，计算结果随每次的支付而变化。

● 函数应用实例：**计算贷款每年应偿还的利息**

下面将使用IPMT函数根据给定的年利率、当前本金、贷款年限等信息计算每年应偿还的利息额度。

E2 =IPMT($B$2, D2, $B$3, -$B$4, 0)

	A	B	C	D	E	F
1	贷款信息	数据		年份	偿还利息额度	
2	年利率	8.00%		1	¥40,000.00	
3	贷款年限	10		2		
4	当前本金	¥500,000.00		3		
5	支付方式	期末		4		
6				5		
7				6		
8				7		
9				8		
10				9		
11				10		
12						

Step01：

计算第一年偿还的利息额度

① 选择E2单元格，输入公式“=IPMT($B$2,D2,$B$3,-$B$4,0)”，按下【Enter】键，计算出第1年应偿还的利息。

E2 =IPMT($B$2, D2, $B$3, -$B$4, 0)

	A	B	C	D	E	F
1	贷款信息	数据		年份	偿还利息额度	
2	年利率	8.00%		1	¥40,000.00	
3	贷款年限	10		2	¥37,238.82	
4	当前本金	¥500,000.00		3	¥34,256.75	
5	支付方式	期末		4	¥31,036.11	
6				5	¥27,557.82	
7				6	¥23,801.26	
8				7	¥19,744.18	
9				8	¥15,362.54	
10				9	¥10,630.36	
11				10	¥5,519.61	
12						

Step02：

计算剩余年份每年应偿还的利息

② 将E2单元格中的公式向下方填充至E11单元格，计算出剩余九年每年应偿还的利息。

函数11 ISPMT

——计算特定投资期内要支付的利息

语法格式：=ISPMT(利率,期数,支付总期数,现值)

参数介绍：

❖ 利率：为必需参数。表示各期的利率。利率通常用年利率表示。应确保利率和支付总期数的单位一致（年对年，月对月）。如果半年期支付，用年利率除以2。利率可指定单元格、数值或公式。

❖ 期数：为必需参数。表示要计算利息的期数。必须在1到支付总期数之间。如果指定0或大于支付总期数的数值，则返回错误值“#NUM!”。

❖ 支付总期数：为必需参数。表示投资的总支付期数。该参数可以是数值或数值所在的单元格。例如，10年期的贷款，如果每半年支付一次，则支付总期数为10×2；5年期的贷款，如果按月支付，则支付总期数为5×12。

❖ 现值：为必需参数。表示投资的当前值。对于贷款，现值为贷款数额。该参数也可指定为负数。

● 函数应用实例：**计算贷款第一个月应支付的利息**

下面将使用ISPMT函数根据年利率、贷款期数、贷款金额等信息计算第1个月支付的利息。

B6　=ISPMT(B2/12,B3,B4*12,-B5)

	A	B	C	D	E
1	贷款信息	数值			
2	年利率	7.50%			
3	期数	1			
4	贷款年限	3			
5	贷款金额	¥100,000.00			
6	第1个月的利息	607.6388889			
7					

选择B6单元格，输入公式“=ISPMT(B2/12,B3,B4*12,-B5)”，按下【Enter】键，即可计算出第一个月的利息。

函数12 CUMIPMT

——求两个参数期间的累计利息

语法格式：=CUMIPMT(利率,支付总期数,现值,首期,末期,是否期初支付)

参数介绍：

❖ 利率：为必需参数。表示各期利率。该参数可以直接输入带%的数值或是引用数值所在单元格。利率和支付总期数的单位必须一致（年对年，月对月）。由于通常用年利率表示利率，所以如果按年利率2.5%支付，则月利率为2.5%/12。该参数如果指定为负数，则返回错误值“#NUM!”。

❖ 支付总期数：为必需参数。表示付款期总数。可以使用数值或数值所在的单元格。例如，10年期的贷款，如果每半年支付一次，则支付总期数为10×2；5年期的贷款，如果按月支付，则支付总期数为5×12。该参数如果指定为负数，则返回错误值“#NUM!”。

❖ 现值：为必需参数。表示现值，即从该项投资开始计算时已经入账的款项，或一系列未来付款当前值的累计和，也称为本金。对于贷款，现值为贷款数额。该参数也可指定为负数。

❖ 首期：为必需参数。表示计算中的首期。付款期数从1开始计数。如果首期小于1，或首期大于末期，则返回错误值“#NUM!”。

❖ 末期：为必需参数。表示计算中的末期。如果末期小于1，则返回错误值“#NUM!”。

❖ 是否期初支付：为必需参数。表示指定付息方式是在期初还是在期末。该参数指定1为期初支付，指定0为期末支付。如果省略该参数，则指定为期末支付。如果该参数不是数字0或1，则返回错误值“#NUM!”。

使用说明:

CUMIPMT函数用于计算两个周期之间累计应偿还的利息。使用固定的利率、固定的期数计算支付利息的总额。

● 函数应用实例：计算指定期间内投资的累计利息

下面将使用CUMIPMT函数根据年利息、投资期数、现值等信息计算第5至10年的投资累积利息总额。

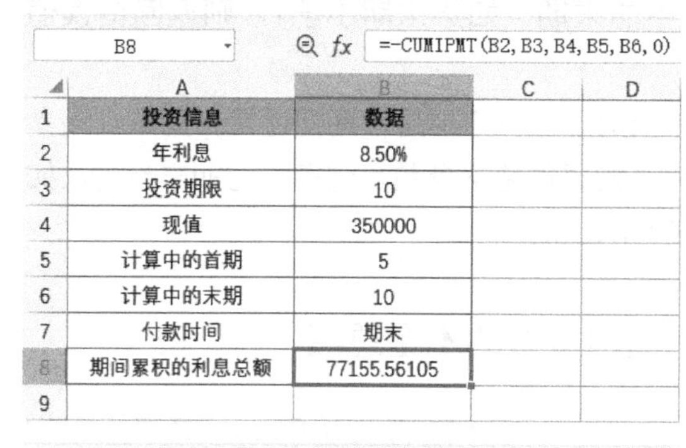

B8 | =-CUMIPMT(B2,B3,B4,B5,B6,0)

	A	B	C	D
1	投资信息	数据		
2	年利息	8.50%		
3	投资期限	10		
4	现值	350000		
5	计算中的首期	5		
6	计算中的末期	10		
7	付款时间	期末		
8	期间累积的利息总额	77155.56105		
9				

选择B8单元格，输入公式“=-CUMIPMT(B2,B3,B4,B5,B6,0)”，按下【Enter】键，即可求出从指定期间内的投资累计利息总额。

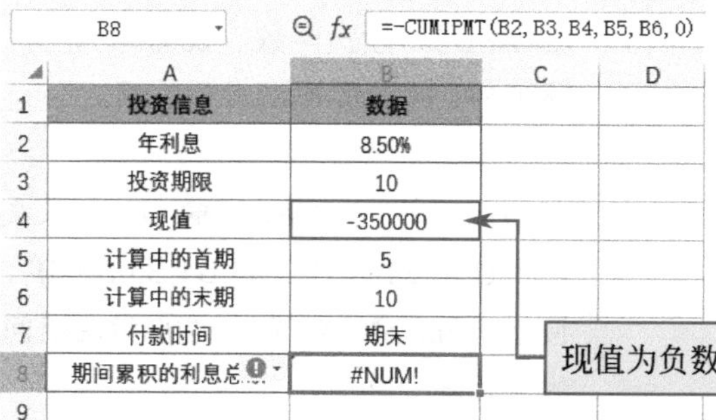

B8 | =-CUMIPMT(B2,B3,B4,B5,B6,0)

	A	B	C	D
1	投资信息	数据		
2	年利息	8.50%		
3	投资期限	10		
4	现值	-350000		
5	计算中的首期	5		
6	计算中的末期	10		
7	付款时间	期末		
8	期间累积的利息总	#NUM!		
9				

现值为负数，公式返回错误值“#NUM!”

提示：当CUMIPMT函数的参数中出现负数时，公式将返回错误值。所以若想让计算结果为正数，需要在公式的等号后面添加负号（-）。

函数13 CUMPRINC

——求两个参数期间支付本金的总额

语法格式：=CUMPRINC(利率,支付总期数,现值,首期,末期,是否期初支付)

参数介绍：

❖ 利率：为必需参数。表示各期利率。该参数可以直接输入带%的数值或是引用数值所在单元格。利率和支付总期数的单位必须一致（年对年，月对月）。由于通常用年利率表示利率，所以如果按年利率2.5%支付，则月利率为2.5%/12。该参数如果指定为负数，则返回错误值“#NUM!”。

❖ 支付总期数：为必需参数。表示付款期总数。该参数可以是数值或数值所在的单元格。例如，10年期的贷款，如果每半年支付一次，则支付总期数为10×2；5年期的贷款，如果按月支付，则支付总期数为5×12。如果指定负数，则返回错误值“#NUM!”。

❖ 现值：为必需参数。表示现值，即从该项投资开始计算时已经入账的款项，或一系列未来付款当前值的累计和，也称为本金。对于贷款，现值为贷款数额。该参数也可指定为负数。

❖ 首期：为必需参数。表示计算中的首期。付款期数从1开始计数。如果首期小于1或首期大于末期，则返回错误值“#NUM!”。

❖ 末期：为必需参数。表示计算中的末期。如果末期小于1，则返回错误值“#NUM!”。

❖ 是否期初支付：为必需参数。表示指定付息方式是在期初还是在期末。该参数指定1为期初支付，指定0为期末支付。如果省略该参数，则指定为期末支付。如果该参数不是数字0或1，则返回错误值“#NUM!”。

● 函数应用实例：**计算指定期间内投资的本金总额**

B8 fx =-CUMPRINC(B2,B3,B4,B5,B6,0)

	A	B	C	D
1	投资信息	数据		
2	年利息	8.50%		
3	投资期限	10		
4	现值	350000		
5	计算中的首期	5		
6	计算中的末期	10		
7	付款时间	期末		
8	期间累积的本金总额	242900.6197		
9				

下面将使用CUMPRINC函数根据年利息、投资期数、现值等信息计算第5至10年的投资本金总额。

选择B8单元格，输入公式“=-CUMPRINC(B2,B3,B4,B5,B6,0)”，按下【Enter】键，即可求出指定期间的累计本金总额。

提示：CUMPRINC函数与CUMIPMT函数的使用方法以及注意事项基本相同，CUMPRINC函数也不可以使用负数参数，否则将返回错误值“#NUM!”。

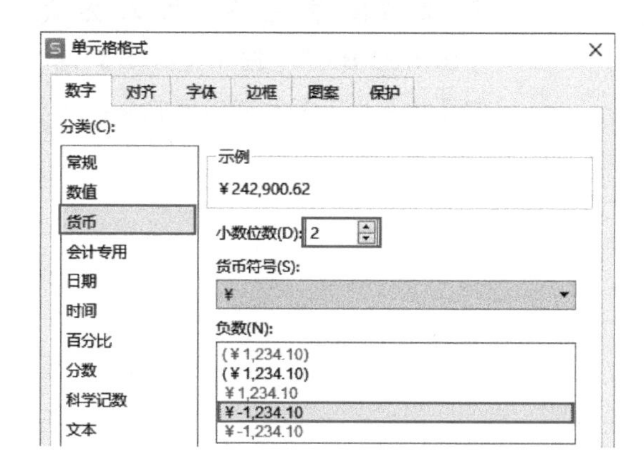

若想让代表金额的数字以货币形式显示，可打开“单元格格式”对话框，设置数字格式为“货币”，然后选择需要的小数位数以及负数的显示形式。

函数14 IRR

——求一组现金流的内部收益率

语法格式：=IRR(现金流,预估值)

参数介绍：

❖ 现金流：为必需参数。表示引用单元格区域指定现金流的数值。该参数必须包含至少一个正值或一个负值，以计算返回的内部收益率。IRR函数根据数值的顺序来解释现金流的顺序，故应按需要的顺序输入支付和收入的数值。如果数组或引用包含文本、逻辑值或空白单元格，这些数值将被忽略。现金流都为正数或负数时，则返回错误值“#NUM!”。

❖ 预估值：为可选参数。表示预估值，即内部收益率的猜测值。该参数若省略，则为0.1（10%）。IRR函数是根据预估值开始计算的，所以如果它的数值与结果相差很远，则返回错误值“#NUM!”。该参数指定为非数值时，返回错误值“#NAME?”。

● 函数应用实例：**计算投资炸鸡店的内部收益率**

假设已知一家炸鸡店的初期投入资金，以及前五年的收入，下面将使用IRR函数根据已知条件计算指定年数后的内部收益率。

B8 =IRR(B2:B5)

	A	B	C
1	炸鸡店投资及收益信息	数据	
2	初期投资	-150000	
3	第一年收益	60000	
4	第二年收益	50000	
5	第三年收益	80000	
6	第四年收益	80000	
7	第五年收益	90000	
8	三年后的内部收益	12%	
9	五年后的内部收益率		
10			

Step01：

计算三年后的内部收益率

① 选择B8单元格，输入公式“=IRR(B2:B5)”，按下【Enter】键，即可计算出三年后的内部收益率。

B9 =IRR(B2:B7)

	A	B	C
1	炸鸡店投资及收益信息	数据	
2	初期投资	-150000	
3	第一年收益	60000	
4	第二年收益	50000	
5	第三年收益	80000	
6	第四年收益	80000	
7	第五年收益	90000	
8	三年后的内部收益率	12%	
9	五年后的内部收益率	35%	
10			

Step02：

计算五年后的内部收益率

② 选择B9单元格，输入公式“=IRR(B2:B7)”，按下【Enter】键，即可计算出五年后的内部收益率。

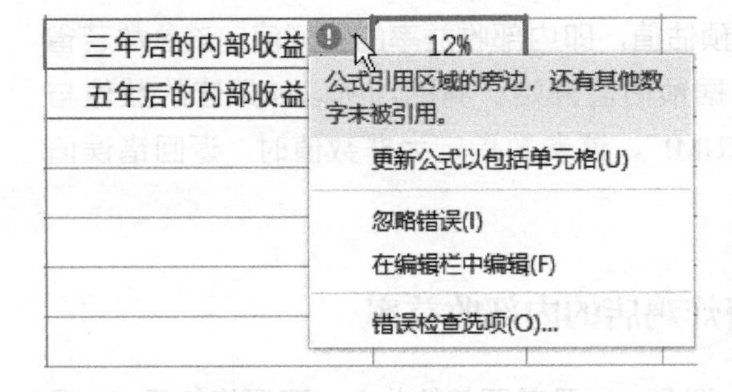

提示：本例输入公式后单元格左上角出现了绿色的小三角，这其实是一种错误标识。用户可以选中这个单元格，单元格的左侧会显示“”小图标，单击该图标，通过下拉列表中的内容可以了解到错误标识的产生原因以及解决方法。本例公式之所以会出现错误标识，是由于公式忽略了相邻单元格，所以公式本身并无错误，无需处理。

函数15 XIRR
——求不定期内产生的现金流量的内部收益率

语法格式：=XIRR(现金流,日期流,预估值)

参数介绍：

❖ 现金流：为必需参数。表示一系列按日期对应付款计划的现金流。该参数必须包含至少一个正值或一个负值，以计算内部收益率。开始的现金流如果是在最初时间内产生的，则它后面的指定范围没必要按顺序排列。现金流量都为正数或负数时，则返回错误值“#NUM!”。

❖ 日期流：为必需参数。表示一组数，是与现金流支付相对应的支付日期表。起始日期如果比其他日期提前，则没必要按时间顺序排列。如果其他日期比起始日期早，则返回错误值“#NUM!”。

❖ 预估值：为可选参数。表示内部收益率的猜测值。XIRR函数是根据预估值开始计算的，所以如果它的数值与结果相差很远，则返回错误值“#NUM!”。如果省略该参数，则假定它为0.1（10%）。如果该参数指定非数值时，则返回错误值“#NAME?”。

● 函数应用实例：**计算投资的收益率**

下面将使用XIRR函数根据初期投资金额、第1至第10期的收益金额及其到账日期计算投资的收益率。

C13 =XIRR(B2:B12,C2:C12,0.2)

	A	B	C	D
1	投资信息	数据	到账日期	
2	投资金额	¥-5,000.00	2020/1/5	
3	第1期收益	¥300.00	2020/3/12	
4	第2期收益	¥290.00	2020/5/12	
5	第3期收益	¥520.00	2020/8/1	
6	第4期收益	¥380.00	2020/9/5	
7	第5期收益	¥960.00	2020/12/20	
8	第6期收益	¥430.00	2021/2/10	
9	第7期收益	¥860.00	2021/5/8	
10	第8期收益	¥720.00	2021/8/5	
11	第9期收益	¥280.00	2021/9/20	
12	第10期收益	¥390.00	2021/10/20	
13	收益率		2.40%	
14				

选择C13单元格，输入公式“=XIRR(B2:B12,C2:C12,0.2)”，按下【Enter】键，即可计算出投资的收益率。

函数16 MIRR
——计算某一连续期间内现金流的修正内部收益率

语法格式：=MIRR(现金流,支付率,再投资的收益率)

参数介绍：

❖ 现金流：为必需参数。表示引用单元格区域指定现金流量的数值。该参数中必须至少包含一个正值或一个负值，才能计算修正后的内部收益率。必须按现金流的产生顺序排列。当现金流全为正数或负数时，会返回错误值“#DIV/0!”。

❖ 支付率：为必需参数。表示引用单元格或数值指定收入（正数的现金流）的相应利率。如果该参数为非数值，则返回错误值“#VALUE!”。

❖ 再投资的收益率：为必需参数。表示将各期收入净额再投资的报酬率。该参数可以是数值或数值所在的单元格。

使用说明：

MIRR函数用于计算现金流的收入和支出利率不同时的内部收益率（修正内部收益率）。由于收入和支出的利率不同，所以必须注意现金流的符号和顺序，而且必须是定期内产生的现金流。

● 函数应用实例：计算4年后投资的修正收益率

下面将使用MIRR函数根据资产原值、前4年的收益额以及再投资收益的年利率计算4年后投资的修正收益率。

B9　fx =MIRR(B2:B6,B7,B8)

	A	B	C
1	投资信息	金额	
2	初期投资金额	¥-220,000.00	
3	第1年的收益	¥8,300.00	
4	第2年的收益	¥15,000.00	
5	第3年的收益	¥18,000.00	
6	第4年的收益	¥25,000.00	
7	年利率	8%	
8	再投资收益的年利率	10%	
9	4年后投资的修正收益率	-24%	
10			

选择B9单元格，输入公式“=MIRR(B2:B6,B7,B8)”，按下【Enter】键，即可返回4年后投资的修正收益率。

函数17 DB

——使用固定余额递减法计算折旧值

语法格式：=DB(原值,残值,折旧期限,期间,月份数)

参数介绍：

❖ 原值：为必需参数。表示用单元格或数值指定的固定资产的原值。如果该参数指定为负数，则返回错误值“#NUM!”。

❖ 残值：为必需参数。表示用单元格或数值指定的折旧期限结束后的固定资产的价值。如果该参数指定为负数，则返回错误值“#NUM!”。

❖ 折旧期限：为必需参数。表示固定资产的折旧期限，也称作资产的使用寿命。如果该参数指定为负数或0，则返回错误值“#NUM!”。

❖ 期间：为必需参数。表示用单元格或数值指定的计算折旧值的期间。期间必须和折旧期限使用相同的单位，所以如果用月指定期间，则折旧期限也必须用月指定。如果指定0、负数或比折旧期限大的数值，则返回错误值“#NUM!”。

❖ 月份数：为可选参数。表示用单元格或数值指定购买固定资产的时间的剩余月份数。必须用1～12之间的整数指定月份数。如果该参数指定为负数或比12大的数值，则返回错误值“#NUM!”。如省略该参数，则假定为12。

使用说明：

根据固定资产的折旧期限，使用折旧率求余额递减法的折旧值称为固定余额递减法。使用DB函数，可以用固定余额递减法求指定期间内的折旧值。折旧期限和期间的指定方法是使用DB函数的重点。

第8章

● 函数应用实例：使用固定余额递减法计算资产折旧值

已知一台设备的购入价格（资产原值）、使用年限以及使用月数等信息，下面将使用DB函数计算第5年的资产折旧值。

B6　fx　=DB(B2, B3, B4, 5, B5)

	A	B	C
1	资产信息	数据	
2	资产原值	¥80,000.00	
3	资产残值	¥1,500.00	
4	使用年限	10	
5	第1年的使用月数	6	
6	第5年的资产折旧值	¥6,656.99	
7			

选择B6单元格，输入公式“=DB(B2,B3,B4,5,B5)”，按下【Enter】键，即可计算出第5年的资产折旧值。

函数组合应用：DB+ROW——计算连续多年的固定资产折旧值

当需要计算连续多年的固定资产折旧值时，可以使用DB函数与ROW函数嵌套编写公式完成计算。下面将计算第1至第8年的固定资产折旧值。

E2　=DB($B$2, $B$3, $B$4, ROW(A1), $B$5)

	A	B	C	D	E
1	资产信息	数据		期间	资产折旧值
2	资产原值	¥80,000.00		第1年	¥13,120.00
3	资产残值	¥1,500.00		第2年	¥21,936.64
4	使用年限	10		第3年	¥14,741.42
5	第1年的使用月数	6		第4年	¥9,906.24
6				第5年	¥6,656.99
7				第6年	¥4,473.50
8				第7年	¥3,006.19
9				第8年	¥2,020.16

选择E2单元格，输入公式“=DB($B-$2,$B$3,$B$4,ROW(A1),$B$5)”，随后将公式向下方填充至E9单元格，即可计算出第1至第8年中每年的资产折旧值。

函数18 SLN

——计算某项资产在一个期间中的线性折旧值

语法格式：=SLN(原值,残值,折旧期限)

参数介绍：

❖ 原值：为必需参数。表示用单元格或数值指定的固定资产的原值。如果该参数指定为负数，则返回错误值“#NUM!”。

❖ 残值：为必需参数。表示用单元格或数值指定的折旧期限结束后的固定资产的价值，也称作资产残值。如果该参数指定为负数，则返回错误值“#NUM!”。

❖ 折旧期限：为必需参数。表示固定资产的折旧期限，也称作资产的使用寿命。如果按月计算折旧，则直接指定月数。如果该参数指定为0或负数，则返回错误值“#NUM!”。

使用说明：

在通常情况下，在折旧期限的期间范围内把相同金额作为折旧值计算的方法称为线性折旧法。使用SLN函数，就可以用线性折旧法求折旧值，因此，不用考虑计算折旧值的期间。SLN函数的使用重点是折旧期限和资产残值的指定方法。

函数应用实例：计算资产的线性折旧值

下面将使用SLN函数，根据资产原值、资产残值以及使用年限计算固定资产的线性折旧值。

B5 fx =SLN(B2,B3,B4)

	A	B	C
1	资产信息	数据	
2	资产原值	¥150,000.00	
3	资产残值	¥50,000.00	
4	使用年限	20	
5	线性折旧值	¥5,000.00	
6			

选择B5单元格，输入公式“=SLN(B2,B3,B4)”，按下【Enter】键，即可计算出线性折旧值。

函数19 DDB
——使用双倍余额递减法或其他指定方法计算折旧值

语法格式：=DDB(原值,残值,折旧期限,期间,余额递减速率)

参数介绍：

❖ 原值：为必需参数。表示用单元格或数值指定的固定资产的原值。如果该参数指定为负数，则返回错误值“#NUM!”。

❖ 残值：为必需参数。表示用单元格或数值指定的折旧期限结束后的固定资产的价值，也称作资产残值。如果该参数指定为负数，则返回错误值“#NUM!”。

❖ 折旧期限：为必需参数。表示固定资产的折旧期限，也称作资产的使用寿命。如果该参数指定为0或负数，则返回错误值“#NUM!”。

❖ 期间：为必需参数。表示用单元格或数值指定的需计算折旧的期间。期间必须使用与折旧期限相同的单位。需求每月的递减折旧值时，必须使用月份数指定折旧期限。如果该参数指定为0或负数，则返回错误值“#NUM!”。

❖ 余额递减速率：为可选参数。表示用单元格或数值指定的递减折旧率。如果该参数被省略，则假定其为2。如果该参数指定为负数或0，则返回错误值“#NUM!”。

使用说明：

折旧值随着年度的增加而变小的计算方法称为“双倍余额递减法”。使用DDB函数，就可通过使用双倍余额递减法或其他指定方法，计算一笔资产在给定期间内的折旧值。

● 函数应用实例：**计算公司商务用车在指定期间内的折旧值**

已知公司一台商务用车的购入价格（资产原值）、折旧期限、资产残值以及折旧

率，下面将使用DDB函数计算折旧期限内指定期间的折旧值。

选择B7单元格，输入公式“=DDB(B2,B3,B4,B5,B6)”，按下【Enter】键，计算出资产折旧值。

B7 fx =DDB(B2, B3, B4, B5, B6)

	A	B	C	D
1	资产信息	数据		
2	资产原值	¥235,000.00		
3	资产残值	¥20,000.00		
4	折旧期限	20		
5	期间	3		
6	折旧率	11%		
7	资产折旧值	¥1,278.32		
8				

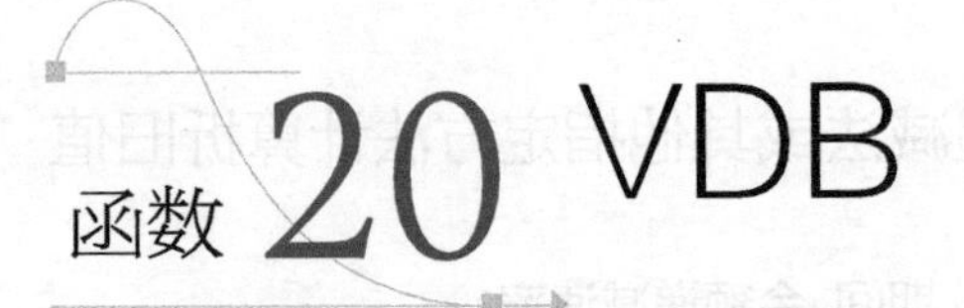

函数20 VDB

——使用双倍余额递减法或线性折旧法返回折旧值

语法格式：=VDB(原值,残值,折旧期限,起始期间,截至期间,余额递减速率,不换用线性折旧法)

参数介绍：

❖ 原值：为必需参数。表示用单元格或数值指定的固定资产的原值。如果该参数指定为负数，则返回错误值“#NUM!”。

❖ 残值：为必需参数。表示用单元格或数值指定的折旧期限结束后的固定资产的价值，也称作资产残值。如果该参数指定为负数，则返回错误值“#NUM!”。

❖ 折旧期限：为必需参数。表示固定资产的折旧期限，也称作资产的使用寿命。折旧期限和起始期间、截至期间的时间单位必须一致。如果该参数指定为0或负数，则返回错误值“#NUM!”。

❖ 起始期间：为必需参数。表示用数值或单元格指定进行折旧的开始日期。如果该参数指定为负数，则返回错误值“#NUM!”。

❖ 截至期间：为必需参数。表示用数值或单元格指定进行折旧的结束日期。

❖ 余额递减速率：为可选参数。表示余额递减速率，即折旧因子。如果省略该参数，则假设其为2（双倍余额递减法）。如果不想使用双倍余额递减法，可改变该参数的值。如果该参数指定为负数，则返回错误值““#NUM!”。

❖ 不换用线性折旧法：为可选参数。表示逻辑值，指定当折旧值大于余额递减计算值时，是否转用线性折旧法。如果该参数为TRUE，即使折旧值大于余额递减计算值，也不转用线性折旧法。如果该参数为FALSE或被省略，并且折旧值大于余额递减计算值，将转用线性折旧法。

使用说明：

使用VDB函数，可通过双倍余额递减法或线性折旧法求固定资产的递减折旧值。用最后一个参数指定是否在必要时启用线性折旧法。使用此函数的重点是余额递减速率和最后一个参数的指定方法。在使用此函数的过程中，除最后一个参数外的所有参数必须为正数。

● 函数应用实例：计算指定时间段的资产折旧值

下面将使用VDB函数根据资产原值、资产残值以及使用寿命，计算不同时间段的资产折旧值。

E2 fx =VDB(B2, B3, B4*365, 0, 1)

	A	B	C	D	E	F
1	资产信息	数据		时间段	资产折旧值	
2	资产原值	800000		第1天	¥175.34	
3	资产残值	30000		前90天		
4	使用寿命	25		第1个月		
5				第3年		
6				最后3个月		
7				第6至24个月		
8				第1至3年		
9						

Step01：

计算第1天的资产折旧值

① 选择E2单元格，输入公式“=VDB(B2,B3,B4*365,0,1)”，按下【Enter】键，计算出第1天的资产折旧值。

	A	B	C	D	E
1	资产信息	数据		时间段	资产折旧值
2	资产原值	800000		第1天	=VDB(B2,B3,B4*365,0,1)
3	资产残值	30000		前90天	=VDB(B2,B3,B4*365,1,90)
4	使用寿命	25		第1个月	=VDB(B2,B3,B4*12,0,1)
5				第3年	=VDB(B2,B3,B4,0,2)
6				最后3个月	=VDB(B2,B3,B4*12,B4*12-3,B4*12)
7				第6至24个月	=VDB(B2,B3,B4*12,6,24)
8				第1至3年	=VDB(B2,B3,B4,1,3)
9					

Step02：

输入其他公式

② 分别在E3、E4、E5、E6、E7、E8单元格中输入如左图所示公式。

E8 fx =VDB(B2, B3, B4, 1, 3)

	A	B	C	D	E	F
1	资产信息	数据		时间段	资产折旧值	
2	资产原值	800000		第1天	¥175.34	
3	资产残值	30000		前90天	¥15,452.55	
4	使用寿命	25		第1个月	¥5,333.33	
5				第3年	¥122,880.00	
6				最后3个月	¥5,228.34	
7				第6至24个月	¥87,178.69	
8				第1至3年	¥113,049.60	
9						

Step03：

查看结果值

③ 分别计算对应时间段的资产折旧值。

函数21 SYD

——按年限总和折旧法计算折旧值

语法格式：=SYD(原值,残值,折旧期限,期间)

参数介绍：

❖ 原值：为必需参数。表示用单元格或数值指定的固定资产的原值。如果该参数指定为负数，则返回错误值“#NUM!”。

❖ 残值：为必需参数。表示用单元格或数值指定的折旧期限结束后的固定资产的价值，也称作资产残值。如果该参数指定为负数，则返回错误值“#NUM!”。

❖ 折旧期限：为必需参数。表示固定资产的折旧期限，也称作资产的使用寿命。如果是求月份数的折旧值，则单位必须指定为月份数。如果该参数指定为负数，则返回错误值“#NUM!”。

❖ 期间：为必需参数。表示用单元格或数值指定进行折旧的期间。如果是求月份数的递减余额的折旧值，则单位必须指定为月份数。期间和折旧期限的时间单位必须相同。如果该参数指定为0或负数，则返回错误值“#NUM!”。

使用说明：

年限总和法又称年数比率法、级数递减法或年限合计法，是固定资产加速折旧法的一种。它是将固定资产的原值减去残值后的净额乘以一个逐年递减的分数来计算确定固定资产折旧值的一种方法。它与固定余额递减法曲线相比，属于一种缓慢的曲线。使用SYD函数，可以返回某项资产按年限总和法计算的某期的折旧值。使用SYD函数的重点是第三参数和第四参数的指定。另外，第三参数和第四参数的时间单位必须一致，否则不能得到正确的结果。

● 函数应用实例：**求余额递减折旧费**

B6 | =SYD(B2,B3,B4,B5)

	A	B	C
1	资产信息	数据	
2	资产原值	¥780,000.00	
3	资产现值	¥21,000.00	
4	折旧期限	25	
5	期间	10	
6	第10年的折旧费	¥37,366.15	
7			

下面使用SYD函数计算资产原值为780000元、折旧期限为25年的固定资产的递减折旧费。固定资产越新，则余额递减折旧费越高。

选择B6单元格，输入公式“=SYD(B2,B3,B4,B5)”，按下【Enter】键，即可求出资产第10年的折旧费。

函数22 ACCRINTM

——计算到期一次性付息有价证券的应计利息

语法格式：=ACCRINTM(发行日,到期日,利率,票面价值,基准选项)

参数介绍：

❖ 发行日：为必需参数。表示用日期、单元格引用或公式等指定的有价证券的发行日。如果该参数为指定日期以外的数值，则返回错误值“#VALUE!”。

❖ 到期日：为必需参数。表示用日期、单元格引用、序号或公式等指定的有价证券的到期日。如果该日期在发行时间或购买时间前，则返回错误值“#NUM!”。

❖ 利率：为必需参数。表示引用单元格或数值指定有价证券在发行日的利率。如果该参数指定为负数，则返回错误值“#NUM!”。

❖ 票面价值：为可选参数。表示有价证券的票面价值。如果省略该参数，函数ACCRINTM视票面价值为￥1000。如果该参数指定为负数，则返回错误值“#NUM!”。

❖ 基准选项：为可选参数。表示用数值指定日期的计算方法。该参数如果指定为0，则用30/360天（NASD方式）计算；如果指定为1，则用实际天数/实际天数计算；如果指定为2，则用实际天数/360计算；如果指定为3，则用实际天数/365天计算；如果指定为4，则用30/360天（欧洲方式）计算。如果省略该参数，则假定其值为0。如果该参数指定0～4以外的数值，则返回错误值“#NUM!”。

使用说明：

使用ACCRINTM函数，可以返回到期一次性付息有价证券的应计利息。使用此函数的重点是日期的计算方法。日期的计算方法随证券不同而不同，所以必须正确指定日期。

第8章

● 函数应用实例：**求票面价值2万元的证券的应计利息**

B7　=ACCRINTM(B2,B3,B4,B5,B6)

	A	B	C
1	证券信息	数据	
2	发行日	2021/2/20	
3	到期日	2021/12/22	
4	息票半年利率	9.80%	
5	票面价值	¥20,000.00	
6	以实际天数/365为日计数基准	3	
7	上述条件下证券的应计利息	¥1,637.81	
8			

下面将使用ACCRINTM函数根据证券的发行日、到期日、利率以及票面价值等信息计算应计的利息。

选择B7单元格，输入公式“=ACCRINTM(B2,B3,B4,B5,B6)”，按下【Enter】键，返回给定条件下证券的应计利息。

函数23 YIELD

——求定期支付利息的证券的收益率

语法格式：=YIELD(成交日,到期日,利率,票面价值,面值¥100的债券的清偿价值,年付息次数,基准选项)

参数介绍：

❖ 成交日：为必需参数。表示用日期、单元格引用、序号或公式等指定购买证券的日期。如果该日期在发行日期前，则返回错误值“#NUM!”。

❖ 到期日：为必需参数。表示用日期、单元格引用、序号或公式等指定的有价证券的到期日。如果该日期在发行时间或购买时间前，则返回错误值“#NUM!”。

❖ 利率：为必需参数。表示引用单元格或数值指定有价证券在发行日的利率。如果指定该参数为负数，则返回错误值“#NUM!”。

❖ 票面价值：为必需参数。表示为面值¥100的有价证券的价格。如果该参指定数为负数，则返回错误值“#NUM!”。

❖ 面值¥100的债券的清偿价值：为必需参数。表示为面值¥100的有价证券的清偿价值。如果该参数指定为负数，则返回错误值“#NUM!”。

❖ 年付息次数：为必需参数。表示年付息次数。如果按年支付，则年付息次数指定为1；如果按半年期支付，则年付息次数指定为2；如果按季支付，则年付息次数指定为4；如果年付息次数不为1、2或4，则返回错误值“#NUM!”。

❖ 基准选项：为可选参数。表示用数值指定证券日期的计算方法。该参数如果指定为0，则用30/360天（NASD方式）计算；如果指定为1，则用实际天数/实际天数计算；如果指定为2，则用实际天数/360计算；如果指定为3，则用实际天数/365天计算；如果指定为4，则用30/360天（欧洲方式）计算。如果省略该参数，则假定其值为0。如果该参数指定0～4以外的数值，则返回错误值“#NUM!”。

使用说明：

使用YIELD函数，可以求得定期支付利息的证券的收益率。使用此函数的重点是参数票面价值和面值¥100的债券的清偿价值的指定。注意：不是指定实际的价格，而是指定面额为¥100的价格。

● 函数应用实例：**计算债券的收益率**

下面将使用YIELD函数根据债券的购买日期、到期日期、息票利率等信息计算债券的收益率。

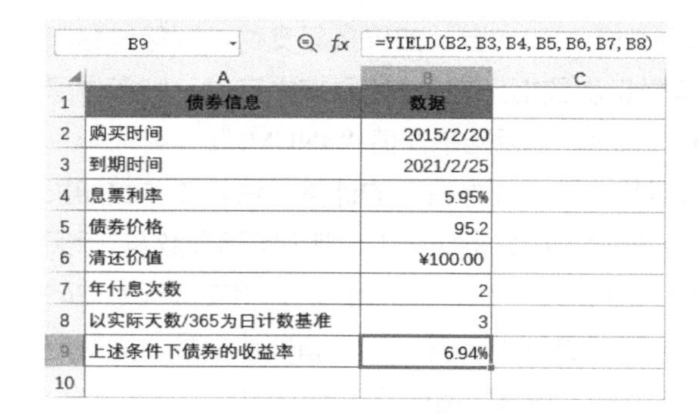

B9 =YIELD(B2, B3, B4, B5, B6, B7, B8)

	A	B	C
1	债券信息	数据	
2	购买时间	2015/2/20	
3	到期时间	2021/2/25	
4	息票利率	5.95%	
5	债券价格	95.2	
6	清还价值	¥100.00	
7	年付息次数	2	
8	以实际天数/365为日计数基准	3	
9	上述条件下债券的收益率	6.94%	
10			

选择B9单元格，输入公式“=YIELD(B2,B3,B4,B5,B6,B7,B8)”，按下【Enter】键，返回给定条件下债券的收益率。

B9 =YIELD("2015/2/20","2021/2/25",B4,B5,B6,B7,B8)

	A	B	C	D	E	F
1	债券信息	数据				
2	购买时间	2015/2/20				
3	到期时间	2021/2/25				
4	息票利率	5.95%				
5	债券价格	95.2				
6	清还价值	¥100.00				
7	年付息次数	2				
8	以实际天数/365为日计数基准	3				
9	上述条件下债券的收益率	6.94%				
10						

提示：加半角双引号的日期将作为文本字符串处理。但是对于YIELD函数，即使用文本形式指定日期，也不会返回错误值。

函数24 ACCRINT

——求定期付息有价证券的应计利息

语法格式：=ACCRINT(发行日,起息日,成交日,利率,票面价值,年付息次数,基准选项,计算方法)

参数介绍：

❖ 发行日：为必需参数。表示用日期、单元格引用、序号或公式等指定购买证券的日期。如果指定该参数为日期以外的数值，则返回错误值“#VALUE!”。

❖ 起息日：为必需参数。表示用单元格引用、序号、公式、文本或日期指定证券起始的利息支付日期。如果指定该参数为日期以外的数值，则返回错误值“#VALUE!”。

❖ 成交日：为必需参数。表示用日期、单元格引用、序号或公式等指定证券的成交日。如果该日期在发行日期前，则返回错误值“#NUM!”。

❖ 利率：为必需参数。表示用单元格引用或数值指定有价证券的年息票利率。如果该参数指定为负数，则返回错误值“#NUM!”。

❖ 票面价值：为必需参数。表示为有价证券的票面价值。如果省略该参数，函数ACCRINT视票面价值为￥1000。

❖ 年付息次数：为必需参数。表示为年付息次数。如果按年支付，则年付息次数指定为1；如果按半年期支付，则年付息次数指定为2；如果按季支付，则年付息次数指定为4；如果年付息次数不为1、2或4，则返回错误值“#NUM!”。

❖ 基准选项：为可选参数。表示用数值指定证券日期的计算方法。该参数如果指定为0，则用30/360天（NASD方式）计算；如果指定为1，则用实际天数/实际天数计算；如果指定为2，则用实际天数/360计算；如果指定为3，则用实际天数/365天计算；如果指定为4，则用30/360天（欧洲方式）计算。如果省略该参数，则假定其值为0。如果该参数指定0～4以外的数值，则返回错误值“#NUM!”。

❖ 计算方法：为可选参数。表示一个逻辑值。从发行日开始计算应计利息=TRUE或省略。从最后票息支付日期开始计算=FALSE。

使用说明：

使用ACCRINT函数，求定期付息有价证券的应计利息。使用此函数的重点是第五参数的指定。计算证券的函数多是计算面额为￥100的证券，而ACCRINT函数是指定票面价格。

● 函数应用实例：**计算债券的应计利息**

下面将使用ACCRINT函数根据债券的发行日、起息日、成交日、息票利率等信息计算债券的应计利息。

B9 fx =ACCRINT(B2, B3, B4, B5, B6, B7, B8)

	A	B	C	D
1	债券信息	数据		
2	发行日	2015/2/20		
3	起息日	2015/2/25		
4	成交日	2021/8/2		
5	息票利率	5.95%		
6	票面价值	¥20,000.00		
7	年付息次数	4		
8	以30/360为日计数基准	0		
9	上述条件下债券的应计利息	7675.5		
10				

选择B9单元格，输入公式“=ACCRINT(B2,B3,B4,B5,B6,B7,B8)”，按下【Enter】键，返回给定条件下债券的应计利息。

函数25 DISC
——计算有价证券的贴现率

语法格式：=DISC(成交日,到期日,票面价值,面值￥100的债券的清偿价值,基准选项)

参数介绍：

❖ 成交日：为必需参数。表示用日期、单元格引用、序号或公式等指定购买证券的日期。如果该日期在发行日期前，则返回错误值“#NUM!”。

❖ 到期日：为必需参数。表示用日期、单元格引用、序号或公式结果等指定有价证券的到期日。如果该日期在成交日前，则返回错误值“#NUM!”。

❖ 票面价值：为必需参数。表示为面值￥100的有价证券的价格。如果该参数指定为负数，则返回错误值“#NUM!”。

❖ 面值￥100的债券的清偿价值：为必需参数。表示为面值￥100的有价证券的清偿价值。如果该参数指定为负数，则返回错误值“#NUM!”。

❖ 基准选项：为可选参数。表示用数值指定证券日期的计算方法。该参数如果指定为0，则用30/360天（NASD方式）计算；如果指定为1，则用实际天数/实际天数计算；如果指定为2，则用实际天数/360计算；如果指定为3，则用实际天数/365天计算；如果指定为4，则用30/360天（欧洲方式）计算。如果省略该参数，则假定其值为0。如果该参数指定0～4以外的数值，则返回错误值“#NUM!”。

使用说明：

DISC函数用于计算有价证券的贴现率。使用此函数的重点是第三参数和第四参数的指定。必须指定面值为￥100的债券的票面价值和清偿价值。需要求折价发行的有价证券的年收益率时，可参照YIELDDISC函数。

● 函数应用实例：**计算有价证券的贴现率**

下面将使用DISC函数根据债券的购买日期、到期日期、价格、清偿价值等信息计算有价证券的贴现率。

B7　=DISC(B2,B3,B4,B5,B6)

	A	B	C
1	债券信息	数据	
2	购买日期	2019/2/11	
3	到期日期	2021/2/25	
4	价格	¥92.32	
5	清偿价值	¥100.00	
6	以实际天数为日计数基准	1	
7	有价证券的贴现率	3.77%	
8			

选择B7单元格，输入公式“=DISC(B2,B3,B4,B5,B6)”，按下【Enter】键，即可求出有价证券的贴现率。

提示:

① 当债券价格大于清偿价值时贴现率将返回负数。

B7 =DISC(B2,B3,B4,B5,B6)

	A	B	C
1	债券信息	数据	
2	购买日期	2019/2/11	
3	到期日期	2021/2/25	
4	价格	¥108.00	
5	清偿价值	¥100.00	
6	以实际天数为日计数基准	1	
7	有价证券的贴现率	-3.92%	
8			

债券价格大于清偿价值

公式返回负数

② 债券价格不能为负数，否则将返回错误值“#NUM!”。

B7 =DISC(B2,B3,B4,B5,B6)

	A	B	C
1	债券信息	数据	
2	购买日期	2019/2/11	
3	到期日期	2021/2/25	
4	价格	¥-92.32	
5	清偿价值	¥100.00	
6	以实际天数为日计数基准	1	
7	有价证券的贴现率	#NUM!	
8			

债券价格为负数

公式返回错误值“#NUM!”

函数 26 COUPDAYS

——计算包含成交日在内的付息期的天数

语法格式：=COUPDAYS(成交日,到期日,年付息次数,基准选项)

参数介绍：

❖ 成交日：为必需参数。表示用日期、单元格引用、序号或公式等指定购买有价证券的日期。如果该日期在发行日期前，则返回错误值“#NUM!”。

❖ 到期日：为必需参数。表示用日期、单元格引用、序号或公式等指定有价证券的到期日。如果该日期在发行时间或购买时间前，则返回错误值“#NUM!”。

❖ 年付息次数：为必需参数。表示为年付息次数。如果按年支付，年付息次数指定为1；如果按半年期支付，年付息次数指定为2；如果按季支付，年付息次数指定为4；如果年付息次数不为1、2或4，则返回错误值“#NUM!”。

❖ 基准选项：为可选参数。表示用数值指定证券日期的计算方法。该参数如果指定为0，则用30/360天（NASD方式）计算；如果指定为1，则用实际天数/实际天数计算；如果指定为2，则用实际天数/360计算；如果指定为3，则用实际天数/365天计算；如果指定为4，则用30/360天（欧洲方式）计算。如果省略该参数，则假定其值为0。如果该参数指定0 ～ 4以外的数值，则返回错误值“#NUM!”。

使用说明：

COUPDAYS函数用于返回包含成交日的付息期的天数。使用此函数的重点是基准选项的指定。如果一年或一个月的天数指定错误，就不能得到正确的结果。若需要求不包含成交日在内的利息计算期间的天数，可使用COUPDAYSNC函数。

● 函数应用实例：求按半年期付息的包含成交日的债券的利息计算天数

下面将使用COUPDAYS函数，根据债券的结算日、到期日、年付息次数等信息计算包含成交日的债券付息期的天数。

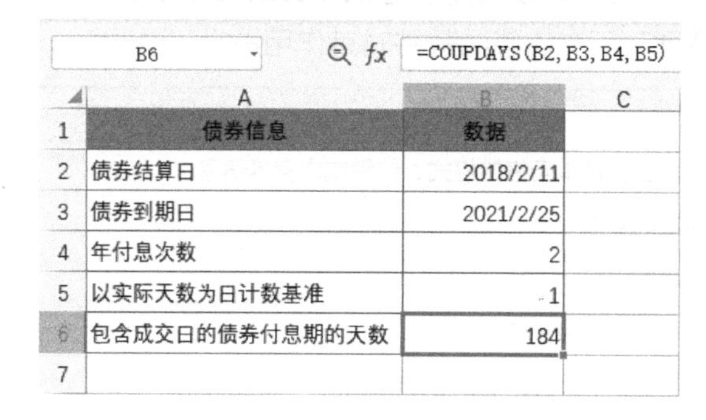

B6 =COUPDAYS(B2, B3, B4, B5)

	A	B	C
1	债券信息	数据	
2	债券结算日	2018/2/11	
3	债券到期日	2021/2/25	
4	年付息次数	2	
5	以实际天数为日计数基准	1	
6	包含成交日的债券付息期的天数	184	
7			

选择B6单元格，输入公式“=COUPDAYS(B2,B3,B4,B5)”，按下【Enter】键，求出给定条件下的债券付息天数。

提示：年付息次数必须指定为1、2、4这三个数值，否则将返回错误值“#NUM!”。

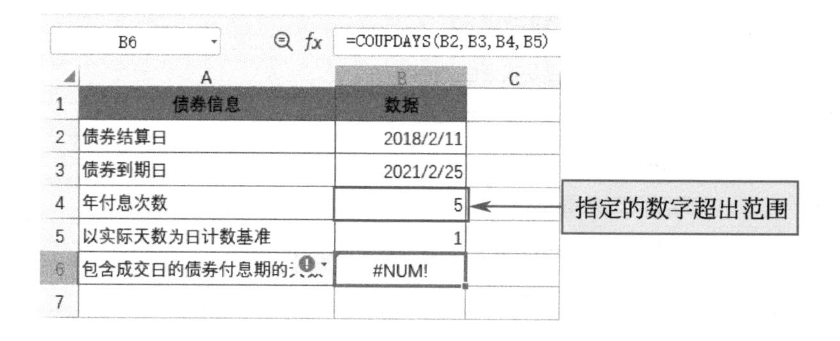

B6 =COUPDAYS(B2, B3, B4, B5)

	A	B	C
1	债券信息	数据	
2	债券结算日	2018/2/11	
3	债券到期日	2021/2/25	
4	年付息次数	5	
5	以实际天数为日计数基准	1	
6	包含成交日的债券付息期的	#NUM!	
7			

第9章 信息函数

信息函数也是较为重要的一类函数，其主要作用是在工作表内部显示数据错误、操作环境参数、数据类型、位置或内容等信息。本章将对WPS中常用信息函数的使用方法进行详细介绍。

信息函数一览

WPS表格中包含了十几种信息函数，其中比较常用的包括ISERROR、ISEVEN、ISNUMBER、ISNONTEXT等。下表罗列了所有信息函数并对其作用进行了说明。

序号	函数	作用
1	CELL	返回某一引用区域左上角单元格的格式、位置或内容等信息
2	ERROR.TYPE	返回与错误值对应的数值
3	INFO	返回当前操作环境的信息
4	ISBLANK	判断测试对象是否为空白单元格
5	ISERR	判断测试对象是否是除“#N/A”以外的错误值
6	ISERROR	判断测试对象是否为错误值
7	ISEVEN	判断测试对象是否为偶数
8	ISFORMULA	判断测试对象是否存在包含公式的单元格引用
9	ISLOGICAL	判断测试对象是否为逻辑值
10	ISNA	判断测试对象是否是错误值“#N/A”
11	ISNONTEXT	判断测试对象是否不是文本
12	ISNUMBER	判断测试对象是否为数值
13	ISODD	判断测试对象是否为奇数
14	ISREF	判断测试对象是否是引用
15	ISTEXT	判断测试对象是否是文本

续表

序号	函数	作用
16	N	将参数中指定的值转换为数值形式
17	NA	返回错误值“#N/A”
18	PHONETIC	提取文本字符串中的拼音字符
19	TYPE	返回数据类型

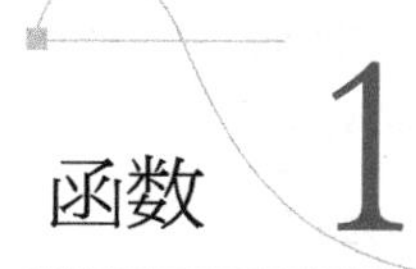

函数 1 CELL

——提取单元格的信息

语法格式：=CELL(信息类型,引用)

参数介绍：

❖ 信息类型：为必需参数。表示用加双引号的半角文本指定需检查的信息。该参数是一个文本值。如果文本的拼写不正确或用全角输入，则返回错误值“#VALUE!”。如果没有输入双引号，则返回错误值“#NAME?”。

❖ 引用：为可选参数。表示需检查信息的单元格。该参数也可指定单元格区域，此时最左上角的单元格区域被选中。如果省略，则返回给最后更改的单元格。

使用说明：

第一参数的返回值对应的信息见下表。

“信息类型”参数	返回信息
"address"	用绝对引用形式，将引用区域左上角的第一个单元格作为返回值引用
"col"	将引用区域左上角的单元格的列标作为返回值引用
"color"	如果单元格中的负值以不同颜色显示则为 1，否则返回 0
"contents"	引用区域左上角的单元格的值作为返回值引用
"filename"	包含引用的文件名、路径、后缀名以及工作表名称。如果包含目标引用的工作表尚未保存，则返回空文本 ("")
"format"	与指定的单元格格式相对应的文本常数。具体表示形式以及对应的返回值，见下表
"parentheses"	引用区域左上角的单元格中为正值或全部单元格加括号，1 作为返回值返回；其他情况时，0 作为返回值返回

“信息类型”参数	返回信息
"prefix"	与单元格中不同的“标志前缀”相对应的文本值。如果单元格文本左对齐，则返回单引号 (')；如果单元格文本右对齐，则返回双引号 (")；如果单元格文本居中，则返回插入字符 (^)；如果单元格文本两端对齐，则返回反斜线 (\)；如果是其他情况，则返回空文本 ("")
"protect"	如果单元格没有锁定，则为 0；如果单元格被锁定，则为 1
"row"	将引用区域左上角单元格的行号作为返回值返回
"type"	与单元格中的数据类型相对应的文本值。如果单元格为空，则返回“b”；如果单元格包含文本常量，则返回“l”；如果单元格包含其他内容，则返回“v”
"width"	取整后的单元格的列宽。列宽以默认字号的一个字符的宽度为单位

“format”的表示形式及返回值见下表。

表示形式	返回值	表示形式	返回值
常规	"G"	# ?/? 或 # ??/??	"G"
0	"F0"	yy-m-d	"D4"
#,##0	",0"	yy-m-d h:mm 或 dd-mm-yy	"D4"
0.00	"F2"	d-mmm-yy	"D1"
#,##0.00	",2"	dd-mmm-yy	"D1"
$#,##0_);($#,##0)	"C0"	mmm-yy	"D3"
$#,##0_);[Red]($#,##0)	"C0-"	d-mmm 或 dd-mmm	"D2"
$#,##0.00_);($#,##0.00)	"C2"	dd-mm	"D5"
$#,##0.00_);[Red]($#,##0.00)	"C2-"	h:mm AM/PM	"D7"
0%	"P0"	h:mm:ss AM/PM	"D6"
0.00%	"P2"	h:mm	"D9"
0.00E+00	"S2"	h:mm:ss	"D8"

● 函数应用实例1：**提取指定单元格的行位置或列位置**

下面将使用 CELL 函数计算指定单元格的行位置或列位置。

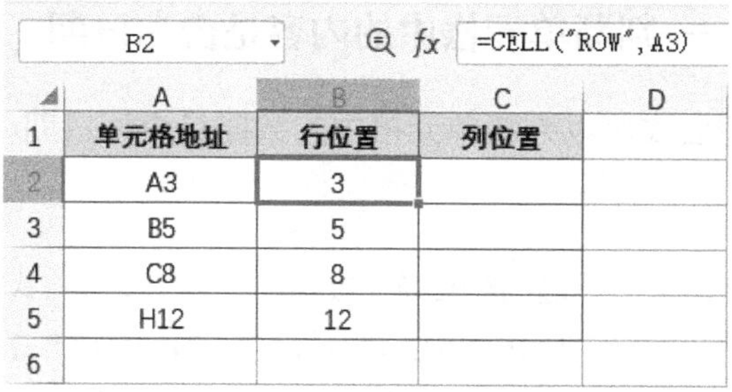

B2　=CELL("ROW",A3)

	A	B	C	D
1	单元格地址	行位置	列位置	
2	A3	3		
3	B5	5		
4	C8	8		
5	H12	12		
6				

Step01：
提取行位置

① 分别在B2、B3、B4、B5单元格中输入“=CELL("ROW",A3)”“=CELL("ROW",B5)”“=CELL("ROW",C8)”“=CELL("ROW",H12)”，得到对应单元格地址的行位置。函数不区分大小写

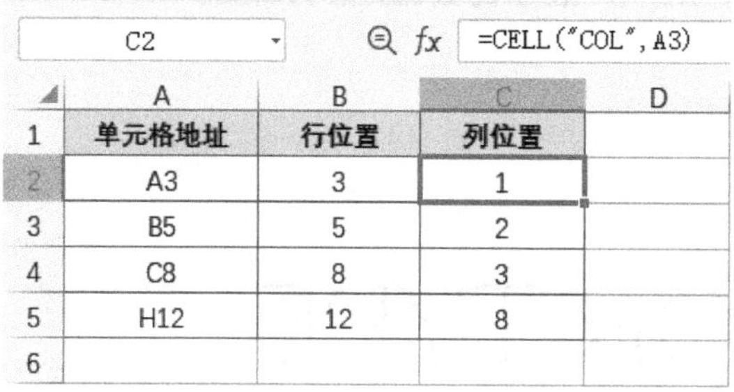

C2　=CELL("COL",A3)

	A	B	C	D
1	单元格地址	行位置	列位置	
2	A3	3	1	
3	B5	5	2	
4	C8	8	3	
5	H12	12	8	
6				

Step02：
提取列位置

② 分别在C2、C3、C4、C5单元格中输入“=CELL("COL",A3)”“=CELL("COL",B5)”“=CELL("COL",C8)”“=CELL("COL",H12)”，得到对应单元格地址的列位置。

● 函数应用实例2：**获取当前单元格的地址**

为CELL函数设置“address”检索信息，可以获取活动单元格（当前所选单元格）的地址。

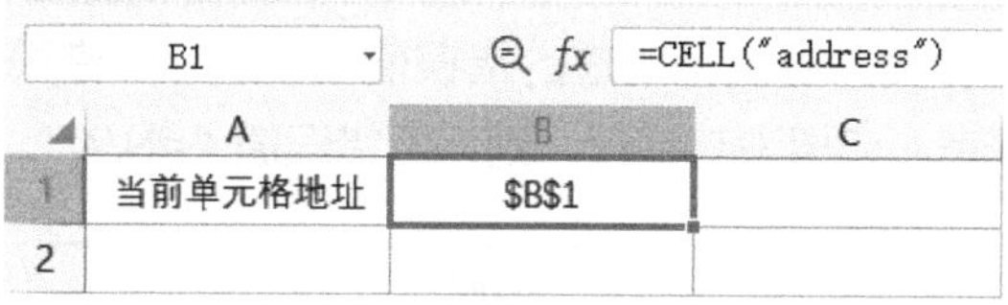

B1　=CELL("address")

	A	B	C
1	当前单元格地址	$B$1	
2			

Step01：
输入公式

① 选择B1单元格，输入公式“=CELL("address")”，按下【Enter】键，即可提取出公式所在单元格的地址。

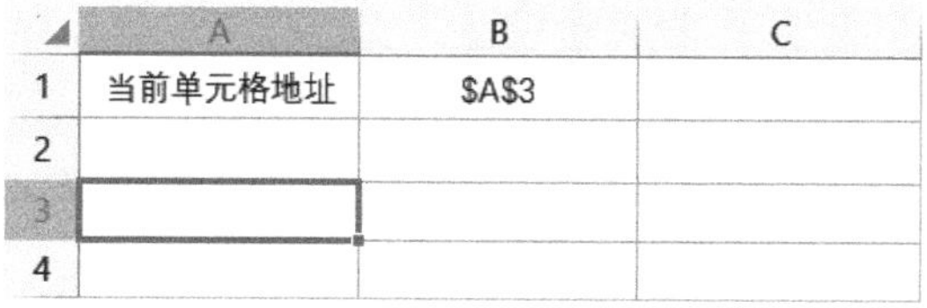

	A	B	C
1	当前单元格地址	$A$3	
2			
3			
4			

Step02：
刷新公式

② 选择其他单元格，按【F9】键，B1单元格中随即自动刷新并返回当前所选单元格的地址。

● 函数组合应用：CELL+IF——判断单元格中的内容是否为日期

使用CELL函数和IF函数嵌套编写公式可以判断单元格中的数据是否为日期，并以直观的文字返回判断结果。

B2 fx =IF(CELL("format",A2)="D1","日期","非日期")

	A	B	C	D	E	F	G
1	数据	是否为日期					
2	2021/10/1	日期					
3	1105	非日期					
4	2022.3.15	非日期					
5	2019年12月20日	日期					
6	15263	非日期					
7	2025-10-08	日期					
8	星期二	非日期					
9	2021年	非日期					
10							

选择B2单元格，输入公式“=IF(CELL("format",A2)="D1","日期","非日期")”，随后将公式向下方填充，即可判断出A列对应单元格中的数据是否为日期。

函数 2 ERROR.TYPE

——提取与错误值对应的数值

语法格式：=ERROR.TYPE(错误值)

参数介绍：

错误值：为必需参数。表示需要辨认其类型的错误值。该参数可以是实际错误值或对包含错误值的单元格引用。

使用说明：

ERROR.TYPE函数用于检查错误的种类并返回相对应的错误值（1～7）。错误值和ERROR.TYPE函数的返回值参照下表。如果没有错误，则返回错误值“#N/A”。

错误值	返回值
#NULL!	1
#DIV/0!	2
#VALUE!	3
“#REF!”	4
#NAME?	5
#NUM!	6
#N/A	7
没有错误	#N/A

● 函数应用实例：**提取错误值的对应数字识别号**

下面将使用ERROR.TYPE函数提取单元格中错误值的数字识别号。

SUMIF　×　✓　fx　=ERROR.TYPE(A2)

	A	B	C	D
1	错误值	识别号		
2	=ERROR.TYPE(A2)			
3	#NUM!			
4	#REF!			
5	#NULL!			
6	#NAME?			
7	#N/A			
8	#VALUE!			
9				

Step01：
输入函数名

① 选择B2单元格，输入“=ERROR.TYPE(A2)”，随后按【Enter】键，返回对应单元格中的错误值的识别号。

B2　fx　=ERROR.TYPE(A2)

	A	B	C	D
1	错误值	识别号		
2	#DIV/0!	2		
3	#NUM!	6		
4	#REF!	4		
5	#NULL!	1		
6	#NAME?	5		
7	#N/A	7		
8	#VALUE!	3		
9				

Step02：
输入完整公式并填充公式

② 随后将公式向下方填充，即可得到每个对应单元格中错误值的识别号。

提示：每种错误值形成的原因如下。
#DIV/0!：当数字除以0时，出现该错误。
#NUM!：如果公式或函数中使用了无效的数值，出现该错误。
#VALUE!：当在公式或函数中使用的参数或操作数类型错误时，出现该错误。
#REF!：当单元格引用无效时，出现该错误。
#NULL!：如果指定两个并不相交的区域的交点，出现该错误。
#NAME?：当WPS表格无法识别公式中的文本时，出现该错误。
#N/A：当数值对函数或公式不可用时，出现该错误。

函数3 INFO

——提取当前操作环境的信息

语法格式：=INFO(信息类型)

参数介绍：

信息类型：为必需参数。表示需要获得的信息类型。如果文本拼写不同或输入全角文本，则返回错误值“#VALUE!”。如果没有加双引号，则返回错误值“# N/A!”。

使用说明：

INFO函数的信息类型以及对应的返回值见下表。

信息类型	返回值
"directory"	当前目录或文件夹的路径
"memavail"	可用的内存空间，以字节为单位
"memused"	数据占用的内存空间
“numfile”	打开的工作簿中活动工作表的个数
"origin"	用绝对引用返回窗口中可见的右上角的单元格
"osversion"	当前操作系统的版本号
"recalc"	用“自动”或“手动”文本表示当前的重新计算方式
"release"	WPS 版本号
"system"	操作系统名称。用“mac”文本表示 Macintosh 版本，用“pcdos”文本表示 Windows 版本
"totmem"	全部内存空间，包括已经占用的内存空间，以字节为单位

INFO函数将返回软件的版本或操作系统的种类等信息。CELL函数是返回单个单元格的信息，INFO函数是取得使用的操作系统的版本等大范围的信息。

● 函数应用实例：**提取当前操作环境信息**

下面将使用INFO函数提取当前操作系统版本、操作环境、软件版本号等信息。

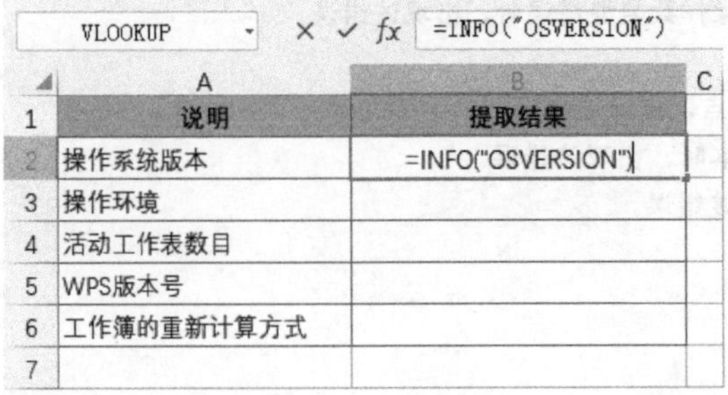

VLOOKUP × ✓ fx =INFO("OSVERSION")

	A	B	C
1	说明	提取结果	
2	操作系统版本	=INFO("OSVERSION")	
3	操作环境		
4	活动工作表数目		
5	WPS版本号		
6	工作簿的重新计算方式		
7			

Step01：

输入公式，根据提示选择信息类型

① 选择B2单元格，输入公式“=INFO("OSVERSION")”。

B3 | fx

	A	B	C
1	说明	提取结果	
2	操作系统版本	Windows (32-bit) NT 10.00	
3	操作环境		
4	活动工作表数目		
5	WPS版本号		
6	工作簿的重新计算方式		
7			

Step02:

输入完整公式

② 按下【Enter】键，B2单元格中随即返回当前操作系统的版本号。

B6 | fx | =INFO("RECALC")

	A	B	C
1	说明	提取结果	
2	操作系统版本	Windows (32-bit) NT 10.00	
3	操作环境	pcdos	
4	活动工作表数目	4	
5	WPS版本号	12.0	
6	工作簿的重新计算方式	自动	
7			

Step03:

输入公式提取其他信息

③ 继续在B3、B4、B5、B6单元格中输入公式："=INFO("SYSTEM")""=INFO("NUMFILE")""=INFO("RELEASE")""=INFO("RECALC")"，提取对应单元格中所指定的内容的信息。

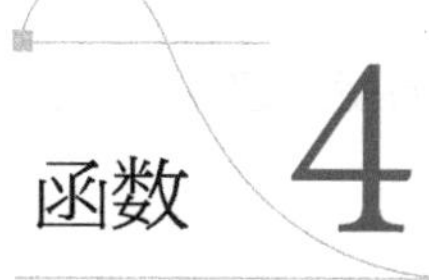

函数 4 TYPE

——提取单元格内的数据类型

语法格式：=TYPE(值)

参数介绍：

值：为必需参数。表示任何值。该参数可以为任意类型，如数值、文本以及逻辑值等。

使用说明：

TYPE函数用于将输入在单元格内的数据的类型转换为相应的数值。TYPE函数的返回值可参照下表。

数据类型	返回值
数值	1
文本	2
逻辑值	4
错误值	16
数组	64

第9章

● 函数应用实例：**判断数据的类型**

下面将使用TYPE函数判断对应单元格中的数据类型。

B2　=TYPE(A2)

	A	B	C
1	数据	类型	
2	德胜书坊	2	
3	1987/11/28	1	
4	#VALUE!	16	
5	TRUE	4	
6	11520	1	
7			

选择B2单元格，输入公式“=TYPE(A2)”，随后将公式向下方填充，即可判断出A列中对应单元格中数据类型的数字识别码。

● 函数组合应用1：**TYPE+IF——以直观的文字显示单元格内的数据类型**

IF函数可以将TYPE函数返回的数字转换成直观的文字，下面将使用这两个函数嵌套编写公式判断数据的类型。

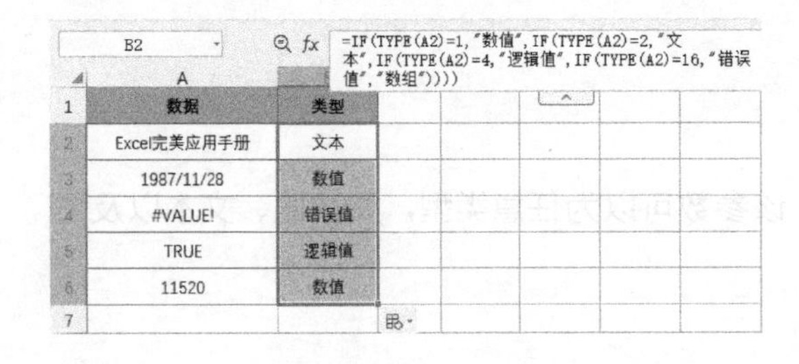
B2　=IF(TYPE(A2)=1,"数值",IF(TYPE(A2)=2,"文本",IF(TYPE(A2)=4,"逻辑值",IF(TYPE(A2)=16,"错误值","数组"))))

	A	B
1	数据	类型
2	Excel完美应用手册	文本
3	1987/11/28	数值
4	#VALUE!	错误值
5	TRUE	逻辑值
6	11520	数值
7		

选择B2单元格，输入公式“=IF(TYPE(A2)=1,"数值",IF(TYPE(A2)=2,"文本",IF(TYPE(A2)=4,"逻辑值",IF(TYPE(A2)=16,"错误值","数组"))))”，随后将公式向下方填充，即可以文字形式返回对应数据的类型。

● 函数组合应用2：**TYPE+VLOOKUP——以直观的文字显示单元格内的数据类型**

TYPE函数与IF函数嵌套的公式较长，不易编写和理解，用户可以使用TYPE函数与VLOOKUP函数嵌套编写公式完成相同的计算。

	A	B	C	D	E
1	数据	类型			
2	德胜书坊	文本			
3	1987/11/28	数值			
4	#VALUE!	错误值			
5	TRUE	逻辑值			
6	11520	数值			
7					
8	数据类型查询表				
9	返回值	数据类型			
10	1	数值			
11	2	文本			
12	4	逻辑值			
13	16	错误值			
14	64	数组			
15					

B2 =VLOOKUP(TYPE(A2),$A$10:$B$14,2,FALSE)

选择B2单元格，输入公式“=VLOOKUP(TYPE(A2),$A$10:$B$14,2,FALSE)”，随后将公式向下方填充，即可返回对应单元格中数据的类型。

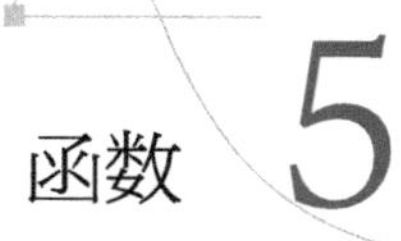

函数5 ISBLANK

——判断测试对象是否为空白单元格

语法格式：=ISBLANK(值)

参数介绍：

值：为必需参数。表示要检查的单元格或单元格名称。该参数为无数据的空白单元格时，ISBLANK函数将返回逻辑值TRUE，否则将返回逻辑值FALSE。

使用说明：

ISBLANK函数用于判断测试对象是否为空白单元格。测试对象为空白单元格时，返回逻辑值TRUE，否则返回逻辑值FALSE。

● 函数应用实例：通过出库数量判断商品是否未产生销量

C2 =ISBLANK(B2)

	A	B	C	D
1	产品名称	出库数量（吨）	是否未产生销售	
2	鸡肉卷	1	FALSE	
3	香芋丸	0.5	FALSE	
4	紫薯丸		TRUE	
5	撒尿牛丸	5	FALSE	
6	黄金福袋	0.3	FALSE	
7	鱼籽福袋	8	FALSE	
8	雪大福		TRUE	
9	玉米酥	6	FALSE	
10	墨鱼丸	3	FALSE	
11	烟熏肠	5	FALSE	
12				

下面将使用ISBLANK函数通过出库数量来判断商品是否未产生销量。有数值的单元格代表有销售，空白单元格表示无销售。

选择C2单元格，输入公式“=ISBLANK(B2)”，随后将公式向下方填充，即可返回逻辑值判断结果。其中FALSE表示否（有销售），TRUE表示是（无销售）。

提示：使用IF函数可将判断结果转换成易识别的文本。在C2单元格中输入公式“=IF(ISBLANK(B2),"无销售","")”，接着将公式向下方填充。

C2 =IF(ISBLANK(B2),"无销售","")

	A	B	C	D	E
1	产品名称	出库数量（吨）	是否未产生销售		
2	鸡肉卷	1			
3	香芋丸	0.5			
4	紫薯丸		无销售		
5	撒尿牛丸	5			
6	黄金福袋	0.3			
7	鱼籽福袋	8			
8	雪大福		无销售		
9	玉米酥	6			
10	墨鱼丸	3			
11	烟熏肠	5			
12					

有出库数据的单元格返回空白，无出库数据的单元格返回“无销售”

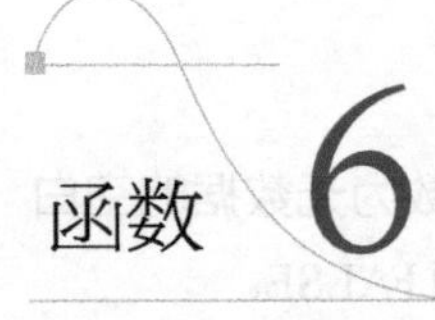

函数 6 ISNONTEXT

——检测一个值是否不是文本

语法格式：=ISNONTEXT(值)

参数介绍：

值：为必需参数。表示要检测的值。该检测值可以是一个单元格、公式，或是一个单元格、公式或数值的引用。

使用说明：

ISNONTEXT函数用于检测指定的检测对象是否不是文本。如果检测对象不是文本，返回逻辑值TRUE；如果是文本，返回逻辑值FALSE。

● 函数应用实例：**标注笔试缺考的应试人员**

在公司招聘的笔试中有些人员未参加，未参加的人员对应笔试成绩为“缺考”，下面将使用ISNONTEXT函数与IF函数嵌套编写公式标注出缺考人员。

C2	=ISNONTEXT(B2)		
	A	B	C
1	姓名	笔试成绩	标注缺考人员
2	王鑫鑫	85	TRUE
3	赵迪	73	TRUE
4	汪强	缺考	FALSE
5	刘海波	90	TRUE
6	程云	82	TRUE
7	倪虹	76	TRUE
8	王祥龙	55	TRUE
9	李运来	缺考	FALSE
10	孙梅	62	TRUE
11	赵晓明	77	TRUE
12			

Step01：

用逻辑值显示笔试情况

① 选择C2单元格，输入公式“=ISNONTEXT(B2)”，向下方填充公式，即可返回逻辑值结果。TRUE表示有笔试成绩，FALSE表示笔试成绩是文本。

C2	=IF(ISNONTEXT(B2),"","淘汰")		
	A	B	C
1	姓名	笔试成绩	标注缺考人员
2	王鑫鑫	85	
3	赵迪	73	
4	汪强	缺考	淘汰
5	刘海波	90	
6	程云	82	
7	倪虹	76	
8	王祥龙	55	
9	李运来	缺考	淘汰
10	孙梅	62	
11	赵晓明	77	
12			

Step02：

使用IF函数转换判断结果

将C2单元格中的公式修改成“=IF(ISNONTEXT(B2),"","淘汰")”，重新向下方填充公式，笔试成绩为文本“缺考”的单元格即可用“淘汰”标注出来。

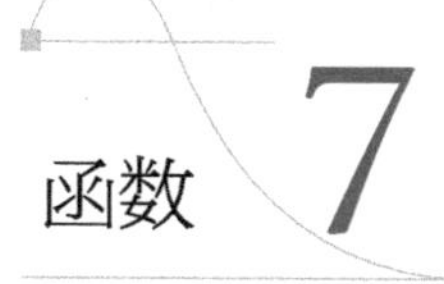

函数7 ISNUMBER

——检测一个值是否为数值

语法格式：=ISNUMBER(值)

参数介绍：

值：为必需参数。表示要检测的值。该检测值可以是一个单元格、公式，或是一个单元格、公式或数值的引用。

使用说明：

ISNUMBER函数用于检测参数中指定的对象是否为数值。检测对象是数值时，返回逻辑值TRUE；不是数值时，返回逻辑值FALSE。

● 函数应用实例：**检测产品是否有销量**

下面将根据产品的销量数据判断产品是否有销量，数字表示有销量，文本、空白单元格或符号等全部表示无销量。

C2 　fx =ISNUMBER(B2)

	A	B	C	D
1	产品名称	销量（吨）	是否有销量	
2	鸡肉卷	1	TRUE	
3	香芋丸	没有销售	FALSE	
4	紫薯丸	无	FALSE	
5	撒尿牛丸	5	TRUE	
6	黄金福袋	0.3	TRUE	
7	鱼籽福袋	8	TRUE	
8	雪大福		FALSE	
9	玉米酥	6	TRUE	
10	墨鱼丸	3	TRUE	
11	烟熏肠	5	TRUE	
12				

选择C2单元格，输入公式“=ISNUMBER(B2)”，将公式向下方填充，即可判断出对应的产品是否有销量。TRUE表示有销量（对应单元格中是数值），FALSE表示无销量（对应单元格中不是数值）。

提示：若单元格格式为文本格式，即使输入的内容是数字，也会返回FALSE。

C5 　fx =ISNUMBER(B5)

	A	B	C	D
1	产品名称	销量（吨）	是否有销量	
2	鸡肉卷	1	TRUE	
3	香芋丸	没有销售	FALSE	
4	紫薯丸	无	FALSE	
5	撒尿牛丸	5	FALSE	
6	黄金福袋	0.3	TRUE	
7	鱼籽福袋	8	TRUE	
8	雪大福		FALSE	

文本型数字被判断为不是数值

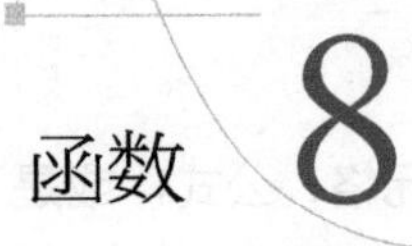

函数 8 ISEVEN

——检测一个值是否为偶数

语法格式：=ISEVEN(值)

参数介绍：

值：为必需参数。表示要检测是否为偶数的数据。该参数忽略小数点后的数字。

如果指定空白单元格，则作为0检测，结果返回逻辑值TRUE。如果输入文本等数值以外的数据，则返回错误值“#VALUE!”。

使用说明：

ISEVEN函数用于检测指定参数是否为偶数。如果检测对象是偶数，则返回逻辑值TRUE；如果是奇数，则返回逻辑值FALSE。

● 函数应用实例：根据车牌尾号判断单双号

根据车牌尾号可判断出单双号，奇数为单号，偶数为双号。下面将使用ISEVEN函数判断车牌尾号是否为偶数，然后用IF函数将判断结果转换成文本，是偶数则返回“双号”，否则返回“单号”。

C2　fx =IF(ISEVEN(B2),"双号","单号")

	A	B	C	D	E
1	NO	车牌尾号	判断单双号		
2	001	5	单号		
3	002	3	单号		
4	003	2	双号		
5	004	0	双号		
6	005	1	单号		
7	006	9	单号		
8	007	6	双号		
9	008	4	双号		
10					

选择C2单元格，输入公式“=IF(ISEVEN(B2),"双号","单号")”，接着将公式向下方填充，即可判断出相应车牌尾号是单号还是双号。

函数9 ISLOGICAL

——检测一个值是否是逻辑值

语法格式：=ISLOGICAL(值)

参数介绍：

值：为必需参数。表示要检测的值。该参数可以是一个单元格、公式或是数值等。

使用说明：

ISLOGICAL函数用于检测一个值是否是逻辑值。如果检测对象是逻辑值，返回逻辑值TRUE；如果不是逻辑值，则返回逻辑值FALSE。

● 函数应用实例：检测单元格中的数据是否为逻辑值

下面将使用ISLOGICAL函数检测对应单元格中的值是否为逻辑值。

B2 　 =ISLOGICAL(A2)

	A	B	C
1	测试值	结果	
2	ISLOGICAL	FALSE	
3	ღ(´・ᴗ・`)比心	FALSE	
4	9527	FALSE	
5	逻辑值	FALSE	
6	TRUE	TRUE	
7	FALSE	TRUE	
8	德胜书坊（dssf007）	FALSE	
9			

选择B2单元格，输入公式“=ISLOGICAL(A2)”，随后将公式向下方填充，即可返回逻辑值的判断结果。FALSE表示对应单元格中的内容不是逻辑值，TRUE表示是逻辑值。

● 函数组合应用：ISEVEN+WEEKNUM+IF——判断指定日期是单周还是双周

使用ISEVEN函数与WEEKNUM函数嵌套编写公式可判断指定的日期是双周还是单周。由于公式返回的是逻辑值，所以还需要嵌套一个IF函数将逻辑值转换成文本。

C2 　 =ISEVEN(WEEKNUM(B2,2))

	A	B	C	D	E
1	序号	日期	双周还是单周		
2	1	2020/12/30	FALSE		
3	2	2021/5/6	FALSE		
4	3	2021/8/12	FALSE		
5	4	2022/6/21	TRUE		
6	5	2018/10/1	TRUE		
7	6	2025/3/11	FALSE		
8	7	1999/1/15	FALSE		
9	8	2020/9/2	TRUE		
10	9	2021/9/7	FALSE		
11					

Step01：

用逻辑值判断日期是单周还是双周

① 选择C2单元格，输入公式“=ISEVEN(WEEKNUM(B2,2))”，接着将公式填充到下方单元格区域，公式返回逻辑值的判断结果。FALSE表示单周，TRUE表示双周。

C2 　 =IF(ISEVEN(WEEKNUM(B2,2)),"双周","单周")

	A	B	C	D	E	F	G
1	序号	日期	双周还是单周				
2	1	2020/12/30	单周				
3	2	2021/5/6	单周				
4	3	2021/8/12	单周				
5	4	2022/6/21	双周				
6	5	2018/10/1	双周				
7	6	2025/3/11	单周				
8	7	1999/1/15	单周				
9	8	2020/9/2	双周				
10	9	2021/9/7	单周				
11							

Step02：

用IF函数将逻辑值转换成文本

② 修改C2单元格中的公式为“=IF(ISEVEN(WEEKNUM(B2,2)),"双周","单周")”，重新向下方填充公式，即可返回文本形式的判断结果。

函数10 ISODD

——检测一个值是否为奇数

语法格式：=ISODD(值)

参数介绍：

值：为必需参数。表示要检测是否为奇数的数据。该参数忽略小数点后的数字。如果指定空白单元格，则作为0检测，结果返回逻辑值FALSE。如果输入文本等数值以外的数据，则返回错误值“#VALUE!”。

使用说明：

ISODD函数用于检测指定参数是否为奇数。如果检测对象是奇数，则返回逻辑值TRUE；如果是偶数，则返回逻辑值FALSE。

● 函数应用实例：判断员工编号是否为单号

下面将使用ISODD函数判断员工编号是否为单号，返回结果为逻辑值。

C2　=ISODD(B2)

	A	B	C	D
1	姓名	编号	是否为单号	
2	王鑫鑫	1105	TRUE	
3	赵迪	3569	TRUE	
4	刘海波	5879	TRUE	
5	程云	9541	TRUE	
6	倪虹	5410	FALSE	
7	王祥龙	6983	TRUE	
8	孙梅	5447	TRUE	
9	赵晓明	9858	FALSE	
10				

选择C2单元格，输入公式“=ISODD(B2)”，将公式向下方填充，即可返回逻辑值的判断结果。TRUE表示单号（要判断的值为奇数），FALSE表示双号（要判断的值为偶数）。

提示：即使是文本格式的数字，ISEVEN函数和ISODD函数也可以正常判断其奇偶性。

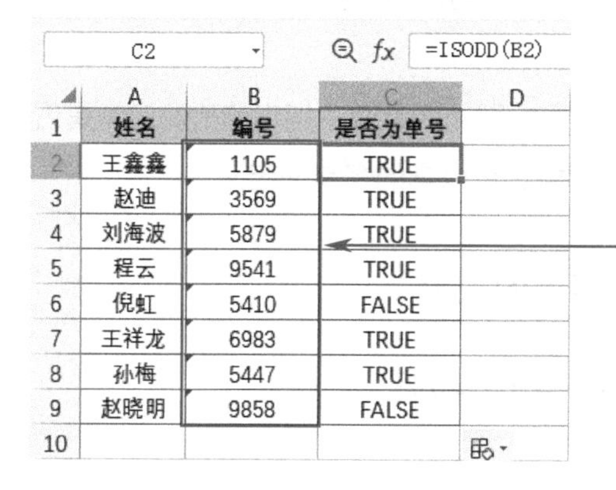

C2　=ISODD(B2)

	A	B	C	D
1	姓名	编号	是否为单号	
2	王鑫鑫	1105	TRUE	
3	赵迪	3569	TRUE	
4	刘海波	5879	TRUE	
5	程云	9541	TRUE	
6	倪虹	5410	FALSE	
7	王祥龙	6983	TRUE	
8	孙梅	5447	TRUE	
9	赵晓明	9858	FALSE	
10				

ISEVEN或ISODD函数可以正常检测文本型数字的奇偶数

● 函数组合应用：**ISODD+MID+IF——根据身份证号码判断性别**

身份证号码的第17位数为奇数表示男性，为偶数表示女性。下面将利用MID函数从身份证号码中提取出第17位数，然后用ISODD函数判断这个数字是否为奇数。其返回值为逻辑值。最后可以使用IF函数将逻辑值转换成文本“男性”或“女性”。

C2　fx　=IF(ISODD(MID(B2,17,1)),"男","女")

	A	B	C	D
1	姓名	身份证号码	判断性别	
2	毛豆豆	440300[illegible]10156310	男	
3	吴明月	420100[illegible]12156323	女	
4	赵海波	360100[illegible]05112311	男	
5	林小丽	320503[illegible]06108781	女	
6	王冕	140100[illegible]07092564	女	
7	许强	610100[illegible]04022589	女	
8	姜洪峰	340104[illegible]06102720	女	
9	陈芳芳	230103[illegible]12252531	男	
10				

选择C2单元格，输入公式“=IF(ISODD(MID(B2,17,1)),"男","女")”，随后将公式向下方填充，即可根据对应的身份证号码判断出性别。

函数11 ISREF

——检测一个值是否为引用

语法格式：=ISREF(值)

参数介绍：

值：为必需参数。表示用于检测是否为引用的数据。如果检测对象是单元格引用，则返回逻辑值TRUE；如果不是引用，则返回逻辑值FALSE。

使用说明：

ISREF函数用于检测参数是否为单元格引用，即判断参数中指定的检测对象是否引用其他的单元格，判断参数中指定的检测对象是否以它的名字来定义。

● 函数应用实例：**检测销售额为引用的数据**

下面将使用ISREF函数检测参数值是否为单元格引用。

E2 =ISREF(SUM(B2:B13))

	A	B	C	D	E	F
1	月份	去年销售额	今年销售额		去年销售额合计	
2	1月	¥55,000.00	¥67,500.00		FALSE	
3	2月	¥57,500.00	¥58,400.00			
4	3月	¥45,680.00	¥47,000.00			
5	4月	¥52,000.00	¥50,500.00			
6	5月	¥55,450.00	¥56,700.00			
7	6月	¥27,850.00	¥34,200.00			
8	7月	¥25,687.00	¥26,785.00			
9	8月	¥59,420.00	¥56,780.00			
10	9月	¥38,700.00	¥52,170.00			
11	10月	¥38,750.00	¥39,850.00			
12	11月	¥42,100.00	¥52,050.00			
13	12月	¥27,560.00	¥49,650.00			
14	合计	¥525,697.00	¥591,585.00			
15						

Step01：
第一次检测

① 选择E2单元格，输入公式“=ISREF(SUM(B2:B13))”，按下【Enter】键，公式返回逻辑值FALSE,表示参数值不是引用。

E3 =ISREF(B14)

	A	B	C	D	E	F
1	月份	去年销售额	今年销售额		去年销售额合计	
2	1月	¥55,000.00	¥67,500.00		FALSE	
3	2月	¥57,500.00	¥58,400.00		TRUE	
4	3月	¥45,680.00	¥47,000.00			
5	4月	¥52,000.00	¥50,500.00			
6	5月	¥55,450.00	¥56,700.00			
7	6月	¥27,850.00	¥34,200.00			
8	7月	¥25,687.00	¥26,785.00			
9	8月	¥59,420.00	¥56,780.00			
10	9月	¥38,700.00	¥52,170.00			
11	10月	¥38,750.00	¥39,850.00			
12	11月	¥42,100.00	¥52,050.00			
13	12月	¥27,560.00	¥49,650.00			
14	合计	¥525,697.00	¥591,585.00			
15						

Step02：
第二次检测

② 选择E3单元格，输入公式“=ISREF(B14)”，按下【Enter】键，公式返回逻辑值TRUE，表示参数值为引用。

提示：如果参数中输入没有定义的名称，则返回逻辑值FALSE。

函数12 ISFORMULA

——检测是否存在包含公式的单元格引用

语法格式：=ISFORMULA(参照区域)

参数介绍：

参照区域：为必需参数。表示对要测试单元格的引用。引用可以是单元格引用或引用单元格的公式或名称。

使用说明:

ISFORMULA函数用于检测是否存在包含公式的单元格引用，如果是，则返回逻辑值TRUE，否则返回逻辑值FALSE。如果引用不是有效的数据类型，如并非引用的定义名称，则将返回错误值“#VALUE!”。

● 函数应用实例：检测引用的单元格中是否包含公式

下面将使用ISFORMULA函数检测引用的单元格中是否包含公式。

E2　fx =ISFORMULA(去年销售额)

	A	B	C	D	E	F
1	月份	去年销售额	今年销售额		引用的单元格中是否包含公式	
2	1月	¥55,000.00	¥67,500.00		FALSE	
3	2月	¥57,500.00	¥58,400.00		TRUE	
4	3月	¥45,680.00	¥47,000.00		FALSE	
5	4月	¥52,000.00	¥50,500.00		#NAME?	
6	5月	¥55,450.00	¥56,700.00			
7	6月	¥27,850.00	¥34,200.00			
8	7月	¥25,687.00	¥26,785.00			
9	8月	¥59,420.00	¥56,780.00			
10	9月	¥38,700.00	¥52,170.00			
11	10月	¥38,750.00	¥39,850.00			
12	11月	¥42,100.00	¥52,050.00			
13	12月	¥27,560.00	¥49,650.00			
14	合计	¥525,697.00	¥591,585.00			
15						

分别在E2、E3、E4、E5单元格中输入“=ISFORMULA(去年销售额)”“=ISFORMULA(B14)”“=ISFORMULA(B2)”“=ISFORMULA(今年销售)”，根据公式的返回结果判断公式中引用的单元格中是否包含公式。当设置文本参数时，公式返回错误值“#NAME?”。

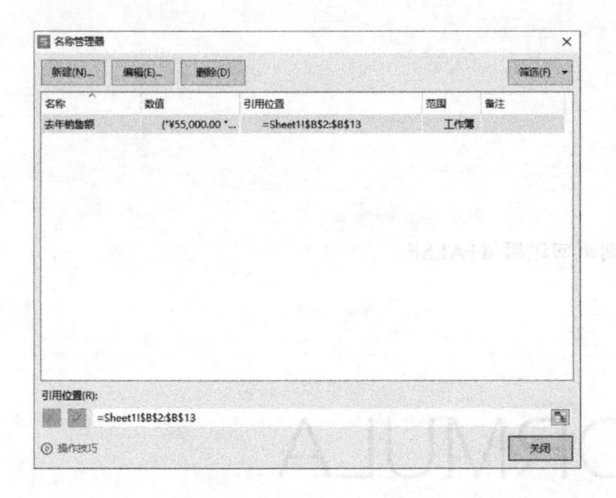

提示：本例中的“去年销售额”为定义的名称，若直接将该文本设置为ISFORMULA函数的参数，则没有返回错误值。通过“名称管理器”可查看当前工作簿中的所有名称。按【Ctrl+F3】组合键可打开“名称管理器”对话框。

函数 13 ISTEXT

——检测一个值是否为文本

语法格式：=ISTEXT(值)

参数介绍：

值：为必需参数。表示用于检测是否为文本的数据。检测对象如果是文本，则返回逻辑值TRUE；如果不是文本，则返回逻辑值FALSE。

● 函数应用实例：**检测应聘人员是否未参加笔试**

参加笔试的人员均有具体成绩，未参加笔试的人员用文本备注原因，下面将使用ISTEXT函数判断笔试成绩是数字还是文本，返回值为逻辑值，然后可以用IF函数将逻辑值转换成文本。

C2 =IF(ISTEXT(B2),"是","")

	A	B	C	D	E
1	姓名	笔试成绩	是否未参加笔试		
2	王鑫鑫	85			
3	赵迪	73			
4	汪强	未到场	是		
5	刘海波	90			
6	程云	82			
7	倪虹	76			
8	王祥龙	55			
9	李运来	临时有事	是		
10	孙梅	62			
11	赵晓明	77			
12					

选择C2单元格，输入公式"=IF(ISTEXT(B2),"是","")"，将公式向下方填充，即可判断出哪些人员未参加笔试。

函数14 ISNA

——检测一个值是否为错误值"#N/A"

语法格式：=ISNA(值)

参数介绍：

值：为必需参数。表示用于检测是否为错误值"#N/A"的数值。检测对象如果是错误值"#N/A"，返回逻辑值TRUE；如果不是错误值"#N/A"，返回逻辑值FALSE。

● 函数应用实例：**判断销售对比值是否为错误值"#N/A"**

下面将使用ISNA函数判断两个月销售对比数据是否为错误值"#N/A"，是则返回逻辑值TRUE，否则返回逻辑值FALSE。

	A	B	C	D	E	F
1	商品名称	上月销售数	本月销售数	两月对比	是否为#N/A错误	
2	空调	3	0	0	FALSE	
3	电风扇	2	B	#VALUE!	FALSE	
4	饮水机	4	2	0.5	FALSE	
5	吹风机	#N/A	5	#N/A	TRUE	
6	微波炉	5	3	0.6	FALSE	
7	电饭煲	1	2	2	FALSE	
8	热水器	0	4	#DIV/0!	FALSE	
9						

E2 =ISNA(D2)

选择E2单元格，输入公式“=ISNA(D2)”，将公式向下方填充，即可返回逻辑值判断结果。

函数 15 ISERR
——检测一个值是否为“#N/A”以外的错误值

语法格式：=ISERR(值)

参数介绍：

值：为必需参数。表示需要进行检验的数值。检测对象如果是“#N/A”以外的错误值，返回逻辑值TRUE；如果不是“#N/A”以外的错误值，返回逻辑值FALSE。#N/A以外的错误值有#VALUE!、#NAME?、#NUM!、#REF!、#DIV/0和#NULL!。

- 函数应用实例：**判断销售对比值是否为除了“#N/A”以外的错误值**

下面将使用ISERR函数判断两个月销售对比数据是否为除了“#N/A”以外的错误值，是则返回逻辑值TRUE，否则返回逻辑值FALSE。

	A	B	C	D	E	F
1	商品名称	上月销售数	本月销售数	两月对比	是否为#N/A以外的错误	
2	空调	3	0	0	FALSE	
3	电风扇	2	B	#VALUE!	TRUE	
4	饮水机	4	2	0.5	FALSE	
5	吹风机	#N/A	5	#N/A	FALSE	
6	微波炉	5	3	0.6	FALSE	
7	电饭煲	1	2	2	FALSE	
8	热水器	0	4	#DIV/0!	TRUE	
9						

E2 =ISERR(D2)

选择E2单元格，输入公式“=ISERR(D2)”，将公式向下方填充，即可返回逻辑值判断结果。

函数16 ISERROR

——检测一个值是否为错误值

语法格式：=ISERROR(值)

参数介绍：

值：为必需参数。表示用于检测是否为错误值的数据。检测对象如果为错误值，返回逻辑值TRUE；如果不是错误值，返回逻辑值FALSE。错误值有7种，分别是#N/A、#VALUE!、#NAME?、#NUM!、#REF!、#DIV/0和#NULL!。

● 函数应用实例：**判断销售对比值是否为错误值**

下面将使用ISERROR函数判断两月销售对比数据是否为任意的错误值，是错误值则返回逻辑值TRUE，否则返回逻辑值FALSE。

E2　fx　=ISERROR(D2)

	A	B	C	D	E	F
1	商品名称	上月销售数	本月销售数	两月对比	是否为#N/A错误	
2	空调	3	0	0	FALSE	
3	电风扇	2	B	#VALUE!	TRUE	
4	饮水机	4	2	0.5	FALSE	
5	吹风机	#N/A	5	#N/A	FALSE	
6	微波炉	5	3	0.6	FALSE	
7	电饭煲	1	2	2	FALSE	
8	热水器	0	4	#DIV/0!	TRUE	
9						

选择E2单元格，输入公式“=ISERROR(D2)”，将公式向下方填充，即可返回逻辑值判断结果。

函数17 N

——将参数中指定的不是数值形式的值转换为数值形式

语法格式：=N(值)

参数介绍：

值：为必需参数。表示需要转换为数值的值。可以转换的数据类型包括数值、日期、逻辑值、错误值以及文本。

使用说明:

不同数据类型所对应的返回值见下表。

数据类型	返回值
数值	数值
日期	该日期的序号
逻辑值 TRUE	1
逻辑值 FALSE	0
错误值	错误值
文本	0

● 函数应用实例: **将输入不规范的销售数量转换为0**

下面将使用N函数将文本型的销售数量转换成数字0显示。

E2　　fx　=N(D2)

	A	B	C	D	E	F
1	销售日期	商品名称	单价	数量	数量转换	
2	2021/9/19	果粒酸奶	10	15	15	
3	2021/9/19	麦香鲜奶	9	20杯	0	
4	2021/9/19	元气仙桃汁	8	18	18	
5	2021/9/19	玫珑气泡水	8	10	10	
6	2021/9/19	蜜桃啵啵	10	十	0	
7	2021/9/19	巧克力撞奶	8	25	25	
8	2021/9/19	炭烧咖啡	5	15袋	0	
9	2021/9/19	草莓圣代	7	30	30	
10	2021/9/19	蓝莓圣代	7	17	17	
11						

选择E2单元格，输入公式“=N(D2)”，将公式向下方填充，D列中的文本型数据随即被转换成数字0显示。数值型数据不会发生变化。

E5　　fx　=N(D5)

	A	B	C	D	E	F
1	销售日期	商品名称	单价	数量	数量转换	
2	2021/9/19	果粒酸奶	10	15	15	
3	2021/9/19	麦香鲜奶	9	20杯	0	
4	2021/9/19	元气仙桃汁	8	18	18	
5	2021/9/19	玫珑气泡水	8	10	0	
6	2021/9/19	蜜桃啵啵	10	十	0	

文本型数字被转换成0

提示：文本型数字也被作为文本处理，直接转换成数字0。

提示：在其他电子表格程序中输入的数据不能正确转换为数值时，如果还按原样制作公式，则返回错误值“#VALUE!”。此时，使用N函数将它转换为数值，则避免了错误值的产生。N函数是为了确保和其他电子表格程序兼容而准备的函数。

函数18 NA

——返回错误值“#N/A”

语法格式：=NA()

参数介绍：

NA函数中没有参数，但必须有()。括号中如果输入参数，则返回错误信息。

使用说明：

NA函数用于返回错误值“#N/A”。它可以是ISNA函数的检测结果，或作为其他函数的参数使用。在没有内容的单元格中输入“#N/A”，可以避免不小心将空白单元格计算在内而产生的问题。

● 函数应用实例：强制返回错误值“#N/A”

使用NA函数可以在单元格中返回“#N/A”类型的错误值。

A2 =NA()

	A	B	C
1	返回#N/A错误值		
2	#N/A		
3			

在任意单元格中输入公式“=NA()”，按下【Enter】键，即可返回一个“#N/A”错误值。

提示：如果在单元格内直接输入“#N/A”，也会得到和NA函数相同的结果。

● 函数组合应用：NA+COUNTIF+SUMIF——作为其他函数的参数

NA函数可以作为其他函数的参数使用，例如NA函数可作为COUNTIF函数和SUMIF函数的参数。

	A	B	C	D	E
1	日期	尺寸代码	尺寸名称	数量	
2	2021/8/12	1	L	30	
3	2021/8/13	3	M	24	
4	2021/8/14	4	#N/A	40	
5	2021/8/15	2	XL	34	
6	2021/8/16	4	S	18	
7	2021/8/17	1	#N/A	32	
8	2021/8/18	5	K	43	
9	2021/8/19	3	M	26	
10	2021/8/20	3	#N/A	31	
11	2021/8/21	5	#N/A	28	
12					
13	发生#N/A错误值的次数		4		
14	发生#N/A错误值的数量				
15					

C13　=COUNTIF(C2:C11,NA())

Step01:

统计“#N/A”出现的次数

① 选择C13单元格，输入公式“=COUNTIF(C2:C11,NA())”，按下【Enter】键，即可统计出C2:C11单元格区域内错误值“#N/A”出现的次数。

	A	B	C	D	E
1	日期	尺寸代码	尺寸名称	数量	
2	2021/8/12	1	L	30	
3	2021/8/13	3	M	24	
4	2021/8/14	4	#N/A	40	
5	2021/8/15	2	XL	34	
6	2021/8/16	4	S	18	
7	2021/8/17	1	#N/A	32	
8	2021/8/18	5	K	43	
9	2021/8/19	3	M	26	
10	2021/8/20	3	#N/A	31	
11	2021/8/21	5	#N/A	28	
12					
13	发生#N/A错误值的次数		4		
14	发生#N/A错误值的数量		131		
15					

C14　=SUMIF(C2:C11,NA(),D2:D11)

Step02:

统计“#N/A”对应的数量总和

② 选择C14单元格，输入公式“=SUMIF(C2:C11,NA(),D2:D11)”，按下【Enter】键，即可统计出错误值“#N/A”所对应的数量的总和。

函数19 PHONETIC

——提取文本字符串中的拼音字符

语法格式：=PHONETIC(引用)

参数介绍：

引用：为必需参数。表示文本字符串或对单个单元格或包含引用文本字符串的单元格区域的引用。

使用说明：

PHONETIC函数是一个获取代表拼音信息的字符串函数。该函数经常被用来合并指定单元格区域中的内容。引用的区域必须是相邻的，否则返回错误值“#N/A”。

● 函数应用实例：**提取完整的商品信息**

下面将使用PHONETIC函数将相邻单元格中的商品信息合并成完整信息。

PHONETIC　　× ✓ fx　=PHONETIC(A2:D2)

	A	B	C	D	E	F
1	品牌	商品名称	功效	含量	合并商品信息	
2	百雀羚	粉底液	遮瑕	30ml	=PHONETIC(A2:D2)	
3	百雀羚	洗面奶	控油	100ml		
4	美加净	乳液	美白	90ml		
5	百雀羚	爽肤水	补水	120ml		
6	美加净	护手霜	滋润	70ml		
7						

Step01：

输入公式

① 选择E2单元格，输入公式“=PHONETIC(A2:D2)”。

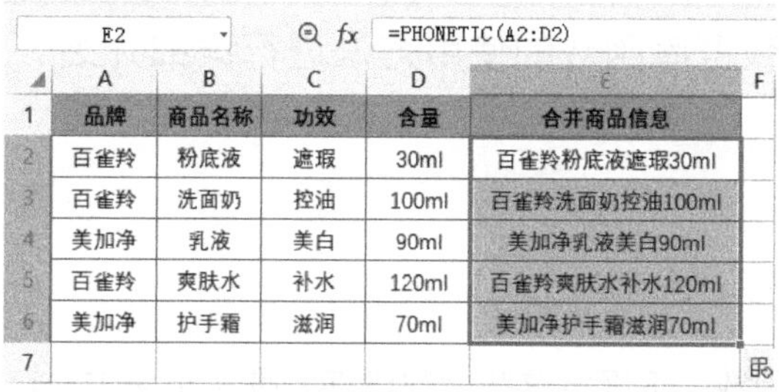

E2　　fx　=PHONETIC(A2:D2)

	A	B	C	D	E	F
1	品牌	商品名称	功效	含量	合并商品信息	
2	百雀羚	粉底液	遮瑕	30ml	百雀羚粉底液遮瑕30ml	
3	百雀羚	洗面奶	控油	100ml	百雀羚洗面奶控油100ml	
4	美加净	乳液	美白	90ml	美加净乳液美白90ml	
5	百雀羚	爽肤水	补水	120ml	百雀羚爽肤水补水120ml	
6	美加净	护手霜	滋润	70ml	美加净护手霜滋润70ml	
7						

Step02：

填充公式完成信息合并

② 将E2单元格中的公式向下方填充，即可合并所有对应商品的信息。

第10章 数据库函数

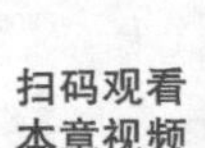

扫码观看
本章视频

数据库函数（也称D函数）用于对存储在数据清单或数据库中的数据进行分析，通常在需要分析数据清单中的数值是否符合特定条件时使用。下面将对WPS表格中常用数据库函数的使用方法进行详细介绍。

数据库函数一览

WPS表格中包含了十几种数据库函数。下面将这些函数详细罗列了出来并对其作用进行了说明。

（1）常用函数

常用的数据库函数包括DAVERAGE、DCOUNT、DCOUNTA、DGET、DMAX、DMIN等。

序号	函数	作用
1	DAVERAGE	对列表或数据库中满足指定条件的记录字段（列）中的数值求平均值
2	DCOUNT	返回列表或数据库中满足指定条件的记录字段（列）中包含数字的单元格的个数
3	DCOUNTA	返回列表或数据库中满足指定条件的记录字段（列）中的非空白单元格的个数
4	DGET	从列表或数据库的列中提取符合指定条件的单个值
5	DMAX	返回列表或数据库中满足指定条件的记录字段（列）中的最大数字
6	DMIN	返回列表或数据库中满足指定条件的记录字段（列）中的最小数字
7	DPRODUCT	返回列表或数据库中满足指定条件的记录字段（列）中的数值的乘积
8	DSUM	对列表或数据库中符合条件的记录字段（列）中的数字求和

（2）其他函数

下表中整理出了工作中使用率较低的数据库函数，用户可浏览其大概作用。

序号	函数	作用
1	DSTDEV	返回利用列表或数据库中满足指定条件的记录字段（列）中的数字作为一个样本估算出的总体标准偏差
2	DSTDEVP	返回利用列表或数据库中满足指定条件的记录字段（列）中的数字作为样本总体计算出的总体标准偏差
3	DVAR	返回利用列表或数据库中满足指定条件的记录字段（列）中的数字作为一个样本估算出的总体方差
4	DVARP	通过使用列表或数据库中满足指定条件的记录字段（列）中的数字作为样本总体计算出的总体方差

数据库函数具有以下两个共同特点。

第一，每个函数均有3个参数——数据库区域、操作域和条件，这三个参数指向函数所使用的工作表区域。

第二，如果将字母D去掉，可以发现大多数数据库函数在其他类型函数中出现过。例如，将DMAX函数中的D去掉，就是求最大值的MAX函数。

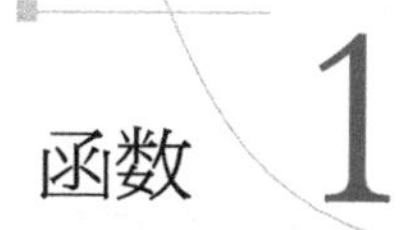

函数1 DMAX ——求数据库中满足给定条件的记录字段（列）中的最大值

语法格式：=DMAX(数据库区域,操作域,条件)

参数介绍：

❖ 数据库区域：为必需参数。表示构成列表或数据库的单元格区域。数据库是包含一组相关数据的列表，其中包含相关信息的行为记录，而包含数据的列为字段。列表的第一行包含每一列的标签。

❖ 操作域：为必需参数。表示指定函数所使用的列。该参数可以使用列标题（列标题必须输入在双引号中），或代表列表中列位置的数字（第一列用数字1表示，第二列用数字2表示，以此类推）。

❖ 条件：为必需参数。表示包含所指定条件的单元格区域。该参数可以指定任意区域，只要此区域至少包含一个列标签，并且列标签下至少有一个在其中为列指定条件的单元格。

使用说明:

DMAX函数用于返回数据清单或数据库指定的列中满足指定条件的数值的最大值。使用数据库中包含的DMAX函数，可以在检索条件中指定“～以下～以上”的条件，即指定上限/下限的范围。指定上限或下限的某个条件范围时，检索条件中必须是相同的列标签，并指定为AND条件。

● 函数应用实例：**求不同职务的最高月薪**

下面将使用DMAX函数求出不同职务的最高月薪。

E3　fx =DMAX($A$1:$C$16,3,E1:E2)

	A	B	C	D	E	F	G	H
1	姓名	职务	月薪		职务	职务	职务	职务
2	嘉怡	主管	5800		部长	经理	主管	组长
3	李美	经理	6200		8300			
4	吴晓	组长	4600					
5	赵博	部长	8300					
6	陈丹	主管	5300					
7	李佳	主管	6000					
8	陆仟	部长	7600					
9	王鑫	主管	5100					
10	姜雪	经理	6300					
11	李斯	组长	4300					
12	孙尔	组长	3200					
13	刘铭	主管	5800					
14	赵贤	部长	6500					
15	薛策	组长	4800					
16	宋晖	组长	6200					
17								

Step01:
输入公式

① 选择E3单元格，输入公式“=DMAX($A$1:$C$16,3,E1:E2)”。

② 向右拖动E3单元格填充柄。

特别说明：本例公式也可写作“=DMAX($A$1:$C$16,"月　薪",E1:E2)”或“=DMAX($A$1:$C$16,$C$1,E1:E2)”。

E3　fx =DMAX($A$1:$C$16,3,E1:E2)

	A	B	C	D	E	F	G	H
1	姓名	职务	月薪		职务	职务	职务	职务
2	嘉怡	主管	5800		部长	经理	主管	组长
3	李美	经理	6200		8300	6300	6000	6200
4	吴晓	组长	4600					
5	赵博	部长	8300					
6	陈丹	主管	5300					
7	李佳	主管	6000					
8	陆仟	部长	7600					
9	王鑫	主管	5100					
10	姜雪	经理	6300					
11	李斯	组长	4300					
12	孙尔	组长	3200					
13	刘铭	主管	5800					
14	赵贤	部长	6500					
15	薛策	组长	4800					
16	宋晖	组长	6200					
17								

Step02:
填充公式

③ 拖动到H3单元格后松开鼠标，即可从工资表中提取出对应职务的最高工资。

函数 2 DMIN

——求数据库中满足给定条件的记录字段（列）中的最小值

语法格式：=DMIN(数据库区域,操作域,条件)

参数介绍：

❖ 数据库区域：为必需参数。表示构成列表或数据库的单元格区域。数据库是包含一组相关数据的列表，其中包含相关信息的行为记录，而包含数据的列为字段。列表的第一行包含每一列的标签。

❖ 操作域：为必需参数。表示指定函数所使用的列。该参数可以使用列标题（列标题必须输入在双引号中），或代表列表中列位置的数字（第一列用数字1表示，第二列用数字2表示，以此类推）。

❖ 条件：为必需参数。表示包含所指定条件的单元格区域。该参数可以指定任意区域，只要此区域至少包含一个列标签，并且列标签下至少有一个在其中为列指定条件的单元格。

使用说明：

DMIN函数用于返回数据清单或数据库指定的列中满足指定条件的数值的最小值。它和其他函数一样，重点是正确指定检索条件的范围。它与DMAX函数类似，在满足检索条件的记录中，如果第二参数中有空白单元格或文本，则该列中的数据将被忽略。

● 函数应用实例：计算不同职务的最低月薪

下面将使用DMIN函数从月薪记录表中提取不同职务的最低月薪。

E3 =DMIN($A$1:$C$16,"月薪",E1:E2)

	A	B	C	D	E	F	G	H
1	姓名	职务	月薪		职务	职务	职务	职务
2	嘉怡	主管	5800		部长	经理	主管	组长
3	李美	经理	6200		6500	6200	5100	3200
4	吴晓	组长	4600					
5	赵博	部长	8300					
6	陈丹	主管	5300					
7	李佳	主管	6000					
8	陆仟	部长	7600					
9	王鑫	主管	5100					
10	姜雪	经理	6300					
11	李斯	组长	4300					
12	孙尔	组长	3200					
13	刘铭	主管	5800					
14	赵赟	部长	6500					
15	薛策	组长	4800					
16	宋晖	组长	6200					
17								

选择E3单元格，输入公式“=DMIN($A$1:$C$16,"月薪",E1:E2)”，按下【Enter】键，返回“部长”的最低月薪。随后再次选择E3单元格，按住该单元格的填充柄，向右侧拖动，拖动到H3单元格时松开鼠标，即可提取出其他职务的最低月薪。

函数3 DAVERAGE

——求选择的数据库条目的平均值

语法格式：=DAVERAGE(数据库区域,操作域,条件)

参数介绍：

❖ 数据库区域：为必需参数。表示构成列表或数据库的单元格区域。数据库是包含一组相关数据的列表，其中包含相关信息的行为记录，而包含数据的列为字段。列表的第一行包含每一列的标签。

❖ 操作域：为必需参数。表示指定函数所使用的列。该参数可以使用列标题（列标题必须输入在双引号中），或代表列表中列位置的数字（第一列用数字1表示，第二列用数字2表示，以此类推）。

❖ 条件：为必需参数。表示包含所指定条件的单元格区域。该参数可以指定任意区域，只要此区域至少包含一个列标签，并且列标签下至少有一个在其中为列指定条件的单元格。

使用说明：

DAVERAGE函数用于返回数据清单或数据库的列中满足指定条件的数值的平均值。数据库函数可以直接在工作表中表述检索条件，所以随检索条件不同，会得到不同的结果。但是更改检索条件时，在检索条件范围内不能包含空行。

● 函数应用实例：根据指定条件求平均年龄、平均身高和平均体重

下面将使用DAVERAGE函数根据指定条件计算平均年龄、平均身高以及平均体重。

E14 fx =DAVERAGE(A5:E13,"年龄",A2:D3)

	A	B	C	D	E	F
1	条件					
2	性别	年龄	身高	体重		
3	男					
4						
5	姓名	性别	年龄	身高	体重	
6	陈芳	女	18	159	55	
7	梁静	女	22	162	60	
8	李闯	男	31	177	77	
9	张瑞	男	21	180	81	
10	陈霞	女	25	165	65	
11	钟馗	男	28	173	66	
12	刘丽	女	19	157	70	
13	赵乐	女	29	166	59	
14	平均年龄				26.666667	
15	平均身高				176.66667	
16	平均体重				74.666667	
17						

Step01：
输入公式

① 在条件区域中输入“性别”为“男”。

② 分别在E14、E15、E16单元格中输入“=DAVERAGE(A5:E13,"年龄",A2:D3)”“=DAVERAGE(A5:E13,"身高",A2:D3)”“=DAVERAGE(A5:E13,"体重",A2:D3)”，计算出男性的平均年龄、平均身高以及平均体重。

E14 | =DAVERAGE(A5:E13,"年龄",A2:D3)

	A	B	C	D	E	F
1	条件					
2	性别	年龄	身高	体重		
3	女		>160	>60		
4						
5	姓名	性别	年龄	身高	体重	
6	陈芳	女	18	159	55	
7	梁静	女	22	162	60	
8	李闯	男	31	177	77	
9	张瑞	男	21	180	81	
10	陈霞	女	25	165	65	
11	钟馗	男	28	173	66	
12	刘丽	女	19	157	70	
13	赵乐	女	29	166	59	
14	平均年龄				25	
15	平均身高				165	
16	平均体重				65	
17						

Step02:
修改条件

③ 在条件区域中修改条件为：性别“女”、身高“＞160”、体重“＞60”。

④ E14、E15以及E16单元格中的公式随即根据新设定的条件自动重新计算。

提示：DAVERAGE函数的第二参数也可直接引用标题或设置为要求平均值的标题在列表中的列数。例如求平均年龄的公式“=DAVERAGE(A5:E13,"年龄",A2:D3)”，也可写作“=DAVERAGE(A5:E13,C5,A2:D3)”或“=DAVERAGE(A5:E13,2,A2:D3)”。

函数 4 DCOUNT——求数据库的列中满足指定条件的单元格个数

语法格式：=DCOUNT(数据库区域,操作域,条件)

参数介绍：

❖ 数据库区域：为必需参数。表示构成列表或数据库的单元格区域。数据库是包含一组相关数据的列表，其中包含相关信息的行为记录，而包含数据的列为字段。列表的第一行包含每一列的标签。

❖ 操作域：为必需参数。表示指定函数所使用的列。该参数可以使用列标题（列标题必须输入在双引号中），或代表列表中列位置的数字（第一列用数字1表示，第二列用数字2表示，以此类推）。

❖ 条件：为必需参数。表示包含所指定条件的单元格区域。可以为该参数指定任意区域，只要它至少包含一个列标签和列标签下方用于设定条件的单元格。另外，在检索条件中除使用比较运算符或通配符外，当在相同行内表述检索条件时需设置AND条件，而在不同行内表述检索条件时需设置OR条件。

使用说明：

DCOUNT函数用于返回数据清单或数据库的列中满足指定条件并且包含数字的单元格个数。满足检索条件的记录中，忽略操作域所在列中的空白单元格或文本。DCOUNT函数即使省略操作域，也不产生错误值。省略操作域时，返回满足检索条件的指定数值的单元格个数。

● 函数应用实例：计算职务为组长且月薪在4000以上的人员数量

下面将使用DCOUNT函数计算职务为组长且基本工资大于4000元的人员数量。

F4 fx =DCOUNT(A1:C16,C1,E1:F2)

	A	B	C	D	E	F	G
1	姓名	职务	基本工资		职务	基本工资	
2	嘉怡	主管	5800		组长	>4000	
3	李美	经理	6200				
4	吴晓	组长	4600		人数	4	
5	赵博	部长	8300				
6	陈丹	主管	5300				
7	李佳	主管	6000				
8	陆仟	部长	7600				
9	王鑫	主管	5100				
10	姜雪	经理	6300				
11	李斯	组长	4300				
12	孙尔	组长	3200				
13	刘铭	主管	5800				
14	赵贤	部长	6500				
15	薛策	组长	4800				
16	宋晖	组长	6200				
17							

选择F4单元格，输入公式“=DCOUNT(A1:C16,C1,E1:F2)”，按下【Enter】键，即可计算出职务为“组长”且基本工资“大于4000”的人数。

省略操作域参数

F4 fx =DCOUNT(A1:C16,,E1:F2)

	A	B	C	D	E	F	G
1	姓名	职务	基本工资		职务	基本工资	
2	嘉怡	主管	5800		组长	>4000	
3	李美	经理	6200				
4	吴晓	组长	4600		人数	4	
5	赵博	部长	8300				
6	陈丹	主管	5300				
7	李佳	主管	6000				
8	陆仟	部长	7600				
9	王鑫	主管	5100				
10	姜雪	经理	6300				
11	李斯	组长	4300				
12	孙尔	组长	3200				
13	刘铭	主管	5800				
14	赵贤	部长	6500				
15	薛策	组长	4800				
16	宋晖	组长	6200				
17							

提示：

① 用COUNTIF函数也可以计算区域中满足给定条件的单元格个数，但COUNTIF函数不能带多个条件。求满足多个条件下的结果，使用数据库函数。DCOUNT函数可以求满足多个给定条件的单元格个数。

② 如果省略操作域，会自动检索满足条件的记录个数。但是需要注意：分隔参数的逗号不能省略，否则将弹出“你为此函数输入的参数太少”提示内容。

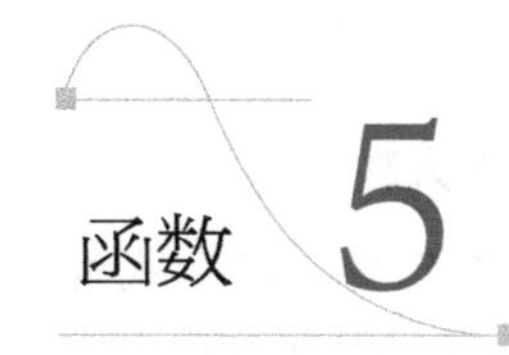

函数 5 DCOUNTA
——求数据库的列中满足指定条件的非空白单元格个数

语法格式：=DCOUNTA(数据库区域,操作域,条件)

参数介绍：

❖ 数据库区域：为必需参数。表示构成列表或数据库的单元格区域。数据库是包含一组相关数据的列表，其中包含相关信息的行为记录，而包含数据的列为字段。列表的第一行包含每一列的标签。

❖ 操作域：为必需参数。表示指定函数所使用的列。该参数可以使用列标题（列标题必须输入在双引号中），或代表列表中列位置的数字（第一列用数字1表示，第二列用数字2表示，以此类推）。

❖ 条件：为必需参数。表示包含所指定条件的单元格区域。可以为该参数指定任意区域，只要它至少包含一个列标签和列标签下方用于设定条件的单元格。另外，在检索条件中除使用比较运算符或通配符外，当在相同行内表述检索条件时需设置AND条件，而在不同行内表述检索条件时需设置OR条件。

使用说明：

DCOUNTA函数用于返回数据清单或数据库的列中满足指定条件的非空白单元格个数。与DCOUNT函数相同，DCOUNTA函数也能省略操作域，不返回错误值。如果省略操作域，则返回满足条件的记录个数。

● 函数应用实例：分别统计男性和女性的人数

下面将使用DCOUNTA函数根据原始表格数据以及条件区域，分别统计男性和女性的人数。

F5 =DCOUNTA($A$1:$D$11,$C$1,F1:F2)

	A	B	C	D	E	F	G	H
1	编号	姓名	性别	年龄		性别	性别	
2	01	赵凯歌	男	43		男	女	
3	02	王美丽	女	18				
4	03	薛珍珠	女	55		男性人数	女性人数	
5	04	林玉涛	男	32		4		
6	05	丽萍	女	49				
7	06	许仙	男	60				
8	07	白素贞	女	37				
9	08	小清	女	31				
10	09	黛玉	女	22				
11	10	范思哲	男	26				
12								

Step01：

输入公式统计男性人数

① 选择F5单元格，输入公式“=DCOUNTA($A$1:$D$11,$C$1,F1:F2)”，按下【Enter】键，即可计算出所有男性的人数。

G5　fx　=DCOUNTA($A$1:$D$11,$C$1,G1:G2)

	A	B	C	D	E	F	G	H
1	编号	姓名	性别	年龄		性别	性别	
2	01	赵凯歌	男	43		男	女	
3	02	王美丽	女	18				
4	03	薛珍珠	女	55		男性人数	女性人数	
5	04	林玉涛	男	32		4	6	
6	05	丽萍	女	49				
7	06	许仙	男	60				
8	07	白素贞	女	37				
9	08	小清	女	31				
10	09	黛玉	女	22				
11	10	范思哲	男	26				
12								

Step02：

填充公式统计女性人数

② 再次选中F5单元格，将公式向右填充一个单元格，统计出所有女性人数。

提示：DCOUNT函数是计算数值的个数，DCOUNTA函数是计算非空白单元格的个数。如果操作域所在的列中包含文本，这两个函数的计算结果不同。

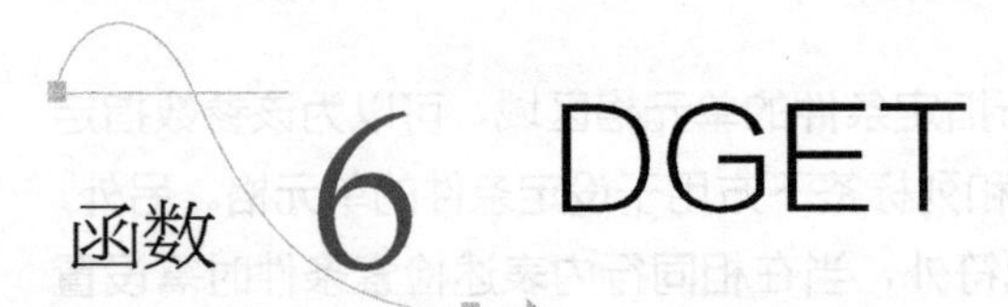

函数6 DGET

——求满足条件的唯一记录

语法格式：=DGET(数据库区域,操作域,条件)

参数介绍：

❖ 数据库区域：为必需参数。表示构成列表或数据库的单元格区域。数据库是包含一组相关数据的列表，其中包含相关信息的行为记录，而包含数据的列为字段。列表的第一行包含每一列的标签。

❖ 操作域：为必需参数。表示指定函数所使用的列。该参数可以使用列标题（列标题必须输入在双引号中），或代表列表中列位置的数字（第一列用数字1表示，第二列用数字2表示，以此类推）。

❖ 条件：为必需参数。表示包含所指定条件的单元格区域。可以为该参数指定任意区域，只要它至少包含一个列标签和列标签下方用于设定条件的单元格。另外，在检索条件中除使用比较运算符或通配符外，当在相同行内表述检索条件时需设置AND条件，而在不同行内表述检索条件时需设置OR条件。

使用说明：

DGET函数用于提取与检索条件完全一致的一个记录，并返回指定数据列处的值。如果没有满足条件的记录，则DGET函数将返回错误值“#VALUE!”。如果有多个记录满足条件，则DGET函数将返回错误值“#NUM!”。从数据众多的数据库中提取满足条件的一个记录很困难，使用此函数的重点是需提前使用DMAX函数和

DMIN函数，求满足检索条件的最大值或最小值。

● 函数应用实例：提取指定区域业绩最高的员工姓名

使用DMAX函数先提取出指定区域的最高业绩，然后再使用DGET函数根据提取出的业绩继续提取对应的员工姓名。

F3 fx =DMAX(A1:C13,C1,E2:E3)

	A	B	C	D	E	F	G	H
1	姓名	区域	业绩		提取广州地区业绩最高的员工姓名			
2	子悦	长沙	¥155,797.00		区域	业绩	姓名	
3	小倩	成都	¥53,628.00		广州	¥342,088.00		
4	赵敏	广州	¥224,635.00					
5	青霞	广州	¥10,697.00					
6	小白	长沙	¥12,788.00					
7	小青	上海	¥33,068.00					
8	香香	上海	¥8,686.00					
9	萍儿	广州	¥342,088.00					
10	晓峰	成都	¥11,616.00					
11	宝玉	广州	¥130,471.00					
12	保平	成都	¥32,824.00					
13	孙怡	上海	¥320,383.00					
14								

Step01：

提取广州地区的最高业绩

① 选择F3单元格，输入公式“=DMAX(A1:C13,C1,E2:E3)”，按下【Enter】键，返回广州区域的最高业绩。

G3 fx =DGET(A1:C13,A1,F2:F3)

	A	B	C	D	E	F	G	H
1	姓名	区域	业绩		提取广州地区业绩最高的员工姓名			
2	子悦	长沙	¥155,797.00		区域	业绩	姓名	
3	小倩	成都	¥53,628.00		广州	¥342,088.00	萍儿	
4	赵敏	广州	¥224,635.00					
5	青霞	广州	¥10,697.00					
6	小白	长沙	¥12,788.00					
7	小青	上海	¥33,068.00					
8	香香	上海	¥8,686.00					
9	萍儿	广州	¥342,088.00					
10	晓峰	成都	¥11,616.00					
11	宝玉	广州	¥130,471.00					
12	保平	成都	¥32,824.00					
13	孙怡	上海	¥320,383.00					
14								

Step02：

提取广州地区业绩最高的员工姓名

② 选择G3单元格，输入公式“=DGET(A1:C13,A1,F2:F3)”，按下【Enter】键，即可提取出与指定区域和业绩所对应的员工姓名。

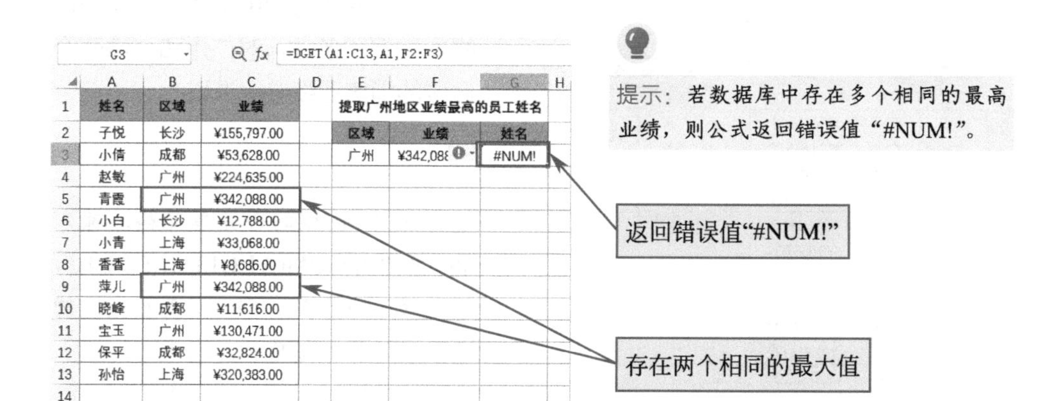

G3 fx =DGET(A1:C13,A1,F2:F3)

	A	B	C	D	E	F	G	H
1	姓名	区域	业绩		提取广州地区业绩最高的员工姓名			
2	子悦	长沙	¥155,797.00		区域	业绩	姓名	
3	小倩	成都	¥53,628.00		广州	¥342,088	#NUM!	
4	赵敏	广州	¥224,635.00					
5	青霞	广州	¥342,088.00					
6	小白	长沙	¥12,788.00					
7	小青	上海	¥33,068.00					
8	香香	上海	¥8,686.00					
9	萍儿	广州	¥342,088.00					
10	晓峰	成都	¥11,616.00					
11	宝玉	广州	¥130,471.00					
12	保平	成都	¥32,824.00					
13	孙怡	上海	¥320,383.00					
14								

提示：若数据库中存在多个相同的最高业绩，则公式返回错误值“#NUM!”。

函数 7 DSUM
——求数据库的列中满足指定条件的数字之和

语法格式：=DSUM(数据库区域,操作域,条件)

参数介绍：

❖ 数据库区域：为必需参数。表示构成列表或数据库的单元格区域。数据库是包含一组相关数据的列表，其中包含相关信息的行为记录，而包含数据的列为字段。列表的第一行包含每一列的标签。

❖ 操作域：为必需参数。表示指定函数所使用的列。该参数可以使用列标题（列标题必须输入在双引号中），或代表列表中列位置的数字（第一列用数字1表示，第二列用数字2表示，以此类推）。

❖ 条件：为必需参数。表示包含所指定条件的单元格区域。可以为该参数指定任意区域，只要它至少包含一个列标签和列标签下方用于设定条件的单元格。另外，在检索条件中除使用比较运算符或通配符外，当在相同行内表述检索条件时需设置AND条件，而在不同行内表述检索条件时需设置OR条件。

使用说明：

DSUM函数用于返回数据清单或数据库的列中满足指定条件的数字之和。掌握数据库函数的共同点是正确指定从数据库中提取目的记录的检索条件的基础。数据库函数的参数是相同的，包括构成列表或数据库的单元格区域、作为计算对象的数据列和设定的检索条件三个。因为参数的指定方法是相同的，所以只需修改函数名，即可求满足条件的记录数据的总和或平均值等。

● 函数应用实例1：**求指定的多个销售区域的业绩总和**

F3　=DSUM(A1:C13,C1,E2:E4)

	A	B	C	D	E	F
1	姓名	区域	业绩		求广州和上海的业绩总和	
2	子悦	长沙	¥155,797.00		区域	业绩总和
3	小倩	成都	¥53,628.00		广州	¥1,070,028.00
4	赵敏	广州	¥224,635.00		上海	
5	青霞	广州	¥10,697.00			
6	小白	长沙	¥12,788.00			
7	小青	上海	¥33,068.00			
8	香香	上海	¥8,686.00			
9	萍儿	广州	¥342,088.00			
10	晓峰	成都	¥11,616.00			
11	宝玉	广州	¥130,471.00			
12	保平	成都	¥32,824.00			
13	孙怡	上海	¥320,383.00			
14						

下面将使用DSUM函数根据销售样本数据和条件，对广州和上海两个区域的销售业绩进行求和。

选择F3:F4区域的合并单元格，输入公式“=DSUM(A1:C13,C1,E2:E4)”，按下【Enter】键，即可计算出指定的两个区域的业绩总和。

提示：求满足条件的数字的和时，也可使用SUMIF函数。但是，SUMIF函数只能指定一个检索条件。数据库函数可在工作表的单元格内输入检索条件，所以可同时指定多个条件。

● 函数应用实例2：**使用通配符计算消毒类防护用品的销售总额**

检索条件不清楚时，可以使用通配符进行模糊查找。下面将使用通配符设置条件，然后用DSUM函数计算消毒类防护用品的销售总额。

B13　fx　=DSUM(A2:B11,B2,D2:D3)

	A	B	C	D	E
1	数据库区域			条件区域	
2	商品名称	月销售额		商品名称	
3	一次性普通医用口罩	¥5,800.00		*消毒*	
4	一次性医用防护口罩	¥9,200.00			
5	一次性医用外科口罩	¥6,700.00			
6	75%消毒酒精	¥3,200.00			
7	酒精消毒湿巾	¥1,800.00			
8	免洗消毒洗手液	¥900.00			
9	消毒喷雾剂	¥2,300.00			
10	红外线体温枪	¥750.00			
11	防护手套	¥300.00			
12					
13	消毒类商品销售总额	¥8,200.00			
14					

选择B13单元格，输入公式“=DSUM(A2:B11,B2,D2:D3)”，按下【Enter】键，即可计算出包含“消毒”两个字的商品的月销售总额。

提示：“*”是通配符，表示任意数量的字符。“*消毒*”表示“消毒”两个字的前面和后面可以有任意数量的字符，即条件为包含“消毒”两个字的商品名称。若要修改条件为最后两个字是“口罩”的商品名称，则要使用“*口罩”。

函数 8 DPRODUCT
——求数据库的列中满足指定条件的数值的乘积

语法格式：=DPRODUCT(数据库区域,操作域,条件)

参数介绍：

❖ 数据库区域：为必需参数。表示构成列表或数据库的单元格区域。数据库是包含一组相关数据的列表，其中包含相关信息的行为记录，而包含数据的列为字段。列表的第一行包含每一列的标签。

❖ 操作域：为必需参数。表示指定函数所使用的列。该参数可以使用列标题

第10章

（列标题必须输入在双引号中），或代表列表中列位置的数字（第一列用数字1表示，第二列用数字2表示，以此类推）。

❖ 条件：为必需参数。表示包含所指定条件的单元格区域。可以为该参数指定任意区域，只要它至少包含一个列标签和列标签下方用于设定条件的单元格。另外，在检索条件中除使用比较运算符或通配符外，当在相同行内表述检索条件时需设置AND条件，而在不同行内表述检索条件时需设置OR条件。

使用说明：

DPRODUCT函数用于返回数据清单或数据库的列中满足指定条件的数值的乘积。通常按照乘积结果是1或0的情况，可以进行“有/没有”判断。

● 函数应用实例：计算产能500以上的女装的利润乘积

下面将使用DPRODUCT函数根据样本数据和条件计算产能500以上的女装的利润乘积。

C11 =DPRODUCT(A1:C10,C1,E1:F2)

	A	B	C	D	E	F	G
1	产品	产能	利润		产品	产能	
2	休闲女装	500	2.3		*女装	>500	
3	运动女装	600	2				
4	时尚女装	1000	3				
5	职业女装	300	1.5				
6	男童装	700	2.5				
7	女童装	750	2.5				
8	商务男装	800	4				
9	休闲男装	600	2.6				
10	运动男装	850	3.1				
11	产能500以上的女装的利润乘积		6				
12							

选择C11单元格，输入公式“=DPRODUCT(A1:C10,C1,E1:F2)”，按下【Enter】键，即可求出指定条件下的利润乘积。

第11章 工程函数

工程函数属于比较专业的范畴，主要用于工程分析。工作中当遇到一些工程计算方面的问题时，可以使用工程函数来处理。本章将对WPS表格中常用工程函数的使用方法进行详细介绍。

工程函数一览

WPS表格中包含的工程函数共有四十多种，大致可分为三种类型：对复数进行处理的函数、在不同的进制系统（如十进制系统、十六进制系统、八进制系统和二进制系统）间进行数值转换的函数，以及在不同的度量系统中进行数值转换的函数。下面将这些函数详细罗列了出来并对其作用进行了说明。

（1）常用函数

工程函数的种类虽然很多，但是其专业性较强，在日常办公中很少用到。在这些函数中较为常用的有CONVERT、IMREAL、IMAGINARY、IMSUM、IMSUB等。

序号	函数	作用
1	CONVERT	将数值从一种度量系统转换为另一种度量系统
2	DELTA	检验两个数值是否相等
3	GESTEP	测试某个数值是否大于阈值
4	IMAGINARY	返回以 $x+yi$ 或 $x+yj$ 文本格式表示的复数的虚系数
5	IMDIV	返回以 $x+yi$ 或 $x+yj$ 文本格式表示的两个复数的商
6	IMPRODUCT	返回以 $x+yi$ 或 $x+yj$ 文本格式表示的 1 ～ 255 个复数的乘积
7	IMREAL	返回以 $x+yi$ 或 $x+yj$ 文本格式表示的复数的实系数
8	IMSUB	返回以 $x+yi$ 或 $x+yj$ 文本格式表示的两个复数的差
9	IMSUM	返回以 $x+yi$ 或 $x+yj$ 文本格式表示的两个或多个复数的和

（2）其他函数

下表对工作中使用率较低的工程函数进行了整理，用户可浏览其大概作用。

序号	函数	作用
1	BESSELI	返回修正 Bessel 函数值，它与用纯虚数参数运算时的 Bessel 函数值相等
2	BESSELJ	返回 Bessel 函数值
3	BESSELK	返回修正 Bessel 函数值，它与用纯虚数参数运算时的 Bessel 函数值相等
4	BESSELY	返回 Bessel 函数值，也称为 Weber 函数或 Neumann 函数
5	BIN2DEC	将二进制数转换为十进制数
6	BIN2HEX	将二进制数转换为十六进制数
7	BIN2OCT	将二进制数转换为八进制数
8	BITAND	返回两个数的按位“与”结果
9	BITLSHIFT	返回向左移动指定位数后的数值
10	BITOR	返回两个数的按位“或”结果
11	BITRSHIFT	返回向右移动指定位数后的数值
12	BITXOR	返回两个数值的按位“异或”结果
13	COMPLEX	将实系数及虚系数转换为 $x+yi$ 或 $x+yj$ 形式的复数
14	DEC2BIN	将十进制数转换为二进制数
15	DEC2HEX	将十进制数转换为十六进制数
16	DEC2OCT	将十进制数转换为八进制数
17	ERF	返回误差函数在上下限之间的积分
18	ERFC	返回从 x 到无穷大积分的互补 ERF 函数
19	HEX2BIN	将十六进制数转换为二进制数
20	HEX2DEC	将十六进制数转换为十进制数
21	HEX2OCT	将十六进制数转换为八进制数
22	IMABS	返回以 $x+yi$ 或 $x+yj$ 文本格式表示的复数的绝对值（模）
23	IMARGUMENT	返回以弧度表示的角
24	IMCONJUGATE	返回以 $x+yi$ 或 $x+yj$ 文本格式表示的复数的共轭复数
25	IMCOS	返回以 $x+yi$ 或 $x+yj$ 文本格式表示的复数的余弦值
26	IMEXP	返回以 $x+yi$ 或 $x+yj$ 文本格式表示的复数的指数
27	IMLN	返回以 $x+yi$ 或 $x+yj$ 文本格式表示的复数的自然对数
28	IMLOG10	返回以 $x+yi$ 或 $x+yj$ 文本格式表示的复数的常用对数（以 10 为底数）
29	IMLOG2	返回以 $x+yi$ 或 $x+yj$ 文本格式表示的复数的以 2 为底数的对数
30	IMPOWER	返回以 $x+yi$ 或 $x+yj$ 文本格式表示的复数的 n 次幂

续表

序号	函数	作用
31	IMSIN	返回以 $x+yi$ 或 $x+yj$ 文本格式表示的复数的正弦值
32	IMSQRT	返回以 $x+yi$ 或 $x+yj$ 文本格式表示的复数的平方根
33	OCT2BIN	将八进制数转换为二进制数
34	OCT2DEC	将八进制数转换为十进制数
35	OCT2HEX	将八进制数转换为十六进制数

函数 1 CONVERT

——换算数值的单位

语法格式：=CONVERT(数值,初始单位,结果单位)

参数介绍：

❖ 数值：为必需参数。表示初始单位要转换的数值。该参数以初始单位为单位。

❖ 初始单位：为必需参数。表示数值的单位。该参数区分大小写。例如，厘米用cm表示，千瓦用kW表示。

❖ 结果单位：为必需参数。表示结果的单位。转换后的单位指定方法和转换前的单位指定方法相同，并且单位种类必须相同。例如，如果转换前的是距离单位，则转换后的也用距离单位。不能指定不同种类的单位，如转换前的是距离单位，而转换后的是能量单位等。

使用说明：

CONVERT函数用于将数值的单位转换为同类的其他单位。能够相互换算的单位共有49种，甚至还设置了作为前缀的16个辅助单位。使用此函数的重点是区分大小写，并正确指定换算前和换算后的单位。

单位名称与对应的单位记号见下表。

种类	单位名称	单位记号
质量	克	g
	斯勒格	sg
	英镑	lbm
	U（原子质量单位）	u
	盎司	ozm

续表

种类	单位名称	单位记号
长度	米	m
	英里	mi
	海里	Nmi
	英寸	in
	英尺	ft
	码	yd
	埃	ang
	皮卡（1/72 英寸）	Pica
时间	年	yr
	日	day
	时	hr
	分	mn
	秒	sec
压强	帕［斯卡］	Pa
	大气压	atm
	毫米汞柱	mmHg
物理力	牛［顿］	N
	达因	dyn
	英镑力	lbf
	焦［耳］	J
	尔格	e
	卡（物理化学热量）	c
	卡（生理学代谢热量）	cal
	电子伏	eV
	马力小时	HPh
	瓦特小时	Wh
	英尺磅	flb
	BTU（英国热量单位）	BTU
输出力	马力	HP
	瓦［特］	W
磁	特［斯拉］	T
	高斯	ga

续表

种类	单位名称	单位记号
温度	摄氏度	C
	华氏度	F
	开［尔文］	K
容积	茶匙容积	tsp
	大汤匙容量	tbs
	液量盎司	oz
	茶杯容积	cup
	品脱（US）	pt
	品脱（UK）	uk_pt
	夸脱	qt
	加仑	gal
	升	L

前缀和单位见下表。

前缀	阶乘	单位记号
exa	10^{18}	E
peta	10^{15}	P
tera	10^{12}	T
giga	10^{9}	G
mega	10^{6}	M
kilo	10^{3}	k
hecto	10^{2}	h
deka	10^{1}	da
deci	10^{-1}	d
centi	10^{-2}	c
milli	10^{-3}	m
micro	10^{-6}	μ
nano	10^{-9}	n
piko	10^{-12}	p
femto	10^{-15}	f
atto	10^{-18}	a

● 函数应用实例：将以英寸显示的尺寸转换为厘米显示

下面将使用CONVERT函数把蛋糕的尺寸单位由英寸转换为厘米。

SUMIF　=CONVERT(B2,"in","cm")

	A	B	C	D
1	蛋糕尺寸	尺寸（英寸）	尺寸（厘米）	
2	混合水果蛋糕	=CONVERT(B2,"in","cm")		
3	奥利奥装饰蛋糕	9		
4	汽车造型蛋糕	12		
5	冰雪奇缘造型蛋糕	10		
6	寿桃造型蛋糕	7		
7	玫瑰王冠造型蛋糕	24		
8				

Step01：
手动输入公式，通过列表选择数字的单位

① 选择C2单元格，输入公式“=CONVERT(B2,"in","cm")”。

C3

	A	B	C	D
1	蛋糕尺寸	尺寸（英寸）	尺寸（厘米）	
2	混合水果蛋糕	6	15.24	
3	奥利奥装饰蛋糕	9		
4	汽车造型蛋糕	12		
5	冰雪奇缘造型蛋糕	10		
6	寿桃造型蛋糕	7		
7	玫瑰王冠造型蛋糕	24		
8				

Step02：
输入完整公式

② 按下【Enter】键，即可将对应单元格中的英寸单位数值转换成厘米单位数值。

C2　=CONVERT(B2,"in","cm")

	A	B	C	D
1	蛋糕尺寸	尺寸（英寸）	尺寸（厘米）	
2	混合水果蛋糕	6	15.24	
3	奥利奥装饰蛋糕	9	22.86	
4	汽车造型蛋糕	12	30.48	
5	冰雪奇缘造型蛋糕	10	25.4	
6	寿桃造型蛋糕	7	17.78	
7	玫瑰王冠造型蛋糕	24	60.96	
8				

Step03：
填充公式

③ 将C2单元格中的公式填充到下方单元格区域中，将其他英寸单位数值转换成厘米单位数值。

	A	B	C	D	E
1	初始单位	数值	转换单位	转换值	公式
2	摄氏温度	36	华氏温度	96.8	=CONVERT(B2,"C","F")
3	加仑	15	公升	56.78118	=CONVERT(B3,"gal","l")
4	英里	30	公里	48.28032	=CONVERT(B4,"mi","km")
5	英寸	15	英尺	1.25	=CONVERT(B5,"in","ft")
6	厘米	100	米	1	=CONVERT(B6,"cm","m")
7	厘米	60	英寸	23.62205	=CONVERT(B7,"cm","in")
8	磅	10	千克	4.535924	=CONVERT(B8,"lbm","kg")

提示：其他常用的单位转换如左图所示。

函数2 IMREAL

——求复数的实系数

语法格式：=IMREAL(复数)

参数介绍：

复数：为必需参数。表示需要求其实系数的复数。指定用*x*+*y*i形式表示的文本字符串或文本字符串所在的单元格。虚部单位除使用i外，还可使用j。所谓文本字符串，是将*x*和*y*作为数字，并按“实部+虚部”的顺序指定。如果交换顺序输入i+1，则返回错误值“#NUM!”。另外，实部不能输入非文本数值。虚部可以输入3i或3j，但没必要输入0+3i或0+3j。

使用说明：

IMREAL函数用于从*x*+*y*i文本字符串构成的复数中提取实系数。所得结果为不是文本字符串的数值。

● 函数应用实例：从复数中求实系数

下面将使用IMREAL函数从指定复数中求取实系数。

B2 =IMREAL(A2)

	A	B	C	D
1	复数	实部	虚部	
2	3+5j	3		
3	7+5i	7		
4	5	5		
5	12+8j	12		
6	i	0		
7	-15+1i	-15		
8	-2j	0		
9				

选择B2单元格，输入公式“=IMREAL(A2)”，接着将公式填充到下方单元格区域中，求出所有对应单元格中复数的实系数。

B2 =IMREAL(A2)

	A	B	C	D
1	复数	实部	虚部	
2	5j+3	#NUM!		
3	7+5x	#NUM!		
4	5	5		
5	12+8j	12		
6	i	0		

复数的书写格式不对，返回错误值“#NUM!”

提示：若复数的格式不正确，例如用虚部+实部表示复数，或输入除了i或j以外的虚部单位，公式将返回错误值“#NUM!”。

函数3 IMAGINARY

——求复数的虚系数

语法格式：=IMAGINARY(复数)

参数介绍：

复数：为必需参数。表示需要求其虚系数的复数。指定用$x+yi$形式表示的文本字符串或文本字符串所在的单元格。虚部单位除使用i外，还可使用j。所谓文本字符串，是将x和y作为数字，并按“实部+虚部”的顺序指定。如果交换顺序输入i+1，则返回错误值“#NUM!”。另外，实部不能输入非文本数值。虚部可以输入3i或3j，但没必要输入0+3i或0+3j。

使用说明：

IMAGINARY函数用于从$x+yi$文本字符串构成的复数中提取虚系数。所得结果为不是文本字符串的数值。

● 函数应用实例：**从复数中求虚系数**

下面将使用IMAGINARY函数从指定复数中求取虚系数。

C2　fx =IMAGINARY(A2)

	A	B	C	D
1	复数	实部	虚部	
2	3+5j	3	5	
3	7+5i	7	5	
4	5	5	0	
5	12+8j	12	8	
6	i	0	1	
7	-15+1i	-15	1	
8	-2j	0	-2	
9				

选择C2单元格，输入公式“=IMAGINARY(A2)”，接着将公式填充到下方单元格区域中，求出所有对应单元格中复数的虚系数。

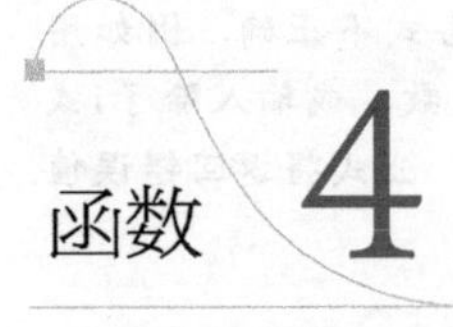

函数4 IMSUM

——求复数的和

语法格式：=IMSUM(复数1,复数2,...)

参数介绍：

❖ 复数1：为必需参数。表示第一个复数。指定用$x+yi$形式表述的文本字符串或文本字符串所在的单元格。虚部单位除使用i外，还可使用j。所谓文本字符串，是将x和y作为数字，并按“实部+虚部”的顺序指定。如果交换顺序输入i+1，则返回错误值“#NUM!”。另外，实部不能输入非文本数值。虚部可以输入3i或3j，但没必要输入0+3i或0+3j。

❖ 复数2,..：为可选参数。表示其余复数。除了第一个复数，其余复数为可选项，最多设置255个复数。

使用说明：

IMSUM函数用于计算用$x+yi$表示的多个复数的和。复数参数最多能指定255个，计算结果为实部总和+虚部总和。如果用极坐标格式计算复数之和，则得到各坐标向量之和。

● 函数应用实例：计算所有复数的和

下面将使用IMSUM函数计算指定单元格内的复数之和。

B8　=IMSUM(B2,B3,B4,B5,B6,B7)

	A	B	C	D	E
1	序号	复数			
2	1	3+5j			
3	2	7+5j			
4	3	5			
5	4	j			
6	5	-15+1j			
7	6	-2j			
8	求和	10j			
9					

选择B8单元格，输入公式“=IMSUM(B2,B3,B4,B5,B6,B7)”，按下【Enter】键，即可返回所有复数的求和结果。

提示：对复数求和时，虚部单位（i/j）必须一致，否则将返回错误值。

B8　=IMSUM(B2,B3,B4,B5,B6,B7)

	A	B	C	D	E
1	序号	复数			
2	1	3+5j			
3	2	7+5i			
4	3	5			
5	4	j			
6	5	-15+1j			
7	6	-2j			
8	求	#VALUE!			
9					

虚部单位和其他复数的单位不同，求和结果为“#VALUE!”

提示：IMSUM函数也可将单元格区域设置为参数，并对区域中每一个单元格内的复数进行求和。

B8 =IMSUM(B2:B7)

	A	B	C	D
1	序号	复数		
2	1	3+5j		
3	2	7+5j		
4	3	5		
5	4	j		
6	5	-15+1j		
7	6	-2j		
8	求和	10j		
9				

设置求和区域，节省公式编辑时间

函数 5 IMSUB

——求两复数之差

语法格式：=IMSUB(复数1,复数2)

参数介绍：

❖ 复数1：为必需参数。表示复数型的被减数。该参数指定用x+yi形式表述的文本字符串或文本字符串所在的单元格。虚部单位除使用i外，还可使用j。所谓文本字符串，是将x和y作为数字，并按“实部+虚部”的顺序指定。如果交换顺序输入i+1，则返回错误值“#NUM!”。另外，实部不能输入非文本数值。虚部可以输入3i或3j，但没必要输入0+3i或0+3j。

❖ 复数2：为必需参数。表示复数型的减数。该参数的设置原则与第一个复数相同。

使用说明：

IMSUB函数用于计算用x+yi表示的两个复数的差。复数参数可以指定29个，计算结果为实部总差+虚部总差。如果用极坐标形式表示复数的差，则差的向量方向反向，数值为向量和。

● 函数应用实例：**求指定的两个复数之差**

下面将使用IMSUB函数计算两个指定的单元格中的复数之差。

C2 fx =IMSUB(A2,B2)

	A	B	C	D
1	复数1	复数2	复数1和复数2的差	
2	3+5j	6	-3+5j	
3	7+5j	2+3j	5+2j	
4	5	6j	5-6j	
5	j	3+j	-3	
6	-15+1j	0	-15+j	
7	-2j	-3+2j	3-4j	
8				

选择C2单元格，输入公式“=IMSUB(A2,B2)”，然后向下方填充公式，计算出A列和B列中所有相应单元格内的复数之差。

提示：若不使用IMSUB函数，直接用A2－B2将返回错误值“#VALUE!”。若虚部的单位（i/j）不同，将返回错误值“#NUM!”。

C2 fx =A2-B2

	A	B	C	D
1	复数1	复数2	复数1和复数2的差	
2	3+5j	6	#VALUE!	
3	7+5j	2+3i	#NUM!	
4	5	6j	5-6j	
5	j	3+j	-3	
6	-15+1j	0	-15+j	
7	-2j	-3+2j	3-4j	
8				

=A2-B2

虚部单位不同，=IMSUB(A3,B3)返回错误值“#NUM!”

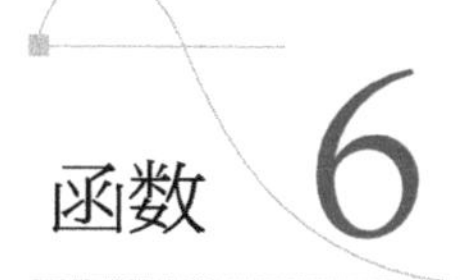

函数6 IMPRODUCT

——求复数的乘积

语法格式：=IMPRODUCT(复数1,复数2,...)

参数介绍：

❖ 复数1：为必需参数。表示要相乘的第一个复数。该参数指定用x+yi形式表述的文本字符串或文本字符串所在的单元格。虚部单位除使用i外，还可使用j。所谓文本字符串，是将x和y作为数字，并按“实部+虚部”的顺序指定。如果交换顺序输入i+1，则返回错误值“#NUM!”。另外，实部不能输入非文本数值。虚部可以输入3i或3j，但没必要输入0+3i或0+3j。

❖ 复数2，…：为可选参数。表示要相乘的其余复数。除第一个复数，其余参

数为可选项。该参数的设置原则与第一个复数相同。该函数最多可设置255个复数。

使用说明：

IMPRODUCT函数用于计算用*x*+*y*i表示的多个复数的乘积。复数参数最多能指定255个。如果用极坐标形式表示复数之积，它的大小变为各坐标向量的长度积，并用代数和求偏角。

● 函数应用实例：**计算指定的多个复数的乘积**

下面将使用IMPRODUCT函数计算指定的多个单元格中的复数的乘积。

C2 =IMPRODUCT(A2,B2)

	A	B	C	D
1	第1组复数	第2组复数	复数1和复数2的积	
2	3+5j	6	18+30j	
3	7+5j	2+3j	-1+31j	
4	5	6j	30j	
5	j	3+j	-1+3j	
6	-15+1j	0	0	
7	-2j	-3+2j	4+6j	
8				

选择C2单元格，输入公式“=IMPRODUCT(A2,B2)”，随后向下方填充公式，计算出第1组复数和第2组复数中对应单元格内的两个复数的乘积。

特别说明：当参数中包含0值时，则公式返回0。

提示：当要求乘积的复数数量较多且在连续的单元格区域内时，可直接在公式中引用单元格区域。

B8 =IMPRODUCT(B2:B7) 公式中引用单元格区域

	A	B	C	D	E
1	序号	第1组复数	第2组复数		
2	1	3+5j	6		
3	2	7+5j	2+3j		
4	3	5	6j		
5	4	j	3+j		
6	5	-15+1j	2		
7	6	-2j	-3+2j		
8	乘积	100-7540j	1944-2232j		
9					

函数7 IMDIV

——求两个复数的商

语法格式：=IMDIV(复数1,复数2)

参数介绍：

❖ 复数1：为必需参数。表示复数分子（被除数）。该参数指定用$x+yi$形式表述的文本字符串或文本字符串所在的单元格。虚部单位除使用i外，还可使用j。所谓文本字符串，是将x和y作为数字，并按“实部+虚部”的顺序指定。如果交换顺序输入i+1，则返回错误值“#NUM!”。另外，实部不能输入非文本数值。虚部可以输入3i或3j，但没必要输入0+3i或0+3j。

❖ 复数2：为必需参数。表示复数分母（除数）。该参数不能为0，否则将返回错误值“#NUM!”。

● 函数应用实例：计算指定的两个复数的商

下面将使用IMDIV函数计算指定单元格中的两个复数的商。

C2 =IMDIV(A2,B2)

	A	B	C	D
1	第1组复数	第2组复数	复数1和复数2的商	
2	3+5j	6	0.5+0.833333333333333j	
3	0	2+3j	0	
4	5	6j	-0.833333333333333j	
5	j	3+j	0.1+0.3j	
6	-15+1j	0	#NUM!	
7	-2j	-3+2j	-0.307692307692308+0.461538461538462j	
8				

选择C2单元格，输入公式“=IMDIV(A2,B2)”，接着向下方填充公式，即可求出对应单元格中两个复数的商。

特别说明：被除数为0时，公式返回0。除数为0时，公式返回错误值“#NUM!”。

提示：IMDIV函数不能引用单元格区域作为参数，否则将返回错误值“#VALUE!”。

C2 =IMDIV(A2,A3:B3)　←公式中引用单元格区域

	A	B	C	D
1	第1组复数	第2组复数	复数1和复数2的商	
2	3+5j	6	#VALUE!	
3	0	2+3j	0	
4	5	6j	-0.833333333333333j	
5	j	3+j	0.1+0.3j	
6	-15+1j	0	#NUM!	
7	-2j	-3+2j	-0.307692307692308+0.461538461538462j	
8				

函数8 DELTA

——测试两个数值是否相等

语法格式：=DELTA(待测值1,待测值2)

参数介绍：

❖ 待测值1：为必需参数。表示指定的数值或数值所在单元格。该参数为非数值型时，将返回错误值“#VALUE!”。

❖ 待测值2：为可选参数。表示指定的要和待测值1比较的数值或数值所在的单元格。如果省略该参数，则假定其为0，并测试待测值1等于0是否成立。待测值2为非数值型时，将返回错误值“#VALUE!”。

使用说明：

DELTA函数用于对指定的两个参数进行测试，判定它们是否相等。如果判定结果相等，则返回1；如果判定结果不相等，则返回0。使用IF函数也能得到相同的结果。但是，IF函数必须设定各种判定条件和判定结果。因此，当测试两个数值是否相等时，使用DELTA函数比较简单。

● 函数应用实例：**检测预测值与实际值是否相等**

下面将使用DELTA函数检测9次的预测值与实际值是否相等。

D2 | =DELTA(B2, C2)

	A	B	C	D	E
1	测试次数	预测值	实际值	对比结果	
2	1	0.5	0.5	1	
3	2	12	11.9	0	
4	3	0.6	0.6	1	
5	4	12.5	12.8	0	
6	5	6.72	6.72	1	
7	6	2.3	3	0	
8	7	18	18	1	
9	8	19.7	19.7	1	
10	9	1.33	1.33	1	
11					

选择D2单元格，输入公式“=DELTA(B2,C2)”，随后向下方填充公式。返回结果为1，表示测试值与实际值相等。返回结果为0，表示测试值与实际值不相等。

● 函数组合应用：**DELTA+IF——预测值与实际值不相等时用文字进行提示**

D2 | =IF(DELTA(B2, C2)=0, "不相等", "")

	A	B	C	D	E
1	测试次数	预测值	实际值	哪些测试值与实际值不相等	
2	1	0.5	0.5		
3	2	12	11.9	不相等	
4	3	0.6	0.6		
5	4	12.5	12.8	不相等	
6	5	6.72	6.72		
7	6	2.3	3	不相等	
8	7	18	18		
9	8	19.7	19.7		
10	9	1.33	1.33		
11					

DELTA函数返回结果是0和1，用IF函数可以将返回值转换成指定的内容。

选择D2单元格，输入公式“=IF(DELTA(B2,C2)=0,"不相等","")”，接着向下方填充公式，预测值与实际值不相等时会返回文本“不相等”。

函数9 GESTEP

——测试某数值是否比阈值大

语法格式：=GESTEP(待测值,阈值)

参数介绍：

❖ 待测值：为必需参数。表示需要和临界值比较的数值或数值所在的单元格。该参数若为文本，将返回错误值“#VALUE!”。

❖ 阈值：为可选参数。表示将结果一分为二的界定值。该参数可以指定判定结果为1或结果为0的基准数值，或输入数值的单元格。如果省略阈值，则假定其为0，并判定待测值大于等于0是否成立。如果该参数为非数值，则返回错误值“#VALUE!”。显示错误值时，需重新输入数据。

使用说明：

GESTEP函数用于指定待测值和作为基准值的阈值来判定待测值是否比阈值大。如果待测值大于阈值，则返回1；如果小于阈值，则返回0。使用IF函数，也能得到相同的结果。但是，IF函数必须设定各种判定条件和判定结果。

● 函数应用实例：比较员工的基本工资是否高于部门平均工资

下面将使用GESTEP函数对每位员工的基本工资与部门的平均工资进行对比，从而判断员工的基本工资是高于部门平均公式还是低于部门平均工资。

F2 ⌄ fx =AVERAGE(C2:C16)

	A	B	C	D	E	F	G
1	姓名	部门	基本工资	与平均工资的对比结果		部门平均工资	
2	嘉怡	业务部	5800			5733.333333	
3	李美	业务部	6200				
4	吴晓	业务部	4600				
5	赵博	业务部	8300				
6	陈丹	业务部	5300				
7	李佳	业务部	6000				
8	陆仟	业务部	7600				
9	王鑫	业务部	5100				
10	姜雪	业务部	6300				
11	李斯	业务部	4300				
12	孙尔	业务部	3200				
13	刘铭	业务部	5800				
14	赵贤	业务部	6500				
15	薛策	业务部	4800				
16	宋晖	业务部	6200				
17							

Step01：

统计部门平均工资

① 选择F2单元格，输入公式“=AVERAGE(C2:C16)”，按下【Enter】键，求出部门平均工资。

D2 | fx =GESTEP(C2, $F$2)

	A	B	C	D	E	F	G
1	姓名	部门	基本工资	与平均工资的对比结果		部门平均工资	
2	嘉怡	业务部	5800	1		5733.333333	
3	李美	业务部	6200	1			
4	吴晓	业务部	4600	0			
5	赵博	业务部	8300	1			
6	陈丹	业务部	5300	0			
7	李佳	业务部	6000	1			
8	陆仟	业务部	7600	1			
9	王鑫	业务部	5100	0			
10	姜雪	业务部	6300	1			
11	李斯	业务部	4300	0			
12	孙尔	业务部	3200	0			
13	刘铭	业务部	5800	1			
14	赵赟	业务部	6500	1			
15	薛策	业务部	4800	0			
16	宋晖	业务部	6200	1			
17							

Step02:

输入公式，对比每位员工的基本工资与部门平均工资

② 选择D2单元格，输入公式“=GESTEP(C2,$F$2)”，然后将公式填充到下方单元格区域。公式返回结果包括0和1。0表示低于部门平均工资，1表示高于或等于部门平均工资。